交通版
高等学校土木工程专业规划教材

JIAOTONGBAN GAODENG XUEXIAO TUMU GONGCHENG ZHUANYE GUIHUA JIAOCAI

第**2**版

工程测量

Gongcheng Celiang

牛全福　党星海　郑加柱　主　编

人民交通出版社股份有限公司
China Communications Press Co.,Ltd.

内 容 提 要

本书是交通版高等学校土木工程专业规划教材之一，全书共为16章，重点介绍基本理论、基本知识、基本技能。

第一～六章主要介绍测量学基础知识；第七章为小区域控制测量；第八章主要介绍现代测绘技术GNSS的原理及应用；第九章为大比例尺数字地形图测量；第十～十六章主要介绍土木工程专业各工程方向的应用测量技术。

本书可作为普通高等学校土木类、建筑类、水利类、农林类各专业教材，也可供相关工程技术人员的参考书。

图书在版编目(CIP)数据

工程测量 / 牛全福，党星海，郑加柱主编. —2版. —北京：人民交通出版社股份有限公司，2017.2

交通版高等学校土木工程专业规划教材

ISBN 978-7-114-13424-1

Ⅰ.①工… Ⅱ.①牛… ②党… ③郑… Ⅲ.①工程测量—高等学校—教材 Ⅳ.①TB22

中国版本图书馆CIP数据核字(2016)第261675号

交通版高等学校土木工程专业规划教材

书　　名：工程测量(第二版)

著 作 者：牛全福　党星海　郑加柱

责任编辑：张征宇　赵瑞琴

出版发行：人民交通出版社股份有限公司

地　　址：(100011)北京市朝阳区安定门外外馆斜街3号

网　　址：http://www.ccpcl.com.cn

销售电话：(010)59757973

总 经 销：人民交通出版社股份有限公司发行部

经　　销：各地新华书店

印　　刷：北京虎彩文化传播有限公司

开　　本：787×1092　1/16

印　　张：21.25

字　　数：529千

版　　次：2006年1月　第1版　2017年2月　第2版

印　　次：2023年8月　第3次印刷　累计第9次印刷

书　　号：ISBN 978-7-114-13424-1

定　　价：46.00元

(有印刷、装订质量问题的图书由本公司负责调换)

随着科学技术的迅猛发展、全球经济一体化趋势的进一步加强以及国力竞争的日趋激烈,作为实施"科教兴国"战略重要战线的高等学校,面临着新的机遇与挑战。高等教育战线按照"巩固、深化、提高、发展"的方针,着力提高高等教育的水平和质量,取得了举世瞩目的成就,实现了改革和发展的历史性跨越。

在这个前所未有的发展时期,高等学校的土木类教材建设也取得了很大成绩,出版了许多优秀教材,但在满足不同层次的院校和不同层次的学生需求方面,还存在较大的差距,部分教材尚未能反映最新颁布的规范内容。为了配合高等学校的教学改革和教材建设,体现高等学校在教材建设上的特色和优势,满足高校及社会对土木类专业教材的多层次要求,适应我国国民经济建设的最新形势,人民交通出版社组织了全国二十余所高等学校编写"交通版高等学校土木工程专业规划教材",并于 2004 年 9 月在重庆召开了第一次编写工作会议,确定了教材编写的总体思路。于 2004 年 11 月在北京召开了第二次编写工作会议,全面审定了各门教材的编写大纲。在编者和出版社的共同努力下,这套规划教材已陆续出版。

在教材的使用过程中,我们也发现有些教材存在诸如知识体系不够完善,适用性、准确性存在问题,相关教材在内容衔接上不够合理以及随着规范的修订及本学科领域技术的发展而出现的教材内容陈旧、亟待修订的问题。为此,新改组的编委会决定于 2010 年底启动了该套教材的修订工作。

这套教材包括"土木工程概论"、"建筑工程施工"等 31 种课程,涵盖了土木工程专业的专业基础课和专业课的主要系列课程。这套教材的编写原则是"厚基础、重能力、求创新,以培养应用型人才为主",强调结合新规范、增大例题、图解等内容的比例并适当反映本学科领域的新发展,力求通俗易懂、图文并茂;其中对专业基础课要求理论体系完整、严密、适度,兼顾各专业方向,应达到教育部和专业教学指导委员会的规定要求;对专业课要体现出"重应用"及"加强创新能力和工程素质培养"的特色,保证知识体系的完整性、准确性、正确性和适应性,专业课教材原则上按课、组划分不同专业方向分别考虑,不在一本教材中体现多专业内容。

反映土木工程领域的最新技术发展、符合我国国情、与现有教材相比具有明显特色是这套教材所力求达到的，在各相关院校及所有编审人员的共同努力下，交通版高等学校土木工程专业规划教材必将对我国高等学校土木工程专业建设起到重要的促进作用。

交通版高等学校土木工程专业规划教材编审委员会

人民交通出版社股份有限公司

前言（第二版）

QIANYAN

承蒙广大读者的厚爱，2006 年出版的本教材已重印多次，广泛地用于土木工程、水利水电、建筑学、给排水工程、工程管理等专业的本科教学、科研和生产。作为本书的作者，既感欣慰，又有不安，欣慰的是我们的劳动成果得到认可，不安的是教材中还有许多不足之处。为此，我们总结教材在使用过程中存在的问题，对教材进行了修订和完善，以使得工程测量内容的先进性、科学性和新颖性得到更好地体现。其中改动较大的内容包括：

第一章对部分内容重新做了梳理，增加了测绘学研究内容、任务。第二章对水准测量的方法和成果进行整理，并重新作了编排，将原书部分内容进行合并和增删，增加了水准测量的基本概念、三四等水准测量（原书在第八章）、水准尺的检验与校正、误差减弱措施以及数字水准仪的内容。第八章对 GPS 测量的内容作了修改，增加了网形设计、外业工作、成果检核和数据处理等内容。将原书的第九、十一章合并为本书第九章，并将原书第十章的地形图分幅内容整合，同时增加了地面三维激光扫描仪和数字摄影测量地形测图的内容。第十章新增了数字高程模型的内容，并对地理信息系统内容进一步梳理。

另外，全书其余章节的内容也做了部分修订，对全书的语言文字作了较大的修改，介绍更清楚、准确、明了和完善。

本书第二版的修订由兰州理工大学牛全福、党星海、南京林业大学郑加柱担任主编，参与修订的有：青岛理工大学郭宗河、兰州理工大学魏玉明、杨鹏源、张秀霞、孔令杰、凌晴、李旺平，西南石油大学杨艳梅、浙江水利水电学院黄伟朵、山东农业大学赵立中、西北民族大学索俊锋、甘肃农业大学鄢继选、兰州城市勘察研究院杨正华、甘肃省基础地理信息中心李克恭，新疆石河子大学陈伏龙。

本书部分修订的内容来自所列参考文献，未作一一标定，在此谨向原作者表示感谢。

作　者
2017 年 1 月

目录

MULU

第一章　绪论	1
第一节　测绘学简介	1
第二节　测绘学发展概况	3
第三节　地球形状和大小	5
第四节　测量坐标系	7
第五节　用水平面代替水准面的限度	13
第六节　测量工作的组织实施	14
思考题	16
第二章　水准测量	17
第一节　水准测量原理	17
第二节　水准测量仪器与工具	19
第三节　水准测量方法与成果计算	23
第四节　三、四等水准测量	30
第五节　水准仪和水准尺的检验与校正	33
第六节　水准测量误差及减弱措施	36
第七节　自动安平水准仪与精密水准仪	38
第八节　数字水准仪	41
思考题	42
第三章　角度测量	44
第一节　角度测量原理	44
第二节　光学经纬仪	45
第三节　水平角测量	50
第四节　竖直角测量	55
第五节　经纬仪的检验与校正	57
第六节　角度测量误差分析	61
第七节　激光经纬仪与电子经纬仪	63
思考题	65

第四章　距离测量与直线定向 ·· 67
　第一节　钢尺量距 ·· 67
　第二节　视距测量 ·· 71
　第三节　电磁波测距 ·· 75
　第四节　直线定向 ·· 84
　思考题 ·· 92

第五章　全站仪及其使用 ·· 94
　第一节　全站仪概述 ·· 94
　第二节　全站仪的操作使用 ··· 95
　第三节　全站仪在工程测量中的应用 ·· 101
　思考题 ·· 103

第六章　误差理论的基础知识 ·· 104
　第一节　测量误差概述 ·· 104
　第二节　评定精度的标准 ·· 108
　第三节　误差传播定律及应用 ·· 109
　第四节　等精度独立观测量的最可靠值与精度评定 ····················· 111
　第五节　不等精度独立观测量的最可靠值与精度评定 ·················· 113
　思考题 ·· 115

第七章　小区域控制测量 ·· 117
　第一节　平面控制测量 ·· 117
　第二节　导线测量 ·· 121
　第三节　交会测量 ·· 132
　第四节　三角高程测量 ·· 136
　思考题 ·· 140

第八章　卫星定位系统 ·· 143
　第一节　概述 ·· 143
　第二节　GPS 的组成 ·· 143
　第三节　GPS 定位基本原理 ··· 146
　第四节　GPS 测量实施的基本方法 ··· 151
　第五节　我国北斗卫星定位系统 ·· 155
　思考题 ·· 155

第九章　大比例尺地形图测绘 ·· 156
　第一节　地形图的基本知识 ··· 156
　第二节　大比例尺地形图的测绘方法 ·· 166
　第三节　地面三维激光扫描仪地形测图 ····································· 176
　第四节　数字摄影地形测量 ··· 180

第五节　地籍测绘简介 ……………………………………………… 183

思考题 ………………………………………………………………… 186

第十章　地形图的应用 ……………………………………………… 188

第一节　地形图识图 ………………………………………………… 188

第二节　地形图应用的基本内容 …………………………………… 191

第三节　工程建设中地形图的应用 ………………………………… 193

第四节　数字高程模型(DEM) ……………………………………… 201

第五节　地理信息系统简介 ………………………………………… 208

思考题 ………………………………………………………………… 213

第十一章　施工测量原理与方法 …………………………………… 215

第一节　施工测量概述 ……………………………………………… 215

第二节　测设的基本工作 …………………………………………… 217

第三节　地面点平面位置的测设 …………………………………… 221

思考题 ………………………………………………………………… 223

第十二章　建筑工程施工测量 ……………………………………… 225

第一节　建筑工程测量概述 ………………………………………… 225

第二节　建筑施工控制测量 ………………………………………… 226

第三节　民用建筑施工测量 ………………………………………… 231

第四节　工业厂房施工测量 ………………………………………… 237

第五节　高层建筑施工测量 ………………………………………… 244

第六节　竣工总平面图的编绘 ……………………………………… 247

思考题 ………………………………………………………………… 247

第十三章　线路工程测量 …………………………………………… 248

第一节　线路工程测量概述 ………………………………………… 248

第二节　线路工程初测 ……………………………………………… 249

第三节　线路工程详测 ……………………………………………… 252

第四节　路线施工测量 ……………………………………………… 282

第五节　管线施工测量 ……………………………………………… 284

思考题 ………………………………………………………………… 288

第十四章　桥梁与隧道施工测量 …………………………………… 290

第一节　桥梁工程施工测量 ………………………………………… 290

第二节　隧道工程施工测量 ………………………………………… 299

思考题 ………………………………………………………………… 304

第十五章　水利工程测量 …………………………………………… 305

第一节　概述 ………………………………………………………… 305

第二节　渠道测量 …………………………………………………… 306

第三节　大坝施工测量 ·· 311

第四节　水闸的施工放样 ·· 314

思考题 ··· 315

第十六章　工程建筑物变形观测 ······································ 316

第一节　概述 ·· 316

第二节　沉降观测 ·· 319

第三节　水平位移观测 ·· 323

第四节　建筑物的倾斜观测 ·· 325

第五节　裂缝观测 ·· 327

思考题 ··· 327

第一章 绪论

第一节　测绘学简介

一、测绘学的研究内容

测绘学是研究测定和推算地面的几何位置、地球形状及地球重力场,据此测量地球表面自然形态和人工设施的几何分布,并结合某些社会信息和自然信息的地理分布,编制全球和局部地区各种比例尺的地图和专题地图的理论和技术的学科。它是地球科学的一个分支学科。

测绘学包括测量学和制图学。测量学是研究如何测定地面点的平面位置和高程,将地球表面的地形及其他信息测绘成图(含地图和地形图),以及研究地球的形状和大小等的一门科学。测量学的主要任务包括测绘和测设。测绘是指使用各种测量仪器和工具,通过观测、计算,得到一系列测量数据,利用这些数据将地球表面地物、地貌按照一定的比例尺绘成满足各种需要的地形图。测设是指将图纸上规划设计好的建(构)筑物或特定位置经过测量工作在地面上标定出来,作为施工的依据,它是测绘的逆过程。制图学主要是结合社会和自然信息的地理分布,研究绘制全球和局部地区各种比例尺地形图和专题图的理论和技术的科学。其中,测量学是测绘学研究的重要内容。

测绘学的应用范围很广,在城乡建设规划、国土资源的合理利用、农林牧渔业的发展、环境保护以及地籍管理等工作中,必须进行土地测量和测绘各种类型、各种比例尺的地图,以供规划和管理使用。在地质勘探、矿产开发、水利、交通等国民经济建设中,则必须进行控制测量、矿山测量和线路测量,并测绘大比例尺地图,以供地质普查和各种建筑物设计施工用。在国防建设中,除了为军事行动提供军用地图外,还要为保证火炮射击的迅速定位和导弹等武器发射的准确性,提供精确的地心坐标和精确的地球重力场数据。在研究地球运动状态方面,测绘学提供的大地构造运动和地球动力学的几何信息,结合地球物理的研究成果,可解决地球内部运动机制问题。

由此可见,测绘学对国民经济的发展和国防建设具有重要的意义,常被认为是经济建设和国防建设的基础工程。通过测量获得的地形图是基本的空间地理信息,广泛服务于科学研究、国防建设、经济建设及社会发展规划等各个方面,是一个国家重要的基础数据之一。

二、测绘学科的分支

测绘学科按照研究范围和对象的不同,可分为以下几个分支学科。

1. 大地测量学

大地测量学是研究和测定地球的形状、大小、重力场、整体与局部运动和测定地面点几何位置,以及它们的变化的理论和技术的学科。凡研究对象为地表上较大局域甚至整个地球时,就必须考虑地球曲率的影响。这种以研究广大地区为对象的测量学科属于大地测量学的范畴,它的主要功用是为大规模测制地形图提供地面的水平位置控制网和高程控制网,为用重力勘探地下矿藏提供重力控制点,同时也为发射人造地球卫星、导弹和各种航天器提供地面站的精确坐标和地球重力场资料。

2. 摄影测量与遥感学

摄影测量与遥感学是研究利用摄影或遥感的手段获取目标物的影像信息(包括模拟的或数字的影像),通过分析和处理,从中提取几何的或物理的信息,并用图形、图像和数字形式表达的学科。摄影测量分为航天摄影测量、航空摄影测量、地面摄影测量以及近景摄影测量等,主要通过地表影像,在现代通信技术、计算机技术的支持下,快速获得各种模拟和数字地图。利用遥感技术可快速获得地表的卫星影像,广泛应用于测绘、农业、林业、地质、海洋、气象、水文、军事、环保等领域。

3. 地图制图学与地理信息工程

地图制图学与信息工程是研究用地图图形科学地、抽象概括地反映自然界和人类社会各种现象的空间分布、相互联系及其动态变化,并对空间信息进行获取、智能抽象、存储、管理、分析、处理、可视化及其应用的一门科学技术。它是用地图图形反映自然界和人类社会各种现象的空间分布,相互联系及其动态变化的。

4. 海洋测绘学

海洋测绘学是研究以海洋水体和海底为对象所进行的测量和海图编制的理论和方法的学科,主要包括海道测量、海洋大地测量、海底地形测量、海洋专题测量以及航海图、海底地形图、各种海洋专题图和海洋图集等的编制。

5. 工程测量学

工程测量学是研究地球空间(地面、地下、水下、空中)中具体几何实体的测量描绘和抽象几何实体的测设实现的理论方法和技术的一门应用性学科。工程测量学主要包括以工程建筑为对象的工程测量和以设备与机器安装为对象的工业测量两大部分。在学科上可划分为普通工程测量和精密工程测量。工程测量学的主要任务是为各种工程建设提供测绘保障,满足工程所提出的要求。精密工程测量代表着工程测量学的发展方向,大型特种精密工程建设是促进工程测量学科发展的动力。

6. 普通测量学

普通测量学是研究地球表面局部区域内测绘工作的基本理论、仪器和方法的学科,是测绘学的一个基础部分。局部区域指在该区域内进行测量、计算和制图时,可以不顾及地球的曲率,把这区域的地面简单地当作平面处理,而不致影响测图的精度。普通测量学研究的主要内容,是局部区域内的控制测量和地形图的测绘。基本工作包括距离测量、角度测量、高程测量、测绘地形图以及地形图的应用。

本书在介绍普通测量学的基础上,根据土木工程及相关专业的实际,相应增加了部分工程测量学的内容。

三、测绘学的任务

土木工程建设一般分为勘测设计、施工建设和运营管理三个阶段,测量工作作为基础部分贯穿于工程建设的全过程,具体内容包括:

(1)工程建设规划、勘测、设计阶段的测量工作。主要是为工程建设的规划、设计、测绘提供各种比例尺的地形图,另外还要为工程地质勘探、水文地质勘探以及水文测验等进行测量。对于重要的工程(例如某些大型特种工程)或在地质条件不良的地区(例如膨胀土地区)进行建设,还要对地层的稳定性进行观测。

(2)工程建设施工阶段的测量工作。工程建设经审批进入施工阶段后,有大量的测量工作。首先要根据工地的地形、地质情况,依据工程性质及施工组织等,建立不同形式的施工测量控制网,作为定线放样的基础;然后再进行施工放样,即将图纸上设计的工程建筑物,按照一定的测量方法在现场标定出来(即所谓定线放样),以作为实地修建的依据。此外,还要进行施工质量和进度控制的测量工作,例如高层建筑物、构筑物的竖直度、曲线、曲面型建筑的形态、地下工程的断面及土石方测量等。同时还要进行一些竣工测量,变形观测以及设备的安装测量等。

(3)工程建设运营管理阶段的测量工作。在工程建筑物运营期间,为了监视其安全和稳定的情况,了解其设计是否合理,验证设计理论是否正确,需要定期地对其位移、沉陷、倾斜以及摆动等进行观测。这些工作,即通常所说的变形观测。对于大型的工业设备,还要进行经常性的检测和调校,以保证其按设计安全运行。另外,为了工程的有效管理、维护和日后扩展的需要,还要做竣工测量,建立工程信息系统。

总之,在工程建设的各个阶段都要进行测量工作,测量工作贯穿于整个工程建设的始终,因此,从事工程建设的工程技术人员,必须掌握工程测量的基本知识和技能。

第二节 测绘学发展概况

一、测绘学发展历程

测绘学有悠久的历史。古埃及尼罗河洪水泛滥,水退之后重新划界,开始了测量工作。公元前2世纪我国司马迁在《史记·受本纪》中记述了禹受命治理洪水而进行测量工作的情况。从16世纪起,随着测量技术的发展,可以根据实地测量结果绘制国家规模的地形图,不仅有方位和比例尺,精度较高,而且能在地图上描绘出地表形态的细节,并按不同用途,将实测地形图缩制编绘成各种比例尺的地图。到20世纪60年代出现了计算机辅助的地图制图方法,从此出现了数字地图和电子地图,制图的精度和速度都有很大的提高,并且在计算机软、硬件的支持下发展成为地理信息系统,形成地图制图与地理信息系统学科。

测绘学获取观测成果的工具是测量仪器,它的形成和发展在很大程度上依赖测绘方法和测绘仪器的创造和变革。17世纪前使用简单的工具,如中国的绳尺、步弓、矩尺等,以量距为主。17世纪初发明望远镜,1730年英国的西森制成第一台测角用的经纬仪,促进了三角测量的发展。随后陆续出现小平板仪和大平板仪及水准仪,用于野外直接测绘地形图。16世纪中叶起为满足欧美两洲间的航海需要,许多国家相继研究海上测定经纬度,以定船位。直到18世纪时钟发明,定位问题得到圆满解决,从此开始了大地天文学的系统研究。随着测量仪器和方法不断改进,测量数据精度的提高,要求有精确的计算方法,1809年法国的勒让德和德国的高斯分别提出了最小二乘准则,为测量平差奠定了基础。19世纪50年代,法国的洛斯达首创摄影测量方法,到20世纪初形成地面立体摄影测量技术。1915年制造出自动连续航空摄影机,可将航摄像片在立体测图仪上加工成地形图,因而形成了航空摄影测量方法。到20世纪50年代测绘仪器又朝着电子化和自动化的方向发展,1948年发展起来电磁波测距仪,可精确测定远达几十公里的距离。与此同时电子计算机出现,发展成有电子设备和计算机控制的测绘仪器设备,使测绘工作更为简便、快速和精确。继而在20世纪60年代又出现了计算机控制的自动绘图机,可用以实现地图制图的自动化。自1957年苏联第一颗人造卫星发射成功,使测绘工作出现了新的飞跃,发展了人造卫星的测绘工作。卫星定位技术和遥感技术在测绘学中得到广泛的应用,并形成空间大地测量和摄影测量与遥感学科。

二、当代测绘学科的发展及应用

传统的测绘技术由于受到观测仪器和方法的限制,只能在地球的某一局部区域进行测量工作,而空间技术,各类对地观测卫星则为我们提供了对地球整体进行观察和测绘的工具,卫星航天观测技术能采集全球性、重复性的连续对地观测数据,数据的覆盖可达全球范围内,因此这类数据可用于对地球作为一个整体进行理解,这就如同可以把地球放在实验室里进行观察、测绘和研究一样方便。正是由于以空间技术、计算机技术、通信技术和信息技术为支柱的现代测绘技术日新月异的迅猛发展,使得测绘学的理论基础、测绘工程技术体系、研究领域和科学目标等正在适应新形势的需要而发生深刻的变化,从而使测绘生产任务由传统的纸上或类似介质的地图编制、生产和更新发展到对地理空间数据进行采集、处理、组织、管理、分析和显示,传统的数据采集技术已由遥感卫星或数字摄影获得的数字影像所代替。测绘工作和测绘行业正在向着数字化、信息化、网络化和自动化的方向发展,不仅减轻了体力劳动,也使生产力得到很大的提高。今天的光缆通信、卫星通信、数字化多媒体网络技术可使测绘产品从单一的纸质信息转变为磁盘和光盘等电子信息,因此测绘生产产品分发方式从单一的邮路转到"电路"(数字通信和计算机网络传真等),测绘产品的形式和服务社会的方式由于信息技术的支持发生了很大的变化,进入了信息化的发展阶段,表现为正以高新技术为支撑和动力,进入市场竞争求发展,测绘行业正在逐渐成为信息行业中的一个重要组成部分。它的服务范围和对象由原来单纯为国家制作基本地形图,扩大到国民经济和国防建设中与地理空间数据有关的各个领域。

三、我国测绘学科的发展

我国测绘学科的发展自中华人民共和国成立后进入了一个崭新的阶段。1965年成立了国家测绘总局,建立了测绘研究机构,组建了专门培养测绘人才的院校。各省和业务部门也纷纷成立测绘机构,极大地推动了我国测绘事业的发展。

在测绘工作方面,建立和统一了全国坐标系统和高程系统,建立了全国的大地控制网、国家水准网、基本重力网和卫星多普勒网,完成了国家大地网和水准网的整体平差;完成了国家基本比例尺地形图的测绘工作;进行了南极长城站和珠穆朗玛峰的测量工作;同时,各种工程建设的测绘工作也取得了显著的成绩,如南京长江大桥、葛洲坝水电站、宝山钢铁厂、北京正负离子电子对撞机和同步辐射加速器、核电站、三峡水利枢纽等大型和特殊工程的测绘工作。出版发行地图1600多种,发行量超过11亿册。在测绘仪器制造方面从无到有,发展迅速,已生产出了不同等级、不同型号的电磁波测距仪、卫星激光仪等传统测绘仪器,国产全站仪也批量生产,国产GPS接收机已广泛应用,已建成全国GPS大地控制网。成功研制和开发了解析测图仪和全数字摄影测量系统。2011年国家测绘局更名为国家测绘地理信息局,地理信息系统(GIS)的建立和应用发展迅速,目前,我国测绘地理信息技术已全面进入数字化、信息化阶段,地理信息服务已经渗透到国民经济和社会生活的各个方面。地理信息产业已成为最具发展潜力的战略性新兴产业之一,是建设数字地球、物联网和智慧城市的重要支撑。我国高分辨率遥感卫星"资源三号"的成功发射并交付使用,"北斗"全球定位系统已经投入使用,机载干涉雷达测图系统,自主研发的互联网服务网站"天地图"上线,以及地理信息公共平台等一大批科技成果得到推广应用,这些新技术、新设备的推广应用,进一步推动了我国测绘事业的发展。

第三节 地球形状和大小

一、地球的自然形体

传统的测量工作是在地球的自然表面上进行的。地球的自然表面是十分复杂的,有高山、丘陵和平原,有江河湖泊和海洋。通过长期的测绘实践和科学调查,人们发现地球表面海洋面积约占71%,陆地面积约占29%。有高达8 844.43m的珠穆朗玛峰,又有深达11 022m的马里亚纳海沟。但这样的高低起伏相对于地球庞大的体积来说仍然是微不足道的,就其总体形状而言,地球是一个接近于两极稍扁的椭球体。

二、大地水准面

由于地球表面绝大部分是海洋,人们很自然地会把整个地球总体形状看作是被海水包围的球体,即把地球看作是处于静止状态的海水向陆地内部延伸形成的封闭曲面。地球上的任意一点,都同时受到两个作用力:一是地球自转产生的离心力;二是地心引力。这两种力的合力称为重力。重力的作用线又称为铅垂线。用细绳悬挂一个垂球G,其静止时所指示的方向即为悬挂点O的重力方向,也称为铅垂线方向(图1-1)。

处于自由静止状态的水面称为水准面,由静止的海水面延伸形成的封闭曲面也是一个水准面。由于海水的潮起潮落,海水面时高时低,这样的水准面就有无数多个,从中选择一个最接近地球表面的水准面来代替地球表面,这就是通过平均海水面的水准面。人们把这个处于静止平衡状态的平均海水面向陆地内部延伸所形成的封闭曲面称为大地水准面。大地水准面所包围的

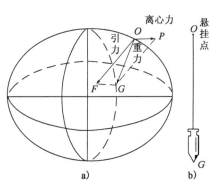

图1-1 铅垂线方向

形体称为大地体。

当液体表面处于静止状态时,液面必然与重力方向垂直,即液面与铅垂线方向垂直,因而大地水准面同样具有处处与重力方向(铅垂线方向)垂直的特性。铅垂线方向取决于地球内部的引力,地球引力的大小与地球内部的质量有关。由于地球内部的质量分布不均匀,因而地面上各点的铅垂线方向也是不规则的,处处与铅垂线方向垂直的大地水准面实际上是一个略有起伏的不规则曲面,无法用数学公式精确表达(图1-2)。

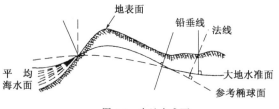

图1-2 大地水准面

水准面和铅垂线是客观存在的,因而可以将大地水准面和铅垂线作为测量外业的基准面和基准线。野外测量仪器也是以水准面和铅垂线为基准进行设置的。

三、参考椭球面

为了解决大地水准面不能作为计算基准的矛盾,人们要选择既能用数学公式表示,又十分接近大地水准面的规则曲面作为计算的基准面。

经过长期测量实践研究表明,地球形状极近似于一个两极稍扁的旋转椭球,即一个椭圆绕其短轴旋转而成的椭球体,这个旋转椭球面是可以用较简单的数学公式准确地表达出来。人们将这个代表地球形状和大小的旋转椭球体称为地球椭球体(图1-3)。

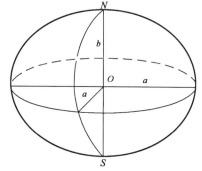

图1-3 旋转椭球体

地球椭球体的形状大小是由长半轴 a、短半轴 b 和扁率 f 来确定,称为地球椭球体元素

$$f = \frac{a - b}{a}$$

世界各国通常均采用旋转椭球代表地球的形状,并称其为"地球椭球"。测量中把与大地体最接近的地球椭球称为总地球椭球;把与某个区域如一个国家大地水准面最为密合的椭球称为参考椭球,其椭球面称为参考椭球面。由此可见,参考椭球有许多个,而总地球椭球只有一个。

我国1980年国家大地坐标系采用了1975年国际椭球,该椭球的基本元素是

$$a = 6\ 378\ 140\text{m}, b = 6\ 356\ 755.3\text{m}, f = 1/298.257$$

地球椭球的形状和大小确定以后,还应进一步确定地球椭球与大地体的相关位置,才能作为测量计算的基准面。即根据一定的条件,确定参考椭球面与大地水准面的相对位置所做的测量工作,称为参考椭球体的定位。如在一个国家适当地点选一点 P,设想大地水准面与参考椭球面相切,切点 P' 位于 P 点的铅垂线方向上(图1-4),这样椭球面上 P' 点的法线与该点对大地水准面的铅垂线重合,并使椭球的短轴与地球的自转轴平行,且椭球面与这个国家范围内的大地水准面差距尽量地小,从而确定了参考椭球面与大地水准面的相对位置关系,这就是椭球的定位工作。这个用于参考椭球定位的点,称为大地原点。参考椭球面是测量计算的基准面,其法线是测量计算的基准线。

我国大地原点位于陕西省泾阳县永乐镇,在大地原点上进行精密天文测量和精密水准测量,获得大地原点的平面起算数据,以此建立的坐标系称为"1980年国家大地坐标系"。

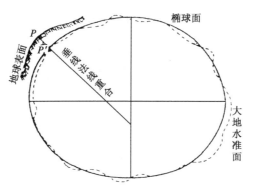

图 1-4　参考椭球体的定位

由于参考椭球体的扁率很小，因此，在普通测量中，在满足精度的前提下，为计算方便，可以把地球看作圆球体，其平均半径为

$$R = \frac{1}{3}(a + a + b) \approx 6\ 371\text{km}$$

第四节　测量坐标系

为了确定点在空间的位置，需要建立测量坐标系。一个点的空间位置，可以用三维的空间直角坐标表示，也可以用一个二维坐标系（椭球面坐标或平面直角坐标）和高程的组合来表示。

一、大地坐标系

大地坐标系是以参考椭球面作为基准面，以起始子午面（即通过英国格林尼治天文台的子午面）和赤道面作为在椭球面上确定某一点投影位置的两个起算面。在大地坐标系下，地面上一点 P 的大地坐标的分量 (L,B) 定义如下：

过地面某一点的子午面与起始子午面之间的夹角，称为该点的大地经度，用 L 表示（图 1-5）。规定从起始子午面起算，向东为正，由 $0° \sim 180°$ 称为东经；向西为负，由 $0° \sim 180°$ 称为西经。

过地面某点的椭球面法线 Pp 与赤道面的夹角，称为该点的大地纬度，用 B 表示。规定从赤道面起算，由赤道面向北为正，从 $0° \sim 90°$ 称为北纬；由赤道面向南为负，从 $0° \sim 90°$ 称为南纬。

P 点的大地经度、纬度，可由天文观测方法测得 P 点的天文经、纬度 (λ, ϕ)，再利用 P 点的法线与铅垂线的相对关系（称为垂线偏差）改算为大地经度、纬度 (L,B)。在一般测量工作中，可以不考虑这种改化。

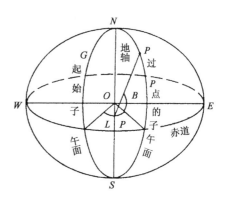

图 1-5　大地坐标系

大地坐标系是椭球面坐标系，它的基准面是参考椭球面，基准线是法线。

二、空间直角坐标系

以椭球体中心 O 为原点,起始子午面与赤道面交线为 X 轴,赤道面上与 X 轴正交的方向为 Y 轴,椭球体的旋转轴为 Z 轴,指向符合右手规则。在该坐标系中,P 点的点位用 OP 在这三个坐标轴上的投影 x、y、z 表示(图 1-6)。

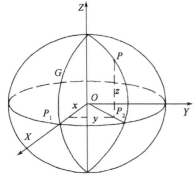

图 1-6　空间直角坐标系

三、独立平面直角坐标系

当测区范围较小时(如小于 $100km^2$),常把球面投影面看作平面,这样地面点在投影面上的位置就可以用平面直角坐标来确定。测量工作中采用的平面直角坐标系如图 1-7a)所示。规定南北方向为纵轴 x 轴,向北为正;东西方向为横轴 y 轴,向东为正;坐标原点有时是假设的,假设的原点位置应使测区内各点的 x、y 值为正。

测量平面直角坐标系与数学平面直角坐标系的区别如下(图 1-7):

(1)坐标轴向互换。即测量平面直角坐标系中的 x、y 坐标轴与数学平面直角坐标系中的 x、y 位置互换。

(2)象限顺序相反。即测量平面直角坐标系中的象限顺序为顺时针方向,而数学平面直角坐标系中的象限顺序为逆时针方向。

(3)表示直线方向的方位角定义不同。在测量直角坐标系中,方位角以北方向 x 为起始方向,并且角度测量一般为顺时针测量。而数学坐标系中,象限角以东方向 x 为起始方向,大小以逆时针定义。但由于两种坐标系中的坐标轴和象限顺序刚好都相反,因此,三角函数计算在两坐标系中的应用完全相同。

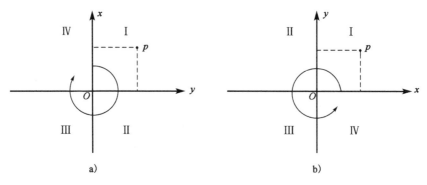

图 1-7　两种平面直角坐标系的比较
a)测量平面直角坐标系;b)数学平面直角坐标系

四、高斯平面直角坐标系

1. 高斯投影

高斯平面直角坐标系采用高斯投影方法建立。高斯投影是由德国测量学家高斯于 1825~1830 年首先提出,到 1912 年由德国测量学家克吕格推导出实用的坐标投影公式,所以又称高斯—克吕格投影。

如图 1-8 所示,设想有一个椭圆柱面横套在地球椭球体外面,使它与椭球上某一子午线(该子午线称为中央子午线)相切,椭圆柱的中心轴通过椭球体中心,然后用一定的投影方法,将中央子午线两侧在一定经差范围内的地区投影到椭圆柱面上,再将此柱面展开即成为投影面。故高斯投影又称为横轴椭圆柱投影。

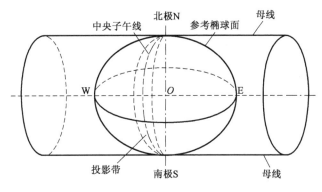

图 1-8 高斯投影

高斯投影是正形投影的一种,投影前后的角度相等,除此以外,高斯投影还具有如下特点:

(1)中央子午线投影后为直线,且长度不变。距中央子午线越远,投影后变曲程度越大,长度变形也越大。

(2)椭球面上除中央子午线外,其他子午线投影后,均向中央子午线弯曲,并向两极收敛,同时还对称于中央子午线和赤道。

(3)在椭球面上对称于赤道的纬圈,投影后仍成为对称的曲线,同时与子午线的投影曲线互相垂直且凹向两极。

2. 高斯投影带

高斯投影中,除中央子午线外,各点均存在长度变形,且距中央子午线越远,长度变形越大。长度变形太大对测图、用图和测量计算都不利,必须限制长度变形。

限制长度变形的方法是采用分带投影,即将地球椭球面按一定的经度差分为若干范围不大的带,称为投影带。每隔经度 6° 或 3° 划分为一带,分别称为 6° 带和 3° 带,将投影后展开在高斯平面直角坐标系的 6° 带和 3° 带一个个拼接起来,便得到图 1-9 所示的图形。

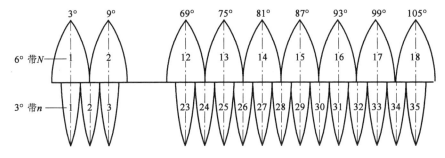

图 1-9 6° 投影与 3° 带投影的关系

(1)6° 带:从 0° 子午线起,自西向东每隔经差 6° 分带,依次编号 1,2,3,…,60,各带相邻子午线称为分带子午线。带号 N 与相应的中央子午线经度 L_0 的关系为

$$L_0 = 6N - 3 \tag{1-1}$$

(2)3°带:从东经 1.5°子午线起,自西向东每隔经差 3°分带,依次编号 1,2,3,…,120,带号 n 与相应的中央子午线经度 l_0 的关系为

$$l_0 = 3n \tag{1-2}$$

6°带的带号 N 与 3°带的带号 n 之间的关系为

$$n = 2N - 1$$

我国领土跨 11 个 6°带,即 13~23 带;跨 22 个 3°带,即 24~45 带。通常情况下,3°带用于大于 1:2.5 万比例尺地图;6°带用于 1:2.5~1:50 万比例尺地图。

3. 高斯平面直角坐标系

在投影面上,中央子午线和赤道的投影均为直线。以中央子午线与赤道的交点作为坐标原点 O,以中央子午线的投影为坐标纵轴(x 轴),规定 x 轴向北为正;以赤道的投影为坐标横轴(y 轴),y 轴向东为正,由此建立的平面直角坐标系称为高斯平面直角坐标系。

我国位于北半球,x 坐标值恒为正,y 坐标值则有正有负,当测点位于中央子午线以东时为正,以西时为负。例如图 1-10a)中 P 点位于中央子午线以西,其 y 坐标值为负值。为了避免 y 坐标值为负值,规定将 x 坐标轴向西平移 500km,即将所有点的 y 坐标值均加上 500km。由于采用了分带投影,各带自成独立坐标系,因而不同投影带就会出现坐标相同的点。为了区分不同带中坐标值相同的点,又规定在横坐标 y 值前冠以带号。习惯上,把 y 坐标值加 500km 并冠以带号的这种坐标称为国家统一坐标。而把没有加 500km 和代号的坐标,称为自然坐标。显然,同一点的国家统一坐标和自然坐标的 x 坐标值相同,而 y 坐标值不同。

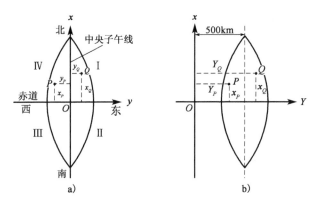

图 1-10 高斯平面直角坐标系

例:图 1-10 中的 P 点位于第 19 带内,其高斯平面直角坐标为

$$x_P = 3\,275\,611.188\text{m} \quad y_P = -376\,543.211\text{m}$$

该点的国家统一坐标表示为

$$X_P = 3\,275\,611.188\text{m} \quad Y_P = 19\,123\,456.789\text{m}$$

4. 距离改化

将球面上的长度改化为投影面上的距离,叫作距离改化。

设球面上两点间长度为 S,其在投影面上的长度为 σ,地球半径 R,则有

$$\sigma = S + \frac{y^2}{2R^2} \cdot S \qquad (1\text{-}3)$$

由上式可知,只要知道球面上两点间的长度 S 及其在球面上离开中央子午线的近似距离 y(可取两点横坐标的平均值),便可求出其在高斯投影面上的距离 σ。并且 σ 总是比 S 大,其改化数值为

$$\Delta S = \sigma - S = \frac{y^2}{2R^2} \cdot S \qquad (1\text{-}4)$$

由(1-4)可知,离开中央子午线的距离 y 越大,长度变形越大。

为了减少长度变形的影响,在 1∶5 000 或更大比例尺测图时,必须采用 3°带或 1.5°带的投影。有时也用任意带(即选择测区中心的子午线为中央子午线)投影计算。

5. 方向改化

图 1-11a)表示了球面上 AB 线的方向,由 Q 经 A、B 两点的大圆与轴子午线所围成的球面四边形 ABB_1A_1。由球面三角学得知:四边形 ABB_1A_1 的内角之和等于 360°加其球面角超。球面角超 ε 为

$$\varepsilon'' = \rho'' \frac{P}{R^2} \qquad (1\text{-}5)$$

式中:P——球面上四边形的面积;

R——地球半径。

由于正形投影是等角投影,也就是说,要想保持球面上的角度转移到投影面上时没有变形,由图 1-11b)可知,要用曲线而不是用直线连接图形顶点 a 和 b,只有这样,才能达到等角的目的。所以球面上 AB 方向线,应以曲线表示在投影面上,且该曲线对轴子午线来说是凸出来的。

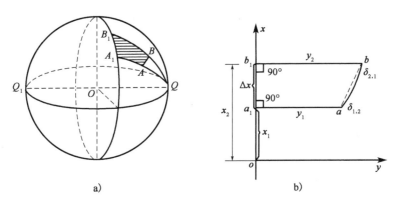

a)　　　　　　　　　b)

图 1-11　方向改化

在投影面上,为了利用平面三角学公式进行计算。需将 a、b 两点之间的曲线以 a、b 两点之间的直线代替。所谓方向改化,即计算曲线的切线与直线之间的夹角 δ。当距离很小时(几千米),角 $\delta_{1,2}$ 与角 $\delta_{2,1}$ 可认为是相等的,因此

$$\delta'' = \frac{\delta_{1,2} + \delta_{2,1}}{2} = \frac{1}{2}\varepsilon'' \qquad (1\text{-}6)$$

如果将球面的面积 P 用投影面上四边形 aa_1b_1b 的面积代替,此面积等于

$$P = \frac{1}{2}(y_1 + y_2)(x_2 - x_1) = y_m(x_2 - x_1) \tag{1-7}$$

则(1-6)式可改写为

$$\delta'' = \rho'' \frac{y_m}{2R^2}(x_2 - x_1) \tag{1-8}$$

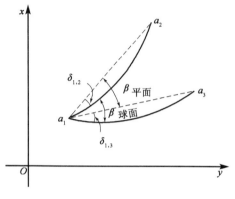

图 1-12　球面角度与平面角度的关系

式(1-8)即方向改化公式,δ''的数值取决于 AB 线离开轴子午线的远近及纵坐标增量的大小。

根据方向改化 δ'',即可求得球面上观测的角度与其在投影面上平面角度的关系,由图 1-12 可得

$$\beta_{平面} = \beta_{球面} + \delta_{1,2} - \delta_{1,3} \tag{1-9}$$

根据以上所述,如果已知高级控制点的坐标已归化到投影面上,那么对其间所敷设的导线或三角测量的观测元素(长度和角度)进行改化(将其转换成为投影面上的元素)以后,就可以按平面几何的原理,计算所有控制点的平面直角坐标。

五、高 程 系 统

1. 高程基准面

为了建立全国统一的高程系统,必须确定一个高程基准面。通常采用平均海水面代替大地水准面作为高程基准面,平均海水面的确定是通过验潮站多年验潮资料来求定的。我国确定平均海水面的验潮站设在青岛,青岛地处黄海,因此,我国的高程基准面以黄海平均海水面为准。为了将基准面可靠地编订在地面上以便于联测,在青岛的观象山上设立了永久的"水准点",用精密水准测量方法联测得该点至平均海水面的高程,全国的高程都是从该点推算的,故该点又称为"水准原点"。

2. 高程系统

我国常用的高程系统主要有:1956 年黄海高程系和 1985 国家高程基准。

1)1956 年黄海高程系

以青岛验潮站 1950～1956 年 7 年验潮资料算得的平均海水面作为全国的高程起算面,并测得"水准原点"的高程为 72.289m。凡以此值推算的高程,称为 1956 年黄海高程系。我国自 1959 年开始,全国统一采用 1956 年黄海高程系。

2)1985 年国家高程系

随着我国验潮资料的积累,为提高大地水准面的精度,国家又根据 1952～1979 年青岛验潮站的观测值,确定了黄海海水面的平均高度,并求得"水准原点"的高程为 72.260m。由于该高程系是国家在 1985 年确定的,故称为 1985 国家高程基准。经国务院批准,我国自 1987 年开始采用 1985 国家高程基准。

3. 高程与高差

地面点至大地水准面的铅垂距离,称为该点的绝对高程或海拔,简称高程,用 H 表示(见图 1-13)。

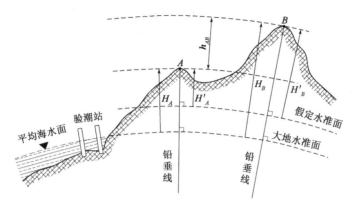

图 1-13　高程系统

在局部地区,如果引用绝对高程有困难时,可采用假定高程系统。即假定一个水准面作为高程基准面,地面点至假定水准面的铅垂距离,称为相对高程或假定高程,用 H' 表示。

两点高程之差称为高差,用 h 表示。图 1-13 中,H_A、H_B 为 A、B 两点的绝对离程;H'_A、H'_B 为 A、B 两点的相对离程;h_{AB} 为 A、B 两点间的高差,即

$$h_{AB} = H_B - H_A = H'_B - H'_A \tag{1-10}$$

所以,两点之间的高差与高程起算面无关。

第五节　用水平面代替水准面的限度

实际测量工作中,在一定的测量精度要求和测区面积不大的情况下,往往以水平面直接代替水准面,因此应当了解地球曲率对水平距离、水平角、高差的影响,从而决定在多大面积范围内能容许用水平面代替水准面。分析过程中,将大地水准面近似看成圆球,半径 $R = 6\,371\text{km}$。

一、水准面曲率对水平距离的影响

在图 1-14 中,AB 为水准面上的一段圆弧,长度为 S,所对圆心角为 θ,地球半径为 R。自 A 点作切线 AC,长为 t。如果将切于 A 点的水平面代替水准面,即以切线段 AC 代替圆弧 AB,则在距离上将产生误差 ΔS

$$\Delta S = AC - AB = t - S$$

$$AC = t = R\tan\theta; AB = S = R \cdot \theta$$

则有

$$\Delta S = R\tan\theta - R \cdot \theta$$

将 $\tan\theta$ 按级数展开,由于 θ 较小,故舍取 3 次以上高次项,取

$$\tan\theta = \theta + \frac{1}{3}\theta^3$$

13

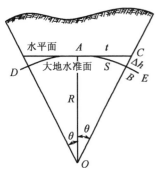

水平面

大地水准面

图 1-14 水平面代替水准面

顾及 $\theta = \dfrac{S}{R}$，有

$$\Delta S = \frac{1}{3}\frac{S^3}{R^2} \quad 或 \quad \frac{\Delta S}{S} = \frac{1}{3}\frac{S^2}{R^2} \tag{1-11}$$

当 $S=10\mathrm{km}$ 时，$\dfrac{\Delta S}{S} = \dfrac{1}{1\,217\,700}$，小于目前精密距离测量的容许误差。因此可得出结论：在半径为 $10\mathrm{km}$ 的范围内进行距离测量时，用水平面代替水准面所产生的距离误差可以忽略不计。

二、水准面曲率对水平角的影响

由球面三角学知道，同一个空间多边形在球面上投影的各内角之和，较其在平面上投影的各内角之和大一个球面角超 ε，它的大小与图形面积成正比。其公式为

$$\varepsilon'' = \rho''\frac{P}{R^2} \tag{1-12}$$

式中：P——球面多边形面积；

$\quad R$——地球半径；

$\rho'' = 206\,265''$。

当 $P=100\mathrm{km}^2$ 时，$\varepsilon''=0.51''$。

由此表明，对于面积在 $100\mathrm{km}^2$ 内的多边形，地球曲率对水平角的影响只有在最精密的测量中才考虑，一般测量工作是不必考虑的。

三、水准面曲率对高差的影响

图 1-14 中，BC 为水平面代替水准面产生的高差误差。令 $BC=\Delta h$，则

$$\Delta h = OC - OB = R\sec\theta - R = R(\sec\theta - 1)$$

根据三角函数的级数公式 $\sec\theta = 1 + \dfrac{1}{2}\theta^2 + \cdots$，得

$$\Delta h = \frac{S^2}{2R} \tag{1-13}$$

式(1-13)表明，Δh 的大小与距离的平方成正比。当 $S=1\mathrm{km}$ 时，$\Delta h=8\mathrm{cm}$。因此，地球曲率对高差的影响，即使在很短的距离内也必须加以考虑。

综上所述，在面积为 $100\mathrm{km}^2$ 的范围内，进行水平距离或水平角测量，都可以不考虑地球曲率的影响。在精度要求较低的情况下，这个范围还可以相应扩大。但地球曲率对高差的影响是不能忽视的。

第六节　测量工作的组织实施

地球表面的物体分为地物和地貌。地物指地面上位置固定的天然或人工物体，它包括平原、湖泊、河流、海洋、房屋、道路、桥梁等；地貌指地表高低起伏的形态，它包括山地、丘陵等。地物和地貌统称为地形。

一、测量工作的基本内容

测量的任务是测图和测设。测图是将地物和地貌按一定的比例尺缩小绘制成地形图。如图 1-15 所示,测区内有山丘、房屋、河流、小桥、公路等,测绘地形图的过程是先测量出这些地物、地貌特征点的坐标,然后按一定的比例尺、规定的符号缩小展绘在图纸上。地物、地貌的特征点又称碎部点,测量碎部点坐标的方法与过程称为碎部测量。测设就是将在图纸上设计好的建筑物和构筑物的位置在实地标定出来。测量工作的实质就是确定地形点的空间位置。

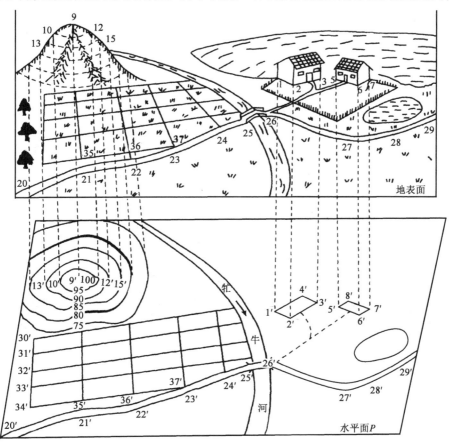

图 1-15 地形图成图原理示意图

地形特征点的测量方法有多种,在工程测量中常采用 GPS 卫星定位和常规几何定位的方法。GPS 卫星定位方式是利用分布在空中的多个 GPS 卫星确定地面点的位置。有关 GPS 卫星定位内容见第八章。

常规几何定位方式如图 1-16 所示,地面上三点 A、B、C 投影到水平面上为 a、b、c。假设点 A 的位置已知,欲求点 B 的位置,则必须测量直线 AB 的方向,即与 x 轴之间的夹角 α,以及 A、B 两点间的水平距离 D_{AB}。由于 B 点是空间点位,除需知道其平面位置外,还需要知道其高程,有了平面位置和高程,则点 B 的空间位置就可以确定了。由此可见,角度测量、距离测量和高程测量是测量的基本工作,而角度、距

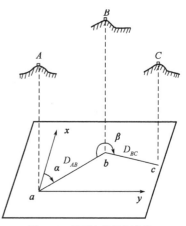

图 1-16 地面点的几何定位

离和高差是决定地面点相对位置的三个基本的几何因素。

二、测量工作的原则

测量工作由观测人员采用一定的仪器和工具在野外进行,在观测过程中人为因素、仪器精度及外界条件的影响,都有可能使观测结果存在误差。

为了避免误差积累及消减其对测量成果的影响,测量工作应遵循"先整体,后局部"、"先控制,后碎部"的原则,即首先在待测区间选择若干控制点,如图1-17中的A、B、C……F等点,用较精密的仪器设备准确地测量其平面位置和高程,根据图形的几何条件,进行平差计算,使误差影响最小,得出其精确位置和高程,然后再根据控制点测量其周围的地物和地貌位置。测设过程同样也遵循上述原则和方法。

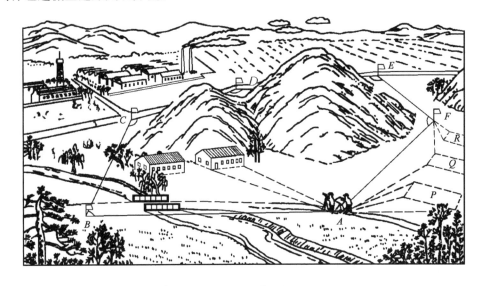

图1-17　测量工作的实施

【思考题】

1-1　测绘学研究的对象是什么?

1-2　工程测量学的研究内容及其在工程建设中的作用有哪些?

1-3　何谓水准面、大地水准面、绝对高程和相对高程?

1-4　测量学的平面直角坐标系与数学平面直角坐标系的表示方法有何不同?

1-5　地球上某点的经度为东经$112°11'$,则它在高斯投影的$6°$和$3°$带的中央子午线经度分别为多少?

1-6　测量工作的基本内容是什么?

1-7　测量工作遵循的原则是什么?

第二章 水准测量

测定地面点高程的工作,称为高程测量。高程测量是测量的基本工作之一。高程测量按所使用的仪器和施测方法的不同,可以分为水准测量、三角高程测量、GPS高程测量和气压高程测量。水准测量是目前精度最高的一种高程测量方法,它广泛应用于国家高程控制测量、工程勘测和施工测量中。

第一节 水准测量原理

水准测量原理是利用水准仪提供的水平视线,读取竖立于两个点上的水准尺上的读数,来测定两点间的高差,再根据已知点高程计算待定点高程。

如图2-1所示,在地面上有A、B两点,已知A点的高程为H_A、为求B点的高程H_B,在A、B两点之间安置水准仪,A、B两点上各竖立一把水准尺,通过水准仪的望远镜读取水平视线分别在A、B两点水准尺上截取的读数为a和b,可以求出A、B两点间的高差为

$$h_{AB} = a - b \tag{2-1}$$

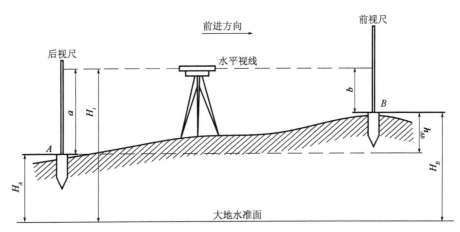

图 2-1 水准测量原理

设水准测量的前进方向为 A 点至 B 点,则称 A 点为后视点,其水准尺读数 a 为后视读数;称 B 点为前视点,其水准尺读数 b 为前视读数。因此,两点间的高差等于

$$h_{AB} = 后视读数 - 前视读数$$

若后视读数大于前视读数,则高差为正,表示 B 点比 A 点高,$h_{AB} > 0$;若后视读数小于前视读数,则高差为负,表示 B 点比 A 点低,$h_{AB} < 0$。

如果 A、B 两点相距不远,且高差不大,则安置一次水准仪,就可以测得高差 h_{AB}。此时 B 点高程为

$$H_B = H_A + h_{AB} \tag{2-2}$$

B 点高程也可以通过水准仪的视线高程 H_i 计算,即

$$H_i = H_A + a \tag{2-3}$$

$$H_B = H_i - b \tag{2-4}$$

当架设一次水准仪需要测量多个前视点 $B_1, B_2, \cdots, B_n$ 的高程时,采用视线高程计算这些点的高程就非常方便。设水准仪对竖立在 $B_1, B_2, \cdots, B_n$ 点上的水准尺读数分别为 $b_1, b_2, \cdots, b_n$ 时,则高程计算公式为

$$\left.\begin{aligned}
H_i &= H_A + a \\
H_{B_1} &= H_i - b_1 \\
H_{B_2} &= H_i - b_2 \\
&\cdots \\
H_{B_n} &= H_i - b_n
\end{aligned}\right\} \tag{2-5}$$

如果 A、B 两点相距较远或高差较大,安置一次仪器无法测得其高差时,就需要在两点间增设若干个作为传递高程的临时立尺点称为转点(简称 TP 点),如图 2-2 中的 TP_1、TP_2……点,并依次连续设站观测,设测得的各站高差为

$$h_{A-TP_1} = h_1 = a_1 - b_1$$

$$h_{TP_1-TP_2} = h_2 = a_2 - b_2$$

$$\cdots$$

$$h_{(n-1)-B} = h_n = a_n - b_n$$

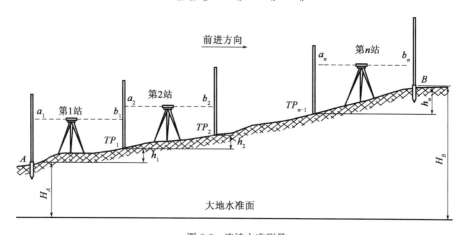

图 2-2 连续水准测量

则 A、B 两点间高差为

$$h_{AB} = \sum_{i=1}^{n} h_i = \sum_{i=1}^{n} a_i - \sum_{i=1}^{n} b_i \qquad (2\text{-}6)$$

B 点高程为

$$H_B = H_A + h_{AB}$$

式(2-6)表明，A、B 两点间的高差等于各测站后视读数之和减去前视读数之和，此式仅用于检核高差计算的正确性。

第二节　水准测量仪器与工具

在水准测量中，提供水平视线的仪器称为水准仪，使用的工具有水准尺和尺垫。

水准仪按仪器的精度分为 DS_{05}、DS_1、DS_3、DS_{10} 等几个等级，见表 2-1。"D" 和 "S" 分别为 "大地测量" 和 "水准仪" 汉语拼音的第一个字母；数字代表仪器的测量精度，即每公里往返测高差中数的偶然中误差分别为 ±0.5mm，±1mm，±3mm，±10mm。DS_{05} 和 DS_1 为精密水准仪。

水准仪系列技术参数　　　　　　　　　　　　　　　　　　　　　　表 2-1

水准仪系列型号		DS_{05}	DS_1	DS_3	DS_{10}
每千米往返测高差偶然中误差不大于(mm)		±0.5	±1	±3	±10
望远镜	物镜有效孔径不小于(mm)	55	47	38	28
	放大倍数	42	38	28	20
水准管分划值("/2mm)		10	10	20	20
主要用途		国家一等水准测量及地震监测	国家二等水准测量及其他精密水准测量	国家三、四等水准测量及一般工程水准测量	一般工程水准测量

一、微倾式水准仪的构造

水准仪的主要作用是提供一条水平视线，能照准离水准仪一定距离处的水准尺并读取尺上的读数。通过调整水准仪使管水准器气泡居中获得水平视线的水准仪称为微倾式水准仪；通过补偿器获得水平视线读数的水准仪称为自动安平水准仪。本节主要介绍微倾式水准仪的构造。

图 2-3 所示是国产 DS_3 微倾式水准仪，它主要由望远镜、水准器、基座三部分组成。

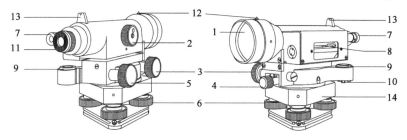

图 2-3　DS3 微倾式水准仪

1-物镜;2-物镜调焦螺旋;3-微动螺旋;4-制动螺旋;5-微倾螺旋;6-脚螺旋;7-管水准器气泡观察窗;8-管水准器;9-圆水准器;10-圆水准器校正螺丝;11-目镜;12-准星;13-缺口;14-基座

1. 望远镜

望远镜是用来照准水准尺并读取水准尺上的读数,要求望远镜能看清水准尺上的分划和注记并有读数标志。根据在目镜端观察到的物体成像情况,望远镜可分为正像望远镜和倒像望远镜。图 2-4 是倒像望远镜的结构图,它由物镜、调焦透镜、十字丝分划板和目镜组成。

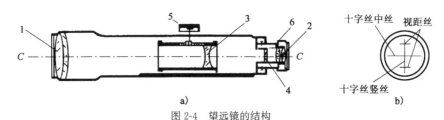

图 2-4　望远镜的结构
1-物镜;2-目镜;3-物镜调焦透镜;4-十字丝分划板;5-物镜调焦螺旋;6-目镜调焦螺旋

望远镜的成像原理如图 2-5 所示。设远处目标 AB 发出的光线经物镜及调焦透镜折射后,在十字丝分划板上成一倒立的实像 ab;通过目镜的放大而成虚像 $a'b'$,十字丝分划板也同时放大。

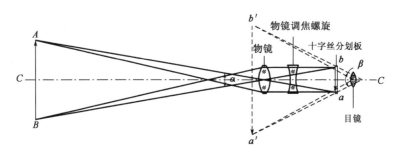

图 2-5　望远镜成像原理

由图 2-5 可知,观测者通过望远镜观察虚像 $a'b'$ 的视角为 β,而直接观察目标 AB 的视角为 α,β 显然大于 α。由于视角被放大了,观测者就感到远处的目标移近了,目标看得更清楚了,从而提高了瞄准和读数精度。通常定义 β 与 α 之比为望远镜的放大倍数 V,即 $V=\beta/\alpha$。《城市测量规范》要求,DS3 水准仪望远镜的放大倍数不得小于 28。

十字丝分划板的结构如图 2-4b)所示。它是在一直径约 10mm 的光学玻璃圆片上刻出三根横丝和一根垂直于横丝的纵丝,中间的长横丝称为中丝,用于读取水准尺上分划的读数;上、下两根较短的横丝称为上丝和下丝,用来测定水准仪至水准尺的距离,故称为视距丝。

十字丝分划板安装在一金属圆环上,并用四颗校正螺丝固定在望远镜筒上。望远镜物镜光心与十字丝交点的连线称为望远镜的视准轴,通常用 CC 表示。望远镜物镜光心的位置是固定的,调整固定十字丝分划板的 4 颗校正螺丝,在较小的范围内移动十字丝分划板可以调整望远镜的视准轴。

2. 水准器

水准器是一种整平装置,水准器有管水准器和圆水准器两种。管水准器用来指示视准轴是否水平,圆水准器用来指示仪器竖轴是否竖直。管水准器又称水准管,是一个内装液体并留有气泡的密封玻璃管,其纵向内壁磨成圆弧形,外表面刻有 2mm 间隔的分划线,通过分划线的对称中心(即水准管零点)作水准管圆弧的纵切线 LL,称为水准管轴,如图 2-6a)所示。2mm 间隔分划线所对的圆心角 τ 称为水准管分划值,如图 2-6b)所示。

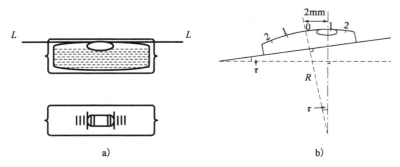

图 2-6　管水准器
a)管水准器;b)管水准器分划值

由图 2-6b),得

$$\tau = \frac{2}{R}\rho''$$

(2-7)

式中:$\rho'' = 206265''$;

　　R——水准管圆弧半径。

水准管圆弧半径越大,分划值就越小,则水准管灵敏度就越高,也就是仪器置平的精度越高。DS$_3$ 水准仪的水准管分划值要求不大于 $20''/2mm$。

为了提高水准管气泡居中的精度,DS$_3$ 微倾式水准仪多采用符合水准管系统,通过符合棱镜的反射作用,使气泡两端的影像反映在望远镜旁的符合气泡观察窗中。由观察窗看气泡两端的半像吻合与否,来判断气泡是否居中,如图 2-7 所示。若两半气泡像吻合,说明气泡居中。此时水准管轴处于水平位置。

因管水准器灵敏度较高,且用于调节气泡居中的微倾螺旋范围有限,在使用时,应首先使仪器的旋转轴(即竖轴)处于竖直状态。因此,水准仪上还装有一个圆水准器,如图 2-8 所示,其顶面的内壁被磨成球面,刻有圆分划圈。通过分划圈的中心(即零点)作球面的法线 $L'L'$,称为圆水准器轴,圆水准器分划值约为 $8'$。当气泡居中时,圆水准器轴竖直,则仪器竖轴处于竖直位置。

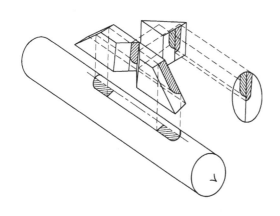

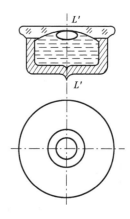

图 2-7　符合水准器

图 2-8　圆水准器

3. 基座

基座用于支承仪器的上部并通过连接螺旋使仪器与三脚架相连,调节基座上的三个脚螺旋可使圆水准器气泡居中。

二、水准尺和尺垫

水准尺是水准测量中用于读数的标尺。常用的水准尺有塔尺和双面水准尺两种。通常,双面水准尺用干燥的优质木材制成;塔尺用铝合金或玻璃钢材料制成。

如图 2-9a)所示,塔尺由两节或三节套接而成,可以伸缩,长度有 3m 和 5m 两种。塔尺一般为双面刻划,尺底为零刻划,尺面刻划为黑白格相间,每格宽度为 1cm 或 0.5cm,分米处有数字注记,数字上方加红点表示米数,如 5̈ 表示 1.5m,6̈ 表示 2.6m。由于塔尺接头处存在误差,因此,塔尺仅用于等外水准测量和一般工程施工测量中。

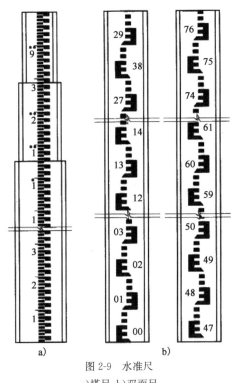

图 2-9 水准尺

a)塔尺;b)双面尺

如图 2-9b)所示,双面水准尺长度为 3m,双面均有刻划,分划值为 1cm,分米处有数字注记。其中一面为黑白格相间刻划(称为黑面尺),尺底为零刻划;另一面为红白相间(称为红面尺),尺底不为零,为一常数。双面尺一般成对使用,一根尺常数为 4.687m,另一根尺为 4.787m。利用红黑面尺的零点差可对水准测量中的读数进行检核。双面水准尺用于三、四等水准测量。

尺垫由生铁铸成,一般为三角形,上部中央有一凸起的半圆球体,下部有三个支脚,如图 2-10 所示。尺垫只用于在转点处立尺。使用时,需将尺垫踩实,水准尺立于半球顶上,以保证尺底高度不变。

图 2-10 尺垫

第三节　水准测量方法与成果计算

一、水准测量的外业实施

(一)基本概念

1. 测站

如图 2-1 所示,水准仪及水准标尺所摆设的位置称为测站,这种摆设测站所进行的水准工作,称为测站观测。

2. 水准路线

连续若干测站水准测量工作构成的高差观测路线,称为水准路线。

3. 视距

水准仪到立尺点的水平距离,称为视距。视距按照视距测量方法测得。水准仪到后视尺的视距称为是后视距,水准仪到前视尺的视距称为前视距。一测站视距长度指的是前后视距之和。

4. 水准点

水准测量工作主要是依据已知高程点来引测其他待定点的高程。事先埋设标志在地面上,用水准测量方法建立的高程控制点称为水准点,常以 BM(Bench Mark)表示。水准测量是由测绘部门采用国家统一高程系统,依据国家等级水准测量规范的要求施测的,国家水准测量按精度分为一、二、三、四等,相应的水准点称为一、二、三、四等水准点。一、二等水准测量为精密水准测量,三、四等水准测量用于一般工程建设。

根据水准点的等级要求和不同用途,水准点可分为永久性和临时性两种。永久性的国家等级水准点一般用钢筋混凝土制成,并深埋到地面冻结线以下;或直接刻制在不受破坏的基岩上,其具体埋制方法参见有关规范,如图 2-11a)所示。城镇建筑区水准点也可设置在稳定的墙脚上,称为墙上水准点,如图 2-11b)所示。土木建筑工地上的临时性水准点可制成一般混凝土桩或上顶边长约 5cm 的方木桩,埋入地下。

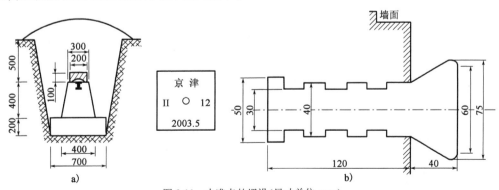

图 2-11　水准点的埋设(尺寸单位:mm)

a)混凝土普通水准标石;b)墙角水准标志埋设

在大比例尺地形图测绘中,常用图根水准测量来测量图根点的高程,这时的图根点也称图根水准点。

5. 高程转点

水准测量的转点指的是具有高程传递作用的立尺点。在水准测量中,尺垫安置于所设转点上,标尺被扶立在尺垫的半球状体上,尺垫应该保证坚实稳固。

6. 测段

两个水准点之间构成的水准路线称为测段。如图 2-2 中 A 到 B 经过若干个测站连成一个测段。

(二)水准路线布设形式

在实际测量工作中,往往需要由已知高程点测定若干个待定点的高程。为了进一步检核在观测、记录及计算中是否存在错误,避免测量误差的积累,保证测量成果的精度,必须将已知点和待定点组成某种形式的水准路线,利用一定的检核条件来检核测量成果的准确性。在普通水准测量中,水准路线有以下三种形式:

1. 闭合水准路线

如图 2-12a)所示,从一已知水准点 BM_A 出发,沿待定点 B、C、D、E 进行水准测量,最后测回到 BM_A,这种路线称为闭合水准路线。相邻两点称为一个测段。各测段高差的代数和理论值应等于零,但在测量过程中,由于不可避免地存在误差,使得实测高差之和往往不为零,从而产生高差闭合差。所谓闭合差,就是测量值与理论值(或已知值)之差,用 f_h 表示。闭合水准路线的高差闭合差为

$$f_h = \sum h_{测} - \sum h_{理} = \sum h_{测} \tag{2-8}$$

2. 附合水准路线

如图 2-12b)所示,从一已知水准点 BM_A 出发,沿待定点 1、2、3 进行水准测量,最后测到另一个已知水准点 BM_B,这种路线称为附合水准路线。各测段高差的代数和应等于两个已知点之间的高差(已知值)。附合水准路线的高差闭合差为

$$f_h = \sum h_{测} - \sum h_{已知} = \sum h_{测} - (H_{终} - H_{始}) \tag{2-9}$$

3. 水准支线

如图 2-12c)所示,从一已知水准点 BM_A 出发,沿待定点进行水准测量,这样既不闭合又不附和的水准路线,称为水准支线。水准支线必须进行往返测量。往测高差总和与返测高差总和应大小相等,符号相反。水准支线的高差闭合差为

$$f_h = \sum h_{往} + \sum h_{返} \tag{2-10}$$

(三)水准测量实施

1. 水准仪的使用

DS_3 微倾式水准仪的使用包括安置仪器、粗略整平、瞄准水准尺、精确整平和读数。

1) 安置仪器

根据水准测量的要求,应选择合适的地方安置仪器。首先,松开三脚架腿的伸缩螺旋,将架头提升到合适的高度,然后拧紧伸缩螺旋。再张开三脚架,使架头大致水平,最后用中心螺旋将水准仪安置在三脚架头上。安置时用手握住仪器基座,以防仪器从架头上滑落。

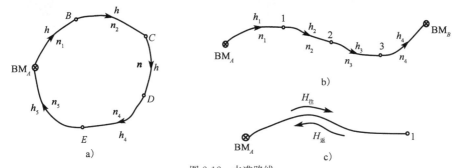

图 2-12　水准路线
a)闭合水准路线;b)附合水准路线;c)水准支线

2) 粗略整平

旋转脚螺旋使圆水准器气泡居中,仪器的竖轴大致铅垂,从而使望远镜的视准轴大致水平。旋转脚螺旋方向与圆水准器气泡移动方向的规律是:用左手旋转脚螺旋,则左手大拇指移动方向即为水准气泡移动方向;用右手旋转脚螺旋,则右手食指移动方向即为水准气泡移动方向,如图 2-13 所示。

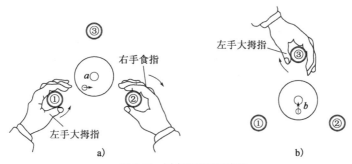

图 2-13　圆水准器整平步骤

3) 瞄准水准尺

(1)目镜调焦。将望远镜对着明亮的背景,旋转目镜调焦螺旋,使十字丝成像清晰。

(2)粗略瞄准。转动望远镜,使照门和准星的连线对准水准尺,旋紧制动螺旋。

(3)精确瞄准。在目镜前观察目标,同时旋转物镜调焦螺旋,使水准尺成像清晰。然后转动水平微动螺旋,使十字丝纵丝对准水准尺中央或稍偏一点。

(4)消除视差。精确瞄准后,眼睛在目镜前上下微动,若发现十字丝横丝在水准尺上的位置也随之移动,这种现象称为视差,如图 2-14 所示。

产生视差的原因是水准尺通过物镜组所成的影像与十字丝平面不重合。视差的存在会影响读数的准确性,应予以消除。消除视差的方法是重新仔细地进行物镜、目镜调焦,直到眼睛上下移动时读数不变为止。

4) 精确整平和读数

通过望远镜左边的符合水准器观察窗观察气泡影像(若看不到影像,则说明气泡偏差较大),同时用右手转动微倾螺旋,使符合气泡吻合,然后读取中丝在水准尺上的读数。

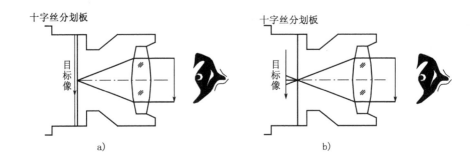

图 2-14 视差
a)没有视差现象；b)有视差现象

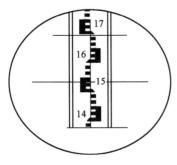

图 2-15 水准尺读数

米、分米和厘米可直接读出，毫米为估读值。要弄清注记与刻划的对应关系，避免读数错误。如图 2-15 中，中丝读数为 1.536。为了避免读听错误，报读数时一般不带小数点，即读做"1536"。

2. 水准测量的外业施测

如图 2-2 所示，从一已知的水准点 A 出发，采用连续水准测量的方法，才能测算出另一待定水准点 B 的高程。在进行连续水准测量时，如果任何一测站的后视读数或前视读数有错误，都将影响所测高差的正确性。因此，为了能及时发现每一测站观测中的错误，通常采用两次仪器高法或双面尺法进行观测，以检核高差测量中的错误，这种检核称测站检核。

1）双次仪器高法

在每一测站用两次不同仪器高度的水平视线（改变仪器高度应在 10cm 以上）来测定相邻两点间的高差，理论上两次测得的高差应相等。如果两次高差观测值不相等，对图根水准测量，两次高差的差值绝对值应小于 5mm，否则应重测。表 2-2 给出了一段水准路线用双仪器高法进行水准测量的记录格式，表中圆括弧内的数值为两次高差之差。

水准测量记录（双仪器高法）　　　　　　　　　　表 2-2

测站	点号	水准尺读数(mm)		高差 （m）	平均高差 （m）	高程 （m）	备注
		后视	前视				
1	BM_A	1 134				56.020	
		1 011					
	TP_1		1 677	−0.543	（0.000）		
			1 554	−0.543	−0.543		
2	TP_1	1 444					
		1 624					
	TP_2		1 324	+0.120	（+0.004）		
			1 508	+0.116	+0.118		

测站	点号	水准尺读数(mm)		高差（m）	平均高差（m）	高程（m）	备注
		后视	前视				
3	TP₂	1 822					
		1 710					
	TP₃		0 876	+0.946	(0.000)		
			0 764	+0.946	+0.946		
4	TP₃	1 820					
		1 923					
	TP₄		1 435	+0.385	(+0.002)		
			1 540	+0.383	+0.384		
5	TP₄	1 422					
		1 604					
	BM_B		1 308	+0.114	(+0.002)		
			1488	+0.116	+0.115	57.040	
计算检核	Σ	15.514	13.474	2.040	1.020		

2）双面尺法

用双面尺法进行水准测量就是同时读取每一把水准尺的黑面和红面分划读数，然后由前、后视尺的黑面读数计算出一个高差，前、后视尺的红面读数计算出另一个高差，以这两个高差之差是否小于某一限值来进行检核。由于在每一测站上仪器高度不变，这样可加快观测的速度。立尺点和水准仪的安置同两次仪器高法，其观测程序为：

（1）瞄准后视点水准尺黑面分划→精平→读数；

（2）瞄准前视点水准尺黑面分划→精平→读数；

（3）瞄准前视点水准尺红面分划→精平→读数；

（4）瞄准后视点水准尺红面分划→精平→读数。

该观测顺序简称为"后→前→前→后"，对于尺面分划来说，顺序为"黑→黑→红→红"。表2-6给出了一段水准路线用双面尺法进行水准测量的记录计算格式。

在一对双面水准尺中，两把尺子的红面零点注记分别为4 687和4 787，零点差为100mm，所以在表2-3每站观测高差的计算中，当4 787水准尺位于后视点而4 687水准尺位于前视点时，采用红面尺读数计算出的高差比采用黑面尺读数计算出的高差大100mm；当4 687水准尺位于后视点而4 787水准尺位于前视点时，采用红面尺读数计算出的高差比采用黑面尺读数计算出的高差小100mm。因此，每站高差计算中，要先将红面尺读数计算出的高差加或减100mm后才能与黑面尺读数计算出的高差取平均。

二、水准测量的内业成果计算

通过对外业原始记录、测站检核和高差计算数据的严格检查，并经水准线路的检核，外业测量成果已满足了有关规范的精度要求，但高差闭合差仍存在。所以，在计算各待求点高程时，必须首先按一定的原则把高差闭合差分配到各实测高差中去，确保经改正后的高差严格满足检核条件，最后用改正后的高差值计算各待求点高程。上述工作称为水准测量的内业。

测站	点号	水准尺读数(mm) 后视	水准尺读数(mm) 前视	高差 (m)	平均高差 (m)	高程 (m)	备注
1	BM$_A$	1 211				1 000.000	
		5 998					
	TP$_1$		0 586	+0.625	(0.000)		
			5 273	+0.725	+0.625		
2	TP$_1$	1 554					
		6 241					
	TP$_2$		0 311				
			5 079	+1.243	(+0.001)		
3	TP$_2$	0 398		+1.144	+1.243 5		
		5 186					
	TP$_3$		1 523	−1.125	(+0.001)		
			6 210	−1.024	−1.124 5		
4	TP$_3$	1 708					
		6 395					
	BM$_B$		0 574	+1.134	(0.000)		
			5 361	+1.034	+1.134	1 001.878	
计算检核	Σ	28.691	24.935	+3.756	+1.878		

高差闭合差的容许值视水准测量的精度等级而定。规范规定:在图根水准测量中,各路线高差闭合差的容许值,在平坦地区为

$$f_{h容} = \pm 40\sqrt{L}(\text{mm}) \qquad (L \text{ 为以千米为单位的路线长}) \qquad (2\text{-}11)$$

在山地,每千米水准测量的站数超过 16 站时,为

$$f_{h容} = \pm 12\sqrt{n}(\text{mm}) \qquad (n \text{ 为水准测量路线的测站数}) \qquad (2\text{-}12)$$

附合或闭合水准路线的长度不得大于 8km,水准支线的长度不得大于 4km。

(一)闭合水准路线成果计算

图 2-16 是成果计算略图,图中观测数据是根据水准测量手簿整理而得,已知水准点 BM$_A$ 得高程为 50.674m,B、C、D 为待测水准点。表 2-4 为水准测量成果计算。

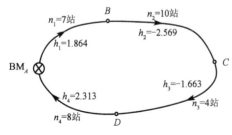

图 2-16 闭合水准路线计算

(1)填写已知数据和观测数据,按计算路线依次将点名、测站数、实测高差和已知高程填入计算表中。

(2)计算高差闭合差及其容许值

按式(2-8)计算,得

$$f_h = \sum h_{测} = -0.055\text{m} = -55\text{mm}$$

点名	测站数	实测高差（m）	改正数（mm）	改正后高差（m）	高程（m）	点名	备注
BM_A					50.674	BM_A	已知点
	7	1.864	13	1.877			
B					52.551	B	
	10	−2.569	19	−2.550			
C					50.001	C	
	4	−1.663	8	−1.655			
D					48.346	D	
	8	2.313	15	2.328			
BM_A					50.674	BM_A	已知点
Σ	29	−0.055	55	0			
计算检核							

计算检核：

$f_h = \sum h = -0.055\text{mm} = -55\text{mm}$

$f_{h容} = \pm 12\sqrt{29}\,\text{mm} = \pm 65\text{mm}$

$|f_h| < |f_{h容}|$，符合图根水准测量的要求

按式(2-12)计算得：$f_{h容} = \pm 12\sqrt{29}\,\text{mm} = \pm 65\text{mm}$

$|f_h| < |f_{h容}|$，满足规范要求，则可进行下一步计算，若超限，则需检查原因，甚至重测。

（3）高差闭合差调整

高差闭合差的调整是按边长或测站数成正比例且反符号计算各测段的高差改正数，然后计算各测段的改正后高差。高差改正数的计算公式为

$$\nu_i = -\frac{f_h}{n} \times n_i \quad \text{或} \quad \nu_i = -\frac{f_h}{L} \times L_i \tag{2-13}$$

式中：n——测站总数；

$\quad n_i$——第 i 测段的测站数；

$\quad L$——路线长度；

$\quad L_i$——第 i 测段的路线长度。

例如，第一测段的高差改正数为

$$\nu_1 = -\frac{-55}{29} \times 7\,\text{mm} = +13\,\text{mm}$$

其余测段的高差改正数按式(2-13)计算，并将其填入表中。然后将各段改正数求和，其总和应与闭合差大小相等，符号相反。各测段实测高差加相应的改正数即可得改正后高差，改正后高差得代数和应等于零。

(二)附合水准路线成果计算

附合水准路线的高差闭合差按照式(2-9)计算，计算见表2-5。

$$f_h = \sum h - (H_B - H_A) = 4.330 - (49.579 - 45.286) = 0.037\text{m} = 37\text{mm}$$

其计算步骤、闭合差的容许值及调整、各点的高程计算与闭合水准路线相同。图 2-17 为一附合水准路线成果计算略图,成果计算表见表 2-5。

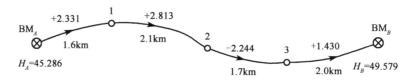

图 2-17　附合水准路线略图

附合水准路线成果计算表　　　　　　　　　　表 2-5

点名	距离 L_i (km)	观测高差 h_i (m)	改正数 V_i (m)	改正后高差 $\hat{h}_i$ (m)	高程 H (m)
BM_A					45.286
	1.6	+2.331	−0.008	2.323	
1					47.609
	2.1	+2.813	−0.011	−2.802	
2					50.411
	1.7	−2.244	−0.008	−2.252	
3					48.159
	2.0	+1.430	−0.010	+1.420	
BM_B					49.579
Σ	7.4	+4.330	−0.037	+4.293	
计算检核	$f_h=\Sigma h-(H_B-H_A)=4.330-(49.579-45.286)=0.037\text{m}=37\text{mm}$ $f_{h容}=40\sqrt{7.4}=108.8\text{mm}$ $|f_h|<|f_{h容}|$,符合图根水准测量的要求				

(三)支水准路线成果计算

首先按式(2-10)和式(2-11)、式(2-12)计算高差闭合差和容许值。若满足要求,则取各测段往返观测高差的平均值(符号以往测为准)作为该测段的观测结果,最后依次计算各点高程。

第四节　三、四等水准测量

一、三、四等水准测量的技术要求

三、四等水准路线一般沿道路布设,水准点应选在土质坚硬、便于长期保存和使用的地方,水准点间的距离一般为 2～4km,在城市建筑区为 1～2km。三、四等水准测量的主要技术要求参见表 2-6。对于每一测站的技术要求见表 2-7。

三、四等水准测量一般使用 DS_3 级水准仪。采用全长 3m 的木质或玻璃钢双面水准标尺,双面水准尺的一面为黑白分划,称为“黑面尺”;另一面为红白分划,称为“红面尺”。黑面尺的尺底一般从 0mm 刻划,红面尺尺底一根从 4687mm 刻划,另一根从 4787mm 刻划,测量中两根尺成对使用。

等级	仪器类型	最大视线长度（m）	单站前后视距差（m）	全线累计视距差（m）	红黑面读数差（mm）	红黑面所测高差之差（mm）
三等	DS3	75	2.0	5.0	2.0	3.0
四等	DS3	100	3.0	10.0	3.0	5.0

城市水准测量主要技术要求　　　　　　　　　表 2-7

等级	每千米高差中数中误差（mm）	附合路线长度（km）	水准仪等级	测段往返测高差不符值（mm）	附合路线或环线闭合差
二等	≤±2	400	DS_1	≤±4$\sqrt{R}$	≤±4$\sqrt{L}$
三等	≤±6	45	DS_3	≤±12$\sqrt{R}$	≤±12$\sqrt{L}$
四等	≤±10	15	DS_3	≤±20$\sqrt{R}$	≤±20$\sqrt{L}$
图根	≤±20	8	DS_{10}		≤±40$\sqrt{L}$

注：R 为测段的长度，为附合路线或环线的长度，均以千米为单位。

二、三、四等水准测量的观测方法

三、四等水准测量的观测应在通视良好、望远镜成像清晰、稳定的情况下进行。使用双面尺法在一个测站的观测程序如下：

（1）后视水准尺黑面，使圆水准器气泡居中，读取下、上丝读数①和②，转动微倾螺旋，使符合水准气泡居中，读取中丝读数③。

（2）前视水准尺黑面，读取下、上丝读数④和⑤，转动微倾螺旋，使符合水准气泡居中，读取中丝读数⑥。

（3）前视水准尺红面，转动微倾螺旋，使符合水准气泡居中，读取中丝读数⑦；

（4）后视水准尺红面，转动微倾螺旋，使符合水准气泡居中，读取中丝读数⑧。

以上①、②、……、⑧表示观测与记录的顺序，各步骤观测结果要填入记录表格的相应位置（见表 2-8）。这样的观测顺序简称为"后—前—前—后"，其优点是可以有效地减弱仪器下沉误差的影响。四等水准测量每站观测顺序也可为"后—后—前—前"以提高工作效率。

三、四等水准观测手簿　　　　　　　　　表 2-8

往测自　BM1　至　水准点 A　　　观测者　郑仪　　　记录者　管小详

2004 年　7 月　10 日　　　天　气　晴　　　仪器型号　DS₃

开始时间8 时结束时间　10　时　　　成　像　清晰稳定

测站编号	点号	后尺 上丝／下丝；后视距／视距差	前尺 上丝／下丝；前视距／累积差	方向及尺号	水准尺读数 黑面	水准尺读数 红面	K＋黑—红（mm）	平均高差（m）	备注
		①	④		③	⑧	⑭	⑱	
		②	⑤		⑥	⑦	⑬		
		⑨	⑩		⑮	⑯	⑰		
		⑪	⑫						$K_{006}=4\ 687$ $K_{007}=4\ 787$
1	BM_1-TP_1	1 526 1 095 43.1 +0.1	0 901 0 471 43.0 +0.1	后 007 前 006 后—前	1311 0 686 +0.625	6 098 5 373 +0.725	0 0 0	+0.625 0	

往测自 **BM1** 至 **水准点 A**			观测者 **郑仪**			记录者 **管小详**	
2004 年 7 月 10 日			天　气 **晴**			仪器型号 **DS₃**	
开始时间 8 时结束时间 **10** 时			成　像 **清晰稳定**				

测站	测点	后尺	前尺	方向及尺号	标尺读数 黑面	红面	K+黑-红	高差中数	备考
2	$TP_1 - TP_2$	1 912 1 396 51.6 −0.2	0 670 0152 51.8 −0.1	后 006 前 007 后一前	1654 0411 +1.243	6341 5197 +1.144	0 +1 −1	+1.2435	
3	$TP_2 - TP_3$	0 989 0 607 38.2 +0.2	1 813 1 433 38.0 +0.1	后 007 前 006 后一前	0 798 1 623 −0.825	5 586 6 310 −0.724	−1 0 −1	−0.824 5	$K_{006}=4\ 687$ $K_{007}=4\ 787$
4	$TP_3 - A$	1 791 1 425 36.6 −0.2	0 658 0 290 36.8 −0.1	后 006 前 007 后一前	1 608 0 474 +1.134	6 295 5 261 +1.034	0 0 0	+1.134 0	

每页校核

$\sum⑨=169.5$　$\sum[③+⑧]=29.691$

$\sum[⑮+⑯]=+4.356$

$\underline{-)\sum⑩=169.6}$　　　$\underline{-)\sum[⑥+⑦]=25.335}$

-0.1　　　　　　　　　　$+4.356$

$2\sum⑱=+4.356$

总视距 $\sum⑨+\sum⑩=339.1$

三、测站计算与检核

1. 视距计算

后视距离：⑨＝①－②

前视距离：⑩＝④－⑤

前、后视距差⑪＝⑨－⑩，三等水准测量，不得超过 2m；四等水准测量不得超过 3m。

前、后视距累积差⑫＝上站之⑫＋本站之⑪，三等水准测量不得超过 5m；四等水准测量，不得超过 10m。

2. 读数检核

同一水准尺红、黑面中丝读数之差，应等于该尺红、黑面的常数差 K（4.687m 或 4.787m）。红、黑面中丝读数差按下式计算

⑬＝⑥＋K－⑦

⑭＝③＋K－⑧

⑬、⑭的大小，三等水准测量，不得超过 2mm；四等水准测量，不得超过 3mm。

3. 高差计算与检核

黑面高差⑮＝③－⑥

红面高差⑯＝⑧－⑦

⑰＝⑮－⑯±0.100＝⑭－⑬，可以用来检核测量成果。三等水准测量，⑰不得超过 3mm；四等水准测量，⑰不得超过 5mm。

红、黑面高差之差在容许范围内时，取其平均值作为该站的观测高差：

$$⑱=\frac{1}{2}\{⑮+[⑯±0.100]\}$$

4. 每页水准测量记录计算检核

每页水准测量记录必须作计算检核。

1)高差检核

当测站数为偶数时

$$\sum[③+⑧]-\sum[⑥+⑦]=\sum[⑮+⑯]=2\sum⑱$$

当测站数为奇数时

$$\sum[③+⑧]-\sum[⑥+⑦]=\sum[⑮+⑯]=2\sum⑱±0.100$$

2)视距检核

后视距离总和减前视距离总和应等于末站视距累积差,即

$$\sum⑨-\sum⑩=末站⑫$$

校核无误后,算出总视距

$$总视距=\sum⑨+\sum⑩$$

用双面尺法进行四等水准测量的记录、计算与校核可参见表 2-8。

5. 三、四等水准测量的成果整理

三、四等水准测量的闭合或附合线路的成果整理首先应按表 2-6 的规定,检验测段(两水准点之间的线路)往返测高差之差及高差闭合差。如果在容许范围之内,则测段高差取往、返测的平均值,线路的高差闭合差则反其符号按测段的长度为比例进行分配。按闭合差改正后的高差,计算各水准点的高程。

第五节　水准仪和水准尺的检验与校正

一、水准仪的检验和校正

(一)水准仪的主要轴线及其满足的条件

由仪器结构可知微倾式水准仪有四条主要轴线,即视准轴 CC、水准管轴 LL、圆水准器轴 $L'L'$ 和仪器竖轴 VV,如图 2-18 所示。

水准仪之所以能提供一条水平视线,取决于仪器本身的构造特点,即轴线间应满足的几何条件:

(1)圆水准器轴平行于竖轴($L'L'//VV$);

(2)十字丝横丝垂直于竖轴;

(3)水准管轴平行于视准轴($LL//CC$)。

微倾式水准仪轴线间应满足的几何条件在仪器出厂时已经过检验与校正。但由于仪器长期使用以及在搬运过程中可能出现的震动和碰撞等原因,使各轴线之间的关系发生变化,若不及时检验校正,将会影响测量成果的质量。因此,在进行水准测量工作之前,

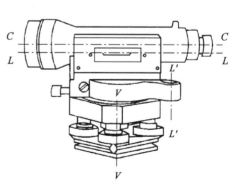

图 2-18　水准仪的轴线

对水准仪应进行严格的检验和校正。

(二)水准仪检验与校正

1. 圆水准器轴平行于仪器竖轴

1)检验

旋转脚螺旋,使圆水准气泡居中。然后将仪器绕竖轴旋转180°,若气泡中心偏离圆水准器的零点,则说明$L'L'$不平行于VV,需要校正。

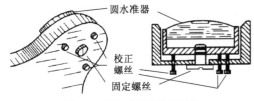

图 2-19 圆水准器的校正螺丝

2)校正

旋转脚螺旋使气泡中心向圆水准器的零点移动偏距的一半,使用校正针拨动圆水准器的三个校正螺丝,见图2-19,使气泡中心移动到圆水准器的零点,然后将仪器再绕竖轴旋转180°,若气泡中心与圆水准器的零点重合,则校正完毕,否则重复前面的校正步骤。最后,拧紧固定螺丝。检验与校正操作的原理见图2-20所示。

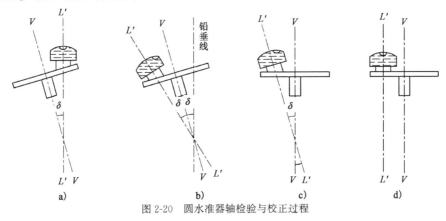

图 2-20 圆水准器轴检验与校正过程

2. 十字丝横丝垂直于竖轴

1)检验

整平仪器后,用十字丝横丝的一端对准远处一明显标志点P(图2-21a),旋紧制动螺旋,用微动螺旋转动水准仪,如果标志点P始终在横丝上移动(图2-21b),则横丝垂直于竖轴。否则,需要校正(图2-21c、图2-21d)。

2)校正

旋下十字丝分划板护罩(图2-21e),用螺丝刀松开四个压环螺丝(图2-21f),按横丝倾斜的反方向转动十字丝组件,再进行检验。如果P点始终在横丝上移动,则表示横丝已经水平,最后拧紧四个压环螺丝。

3. 水准管轴平行于视准轴

1)检验

如果管水准器轴在竖直面内不平行于视准轴,说明两轴存在一个夹角i。当管水准气泡居中时,管水准器轴水平,而视准轴相对于水平线就倾斜了i角。如图2-22所示,在平坦地面上选定相距约 80m 的 A、B 两点，打木桩或放置尺垫作标志并竖立水准尺。将水准仪安置在与 A、B 点等距离处的 C 点，采用变动仪器高法或双面尺法测出 A、B 两点的高差 h_{AB}，若两次测得的高差之差不超过 3mm，则取其平均值作为最后结果 h_{AB}。由于测站距两水准尺的距离相等，则 i 角引起的前、后视尺的读数误差 x（也称视准轴误差）相等，这样就可以在高差计算中抵消，故 h_{AB} 不受 i 角误差的影响。

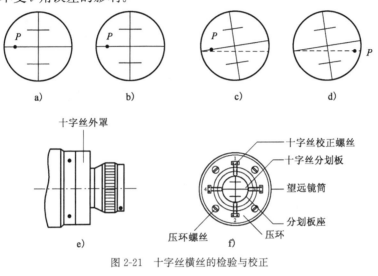

图 2-21　十字丝横丝的检验与校正

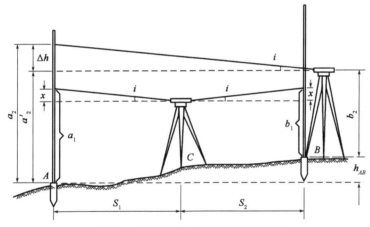

图 2-22　管水准器轴平行于视准轴的检验

将水准仪搬到距 B 点约 2～3m 处，安置仪器，测量 A、B 的高差，设前、后视尺的读数分别为 a_2、b_2，由此得出高差为 $h'_{AB} = a_2 - b_2$，则两次设站观测的高差之差为 $\Delta h = h'_{AB} - h_{AB}$，由图 2-21 可以写出 i 角的计算公式为

$$i'' = \frac{\Delta h}{S_{AB}} \rho'' = \frac{\Delta h}{80} \rho'' \tag{2-14}$$

式中 $\rho'' = 206\ 265$。规范规定，用于三、四等水准测量的水准仪，其 i 角不得大于 $20''$。否则，需要校正。

2）校正

由图 2-22 可以求出 A 点水准尺上的正确读数为 $a'_2 = a_2 - \Delta h$。旋转微倾螺旋，使十字丝横丝对准 A 尺上的正确读数 a'_2，此时视准轴处于水平位置，而管水准气泡偏离中心。用校正针拨动管水准器一端的上、下两个校正螺丝(图 2-23),使气泡的两个影像符合。然后改变仪器高度,重新测定 A、B 之间的高差计算 i 角,若 i 角误差小于 20″即可,否则应重新校正。需要注意,这种成对的校正螺丝在校正时应遵循"先松后紧"规则,即如要抬高管水准器的一端,必须先松开上面的校正螺丝,让出一定的空隙,然后再旋进下面的校正螺丝。

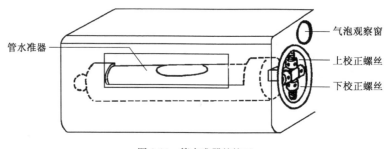

图 2-23 管水准器的校正

二、水准尺的检验和校正

水准尺底面与零刻划线是否一致、与标尺中轴线是否正交检验与校正水准尺上圆水准器,异常情况下应立即检校。

第六节 水准测量误差及减弱措施

水准测量误差包括仪器误差、观测误差和外界环境的影响三个方面。

一、仪 器 误 差

1. 仪器校正后的残余误差

规范规定,DS3 水准仪的 i 角大于 20″才需要校正,因此,正常使用情况下,i 角保持在 ±20″以内。由图 2-22 可知,i 角引起的读数误差与距离成正比,只要观测时前、后视距相等,便可消除或减弱 i 角误差的影响。但在每站观测中,使前、后视距完全相等是不容易的。对于四等水准测量,规范规定:每站的前、后视距差应不大于 3m,每一测段的前后视距累积差应不大于 10m。

2. 水准尺误差

由于水准尺刻划不准确、尺长变化、尺弯曲等原因引起的水准尺误差会影响水准测量的精度,因此必须检验水准尺米间隔平均真长与名义长之差。规范规定:对于区格式木质标尺差值不应大于 0.5mm,否则,应在所测高差中进行米真长改正。而对于水准尺的零点差,可在一水准测段的观测中安排测站数为偶数的办法予以消除。

二、观 测 误 差

1. 水准管气泡居中误差

由于水准管内液体与管壁的黏滞作用和观测者眼睛分辨能力的限制,致使气泡没有严格居中引起的误差,称为水准管气泡居中误差。该误差一般为 ±0.15τ″(τ 为水准管分划值),采

用符合水准器时,气泡居中精度可提高一倍。故由气泡居中误差引起的读数误差为

$$m_\tau = \frac{0.15\tau''}{2\rho''}D \qquad (2\text{-}15)$$

式中:D——视线长。

2. 读数误差

观测者在水准尺上估读毫米数的误差称为读数误差,它与人眼分辨能力、望远镜放大率以及视线长度有关。通常接下式计算

$$m_V = \frac{60''}{V} \cdot \frac{D}{\rho''} \qquad (2\text{-}16)$$

式中:V——望远镜放大率。

$60''$ 是人眼能分辨的最小角度。规范规定,使用 DS_3 水准仪进行四等水准测量时,视距应小于等于 100m。

3. 视差影响

视差对水准尺读数会产生较大误差,操作中应仔细调焦,避免出现视差。

4. 水准尺倾斜误差

水准尺倾斜会使读数增大,其误差大小与尺倾斜的角度和读数大小有关。例如,水准尺倾斜 3°,读数为 2.0m 时,会产生约 3mm 的读数误差。因此,在测量过程中,要认真扶尺。在水准尺上安装圆水准器是保证尺子竖直的主要措施。

三、外界环境误差

1. 仪器下沉

仪器安置在土质松软的地方,在观测过程中就会产生下沉。若观测程序是先读后视再读前视,显然前视读数比应读数减小。用双面尺法进行测站检核时,采用"后→前→前→后"的观测程序,可减小其影响。此外,应选择坚实的地面作测站,并将脚架踩实。

2. 尺垫下沉

仪器搬站时,尺垫下沉会使后视读数比应读数增大,故转点也应选在坚实地面并踩实尺垫。

3. 地球曲率的影响

如图 2-24,水准测量时,水平视线在后视尺、前视尺上的读数分别为 a、b,理论上应改算为相应水准面截于水准尺的读数 a'、b',两者的差值 c 称为地球曲率差。由第一章可知

$$c = \frac{D^2}{2R} \qquad (2\text{-}17)$$

式中:D——视线长;

R——地球半径,取 6 371km。

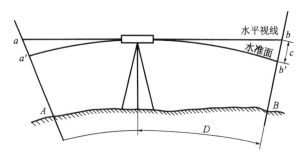

图 2-24 地球曲率和大气折光的影响

水准测量中,当前、后视距相等时,通过高差计算可消除该误差的影响。

4. 大气折光影响

由于地面上空气密度不均匀,会使光线发生折射。因而水准测量中,实际的尺读数不是水平视线的读数,而是一向下弯曲视线的读数(注:有的研究认为,视线也可能上弯)。两者之差称为大气折光差,用 γ 表示。在稳定的气象条件下,大气折光差约为地球曲率差的 $1/7$,即

$$\gamma = \frac{1}{7}c = 0.07\frac{D^2}{R} \tag{2-18}$$

该误差对高差的影响,也可采用前、后视距相等的方法来消除。精密水准测量还应选择良好的观测时间(一般认为在日出后或日落前两个小时为好),并控制视线高出地面一定距离,以避免视线发生不规则折射引起的误差。

地球曲率差和大气折光差是同时存在的,两者对读数的共同影响可用下式计算

$$f = c - \gamma = 0.43\frac{D^2}{R} \tag{2-19}$$

5. 温度的影响

温度变化会引起大气折光变化,造成水准尺影像在十字丝面内上、下跳动,难以读数。而且烈日直晒仪器会影响水准管气泡居中,造成测量误差。因此水准测量时,应选择有利的观测时间并撑伞保护仪器。

第七节　自动安平水准仪与精密水准仪

一、自动安平水准仪

自动安平水准仪的结构特点是没有管水准器和微倾螺旋,用圆水准器粗平后借助安平补偿器自动置平视线。国产自动安平水准仪的型号是在 DS 后加字母 Z,即为:DSZ_{05}、DSZ_1、DSZ_3、DSZ_{10},其中 Z 代表"自动安平"汉语拼音的第一个字母。

自动安平水准仪的视线安平原理如图 2-25 所示。当视准轴水平时,设在水准尺上的正确读数为 a,因为没有管水准器和微倾螺旋,依据圆水准器将仪器粗平后,视准轴相对于水平面将有微小的倾斜角 α。如果没有补偿器,此时在水准尺上的读数设为 a';当在物镜和目镜之间设置有补偿器后,进入到十字丝分划板的光线将全部偏转 β 角,使来自正确读数 a 的光线经过补偿器后正好通过十字丝分划板的横丝,从而读出视线水平时的正确读数。

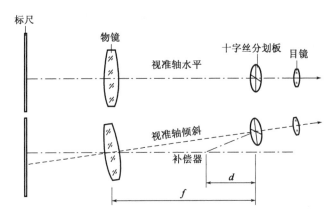

图 2-25　视线安平原理

常用补偿器的结构是采用特殊材料制成的金属丝悬吊一组光学棱镜组成,它利用重力原理来进行视线安平,见图 2-26。只有当视准轴的倾斜角 α 在一定范围内时补偿器才起作用,补偿器起作用的最大容许倾斜角称补偿范围。自动安平水准仪的补偿范围一般为 $\pm8'\sim\pm11'$,其圆水准器的分划值为一般为 $8'/2mm$,因此操作自动安平水准仪时只要旋转脚螺旋,将圆水准气泡居中,补偿器就起作用。由于补偿器相当于一个重摆,开始时会有些晃动(表现为十字丝相对于水准尺像的晃动),大约 $1\sim2$ 秒钟后趋于稳定,即可在水准尺上进行读数。

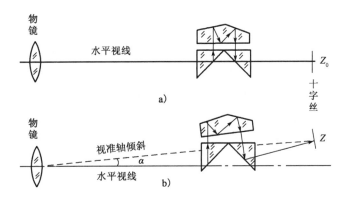

图 2-26　补偿器原理

二、精密水准仪

精密水准仪主要用于国家一、二等水准测量和高精度工程测量,例如,建(构)筑物的沉降观测、大型桥梁工程的施工测量和大型精密设备安装的水平基准测量等。

1. 精密水准仪的特点

与 DS_3 普通水准仪比较,精密水准仪的特点是:

(1)望远镜的放大倍数大,分辨率高,如规范要求 DS_1 不小于 38 倍,DS_{05} 不小于 40 倍;

(2)管水准器分划值为 $10''/2mm$,自动安平方式的水准仪的补偿器安平精度可达到 $0.3''$,精平精度高;

(3)望远镜的物镜有效孔径大,亮度好;

(4)望远镜外表材料一般采用受温度变化小的因瓦合金钢,以减小环境温度变化的影响;

（5）采用平板玻璃测微器读数，可直接读取水准尺一个分格（1cm或0.5cm）的 $\frac{1}{100}$ 单位（0.1mm或0.05mm），读数误差小；

（6）配备精密水准尺。

2. 精密水准尺（因瓦水准尺）

精密水准尺是在木质尺身的凹槽内安装一根因瓦合金钢带，其中零点端固定在尺身上，另一端用弹簧以一定的拉力将其引张在尺身上，以保证因瓦合金钢带不受尺身变形的影响。精密水准尺长度分划在因瓦合金钢带上，数字注记在木质尺身上，刻划值有10mm和5mm两种。图2-27a)为徕卡公司生产的与新N3精密水准仪配套的精密水准尺，因为新N3的望远镜为正像望远镜，所以水准尺上的注记是正立的。水准尺全长约3.2m。在因瓦合金钢带上刻有两排分划，左边一排分划为基本刻划，数字注记从0到300cm，右边一排分划为辅助刻划，数字注记从300～600cm，基本刻划与辅助刻划的零点相差一个常数301.55cm，称为基辅差或尺常数。水准测量作业时，用以检查读数是否存在粗差。

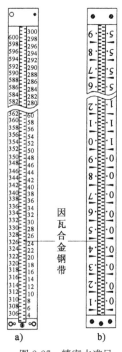

图2-27　精密水准尺

三、精密水准仪及其读数原理

图2-28是新N3微倾式精密水准仪，其每千米往返测高差中数的中误差为±0.3mm。为提高读数精度，精密水准仪上设有平行玻璃板测微器，N3的平行玻璃板测微器的结构见图2-29。它由平行玻璃板、测微尺、传动杆和测微螺旋等构件组成。平行玻璃板安装在物镜前，它与测微尺之间用带有齿条的传动杆连接，当旋转测微螺旋时，传动杆带动平行玻璃板绕其旋转轴作俯仰倾斜。视线经过倾斜的平行玻璃板时，产生上下平行移动，可以使原来并不对准尺上某一分划的视线能够精确对准某一分划，从而读到一个整分划读数（图2-30中的148cm分划），而视线在尺上的平行移动量由测微尺记录下来，测微尺的读数通过光路成像在测微尺读数窗内。

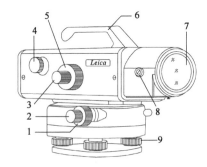

图2-28　徕卡新N3精密水准仪

1-制动螺旋；2-微动螺旋；3-微倾螺旋；4-物镜对光螺旋；5-平行玻璃板测微螺旋；6-手柄；7-物镜；8-平行玻璃板旋转轴；9-旋转轴

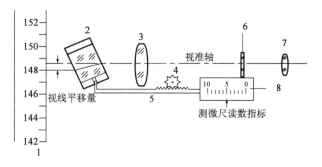

图2-29　N3的平行玻璃板测微器结构

1-精密水准尺；2-平行玻璃板；3-物镜；4-测微螺旋；5-传动杆；6-十字丝分划板；7-目镜；8-测微尺

旋转 N3 的平行玻璃板,产生的最大视线平移量为 10mm,对应测微尺上 100 个分格,因此,测微尺上 1 个分格等于 0.1mm,如在测微尺上估读到 0.1 分格,则可以估读到 0.01mm。标尺读数加上测微尺读数,就等于标尺的实际读数。图 2-30 的读数为 148 +0.655=148.655cm=1.48655m。

图 2-27b)是与国产 DS₁ 精密水准仪配套的精密水准尺,其分划值为 0.5cm,只有基本刻划而无辅助刻划。左边一排刻划为奇数值,右边一排刻划为偶数值;右边注记为整米数,左边注记为分米数;小三角形表示半分米数,长三角形表示分米起始线。因该尺 1cm 刻划的实际间隔仅为 5mm,尺面注记值为实际长度的两倍,故用此水准尺观测的高差须除以 2 才等于实际高差值,其读数原理与 N3 相同。

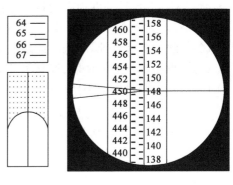

图 2-30　精密水准仪读数视场

四、精密水准仪的使用

精密水准仪的使用方法与一般水准仪基本相同,其操作过程同样分为 4 个步骤,即:粗略整平、瞄准标尺、精确整平、读数。不同之处在于精密水准仪需用光学测微器测出不足一个刻划的数值,即在仪器精确整平(旋转微倾螺旋,使目镜视场左面符合水准气泡的两个半像吻合)后,十字丝横丝并不恰好对准水准尺上某一整刻划线,需要转动测微轮使十字丝的楔形丝正好夹住一条(仅能夹住一条)整刻划线,然后读数。

第八节　数字水准仪

1990 年,徕卡在世界上首次推出了第一代精密数字水准仪 NA3003,现在又在 NA3003 的基础上推出了第二代精密数字水准仪 DNA03,如图 2-31 所示。供于中国市场的 DNA03 的显示界面全部为中文,同时内置了适合我国测量规范的观测程序。

DNA03 的主要技术参数如下:

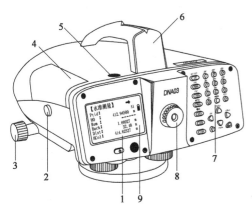

图 2-31　徕卡 DNA03 中文数字水准仪
1-电源开关;2-补偿器检测按钮;3-无限位微动螺旋;4-PCMCIA 插槽盖板;5-圆水准器;6-提手;7-字母数字式混排键盘;8-目镜;9-LCD 液晶显示屏

精度:0.3mm/km(采用因瓦水准尺)

最小读数:0.01mm

测距精度:1cm/20m

内存:可以存储 1650 组测站数据或 6 000 个测量数据

补偿器:磁性阻尼补偿器

补偿范围:±8′

补偿精度:±0.3″

单次测量时间:3s

GEB 电池连续测量 12h

为确保外业观测数据的安全,DNA03 上还插有一个 PC 卡,全部测量数据同时保存在仪器内存和 PC 卡。

与 NA3003 比较,DNA03 的特点是:

(1)280×160 像素的大屏幕 LCD 显示屏,一屏可以显示 8 行×15 列共 120 个汉字;

(2)流线型外观设计,降低了风阻的影响;

(3)新型磁性阻尼补偿器,提高了补偿精度;

(4)在多种测量模式中选择适当的测量模式,可在不利的外界环境下获得满意的结果;

(5)可选购 Level-Adj 中文水准测量平差软件,实现外业观测数据的全自动处理。Level-Adj 软件完全根据我国水准网严密平差规则编制,并采用 Access 数据库储存和管理数据。

【思考题】

2-1 何谓视准轴? 何谓管水准器轴?

2-2 水准仪上的圆水准器和管水准器各起什么作用?

2-3 水准仪上有哪几条轴线? 各轴线间应满足什么条件?

2-4 何谓视差? 产生视差的原因是什么? 怎样消除视差?

2-5 水准测量为什么要求前、后视距相等? 采用前、后视距相等,可以消除哪些误差?

2-6 何谓视线高程? 前视读数和后视读数与高差、视线高程各有什么关系?

2-7 水准测量中测站检核的作用是什么? 有哪几种方法?

2-8 何谓转点? 转点在水准测量中起什么作用?

2-9 与普通水准仪比较,精密水准仪有何特点? 电子水准仪有何特点?

2-10 设 A 点为后视点,B 点为前视点,已知 A 点高程为 67.563m。当后视中丝读数为 0 876,前视中丝读数为 1 456 时,问 A、B 两点的高差是多少? B 点的高程是多少? 并绘图说明。

2-11 将图 2-32 中的观测数据填入水准测量手簿(表 2-9),并进行必要的计算和计算检核。

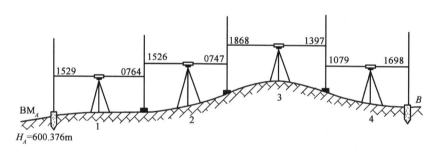

图 2-32 习题 10 图

水 准 测 量 手 簿

表 2-9

测站	点号	后视读数(mm)	前视读数(mm)	高差(m)	高程(m)
1	A				
	TP_1				$H_A = 600.376$m
2	TP_1				
	TP_2				

测站	点号	后视读数(mm)	前视读数(mm)	高差(m)	高程(m)
3	TP_2				
	TP_3				
4	TP_3				
	B				$H_B=$ m
检核计算		$\sum a - \sum b =$		$\sum h =$	

12. 等外水准路线测量的观测成果和已知点高程如图 2-33 所示。分别制表进行成果计算。

13. 表 2-10 为一附合水准路线的观测成果,试在表格中计算 A、B、C 三点的高程。

图根水准测量的成果计算　　　　　　表 2-10

点名	测站数	实测高差(m)	改正数(mm)	改正后高差(m)	高程(m)	点名
BM_A					**89.523**	BM_A
	15	+4.675				
1						1
	21	−3.238				
2						2
	10	4.316				
3						3
	19	−7.715				
BM_B					**87.550**	BM_B
$\sum$						
计算检核	$H_B-H_A=$ $f_h=$ $f_{h容}=$			每一测站高差改正数=		

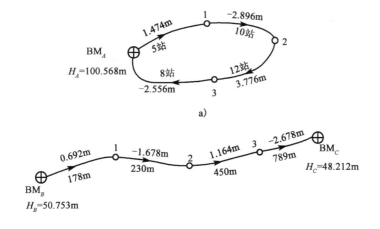

a)

b)

图 2-33　习题 12 图

第三章 角度测量

第一节　角度测量原理

角度测量包括水平角测量和竖直角测量。

一、水平角测量原理

水平角是指地面上一点到两个目标点的方向线垂直投影到水平面上的夹角,也就是过两条方向线的铅垂面所夹的二面角。如图 3-1 所示,A、B、C 为地面上三点,过 BA、BC 直线的铅垂面在水平面上的交线 B_1A_1、B_1C_1 所夹的角度 β,就是 BA 和 BC 两方向之间的水平角。

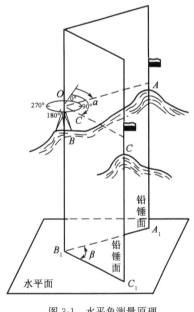

若在过 B 点的铅垂线上,水平地安置一个有角度刻划的圆盘,称为水平度盘(一般水平度盘是顺时针刻划),度盘中心 O 点,过 BA 和 BC 的铅垂面与水平度盘相交,在水平度盘上读数为 a、c。则水平角为

$$\beta = c - a \tag{3-1}$$

由水平角概念可知,水平角取值为 $0°\sim360°$。

二、竖直角测量原理

竖直角是指在同一铅垂面内,某一方向线与水平线的夹角,测量上又称为高度角或竖角,用 α 表示。如图 3-2 所示,视线在水平线之上为仰角,角值为正;视线在水平线之下为俯角,角值为负。竖直角取值为 $0°\sim\pm90°$。

如果在过 B 点的铅垂面上,安置一个有角度刻划的垂直度盘,并令其中心过 B 点,这个度盘称为竖直度盘。由此可见,竖直角也就是两个方向在度盘上的读数之差,与水平角不同的是,其中有一个是水平方向。经纬仪设计时,一般使

图 3-1　水平角测量原理

视线水平时的竖盘读数为 $90°$ 或 $270°$,这样,测量竖直角时,只要瞄准目标,读出竖盘读数并减去仪器视线水平时的竖盘读数就可以计算出视线方向的竖直角。

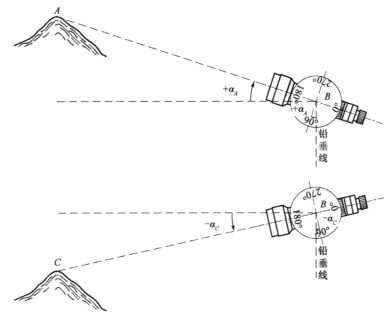

图 3-2　竖直角测量原理

第二节　光学经纬仪

根据角度测量原理,能同时完成水平角和竖直角测量的仪器称为经纬仪。经纬仪按不同测角精度又分成多种等级,如 DJ_1、DJ_2、DJ_6、DJ_{10} 等,见表 3-1。"D"和"J"分别为"大地测量"和"经纬仪"的汉语拼音第一个拼音字母。后面的数字代表该等级仪器的测量精度。如 DJ_6 表示一测回方向观测中误差不超过 $\pm6''$。不同厂家生产的经纬仪其构造有区别,但是基本原理一样。

光学经纬仪系列技术参数　　　　　　　　　　　　　　　　表 3-1

光学经纬仪系列型号		DJ_{07}	DJ_1	DJ_2	DJ_6
一测回水平方向中误差不大于($''$)		±0.7	±1	±2	±6
望远镜	物镜有效孔径不小于(mm)	65	60	40	40
	放大倍数	45	30	28	20
水准管分划值	照准部水准管($''$/2mm)	4	6	20	30
	圆水准器($'$/2mm)	8	8	8	8
主要用途		国家一等平面控制测量	国家二等平面控制测量、精密工程测量	三、四等平面控制测量、一般工程测量	图根控制测量、一般工程测量

一、DJ_6 级光学经纬仪

DJ_6 级光学经纬仪适用于各种比例尺的地形图测绘和土木工程施工放样。图 3-3 是北京光学仪器厂生产的 DJ_6 级光学经纬仪。

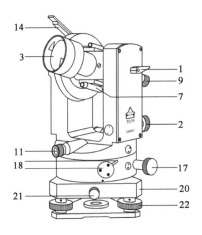
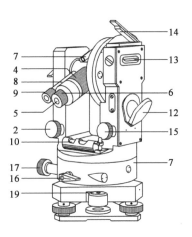

图 3-3　DJ₆型光学经纬仪

1-望远镜制动螺旋；2-望远镜微动螺旋；3-物镜；4-物镜调焦螺旋；5-目镜；6-目镜调焦螺旋；7-光学瞄准器；8-度盘读数显微镜；9-度盘读数显微镜调焦螺旋；10-照准部管水准器；11-光学对中器；12-度盘照明反光镜；13-竖盘指标管水准器；14-竖盘指标管水准器观察反射镜；15-竖盘指标管水准器微动螺旋；16-水平方向制动螺旋；17-水平方向微动螺旋；18-水平度盘变换螺旋与保护卡；19-基座圆水准器；20-基座；21-轴套固定螺旋；22-脚螺旋

1. DJ₆级光学经纬仪的结构

DJ₆级光学经纬仪主要由基座、照准部、度盘三部分组成，如图 3-4 所示。

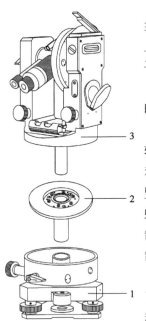

图 3-4　DJ6 光学经纬仪结构图

1-基座；2-水平度盘；3-照准部

基座上有三个脚螺旋，一个圆水准气泡，用来粗平仪器。水平度盘旋转轴套在竖轴套外围，拧紧轴套固定螺旋，可将仪器固定在基座上；旋松该螺旋，可将经纬仪照准部从基座中拔出，以便置换觇牌。平时要注意将该螺旋拧紧。

水平度盘是一个圆环形的光学玻璃盘片，盘片边缘刻划并按顺时针注记有 0°～360°的角度数值。

照准部是指水平度盘之上，能绕其旋转轴旋转的部件，它包括竖轴、U 形支架、望远镜、横轴、竖直度盘、管水准器、竖盘指标管水准器和读数装置等。照准部的旋转轴称为仪器竖轴，竖轴插入基座内的竖轴轴套中旋转；照准部在水平方向的转动，由水平制动、水平微动螺旋控制；望远镜在纵向的转动，由望远镜制动、望远镜微动螺旋控制；竖盘指标管水准器的微倾运动由竖盘指标管水准器微动螺旋控制；照准部上的管水准器，用于精平仪器。

在水平角测角过程中，水平度盘固定不动，不随照准部转动。为了改变水平度盘位置，仪器设有水平度盘转动装置。这种装置有两种结构：

一种是采用水平度盘位置变换手轮，或称转盘手轮。使用时，将手轮推压进去，转动手轮，此时水平度盘随着转动。待转到所需位置时，将手松开，手轮退出，水平度盘位置即安置好。

另一种结构是复测装置。水平度盘与照准部的关系依靠复测装置控制。见图 3-5，复测装置的底座固定在照准部 6 外壳上，随照准部一起转动。当复测扳手扳下时，由于偏心轮的作用,使顶轴4向外移,在簧片2的作用下,使两滚珠之间距离变小,簧片与铆钉的间距缩小,从而把外轴上的复测盘1夹紧。此时,照准部转动将带动水平度盘一起转动,度盘读数不变。若将复测扳手拨上时,顶轴往里移,使簧片与铆钉的间距扩大,复测盘与复测装置相互脱离,照准部转动不会带动水平度盘,读数窗中的读数随之改变。在测角过程中,复测扳钮应始终保持在向上的位置。

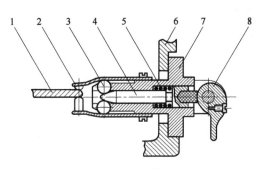

图 3-5　复测装置
1-复测盘;2-簧片;3-偏心轮;4-顶轴;5-滚珠;6-照准部;7-复测扳手底座;8-离合扳钮;

2. DJ₆ 级光学经纬仪的读数装置

光学经纬仪的水平度盘和竖直度盘的分划线是通过一系列的棱镜和透镜成像在望远镜目镜边的读数显微镜内。由于度盘尺寸有限,最小分划间隔难以直接刻划到秒。为了实现精密测角,要借助光学测微技术。不同的测微技术读数方法也不同,DJ₆ 级光学经纬仪常用测微尺测微器和单平板玻璃测微器两种方法。

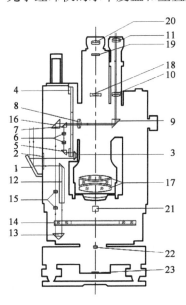

图 3-6　DJ₆ 型经纬仪光路图
1-反光镜;2-进光窗;3-竖盘照明棱镜;4-竖直度盘;5-竖盘照准棱镜;6-竖盘显微镜;7-竖盘反光棱镜;8-测微尺(平凸镜);9-度盘度数反光棱镜;10-读数物镜;11-读数目镜;12-水平度盘照明棱镜;13-水平度盘照准棱镜;14-水平度盘;15-水平度盘显微镜;16-水平度盘反光棱镜;17-望远镜物镜;18-望远镜调焦透镜;19-十字丝分划板;20-望远镜目镜;21-光学对点器反光棱镜;22-光学对中器物镜;23-光学对中器保护玻璃

1) 测微尺读数方法

图 3-6 为 DJ₆ 级光学经纬仪测微尺测微器读数系统的光路图。将水平玻璃度盘和竖直玻璃度盘均刻划为 360 格,每格的角度为 1°,顺时针注记。

光线通过反光镜 1 的反射进入进光窗 2,其中一路光线通过编号为 12、13、15、16 的光学组件将水平度盘 14 上的刻划和注记成像在测微尺 8 上;另一路光线通过编号为 3、5、6、7 的光学组件将竖直度盘 4 上的刻划和注记成像在测微尺 8 上;在测微尺 8 上有两个测微尺,测微尺上刻划有 60 格。仪器制造时,使度盘上一格在测微尺 8 上成像的宽度正好等于测微尺上刻划的 60 格的宽度,因此测微尺上一小格代表 1′。通过棱镜 9 的折射,两个度盘分划线的像连同测微尺上的刻划和注记可以被读数显微镜观察到。读数装置大约将两个度盘的刻划和注记放大了 65 倍。

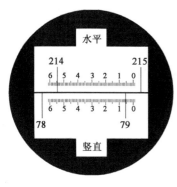

图 3-7　测微尺读数窗

图 3-7 为读数显微镜视场,注记有"水平"(有些仪器为"Hz"或"—")字样的窗口是水平度盘分划线及其测微尺窗口,注记有"竖直"(有些仪器为"V"或"⊥")字样的窗口是竖直度盘分划线及其测微尺的窗口。

读数方法为:以测微尺上的"0"分划线为读数指标,"度"数由落在测微器上的度盘分划线的注记读出,测微尺的"0"分划线与度盘上的"度"分划线之间的、小于1°的角度在测微尺上读出;最小读数可以估读到测微尺上 1 格的十分之一,即为 0.1′ 或 6″。图 3-7 的水平度盘读数为 214°54.7′ 或 214°54′42″,竖直度盘读数为 79°05.5′ 或 79°05′30″。

2)平板玻璃测微尺读数方法

在图 3-6 中,平板玻璃安置在水平度盘反光棱镜 16 和竖直度盘反光棱镜 7 之前的位置。平板玻璃测微尺读数装置的结构如图 3-8 所示,其读数原理是:将玻璃度盘刻划为 720 格,每格的角度为 30′,顺时针注记。来自两个度盘的、包含有度盘刻划和注记的光线 1 通过平板玻璃 5,经反光棱镜 9 转向后连同测微尺 7 上的分划一起成像在读数指标面 8 上,再经反光棱镜 10 进入读数显微镜,通过读数显微镜 11、12 就可以观察到读数指标面上的度盘刻划和注记及测微尺刻划和注记的影像。

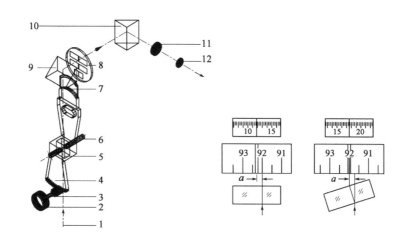

图 3-8　平板玻璃测微尺的结构与原理

1-光线;2-测微螺旋;3-齿轮;4-扇形齿;5-平板玻璃;6-轴;7-测微尺;8-读数指标面;9、10-反光棱镜;11、12-读数显微镜

当度盘刻划影像不位于双指标线中央时,旋转测微螺旋 2,带动齿轮 3 进而带动扇形齿 4 使平板玻璃 5 和测微尺 7 绕轴 6 旋转,度盘刻划影像移动偏距位于双指标线中央位置,所移偏距则在测微尺上记录下来。

仪器制造时,使度盘刻划影像移动 1 格也即 0.5° 或 30′ 时,对应于测微尺上移动 90 格,则测微尺上 1 格所代表的角度值为 30′×60÷90＝20″,按估读到测微尺 1 格的十分之一,即为 2″。

平板玻璃测微尺读数装置的读数窗视场见图 3-9 所示。它有 3 个读数窗口,其中下窗口为水平度盘窗口,中间窗口为竖直盘度窗口,上窗口为测微尺窗口。

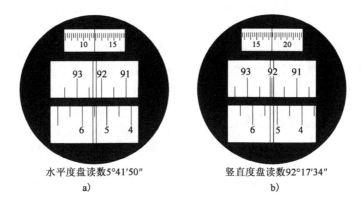

水平度盘读数5°41′50″

a)

竖直度盘读数92°17′34″

b)

图 3-9 平板玻璃测微尺读数窗

读数时,先旋转测微螺旋,使两个度盘分划线中的某一个分划线精确地位于双指标线的中央,0.5°整倍数的读数根据分划线注记读出,小于 0.5°的读数从测微尺上读出,两个读数相加即为度盘的读数。图 3-9 中水平度盘读数为 5°41′50″,竖直度盘读数为 92°17′34″。

二、DJ₂ 级光学经纬仪

图 3-10 所示为苏州第一光学仪器厂生产的 DJ₂ 级光学经纬仪。

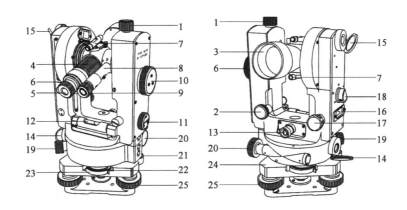

图 3-10 DJ₂ 级光学经纬仪

1-望远镜制动螺旋;2-望远镜微动螺旋;3-物镜;4-物镜调焦螺旋;5-目镜;6-目镜调焦螺旋;7-光学瞄准器;8-度盘读数显微镜;9-度盘读数显微镜调焦螺旋;10-测微轮;11-水平度盘与竖直度盘换像手轮;12-照准部管水准器;13-光学对中器;14-水平度盘照明镜;15-垂直度盘照明镜;16-竖盘指标管水准器进光窗口;17-竖盘指标管水准器微动螺旋;18-竖盘指标管水准气泡观察窗;19-水平制动螺旋;20-水平微动螺旋;21-基座圆水准器;22-水平度盘位置变换手轮;23-水平度盘位置变换手轮护盖;24-基座;25-脚螺旋

DJ₂ 级光学经纬仪的构造与 DJ₆ 级基本相同,只在度盘读数方面存在如下差异:

(1)DJ₂ 级光学经纬仪采用重合读数法,相当于取度盘对径(直径两端)相差 180°处的两个读数的平均值,由此可以消除度盘偏心误差的影响,提高读数精度。

(2)在度盘读数显微镜中,只能选择观察水平度盘或垂直度盘中的一种影像,通过旋转水平度盘与竖直度盘换像手轮来实现。

(3)设有双光楔测微器,分为固定光楔与活动光楔两组楔形玻璃,活动光楔与测微分划板相连。入射光线经过一系列棱镜和透镜后,将度盘某一直径两端的分划同时成像到读数显微镜内。

图 3-11 所示为 DJ$_2$ 级光学经纬仪的读数窗。度盘对径分划像及度数和 $10'$ 的影像分别出现于两个窗口,另一窗口为测微器读数。当转动测微轮使对径上、下分划对齐以后,从度盘读数窗读取度数和 $10'$ 数,从测微器窗口读取分数和秒数。

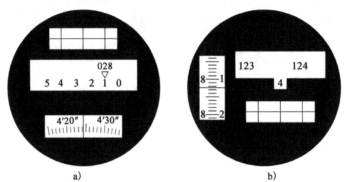

图 3-11　DJ$_2$ 级光学经纬仪读数窗
a)度盘读数 28°14′24.3″;b)度盘读数 123°48′12.4″

第三节　水平角测量

一、经纬仪的操作

经纬仪的操作包括对中、整平、照准和读数四项步骤。

1. 对中

对中的目的是要把仪器的竖轴安置到测站点的铅垂线上,对中可利用垂球或光学对中器。

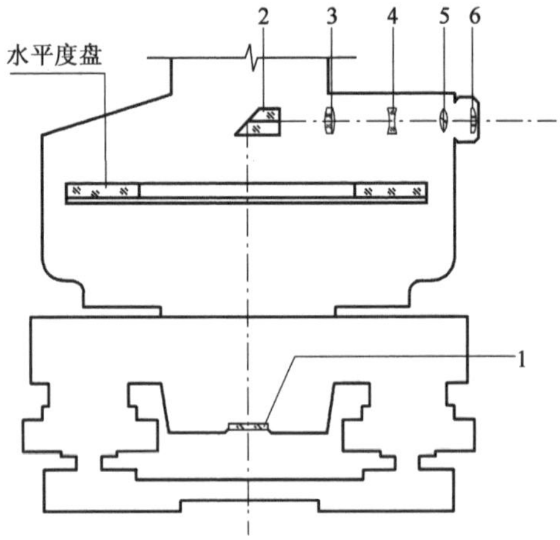

垂球对中是把垂球挂在连接螺旋中心的挂钩上,调整垂球线长度,使垂球尖离地面点的高差约 1～2mm。如果偏差较大,可平移三脚架,使垂球尖大约对准地面点,将三脚架的脚尖踩入土中,使三脚架稳定。当垂球尖与地面点偏差不大时,可稍旋松连接螺旋,在三脚架头上移动仪器,使垂球尖准确对准测站点,再将连接螺旋转紧。用垂球对中的误差一般应小于 2mm。

光学对中器是装在照准部的一个小望远镜,它由保护玻璃、反光棱镜、物镜、物镜调焦镜、对中标志分划板和目镜组成,如图 3-12 所示。

光学对中的步骤如下:

(1)使三脚架头大致水平,目估初步对中;

图 3-12　光学对中器对中
1-保护玻璃;2-反光棱镜;3-物镜;4-物镜调焦镜;
5-对中标志分划板;6-目镜

(2)转动光学对中器目镜调焦螺旋,使对中标志(小圆圈或十字丝)清晰,转动物镜调焦螺旋(某些仪器为伸缩目镜),使地面点清晰;

（3）旋转脚螺旋，使对中标志中心与地面点重合，此时，基座上的圆水准器气泡已不居中；

（4）伸缩三脚架的相应架腿，使圆水准器气泡居中，再旋转脚螺旋，使照准部水准管在相互垂直的两个方向气泡都居中；

（5）从光学对中器中检查对中标志中心与地面点的对中情况，可略松连接螺旋，做微小的平移，使对中误差小于 1mm。

2. 整平

整平的目的是使经纬仪的竖轴铅垂，从而使水平度盘和横轴处于水平位置，竖直度盘位于铅垂平面内。整平利用基座上的三个脚螺旋，使照准部水准管在相互垂直的两个方向上气泡都居中，一般采用"先二后一"的方法，具体操作如下：

（1）松开水平制动螺旋，转动照准部，使水准管大致平行于任意两个脚螺旋，如图 3-13a）所示，两手同时向内（或向外）转动脚螺旋使气泡居中。气泡移动方向与左手大拇指方向一致。

（2）将照准部旋转 90°，如图 3-13b）所示，旋转另一个脚螺旋，使气泡居中。

整平须反复进行，直到气泡在任何方向上都居中为止。

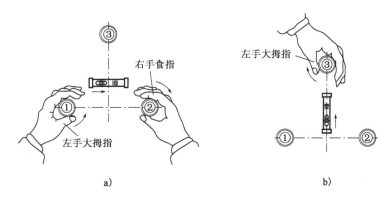

图 3-13　经纬仪整平

3. 照准

将望远镜对向明亮的背景，调整目镜调焦螺旋，使十字丝成像清晰。然后转动照准部，用望远镜上的瞄准器先大致瞄准目标，旋紧照准部制动螺旋和望远镜制动螺旋。调整物镜调焦螺旋，使目标成像清晰并注意消除视差。最后用照准部微动螺旋和望远镜微动螺旋精确照准目标。观测水平角时，要用十字丝纵丝中央平分或夹准目标，并尽量瞄准目标底部。观测竖直角时，要用十字丝横丝切住目标的顶部。角度测量通常采用的目标有觇牌、标杆、测钎、悬挂的垂球线等，如图 3-14 所示。

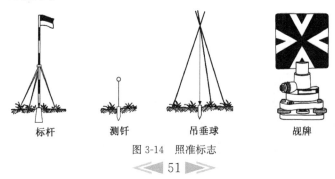

图 3-14　照准标志

4. 读数

打开照准部支架上的反光镜并调整其位置,调节读数显微镜目镜的调焦螺旋,使读数窗内的度盘影像明亮、清晰,然后读数。

二、水平角观测

水平角观测主要有测回法和方向观测法两种。

1. 测回法

测回法常用于测量两个方向之间的单角,如图 3-15 所示。

图 3-15　测回法水平角观测

测回法操作步骤如下:

(1)在 B 点安置经纬仪,对中、整平。将经纬仪安放在盘左位置(竖盘在望远镜的左侧,也称正镜)。转动照准部,用望远镜瞄准器初步瞄准 A 目标,调节目镜和望远镜调焦螺旋,使十字丝和目标成像清晰,消除视差。再用水平微动螺旋和竖直微动螺旋,使十字丝交点或纵丝照准目标。读数 a_L 并记入记录手簿,见表 3-2。

水平角观测手簿(测回法)　　　　　　　　　　　　　　表 3-2

测站	目标	竖盘位置	水平度盘读数 (° ′ ″)	半测回角值 (° ′ ″)	一测回平均角值 (° ′ ″)	各测回平均值 (° ′ ″)
一测回 B	A	左	0　06　24	111　39　54	111　39　51	111　39　52
	C		111　46　18			
	A	右	180　06　48	111　39　48		
	C		291　46　36			
二测回 B	A	左	90　06　18	111　39　48	111　39　54	
	C		201　46　06			
	A	右	270　06　30	111　40　00		
	C		21　46　30			

(2)松开水平制动和望远镜制动,顺时针转动照准部,照准 C 目标,读数 c_L,记入手簿。盘左所测水平角为 $\beta_L = c_L - a_L$,称为上半测回。

(3)松开水平制动和望远镜制动,倒转望远镜成盘右位置(竖盘在望远镜右侧,或称倒镜)。

先照准 C 目标,再照准 A 目标,测得 $\beta_R = c_R - a_R$,称为下半测回。

上、下半测回合称一测回。最后计算一测回角值 β 为

$$\beta = \frac{\beta_L + \beta_R}{2} \tag{3-2}$$

测回法用盘左、盘右观测(即正、倒镜观测),可以消除仪器某些系统误差对测角的影响,校核观测结果和提高观测成果精度。测回法测角盘左、盘右观测值之差不得超过限差(DJ$_6$ 光学经纬仪为 $\pm40''$)。若超过规定的限差应重新观测。

当测角精度要求较高时,可以观测多个测回,取其平均值作为水平角测量的最后结果。为了减少度盘刻划不均匀误差,各测回应利用经纬仪的水平度盘变换装置配置度盘。每个测回应按 $180°/n$ 的角度间隔变换水平度盘位置。如测三个测回,则各测回起始方向读数分别设置成略大于 $0°$、$60°$ 和 $120°$。

2. 方向观测法

当一个测站上需测量的方向数多于两个时,应采用方向观测法。当方向数多于 3 个时,每半个测回都从一个选定的起始方向(称为零方向)开始观测,在依次观测所需的各个目标之后,再观测起始方向,称为归零。此法也称为全圆方向法或全圆测回法,现以图 3-16 为例加以说明。

(1)首先安置经纬仪于 O 点,成盘左位置,将度盘设置成略大于 $0°$。选择一个明显目标为起始方向 A,读水平度盘读数,记入表 3-3。

(2)顺时针方向依次瞄准 B、C、D 各点,分别读数、记录。为了校核,应再次照准目标 A 读数。A 方向两次读数差称为半测回归零差。DJ$_6$ 经纬仪半测回归零差不应超过 $\pm18''$,DJ$_2$ 经纬仪半测回归零差不应超过 $\pm12''$,否则说明观测过程中仪器度盘位置有变动,应重新观测。上述观测称为上半测回。

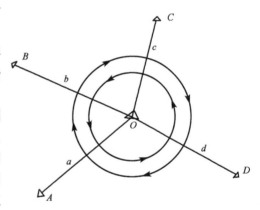

图 3-16　方向观测法

(3)倒转望远镜成盘右位置,逆时针方向依次瞄准 A、D、C、B,最后回到 A 点,该操作称为下半测回。如要提高测角精度,须观测多个测回。各测回仍按 $180°/n$ 的角度间隔变换水平度盘的起始位置。

水平角观测手簿(方向观测法) 表 3-3

测站	测回数	目标	读数		$2c=$左$-$(右$\pm180°$)	平均读数$=\frac{1}{2}$[左$+$(右$\pm180°$)]	归零后方向值	各测回归零方向值的平均值
			盘左	盘右				
			(° ′ ″)	(° ′ ″)	(″)	(° ′ ″)	(° ′ ″)	(° ′ ″)
1	2	3	4	5	6	7	8	9
0	1					(0 02 06)		
		A	0 02 06	180 02 00	+6	0 02 03	0 00 00	
		B	51 15 42	231 15 30	+12	51 15 36	51 13 30	

测站	测回数	目标	读数		2c＝左－(右±180°)	平均读数＝$\frac{1}{2}$[左＋(右±180°)]	归零后方向值	各测回归零方向值的平均值
			盘左	盘右				
			(° ′ ″)	(° ′ ″)	(″)	(° ′ ″)	(° ′ ″)	(° ′ ″)
0	1	C	131 54 12	311 54 00	+12	131 54 06	131 52 00	
		D	182 02 24	2 02 24	0	182 02 24	182 00 18	
		A	0 02 12	180 02 06	+6	0 02 09		
0	2					(90 03 32)		
		A	90 03 30	270 03 24	+6	90 03 27	0 00 00	0 00 00
		B	141 17 00	321 16 54	+6	141 16 57	51 13 25	51 13 28
		C	221 55 42	41 55 30	+12	221 55 36	131 52 04	131 52 02
		D	272 04 00	92 03 54	+6	272 03 57	182 00 25	182 00 22
		A	90 03 36	270 03 36	0	90 03 36		

方向观测法的计算步骤为：

(1)首先对同一方向盘左、盘右值求差,该值称为两倍照准误差 $2c$,即

$$2c ＝ 盘左读数 － (盘右读数 ± 180°) \qquad (3-3)$$

通常,由同一台仪器测得的各等高目标的 $2c$ 值应为常数,因此 $2c$ 的大小可作为衡量观测质量的标准之一。对于 DJ$_2$ 型经纬仪,当竖直角小于 3°时,$2c$ 变化值不应超过 ±18″。对于 DJ$_6$ 级经纬仪没有限差规定。

(2)计算各方向的平均读数,公式为

$$各方向平均读数 ＝ \frac{1}{2}[盘左读数 ＋ (盘右读数 ± 180°)] \qquad (3-4)$$

由于存在归零读数,则起始方向有两个平均值。将这两个值再取平均,所得结果为起始方向的方向值,表中加括号。

(3)计算归零后的方向值。将各方向的平均读数减去括号内的起始方向平均值,即得各方向的归零后的方向值。同一方向各测回互差,对于 DJ$_6$ 级经纬仪不应大于 24″,DJ$_2$ 级经纬仪不应大于 9″。

(4)计算各测回归零后方向值的平均值。

(5)计算各目标间的水平角。

三、水平角观测注意事项

(1)仪器高度要和观测者的身高相适应;三脚架要踩实,仪器与脚架连接要牢固,操作仪器时不要用手扶三脚架;转动照准部和望远镜之前,应先松开制动螺旋,使用各种螺旋时用力要轻。

(2)精确对中,特别是对短边测角,对中要求应更严格。

(3)当观测目标间高低相差较大时,更应注意仪器整平。

(4)照准标志要竖直,尽可能用十字丝交点瞄准标杆或测钎底部。

(5)记录要清楚,应当场计算,发现错误,立即重测。

(6)一测回水平角观测过程中,不得再调整照准部管水准气泡,如气泡偏离中央超过 2 格时,应重新整平与对中仪器,重新观测。

第四节　竖直角测量

竖直角主要用于将观测的倾斜距离化算为水平距离或计算三角高程。

一、竖盘构造

经纬仪竖盘包括竖直度盘、竖盘指标水准管和竖盘指标水准管微动螺旋,有些经纬仪的竖盘利用重摆补偿原理,设计制成竖盘指标自动归零装置而不设竖盘指标水准管。竖直度盘固定在横轴一端,可随望远镜在竖直面内转动。测微尺的零刻划线是竖盘读数的指标线,它与竖盘指标水准管固连在一起,指标水准管气泡居中时,指标就处于正确位置。如果望远镜视线水平,竖盘读数应为 90°或 270°。当望远镜上下转动瞄准不同高度的目标时,竖盘随着转动,而指标线不动,因而可读得不同位置的竖盘读数,从而计算不同高度目标的竖直角,如图 3-17所示。

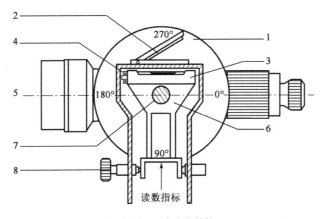

图 3-17　竖直度盘结构

1-竖直度盘;2-水准管反射镜;3-竖盘水准管;4-竖盘水准管校正螺丝;5-望远镜视准轴;6-支架;7-横轴;8-竖盘水准管微动螺旋

竖盘是由光学玻璃制成,其刻划有顺时针方向和逆时针方向两种。盘左望远镜抬高时,若竖盘读数减小,该度盘为顺时针刻划,反之为逆时针刻划。

二、竖直角计算和观测(顺时针刻划)

如图 3-18a)所示,望远镜位于盘左,当视准轴水平、竖盘指标水准管气泡居中时,竖盘读数为 90°;当望远镜抬高照准目标、竖盘指标水准管气泡居中时,竖盘读数为 L,则盘左观测的竖直角为

$$\alpha_L = 90° - L \tag{3-5}$$

如图 3-18b)所示,倒转望远镜位于盘右,当视准轴水平、竖盘指标水准管气泡居中时,竖盘读数为 270°;当望远镜抬高照准目标、竖盘指标水准管气泡居中时,竖盘读数为 R,则盘右观测的竖直角为

$$\alpha_R = R - 270° \tag{3-6}$$

取盘左、盘右竖直角平均值作为所测竖直角值，即

$$\alpha = \frac{1}{2}(\alpha_L + \alpha_R) \qquad (3-7)$$

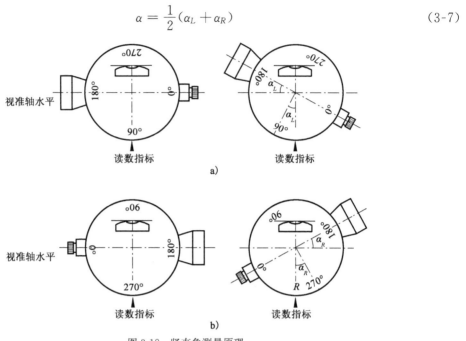

图 3-18　竖直角测量原理

a)盘左；b)盘右

竖直角观测应用横丝瞄准目标的特定位置，例如标杆的顶部或标尺上的某一位置。竖直角观测的操作程序如下，竖直角的记录计算见表 3-4。

竖直角观测手簿　　　　　　　　　　　　　　　　　　　　　　　　　　　　　表 3-4

测站	目标	竖盘位置	竖盘读数 (° ′ ″)	半测回竖直角 (° ′ ″)	指标差 (″)	一测回竖直角 (° ′ ″)
A	B	左	81　18　42	＋8　41　18	＋6	＋8　41　24
		右	278　41　30	＋8　41　30		
	C	左	124　03　30	－34　03　30	＋12	－34　03　18
		右	235　56　54	－34　03　06		

（1）在测站点上安置好经纬仪，对中、整平。

（2）盘左瞄准目标，使十字丝横丝切于目标某一位置，旋转竖盘指标管水准器微动螺旋使竖盘指标管水准气泡居中，读取竖直度盘读数。

（3）盘右瞄准目标，使十字丝横丝切于目标同一位置，旋转竖盘指标管水准器微动螺旋使竖盘指标管水准气泡居中，读取竖直度盘读数。

三、竖盘指标差

经纬仪由于长期使用及运输，会使望远镜视线水平、竖盘水准管气泡居中时，竖盘读数与正确读数 90°或 270°相差一个小角度 x，称为竖盘指标差，如图 3-19 所示。则考虑指标差 x 时的竖直角计算公式应为

盘左

$$\alpha = (90° + x) - L = \alpha_L + x \qquad (3-8)$$

盘右

$$\alpha = R - (270° + x) = \alpha_R - x \qquad (3\text{-}9)$$

将式(3-9)与式(3-8)联立解，可以求出指标差 x 为

$$x = \frac{1}{2}(R + L - 360°) = \frac{1}{2}(\alpha_R - \alpha_L) \qquad (3\text{-}10)$$

取盘左、盘右所测竖直角的平均值，式(3-7)可以消除指标差 x 对竖直角的影响。

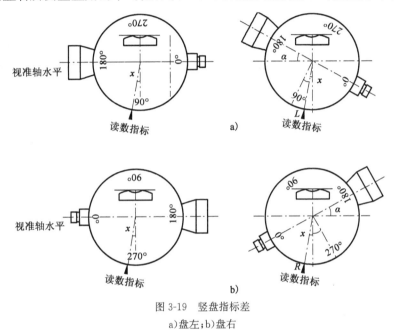

图 3-19　竖盘指标差
a)盘左；b)盘右

第五节　经纬仪的检验与校正

一、经纬仪的主要轴线及其相互关系

如图 3-20 所示，经纬仪的主要轴线有水准管轴(LL)、竖轴(VV)、望远镜视准轴(CC)、横轴(HH)。为使经纬仪正常工作，这些轴线应满足以下条件：

(1)水准管轴垂直于竖轴($LL\perp VV$)；

(2)望远镜视准轴垂直于横轴($CC\perp HH$)；

(3)横轴垂直于竖轴($HH\perp VV$)；

(4)十字丝纵丝垂直于横轴。

由于仪器长期在野外使用，其轴线关系可能被破坏，从而产生测量误差。因此，测量规范要求，正式作业前应对经纬仪进行检验。必要时需对调节部件加以校正，使之满足要求。

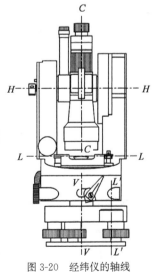

图 3-20　经纬仪的轴线

二、经纬仪的检验与校正

1. 照准部水准管轴垂直于竖轴的检校

检验目的是使仪器的照准部水准管轴垂直于仪器竖轴，使仪器整平后，保证竖轴铅直，水平度盘保持水平。

1)检验

将仪器大致整平,转动照准部,使水准管平行于任一对脚螺旋。调节两脚螺旋,使水准管气泡居中。将照准部旋转180°,若气泡仍然居中,则说明仪器满足条件。若气泡偏离量超过一格,应进行校正。

2)校正

如图3-21a)所示,若水准管轴与竖轴不垂直,水准管气泡居中时,竖轴与铅垂线夹角为α。当照准部旋转180°,如图3-21b)所示,基座和竖轴位置不变,但气泡不居中,水准管轴与水平面夹角为2α,这个夹角将反映在气泡中心偏离的格值。校正时,可调整脚螺旋使水准管气泡退回偏移量的一半(即α),如图3-21c)所示,再用校正针调整水准管校正螺丝,使气泡居中,如图3-21d)所示。这时,水准管轴水平,竖轴处于竖直位置。此项检验应反复进行直到满足要求为止。

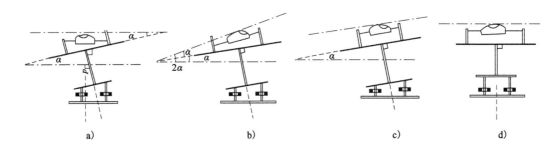

图 3-21 照准部水准管轴检校

2. 十字丝纵丝垂直于横轴的检校

1)检验

用十字丝中点精确瞄准一个清晰目标点P,然后锁紧照准部和望远镜制动螺旋。慢慢转动望远镜微动螺旋,使望远镜上、下转动。如P点移动时始终不离开沿纵丝,则满足条件,否则需校正,如图3-22所示。

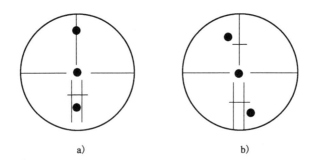

图 3-22 十字丝纵丝检验

2)校正

其校正方法类似于水准仪十字丝横丝的校正。

3. 视准轴垂直于横轴的检校

1)检验

若视准轴与横轴不垂直,望远镜旋转时视准轴的旋转面是一个圆锥面。用该仪器测量同一铅垂面内不同高度的目标时,所测水平度盘读数不一样,产生测角误差。水平角测量时,对水平方向目标,正倒镜读数所求 c 即为这项误差。仪器检验常用四分之一法。如图 3-23 所示,在平坦地区选择距离 60m 的 A、B 两点。在其中点 O 安置经纬仪。A 点设标志,B 点横放一根刻有毫米分划的直尺。尺与 OB 垂直,并使 A 点、B 尺和仪器大致同高。盘左瞄准 A 点,固定照准部,纵转望远镜,在 B 尺上读数为 B_1。然后盘右照准 A 点,再纵转望远镜,在 B 尺上读数为 B_2。若 B_1 和 B_2 重合,表示视准轴垂直于横轴,否则条件不满足。$\angle B_1OB_2 = 4c$,为 4 倍照准差。由此算得

$$c = \frac{B_1B_2}{4D}\rho'' \tag{3-11}$$

式中:D——O 点到 B 尺之间的水平距离。

对于 DJ6 级经纬仪,当 $c > 60''$ 时必须校正。

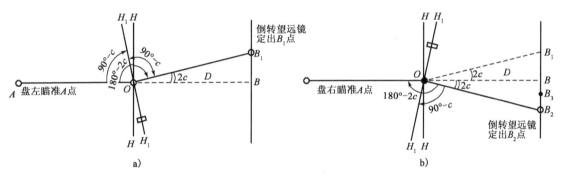

图 3-23 视准轴检验
a)盘左;b)盘右

2)校正

在盘右位置,保持 B 尺不动,在 B 尺上定出 B_3 点,使 $B_2B_3 = 1/4B_1B_2$,OB_3 便与横轴垂直。用校正针转动十字丝校正螺旋,如图 3-24 所示,螺旋 3、4 一松一紧,使十字丝分划板平移,直到十字丝交点与 B_3 点重合,最后旋紧螺丝。

4. 横轴垂直于竖轴的检校

1)检验

在距墙 30m 处安置经纬仪,在盘左位置瞄准墙上一个明显高点 P,如图 3-25 所示。要求仰角应大于 30°。固定照准部,将望远镜大致放平。在墙上标出十字丝中点所对位置 P_1。再用盘右瞄准 P 点,同法在墙上标出 P_2 点。若 P_1 与 P_2 重合,表示横轴垂直于竖轴。P_1 与 P_2 不重合,则条件不满足,对水平角测量影响为 i 角,可用下式计算

$$i = \frac{P_1P_2}{2} \times \frac{\rho''}{D}\cot\alpha \tag{3-12}$$

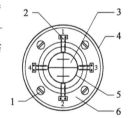

图 3-24 十字丝分划板校正螺丝

1-压环螺丝;2-十字丝校正螺丝;3-十字丝分划板;4-望远镜筒;5-分划板座;6-压环

对于 DJ6 级经纬仪,若 $i > 20''$ 则需校正。

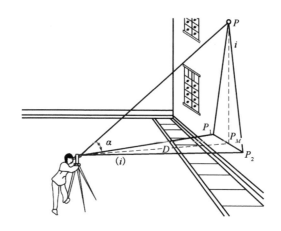

图 3-25　竖横轴检验

2）校正

用望远镜瞄准 P_1、P_2 直线的中点 P_M，固定照准部。然后抬高望远镜使十字丝交点移到 P' 点。由于 i 角的影响，P' 与 P 不重合。校正时应打开支架护盖，放松支架内的校正螺丝，使横轴一端升高或降低，直到十字丝交点对准 P 点。该项校正应由专业维修人员进行。

5. 竖盘指标差的检校

由式 3-7 可知，用盘左、盘右观测值计算竖直角可以消除竖盘指标差 x 的影响。但当 $|x|>1'$ 时需要进行校正。

1）检验

安置好仪器，用盘左、盘右观测某个清晰目标的竖直角，依式（3-10）计算出竖盘指标差 x。

2）校正

根据图 3-19，消除 x 的盘右竖盘读数应为 $R-x$，旋转竖盘指标水准管微动螺旋，使竖盘读数为 $R-x$，此时竖盘指标水准管气泡不再居中，用校正针拨动竖盘指标水准管校正螺丝，使气泡居中。重新观测检验，直至 $|x|\leqslant1'$ 为止。

6. 光学对中器的检校

1）检验

先架好仪器，整平后在仪器正下方地面上安置一块白色纸板。将光学对点器分划圈中心（或十字丝中心）投影到纸板上，如图 3-26a）所示，并绘制对中点 P。然后将照准部旋转180°，绘出对中点 P''，若 P 与 P'' 重合，表示条件满足；如果 P 与 P'' 的距离大于 2mm，则应校正。

2）校正

在纸板上画出分划圈中心与 P 点之间连线中点 P''。调节光学对点器校正螺钉，使 P 点移至 P'' 点（图 3-26b）。

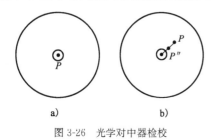

a)　　　　b)

图 3-26　光学对中器检校

第六节　角度测量误差分析

角度测量误差来源于仪器误差、观测误差和外界环境造成的误差。研究这些误差是为了找出消除和减少这些误差的方法。

一、仪 器 误 差

仪器误差包括仪器校正之后的残余误差及仪器加工不完善引起的误差。

(1)视准轴误差是由视准轴不垂直于横轴引起的,对水平方向观测值的影响为$2c$。由于盘左、盘右观测时符号相反,故水平角测量时,可采用盘左、盘右取平均的方法对其加以消除。

(2)横轴误差是由于横轴的两端支架不等高,造成横轴与竖轴不垂直。观测时对水平角的影响为i角误差,并且对盘左、盘右观测值影响的符号相反。所以,采用盘左、盘右观测值取平均的方法可以消除横轴误差。

(3)竖轴倾斜误差是由于水准管轴不垂直于竖轴,或者是观测时竖轴水准管气泡不居中引起的误差。这时,竖轴偏离竖直方向一个小角度,从而引起横轴倾斜及度盘倾斜,造成测角误差。这种误差对盘左、盘右观测值的影响大小相等、符号相同,所以不能用正、倒镜取平均的方法消除。因此,测量前应严格检校仪器,观测时仔细整平,并始终保持照准部水准管气泡居中,气泡偏离不应超过一格。

(4)度盘偏心主要是度盘加工及安装不完善引起的。照准部旋转中心C_1与水平度盘圆心C不重合引起读数误差,如图 3-27 所示。若C和C_1重合,瞄准A、B目标时正确读数为a_L、b_L、a_R、b_R。若不重合,其读数为a'_L、b'_L、a'_R、b'_R。比正确读数变了x_a、x_b。从图中可见,在正、倒镜时,指标线在水平度盘上的读数具有对称性,而符号相反,因此,可用盘左、盘右读数取平均的方法予以削减。

(5)度盘刻划不均匀误差是由于仪器加工不完善引起的。这项误差一般很小。在高精度测量时,为了提高测角精度,可利用各测回间变换度盘位置的方法,减小这项误差的影响。

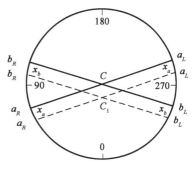

图 3-27　度盘偏心差

(6)竖盘指标差可以用盘左、盘右取平均的方法消除。

二、观 测 误 差

1. 对中误差

在测角时,若经纬仪对中有误差,将使仪器中心与测站点不在同一铅垂线上,造成测角误差。如图 3-28 所示,O为测站点,A、B为目标点,O'为仪器中心在地面上的投影。OO'为偏心距,以e表示。则对中引起测角误差为

$$\beta = \beta' + (\varepsilon_1 + \varepsilon_2) \tag{3-13}$$

$$\varepsilon_1 \approx \frac{\rho''}{D}e\sin\theta \qquad \varepsilon_2 \approx \frac{\rho''}{D}e\sin(\beta' - \theta) \tag{3-14}$$

$$\varepsilon = \varepsilon_1 + \varepsilon_2 = \rho''e\left[\frac{\sin\theta}{D_1} + \frac{\sin(\beta' - \theta)}{D_2}\right] \tag{3-15}$$

由上式可见,对中误差的影响 ε 与偏心距成正比,与边长成反比。当 $\beta'=180°,\theta=90°$ 时,ε 角值最大。当 $e=3\text{mm},D_1=D_2=60\text{m}$ 时,对中误差为

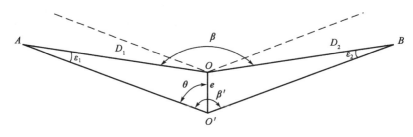

图 3-28　仪器对中误差

$$\varepsilon=\rho e\left[\frac{1}{D_1}+\frac{1}{D_2}\right]=20.6''$$

这项误差不能通过观测方法消除,所以观测水平角时要仔细对中,在短边测量时更要严格对中。

2. 目标偏心误差

目标偏心是由于觇标倾斜引起的。如觇标倾斜,观测时没有照准底部,则产生目标偏心误差,如图 3-29 所示,O 为测站,A 为地面目标点,AA' 为觇标,觇标高为 d,觇标倾角 α。目标偏心差为

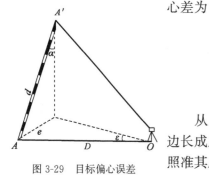

$$e=d\sin\alpha \tag{3-16}$$

目标偏斜对观测方向影响为

$$\varepsilon=\frac{e}{D}\rho=\frac{d\sin\alpha}{D}\rho \tag{3-17}$$

从上式可见,目标偏心误差对水平方向影响与 e 成正比,与边长成反比。为了减少这项误差,测角时觇标应竖直,并尽可能照准其底部。

图 3-29　目标偏心误差

3. 照准误差

测角时由人眼通过望远镜照准目标产生的误差称为照准误差。影响照准的因素很多,如望远镜放大倍数、人眼分辨率、十字丝的粗细、标志形状和大小、目标影像亮度、颜色等,通常以人眼最小分辨视角(60")和望远镜放大率 v 来衡量仪器的照准精度,为

$$m_v=\pm\frac{60''}{v} \tag{3-18}$$

对于 DJ6 型经纬仪,$v=28,m_v=\pm2.2''$。

4. 读数误差

读数误差主要取决于仪器读数设备。对于采用测微尺读数系统的经纬仪,读数中误差为测微器最小分划值的 1/10,即 0.1′=6"。

三、外界条件的影响

角度观测是在一定外界条件下进行的。外界环境对测角精度有直接影响,如风力、日晒、土质情况对仪器稳定性的影响及对气泡居中都影响,大气热辐射、大气折光对瞄准目标影响等。所以,应在空气清晰度好,大气较稳定的条件下观测。

第七节　激光经纬仪与电子经纬仪

一、激光经纬仪

激光经纬仪主要用于准直测量。准直测量就是定出一条标准的直线,作为土建安装等施工放样的基准线。图 3-30 所示是苏州一光仪器有限公司生产的 J_2-JDB 激光经纬仪。

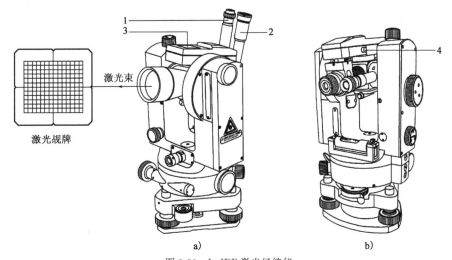

图 3-30　J_2-JDB 激光经纬仪
a)安装了弯管目镜;b)没有安装弯管目镜
1-读数显微镜弯管目镜;2-望远镜弯管目镜;3-电池盒盖;4-激光电源开关

激光经纬仪除具有光学经纬仪的全部功能外,还可以提供一条可见的激光光束,可以广泛应用于高层建筑的轴线投测、隧道施工、大型管线的铺设、桥梁工程、大型船舶制造、飞机形架安装等测量工作。当用于倾斜角很大的测量作业时,可以安装上随机附件弯管目镜,如图 3-30a)所示;为了使目标处的激光光斑更加清晰,以提高测量精度,可以使用随机附件激光觇牌。

J_2-JDB 激光经纬仪是在 DJ_2 光学经纬仪上设置了一个半导体激光发射装置,将发射的激光导入望远镜的视准轴方向,从望远镜物镜端发射,见图 3-31 所示。激光光束与望远镜视准轴保持同轴、同焦。J_2-JDB 激光经纬仪发射激光的波长为 0.635,在 100m 处的光斑直径为 5mm,白天的有效射程为 200m,仪器使用两节 5 号碱性电池供电,一对新的 5 号电池可供使用一个工作日。

二、电子经纬仪

世界上第一台电子经纬仪于 1968 年研制成功,20 世纪 80 年代初生产出商品化的电子经纬仪。与光学经纬仪比较,电子经纬仪是利用光电转换原理和微处理器自动测量度盘的读数并将测量结果显示在仪器显示窗上,如将其与电子手簿连接,可以自动储存测量结果。

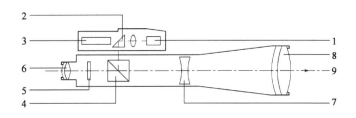

图 3-31　J₂-JDB 激光经纬仪的发射光路

1-半导体激光器；2-直角棱镜；3-两节 5 号电池；4-分光棱镜；5-十字丝分划板；6-目镜；7-调焦透镜；8-物镜；9-激光束

　　电子经纬仪的测角系统有三种：编码度盘测角系统、光栅度盘测角系统和动态测角系统。本节主要介绍光栅度盘的测角原理。如图 3-32a)所示，在玻璃圆盘的径向，均匀地按一定的密度刻划有交替的透明与不透明的辐射状条纹，条纹与间隙的宽度均为 a，这就构成了光栅度盘。如图 3-32b)所示，如果将两块密度相同的光栅重叠，并使它们的刻线相互倾斜一个很小的角度 θ，就会出现明暗相间的条纹，这种条纹称莫尔条纹。

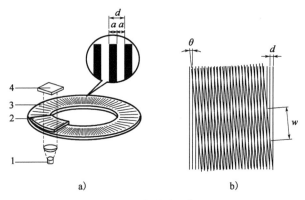

图 3-32　光栅度盘测角原理

1-发光二极管；2-指示光栅；3-光栅度盘；4-光敏二极管

　　莫尔条纹的特性是：两光栅的倾角 θ 越小，相邻明、暗条纹间的间距 w（简称纹距）就越大，其关系为

$$w = \frac{d}{\theta}\rho'　\qquad\qquad (3-19)$$

　　式中，$\rho' = 3\,438$。例如，当 $\theta = 20'$ 时，$w = 172d$，即纹距 w 比栅距 d 大 172 倍。这样，就可以对纹距进一步细分，以达到提高测角精度的目的。

　　当两光栅在与其刻线垂直的方向相对移动时，莫尔条纹将作上下移动。当相对移动一条刻线距离时，莫尔条纹则上下移动一周期，即明条纹正好移到原来邻近的一条明条纹的位置上。

　　如图 3-32a)所示，为了在转动度盘时形成莫尔条纹，在光栅度盘上安装有固定的指示光栅。指示光栅与度盘下面的发光管和上面的光敏二极管固连在一起，不随照准部转动。光栅度盘与经纬仪的照准部固连在一起，当光栅度盘与经纬仪照准部一起转动时，即形成莫尔条纹。随着莫尔条纹的移动，光敏二极管将产生按正弦规律变化的电信号，将此电信号整形，可变为矩形脉冲信号，对矩形脉冲信号计数，即可求得度盘旋转的角值。测角时,在望远镜瞄准起始方向后,可使仪器中心的计数器为 0°(度盘置零)。在度盘随望远镜瞄准第二个目标的过程中,对产生的脉冲进行计数,并通过译码器化算为度、分、秒在显示窗口显示。

图 3-33 所示为南方测绘仪器公司生产的 ET-02 电子经纬仪。该仪器一测回方向观测中误差为±2″,角度最小显示到 1″,竖盘指标自动归零补偿采用液体电子传感补偿器。它可以与南方测绘公司生产的光电测距仪和电子手簿连接,组成速测全站仪,完成野外数据的自动采集。

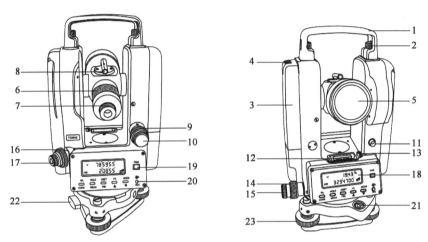

图 3-33　ET-02 电子经纬仪

1-手柄;2-手柄固定螺丝;3-电池盒;4-电池盒按钮;5-物镜;6-物镜调焦螺旋;7-目镜调焦螺旋;8-光学瞄准器;9-望远镜制动螺旋;10-望远镜微动螺旋;11-光电测距仪数据接口;12-管水准器;13-管水准器校正螺丝;14-水平制动螺旋;15-水平微动螺旋;16-光学对中器物镜调焦螺旋;17-光学对中器目镜调焦螺旋;18-显示窗;19-电源开关键;20-显示窗照明开关键;21-圆水准器;22-轴套锁定钮;23-脚螺旋

仪器使用 NiMH 高能可充电电池供电,充满后电池可供仪器连续使用 8～10h;仪器设有双操作面板,每个操作面板都有完全相同的显示窗和功能键,便于正、倒镜观测;望远镜的十字丝分划板和显示窗均有照明光源,以便于在黑暗环境中观测。

【思考题】

3-1　什么是水平角?什么是竖直角?

3-2　经纬仪主要由哪几部分组成?经纬仪上有哪些制动螺旋和微动螺旋?各起什么作用?

3-3　观测水平角时,对中和整平的目的是什么?试述光学经纬仪对中和整平的方法。

3-4　分别叙述用测回法与方向观测法测量水平角的操作步骤。

3-5　经纬仪有哪些主要轴线?各轴线之间应满足什么几何条件?

3-6　水平角测量的误差来源有哪些?在观测中应如何消除或减弱这些误差的影响?采用盘左、盘右观测水平角,能消除哪些仪器误差?

3-7 电子经纬仪的主要特点是什么？它与光学经纬仪的根本区别是什么？

3-8 整理表 3-5 中测回法观测水平角的记录。

测回法观测手簿 表 3-5

测站	竖盘位置	目标	水平度盘读数 (° ′ ″)	半测回角值 (° ′ ″)	一测回角值 (° ′ ″)	各测回平均角值 (° ′ ″)	备注
第一测回 0	左	A	0 01 12				
		B	200 08 54				
	右	A	180 02 00				
		B	20 09 30				
第一测回 0	左	A	90 00 36				
		B	290 08 00				
	右	A	270 01 06				
		B	110 08 48				

3-9 整理表 3-6 中方向观测法观测水平角的记录。

方向观测法观测手簿 表 3-6

测站	测回	目标	水平度盘读数		2C (″)	平均读数 (° ′ ″)	一测回归零方向值 (° ′ ″)	各测回归零方向值的平均值 (° ′ ″)
			盘左(° ′ ″)	盘右(° ′ ″)				
0	1	A	0 02 36	180 02 36				
		B	70 23 36	250 23 42				
		C	228 19 24	48 19 30				
		D	254 17 54	74 17 54				
		A	0 02 30	180 02 36				
0	2	A	90 03 12	270 03 12				
		B	160 24 06	340 23 54				
		C	318 20 00	138 19 54				
		D	344 18 30	164 18 24				
		A	90 03 18	270 03 12				

3-10 整理表 3-7 中竖直角观测的记录。

竖直角观测手簿 表 3-7

测站	目标	竖盘位置	竖直度盘读数 (° ′ ″)	半测回角值 (° ′ ″)	指标差 (″)	一测回竖直角 (° ′ ″)	备注
0	A	左	63 27 18				
		右	296 32 24				竖盘顺时针注记
	B	左	97 12 48				
		右	262 47 24				

第四章 距离测量与直线定向

距离测量的目的是测量地面点之间的水平距离。直线定向是确定地面上两点垂直投影到水平面上的直线方向。距离测量方法有钢尺量距、视距测量、电磁波测距和 GPS 测量等。本章主要介绍前三种距离测量方法,GPS 测量在第八章介绍。

第一节　钢　尺　量　距

钢尺量距是利用钢尺以及辅助工具直接量测地面上两点间的水平距离,通常在短距离测量中使用。精度要求较高的距离测量,应采用电磁波测距。

一、量　距　工　具

钢尺量距的主要工具是钢尺。常用的钢尺长度有 20m、30m 和 50m,其基本分划有厘米和毫米两种。

根据零点位置的不同,钢尺有刻线尺和端点尺两种。刻线尺是以尺前端的一刻线作为尺的零点,如图 4-1a)所示;端点尺是以尺的最外端作为尺的零点,如图 4-1b)所示。钢尺量距的辅助工具有测钎、标杆、垂球,精密量距时,还需要弹簧秤、温度计等。

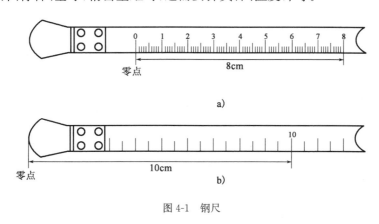

图 4-1　钢尺

二、直 线 定 线

当地面两点之间的距离大于钢尺整尺长时,就需要在直线方向上标定若干分段点,以便用钢尺分段丈量,这项工作称为直线定线。直线定线的方法有以下两种:

1. 目测定线

目测定线适用于钢尺量距的一般方法。如图 4-2 所示,设 A、B 两点互相通视,要在 A、B 两点的直线上标出分段点 1、2,先在 A、B 点上竖立标杆,甲站在 A 点标杆后约 1m 处,指挥乙左右移动标杆,直到甲在 A 点沿标杆的同一侧看到 A、2、B 三支标杆成一条线为止。同法可以定出直线上的其他点。两点间定线,一般应由远到近,即先定 1 点,再定 2 点。

图 4-2 目测定线

2. 经纬仪定线

经纬仪定线适用于钢尺精密量距方法。设 A、B 两点互相通视,将经纬仪安置在 A 点(对中、整平),用望远镜纵丝照准 B 点,制动照准部,望远镜上下转动,指挥在两点间某一点上的助手,左右移动标杆,直至标杆像为纵丝所平分。为了减小照准误差,精密定线时,可以用直径更细的测钎或垂球线代替标杆。

三、钢尺量距方法

(一)钢尺一般量距方法

1. 平坦地面的距离丈量

丈量工作一般由两人进行。如图 4-3 所示,清除待量直线上的障碍物后,在直线两端点 A、B 竖立标杆,后尺手持钢尺的零端位于 A 点,前尺手持钢尺的末端和一组测钎沿 AB 方向前进,行至一个尺段处停下。后尺手用手势指挥前尺手将钢尺拉在 AB 直线上,后尺手将钢尺的零点对准 A 点,当两人同时把钢尺拉紧后,前尺手在钢尺末端的整尺段长分划处竖直插下一根测钎,得到 1 点,即量完一个尺段。前、后尺手抬尺前进,当后尺手到达插测钎或画记号处时停住,再重复上述操作,量完第二尺段。后尺手拔起地上的测钎,依次前进,直到量完 AB 直线的最后一段为止。

最后一段距离一般不会刚好是整尺段长度,称为余长。丈量余长时,前尺手在钢尺上读取余长值,则 A、B 两点间的水平距离为

$$D_{AB} = n \times 尺段长 + 余长 \qquad (4-1)$$

式中：n——整尺段数。

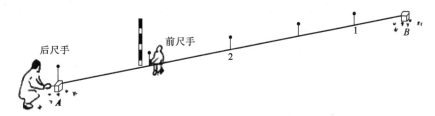

图 4-3　平坦地面的距离丈量

为了防止丈量中发生错误和提高精度，需要往、返丈量，返测时，要重新定线。往、返丈量距离较差的相对误差 K 的定义为

$$K = \frac{|D_{AB} - D_{BA}|}{\overline{D}_{AB}} \qquad (4-2)$$

式中：$\overline{D}_{AB}$——往、返丈量距离的平均值。

在计算距离较差的相对误差时，一般将其化为分子为 1 的分式，相对误差的分母越大，说明量距的精度越高。对图根钢尺量距导线，钢尺量距往返丈量较差的相对误差一般不应大于 1/3 000，如果量距的相对较差没有超过限差，则取距离往、返测量的平均值 $\overline{D}_{AB}$ 作为两点间的水平距离。

2. 倾斜地面的距离丈量

1）平量法

沿倾斜地面丈量距离，当地势起伏不大时，可将钢尺拉平丈量。如图 4-4 所示，丈量由 A 点向 B 点进行，甲立于 A 点，指挥乙将尺拉在 AB 方向线上。甲将尺的零端对准 A 点，乙将钢尺抬高，并且目估使钢尺水平，然后用垂球将尺段的末端投影到地面上，插上测钎。若地面倾斜较大，将钢尺抬平有困难时，可将一个尺段分成几个小段来平量。

2）斜量法

当倾斜地面的坡度比较均匀时，如图 4-5 所示，可以沿着斜坡丈量出 A、B 的斜距 L，测出地面倾斜角 α 或两端点的高差 h，然后按下式计算 A、B 的水平距离 D

$$D = L\cos\alpha = \sqrt{L^2 - h^2} \qquad (4-3)$$

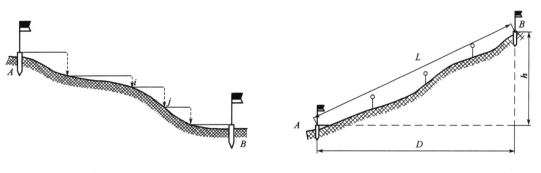

图 4-4　平量法示意图　　　　　　　图 4-5　斜量法示意图

(二)钢尺精密量距方法

用一般方法量距,其相对误差只能达到 1/1 000～1/5 000,当要求量距的相对误差更小时,例如,1/10 000～1/40 000,必须用精密方法进行丈量。

精密方法量距的主要工具为钢尺、弹簧秤、温度计等。其中,钢尺必须经过检验,并得到其检定的尺长方程式。精密量距前要先清理场地,将经纬仪安置在测线端点 A,瞄准 B 点,先用钢尺进行概量。在视线上依次定出比钢尺一整尺略短的尺段,并打下木桩,木桩要高出地面 2～3cm,桩上钉一白铁皮。若不打木桩则安置三脚架,三脚架上安放带有基座的轴杆头。利用经纬仪进行定线,在白铁皮上画一条线,使其与 AB 方向重合。并在其垂直方向上划一线,形成十字,作为丈量标志。量距是用经过检定的钢尺或因瓦合金钢尺,丈量组由五人组成,两人拉尺,两人读数,一人指挥并读温度和记录。丈量时后尺手要用弹簧秤控制施加给钢尺的拉力。这个力应是钢尺检定时施加的标准力(30m 钢尺,一般施加 100N)。前后司尺手应同时在钢尺上读数,估读到 0.5mm。每尺段移动钢尺前后位置三次。三次测得距离之差不应超过 2～3mm,同时记录现场温度,估读到 0.5℃。用水准仪测尺段木桩顶间高差。往返高差不应超过±10mm。这种量距法称为串尺法量距。

四、钢尺量距的成果整理

钢尺量距时,钢尺要经过专门检定,得出钢尺在标准温度和标准拉力(一般为 10kg)下的实际长度,并给出钢尺的尺长方程式。由于钢尺长度有误差并受量距时外界环境的影响,对量距结果应进行尺长、温度及倾斜改正以保证距离测量精度。

五、钢尺量距的误差分析

1. 定线误差

在量距时由于钢尺没有准确地安放在待量距离的直线方向上,所量的是折线,不是直线,造成量距结果偏大,如图 4-6 所示。设定线误差为 ε,一尺段的量距误差 $\Delta\varepsilon$ 为

$$\Delta\varepsilon = 2\left(\sqrt{\left(\frac{l}{2}\right)^2 - \varepsilon^2} - \frac{l}{2}\right) = -\frac{2\varepsilon^2}{l} \tag{4-4}$$

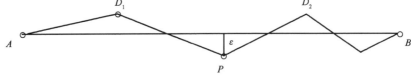

图 4-6 定线误差

当 $\dfrac{\Delta\varepsilon}{l} \leqslant \dfrac{1}{30\,000}$,$l$＝30m 时,$\varepsilon\leqslant 0.12$m。所以用目估定线即可达到此精度。

2. 尺长误差

钢尺名义长度与实际长度之差产生的尺长误差对量距的影响,是随着距离的增加而增加的。在高精度量距时应加尺长改正,并要求钢尺尺长检定误差小于 1mm。

3. 温度误差

当温度变化±3℃时,引起的距离误差为1/30 000。另外在测试时温度计显示的是空气环境温度,不是钢尺本身的温度。在阳光曝晒下,钢尺温度与环境温度之差可达5℃,则量距误差大于1/30 000。所以量距宜在温度变化不大的阴天进行。最好用电子测温计直接测量钢尺自身温度。

4. 拉力误差

钢尺具有弹性,受拉会伸长。钢尺弹性模量 $E = 2 \times 10^6 \text{kg/cm}^2$,设钢尺断面积 $A = 0.04 \text{cm}^2$,钢尺拉力误差为 ΔP,根据虎克定律,钢尺伸长误差为

$$\Delta \lambda_P = \frac{\Delta P \cdot l}{EA} \tag{4-5}$$

当 $\Delta P = 3 \text{kg}, l = 30 \text{m}$ 时,钢尺拉力误差为 1mm,所以在精密量距时应用弹簧秤控制拉力。

5. 钢尺倾斜误差

钢尺量距时若钢尺不水平,或测量距离时两端高差测定有误差,对量距会产生误差,使距离测量值偏大。倾斜改正公式为

$$\Delta l_h = -\frac{h^2}{2l} \tag{4-6}$$

从式(4-6)可见,高差大小和测定误差对测距精度有影响。对于 $l = 30 \text{m}$ 的钢尺,当 $h = 1 \text{m}$,高差误差为 5mm 时,产生测距误差为 0.17mm。所以在钢尺精密量距时,用普通水准仪测定高差。

6. 钢尺对准及读数误差

在量距时,钢尺对点误差、测钎安置误差及读数误差都会对量距产生误差。这些误差是偶然误差,所以量距时,可采用多次丈量取平均值以提高量距精度。另外钢尺基本分划为 1mm,一般读数也到毫米,若不仔细会产生较大误差,所以测量时要认真仔细。

第二节 视 距 测 量

一、视距测量概述

视距测量是一种间接测距方法,普通视距测量所用的视距装置是测量仪器望远镜内十字丝分划板上的视距丝,视距丝是与十字丝横丝平行且与其间距相等的上、下两根短丝。普通视距测量是利用十字丝分划板上的视距丝和刻有厘米分划的视距尺(可用普通水准尺代替),根据几何光学原理,测定两点间的水平距离。

视线水平时,视距测量测得的是水平距离。如果视线是倾斜的,可通过测量竖直角求得水平距离,还可以求得测站与目标间的高差。所以说视距测量也是一种能同时测得两点之间的距离和高差的测量方法。

视距测量作业方便,观测速度快,不受地形条件的限制。但测程较短,测距精度较低,在比

较好的外界条件下测距精度仅有 1/200～1/300,低于钢尺量距的精度,测定高差的精度低于水准测量和三角高程测量。

二、视距测量的原理

1. 视准轴水平时的视距计算公式

如图 4-7 所示,AB 为待测距离,在 A 点安置经纬仪,B 点竖立视距尺,设望远镜视线水平(使竖直角为零,即竖直度盘读数为 90°或 270°),照准 B 点的视距尺,此时视线与视距尺垂直。

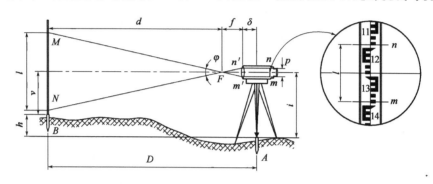

图 4-7　视准轴水平时视距测量

图 4-7 中,$p=\overline{mn}$ 为望远镜上、下视距丝的间距,$l=\overline{NM}$ 为视距丝在标尺上的间隔,f 为望远镜物镜焦距,δ 为物镜中心到仪器中心的距离。

由于望远镜上、下视距丝的间距 p 固定,因此从这两根丝引出去的视线在竖直面内的夹角 φ 也是固定的角度。设由上、下视距丝 n、m 引出去的视线在标尺上的交点分别为 N、M,则在望远镜视场内可以通过读取交点的读数 N、M 求出视距间隔 l。

图 4-7 右图所示的视距间隔为:$l=$ 下丝读数－上丝读数$=1.385-1.188=0.197$m。

由于 $\triangle n'm'F$ 相似于 $\triangle NMF$,所以有 $\dfrac{d}{f}=\dfrac{l}{p}$。则

$$d = \frac{f}{p}l \tag{4-7}$$

由图 4-7 得

$$D = d + f + \delta = \frac{f}{p}l + f + \delta \tag{4-8}$$

令 $K=\dfrac{f}{p}$,$C=f+\delta$,则有

$$D = Kl + C \tag{4-9}$$

式中,K、C——分别为视距乘常数和视距加常数。

设计制造仪器时,通常使 $K=100$,C 接近于零。因此,视准轴水平时的视距计算公式为

$$D = Kl = 100l \tag{4-10}$$

如果再在望远镜中读出中丝读数 v(或者取上、下丝读数的平均值),用小钢尺量出仪器高 i,则 A、B 两点的高差为

$$h = i - v \tag{4-11}$$

图 4-7 所示的视距为 $D=100\times0.197=19.7\mathrm{m}$。

2. 视准轴倾斜时的视距计算公式

如图 4-8 所示,当视准轴倾斜时,由于视线不垂直于视距尺,所以不能直接应用式(4-10)计算视距。由于 φ 角很小,约为 $34'$,$\angle MOM'=\alpha$,也即只要将视距尺绕与望远镜视线的交点 O 旋转如图所示的 α 角后就能与视线垂直,并有

$$l'=l\cos\alpha \tag{4-12}$$

则望远镜旋转中心 Q 与视距尺旋转中心 O 的视距为

$$L=Kl'=Kl\cos\alpha \tag{4-13}$$

由此求得 A、B 两点间的水平距离为

$$D=L\cos\alpha=Kl\cos^2\alpha \tag{4-14}$$

设 A、B 的高差为 h,由图 4-8 可列出方程

$$h+v=h'+i$$

式中,h' 称为初算高差。

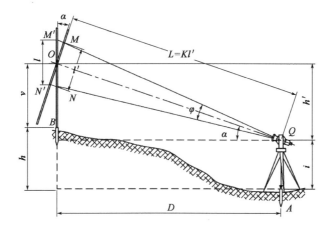

图 4-8 视准轴倾斜时的视距测量

$$h'=L\sin\alpha=Kl\cos\alpha\sin\alpha=\frac{1}{2}Kl\sin2\alpha$$

将其代入上式,得高差计算公式为

$$h=h'+i-v=\frac{1}{2}Kl\sin2\alpha+i-v$$

$$=D\tan\alpha+i-v \tag{4-15}$$

三、视距测量的观测和计算

视距测量的观测和计算步骤如下:

(1)在控制点 A 上安置经纬仪,作为测站点。量取仪器高 i(取至厘米数)并抄录测站点的高程 H_A(也取至厘米数);

(2)立标尺于欲测定的地形点上,尽量使尺子竖直,尺面对准仪器;

(3)视距测量一般用经纬仪盘左位置进行观测,望远镜瞄准标尺后,消除视差读取下丝读

数 m 及上丝读数 n,计算视距间隔 $l=m-n$;读取中丝的读数 v;使竖盘水准管气泡居中,读竖盘读数;

(4)按公式(4-14)和公式(4-15)计算出水平距离和高差,然后根据 A 点高程计算出 B 点高程。

以上完成对一个点的观测,然后重复步骤(2)、(3)、(4),测定其他地形点。用经纬仪进行视距测量的记录和计算见表4-1。

视 距 测 量 记 录

表 4-1

测站:A 　　　　　　　测站高程:41.40m 　　　　　　　仪器高:1.42m

照准点号	下丝读数 上丝读数 视距间隔	中丝读数 v	竖直角 α	水平距离 D	高差 h	高程 H
B	1.768 0.934 0.834	1.35	$+2°45'$	83.21	$+4.07$	45.47
C	2.182 0.660 1.522	1.42	$+5°27'$	150.83	$+14.39$	55.79
D	2.440 1.862 0.578	2.15	$-1°35'$	57.76	-2.33	39.07

四、视距测量的误差分析

1. 读数误差

视距间隔 l 由上、下视距丝在标尺上读数相减而得,由于视距常数 $K=100$,因此距离误差为视距误差的 100 倍,若读数误差为 1mm,则距离误差为 0.1m。因此,在标尺上读数前,必须消除视差,读数时应十分仔细。另外,由于竖立标尺者不可能使标尺完全稳定不动,因此,上、下丝读数应当同时进行。一般读数时用经纬仪的竖盘微动螺旋将上丝对准标尺的整分米分划,估读下丝的读数方法;同时还要注意视距测量的距离不能太长,因为测量的距离越长,视距标尺一厘米分划的长度在望远镜十字丝分划板上的成像长度就越小,读数误差就越大。

2. 标尺倾斜误差

当标尺倾斜角为 $d\alpha$ 角时,对水平距离影响的微分关系为

$$dD = -Kl\sin2\alpha\frac{d\alpha}{\rho} \tag{4-16}$$

用目估使标尺竖直大约有 1°的误差,即 $d\alpha=1°$,设 $Kl=100$m,按式(4-16)计算:当 $\alpha=5°$ 时,$dD=0.3$m,可见,标尺倾斜对测定水平距离的影响随视准轴垂直角的增大而增大。因此在山区测量时,要特别注意将标尺竖直。视距标尺上一般装有水准器,立尺者在观测者读数时应参照尺上的水准器来保持标尺竖直及稳定。

3. 竖直角观测误差

竖直角观测误差在垂直角不大时对水平距离的影响较小,主要是影响高差,其影响公式可对 h 微分,得

$$dh = Kl\cos2\alpha \frac{d\alpha}{\rho} \tag{4-17}$$

设 $Kl=100\text{m}$,$d\alpha=1'$,当 $\alpha=5°$时,$dh=0.03\text{m}$。

由于视距测量时通常是用竖盘的一个位置(盘左或盘右)进行观测,因此事先必须对竖盘的指标差进行检验和校正,使其尽可能小;或者每次测量之前测定指标差,在计算垂直角时加以改正。

4. 外界气象条件的影响

1)大气折光的影响

视线穿过大气时会产生折射,其光程从直线变为曲线,造成误差。由于视线越靠近地面折光越大,所以规定视线应高出地面 1m 以上。

2)大气湍流的影响

空气的湍流使视距成像不稳定,造成视距误差。当视线接近地面或水面时这种影响更为严重,所以视线要高出地面 1m 以上。除此以外,风和大气能见度对视距测量也会产生影响。风力过大,尺子会抖动,空气中灰尘和水汽会使视距尺成像不清晰,造成读数误差,所以应选择良好的大气进行测量。

第三节　电磁波测距

电磁波测距是利用电磁波(微波、光波)作载波,在其上调制测距信号,测量两点间距离的一种方法。电磁波测距仪具有测量速度快,方便,受地形影响小,测程长、测量精度高等特点,已成为距离测量的主要手段。

一、电磁波测距概述

1948 年,瑞典 AGA(阿嘎)公司(现更名为 Geotronics(捷创力)公司)研制成功了世界上第一台电磁波测距仪,它采用白炽灯发射的光波作载波,应用了大量的电子管元件,仪器相当笨重且功耗大。为避开白天太阳光对测距信号的干扰,只能在夜间作业,测距操作和计算都比较复杂。

1960 年,第一台红宝石激光器和第一台氦—氖激光器研制成功了。1962 年,砷化镓半导体激光器研制成功。与白炽灯比较,激光器的优点是发散角小,大气穿透力强,传输的距离远,不受白天太阳光干扰,基本上可以全天候作业。1967 年,AGA 公司推出了世界上第一台商品化的激光测距仪 AGA-8。该仪器采用 5mW 的氦—氖激光器作发光元件,白天测程为 40km,夜间测程达 60km,测距精度±(5mm+1ppm),主机重量 23kg。我国的武汉地震大队也于 1969 年研制成功了 JCY-1 型激光测距仪,1974 年又研制并生产了 JCY-2 型激光测距仪。该仪器采用 2.5mW 的氦—氖激光器作发光元件,白天测程为 20km,测距精度±(5mm+1ppm),主机重量 16.3kg。

随着半导体技术的发展,从 20 世纪 60 年代末、70 年代初起,采用砷化镓发光二极管作发光元件的红外测距仪逐渐在世界上流行起来。与激光测距仪比较,红外测距仪有体积小、重量轻、功耗小、测距快、自动化程度高等优点。但由于红外光的发散角比激光大,所以红外测距仪的测程一般小于 15km。现在的红外测距仪已经和电子经纬仪及计算机软硬件制造在一起,形成了全站仪,正向着自动化、智能化和利用蓝牙技术实现测量数据的无线传输方向飞速发展。

电磁波测距仪按其所采用的载波划分为:用微波段的无线电波作为载波的微波测距仪;用激光作为载波的激光测距仪;用红外光作为载波的红外测距仪。后两者又统称为光电测距仪。微波和激光测距仪多属于长程测距,测程可达 60km,一般用于大地测量,而红外测距仪属于中、短程测距仪(测程为 15km 以下),一般用于小地区控制测量、地形测量、地籍测量和工程测量等。

电磁波测距仪按测程划分有:短程测距仪,测程 ≤5km;中程测距仪,测程 5～15km;远程测距仪,测程 15km 以上。

电磁波测距仪按测量精度划分为:Ⅰ级,$m_D \leqslant 5mm$;Ⅱ级,$5mm \leqslant m_D \leqslant 10mm$;Ⅲ级,$m_D \geqslant 10mm$。$m_D$ 为 1km 测距的中误差。

红外测距仪采用 GaAs(砷化镓)发光二极管作光源。由于 GaAs 发光管输入电源小、耗省、体积小、寿命长、抗震性能强,能连续发光并能直接调制,从 20 世纪 80 年代以来,红外测距仪得到迅速发展。本节主要介绍红外光电测距仪的基本原理和测距方法。

二、光电测距仪的基本原理

如图 4-9 所示,光电测距仪通过测量光波在待测距离 D 上往、返传播一次所需要的时间 t_{2D},则待测距离 D 为

$$D = \frac{1}{2}Ct_{2D} \qquad (4-18)$$

式中:$C = \frac{C_0}{n}$ 为光在大气中的传播速度,C_0 为光在真空中的传播速度。迄今为止,人类所测得的精确值为 $C_0 = 299\ 792\ 458m/s \pm 1.2m/s$;$n$ 为大气折射率($n \geqslant 1$),它是光的波长 λ、大气温度 t 和气压 p 的函数,即

$$n = f(\lambda, t, p) \qquad (4-19)$$

由于 $n \geqslant 1$,则 $C \leqslant C_0$,也即光在大气中的传播速度要小于其在真空中的传播速度。

红外测距仪一般采用 GaAs(砷化镓)发光二极管发出的红外光作为光源,其波长 $\lambda = 0.85 \sim 0.93\mu m$。对一台红外测距仪来说,$\lambda$ 是一个常数,则由式(4-19)可知,影响光速的大气折射率 n 只随大气的温度 t、气压 p 而变化,这就要求我们在光电测距作业中,必须实时测定现场的大气温度和气压,并对所测距离施加气象改正。

根据测量光波在待测距离 D 上往、返一次传播时间 t_{2D} 的不同,光电测距仪可分为脉冲式和相位式两种。

1. 脉冲法测距

用红外测距仪测定 A、B 两点间的距离 D,在待测距离一端安置测距仪,另一端安放反光镜,如图 4-9 所示。当测距仪发出光脉冲,经反光镜反射后回到测距仪。若能测定光在距离 D

上往返传播的时间,即测定发射光脉冲与接收光脉冲的时间差 t_{2D},则测距公式如下

$$D = \frac{1}{2} \frac{C_0}{n} t_{2D} \qquad (4\text{-}20)$$

此公式为脉冲法测距公式。用这种方法测定距离的精度取决于时间 t_{2D} 的量测精度。

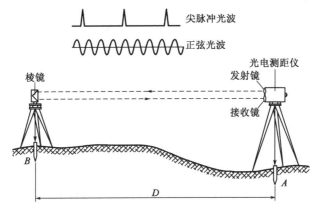

图 4-9 光电测距原理图

如要达到 $\pm 1\mathrm{cm}$ 的测距精度,时间量测精度应达到 $6.7 \times 10^{11} \mathrm{s}$。这对电子元件的性能要求很高,难以达到。所以一般脉冲法测距常用于激光雷达、微波雷达等远距离测距上,其测距精度为 $0.5 \sim 1\mathrm{m}$。20 世纪 90 年代,出现了将测线上往返的时间延迟 t_{2D} 变成电信号,对一个精密电容进行充电,同时记录充电次数,然后用电容放电来测定 t_{2D}。其测量精度也可达到毫米级。

2. 相位法测距

相位式光电测距仪是将发射光波的光强调制成正弦波的形式,通过测量正弦光波在待测距离上往返传播的相位移来解算距离。图 4-10 是将返程的正弦波以棱镜站 B 点为中心对称展开后的图形。正弦光波振荡一个周期的相位移是 2π,设发射的正弦光波经过 $2D$ 距离后的相位移为 φ,则 φ 中可以分解为 N 个 2π 整数周期和不足一个整数周期相位移 $\Delta\varphi$,即有

$$\varphi = 2\pi N + \Delta\varphi \qquad (4\text{-}21)$$

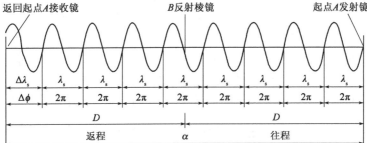

图 4-10 相位法测距原理图

另一方面,设正弦光波的振荡频率为 f,由于频率的定义是 $1\mathrm{s}$ 内振荡的次数,振荡一次的相位移为 2π,则正弦光波经过 t_{2D} 后振荡的相位移为

$$\varphi = 2\pi f t_{2D} \qquad (4\text{-}22)$$

由式(4-21)和式(4-22)可以解出 t_{2D} 为

$$t_{2D} = \frac{2\pi N + \Delta\varphi}{2\pi f} = \frac{1}{f}\left(N + \frac{\Delta\varphi}{2\pi}\right) = \frac{1}{f}(N + \Delta N) \tag{4-23}$$

式中，$\Delta N = \frac{\Delta\varphi}{2\pi}$，$0 < \Delta N < 1$，将式(4-23)代入式(4-18)，得

$$D = \frac{C}{2f}(N + \Delta N) = \frac{\lambda}{2}(N + \Delta N) \tag{4-24}$$

式中，$\frac{\lambda}{2}$ 为正弦波的半波长，又称测距仪的测尺。取 $C \approx 3 \times 10^8 \text{m/s}$，则不同的调制频率 f 对应的测尺长列于表4-2中。

调制频率与测尺长度的关系 表4-2

调制频率 f	15MHz	7.5MHz	1.5MHz	150kHz	75kHz
测尺长 $\frac{\lambda}{2}$	10m	20m	100m	1km	2km

由表可见，f 与 $\frac{\lambda}{2}$ 的关系是：调制频率越大，测尺长度越短。

如果能够测出正弦光波在待测距离上往返传播的整周期相位移数 N 和不足一个周期的小数 ΔN，就可以依式(4-24)解算出待测距离 D。

在相位式光电测距仪中，一个称为相位计的电子部件将发射镜中发射的正弦波与接收镜接收到并传播 $2D$ 距离后的正弦波进行相位比较，可以测出不足一个周期的小数 ΔN，其测相误差一般小于 $1/1\,000$。相位计测不出整周数 N，这就使相位式光电测距方程式(4-23)产生多值解，只有当待测距离小于测尺长度时(此时，$N=0$)，才有确定的距离值。人们通过在相位式光电测距仪中设置多个测尺，用各测尺分别测距，并将测距结果组合起来的方法来解决距离的多值解问题。在仪器的多个测尺中，我们将其中长度最短的测尺称为精测尺，其余称为粗测尺。

例如：在1km的短程红外测距仪上一般采用10m和1 000m两把测尺相互配合进行测量，以10m测尺作为精测尺测定米位以下距离，以1 000m测尺作为粗测尺测定十米位和百米位距离，如实测距离为543.756m，则

精测显示   3.756

粗测显示   54

仪器显示的距离为   545.756m

精、粗测尺测距结果的组合过程由测距仪内的微处理器自动完成，并输送到显示窗显示，无须用户干涉。

为保证测距的精度，测尺的长度必须十分精确。影响测距精度的因素有调制光的频率和光速，仪器制造时可以保证调制光频率的稳定性，光在真空中的速度是已知的，但光线在大气中传播时，通过不同密度的大气层其速度是不同的。因此，测得的距离还需加气象改正。

三、红外测距仪及其使用

(一)红外测距仪的特点

(1)仪器的形体小、重量轻、便于携带。现代红外测距仪主机不到1kg，是当代高新技术的集成。

(2)自动化程度高、测量速度快。仪器一旦启动测距，必须完成信号判别、调制频率转换、

自动数字测相等一系列的技术过程,最后把距离直接显示出来,其间只需几秒钟的时间。

(3)功能多、使用方便。测距仪有各种测距功能以及可以满足各种不同要求的测量功能。

(4)功耗低、能源消耗少。

(二)红外测距仪的工作原理

红外测距仪的工作原理如图 4-11 所示。

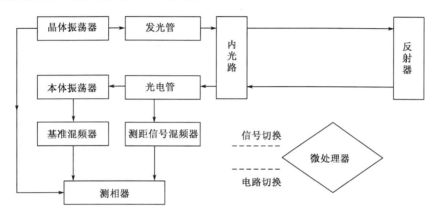

图 4-11 红外测距仪工作原理

石英晶体振荡器产生主频调制信号对发光二极管(GaAs)进行调制,发光二极管由于受主频信号的调制可发出光强随主频信号变化的红外光,该光线经光学系统会聚后射向目标点的反射棱镜。另一路主频信号作为测相参考信号送至基准混频电路与本机振荡器产生的本振信号混频,产生参考中频信号,再经放大整形后送至测相电路。

光线经反射器反射后,到达接收物镜,经过光学系统会聚到光电二极管上。光电二极管将光信号转化成电信号,这时的电信号就是主频经被测距离延迟后的测距信号。由于该信号很微弱,所以需要进行高倍的放大。

放大后的测距信号送到测距信号混频电路和本机振荡信号混频,产生测距中频信号,测距中频信号再经放大整形后送至测相电路。测相电路测出参考中频信号和测距中频信号的相位差。

此时测相电路的结果不仅包含有被测距离上光信号延迟所导致的相位差,也包含有电信号在电路传输过程中的延迟所导致的相位差。所以,在仪器中都设计了内光路校准测量系统,以测出电路的固有延迟(相位差)。通过外、内光路测量结果之差,即可求得被测光信号延迟所导致的相位差。

信号的切换、光路的切换等都在微处理器的统一控制下完成。

(三)红外测距仪的使用

现在生产的红外测距仪体积小、重量轻,所以测距仪一般安装在经纬仪上使用,不同厂家生产的测距仪,虽然它们的基本工作原理和结构大致相同,但具体的操作方法还是有差异。因此,使用时应认真阅读说明书,严格按照仪器的使用手册进行操作。

1. 日本索佳 RED$_{mini}$2 测距仪

1)仪器构造

RED$_{mini}$2 仪器的各操作部件如图 4-12 所示。测距仪常安置在经纬仪上同时使用。测距仪的支架座下有插孔及制紧螺旋,可使测距仪牢固地安装在经纬仪的支架上。测距仪的支架上有垂直制动螺旋和微动螺旋,可以使测距仪在竖直面内俯仰转动。测距仪的发射接收目镜内有十字丝分划板,用以瞄准反射棱镜。

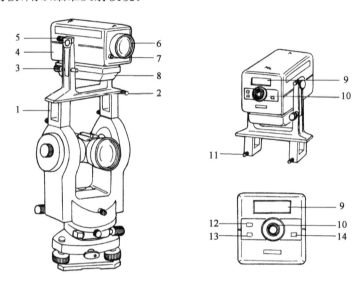

图 4-12 RED_{mini}2 测距仪

1-支架座;2-水平方向调节螺旋;3-垂直微动螺旋;4-测距仪主机;5-垂直制动螺旋;6-发射接收镜物镜;7-数据输入输出插座;8-电池;9-显示窗;10-发射接收镜目镜;11-支架固定螺旋;12-测距模式键;13-电源开关;14-测量键

反射棱镜通常与照准觇牌一起安置在单独的基座上(如图 4-13 所示),测程较近时(通常在 500m 以内)用单棱镜,当测程较远时可使用三棱镜组。

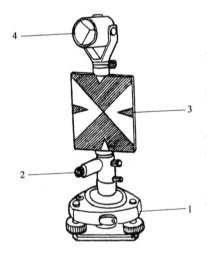

图 4-13 反射棱镜及照准觇牌

1-基座;2-光学对中器;3-照准规牌;4-反射棱镜

2)仪器安置

(1)在测站点上安置经纬仪,其高度应比单纯测角度时低约 25cm;

(2)将测距仪安装到经纬仪上,要将支架座上的插孔对准经纬仪支架上的插栓,并拧紧固定螺旋;

(3)在主机底部的电池夹内装入电池盒,按下电源开关键,显示窗内显示"8888888"约 2s,此时为仪器自检,当显示"-30000"时,表示自检结果正常;

(4)在待测点上安置反射棱境,用基座上的光学对中器对中,整平基座,使觇牌面和棱镜面对准测距仪所在方向。

3)距离测量

(1)用经纬仪望远镜的十字丝中心瞄准目标点上的觇牌中心,读取竖盘读数,计算出竖直角 α;

(2)上、下转动测距仪,使望远镜的十字丝中心对准棱镜中心,左、右方向如果不对准棱镜中心,则调整支架上的水平方向调节螺旋,使其对准;

(3)开机,主机发射的红外光经棱镜反射回来,若仪器收到足够的回光量,则显示窗下方显示"＊"。若"＊"不显示,或显示暗淡,或忽隐忽现,则表示未收到回光,或回光不足,应重新瞄准棱镜;

（4）显示窗显现"＊"后，按测量键，发生短促音响，表示正在进行测量，显示测量记号"∠"，并不断闪烁，测量结束时，又发生短促音响，显示测得斜距；

（5）初次测距显示后，继续进行距离测量和斜距数值显示，直至再次按测量键，即停止测量；

（6）如果要进行跟踪测距，则在按下电源开关键后，再按测距模式键，则每 0.3s 显示一次斜距值（最小显示单位为 cm），再次按测距模式键，则停止跟踪测量；

（7）当测距精度要求较高时（如相对精度为 1/10 000 以上），在测距的同时应测定气温和气压. 以便进行气象改正。

2. 国产 ND3000 型短程红外测距仪

1）仪器主要技术指标

（1）测程：所谓测程指的是在满足测距精度的条件下测距仪能够测得的最大距离。一台测距仪的实际测程与大气状况及反射棱镜数有关。ND3000 红外测距仪使用单棱镜测程为 2 500～3 500m。

（2）标称精度：光电测距仪的精度表达式通常为

$$m = \pm (a + b \cdot D) \tag{4-25}$$

关于精度的概念将在第六章中阐述，这里可以将测距误差的大小程度理解为测距精度。式中 a 称为非比例误差（加常数）；b 称为比例误差（乘常数）；D 是以千米为单位的测距长度。通过检验测定，一台测距仪有具体的测距精度表达式，ND3000 红外测距仪的测距精度为

$$m = \pm (5mm + 3ppm \cdot D)$$

（3）测尺频率：一般红外测距仪设有 2～3 个测尺频率，其中有一个是精测频率，其余是粗测频率。一般仪器说明书标明这些频率值，便于用户使用。

（4）测量时间：连续 3s，跟踪 0.8s。

红外测距仪的技术指标还有功耗、工作温度、测距分辨率、发光波长、测尺长度、仪器重量体积等。

2）仪器构造

红外测距仪包括主机、电池及反射棱镜。主机架在经纬仪上，通过连接器连接，安置在测站上。反射棱镜与觇牌连接对中器（如图 4-14 所示）安置在目标点。

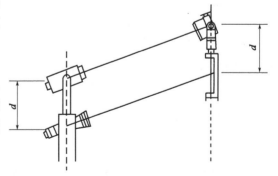

图 4-14　反射棱镜及瞄准位置

3）红外测距仪测距方法

（1）安置仪器：在测站上安置经纬仪（对中、整平），将测距仪主机安装在经纬仪照准部支架的连接器上，拧紧连接螺旋；在目标点上安置棱镜、觇牌，安置方法同光学经纬仪的安置。

（2）用气压表、温度计测定气压、温度。

（3）用经纬仪盘左位置瞄准觇牌中心，读取竖直度盘读数（如图 4-14 所示）。

（4）开机自检，依次显示温度、气压、棱镜常数和自检符号 SELF-C，出现"Good"表示内部

自检正常,然后分别预置温度、气压与棱镜常数。

①输入新的温度值　按 T/P/C 键→按 ENT →按数字键输入温度值

②输入新的气压值　按 T/P/C 键两次→按 ENT →按数字键输入气压值

③输入新的棱镜常数　按 T/P/C 键三次→按 ENT →按数字键输入棱镜常数值

棱镜常数值单位为 mm,如果输入数字有错,可按 ENT 键重置,操作结束后,可按 RST 键复位退出。

(5)用测距仪瞄准棱镜中心,主机在接收到正常光强信号后,将鸣叫(按 SIG 键后,进入手动减光状态,此时不鸣叫)并出现"*"号,如无"*"应分析原因,及时排除故障。

(6)输入天顶距(盘左竖直度盘读数):同输入温度值一样,按 V/H 键,输入天顶距,按度分秒依次输入。

(7)距离测量:按 MSR 键,显示斜距,按 S/H/V 键,显示平距。

四、光电测距成果整理

1. 仪器加常数、乘常数改正

仪器加常数是由于仪器内光路等效发射面、接收面和仪器中心不一致,以及棱镜等效反射面和棱镜安置中心不一致造成的;仪器乘常数是由于仪器的振荡频率发生变化造成的。仪器加常数改正与距离无关,仪器乘常数改正与距离成正比。现代测距仪都具有设置仪器常数并自动改正的功能。使用仪器前,应预先设置常数,但使用过程中不能改变,只有当仪器经专业检定部门检定,得出新的常数,才能重新设置常数。

2. 气象改正

仪器是按标准温度和标准气压而设计制造的,但在野外测量时的温度、气压与标准值是有差别的,这样会使测距结果产生系统误差。所以,测距时应测定环境温度和气压,利用仪器厂家提供的气象改正公式进行改正计算。目前,测距仪都具有设置气象参数并自动改正的功能,因此测距时只需将所测气象参数输入到测距仪中即可。有的还具有自动测定气象参数的功能。

3. 改正后的平距、高差计算

斜距观测值经过加、乘常数改正和气象改正后,得到改正后的斜距 S。

两点间的平距 D 和两点间的高差 h' 是斜距在水平和垂直方向的分量,由经纬仪测定斜距方向的垂直角为 α,因此

$$D = S \cdot \cos\alpha$$

$$h' = S \cdot \sin\alpha \tag{4-26}$$

水平距离的计算也可以通过输入天顶距或竖直角(电子经纬仪具有自动输入功能)由仪器自动进行计算。

五、光电测距的误差分析

将 $C=\dfrac{C_0}{n}$ 代入式(4-24),得

$$D = \frac{C_0}{2fn}(N+\Delta N) + K \tag{4-27}$$

式中,K 是测距仪的加常数,它通过将测距仪安置在标准基线长度上进行比测,经回归统计计算求得。在式(4-27)中,待测距离 D 的误差来源于 C_0、f、n、ΔN 和 K 的测定误差。利用第 6 章的测量误差知识,通过将 D 对 C_0、f、n、ΔN 和 K 求全微分,然后利用误差传播定律求得 D 的方差 m_D^2 为

$$m_D^2 = \left(\frac{m_{C_0}^2}{C_0^2} + \frac{m_n^2}{n^2} + \frac{m_f^2}{f^2}\right)D^2 + \frac{\lambda_{\text{精}}^2}{4}m_{\Delta N}^2 + m_K^2 \tag{4-28}$$

由式(4-28)可知,C_0、f、n 的误差与待测距离成正比,称为比例误差;ΔN 和 K 的误差与距离无关,称为固定误差。也可将式(4-28)缩写成

$$m_D^2 = A^2 + B^2 D^2 \tag{4-29}$$

或者写成常用的经验公式

$$m_D = \pm(a + b \cdot D) \tag{4-30}$$

下面对式(4-28)中各项误差的来源及削弱方法进行简要分析。

1. 真空光速测定误差 m_{C_0}

真空光速测定误差,$m_{C_0} = \pm 1.2\text{m/s}$,其相对误差为

$$\frac{m_{C_0}}{C_0} = \frac{1.2}{299\,792\,458} = 4.03 \times 10^{-9} = 0.004\text{ppm}$$

也就是说,真空光速测定误差对测距的影响是 1km 产生 0.004mm 的比例误差,可以忽略不计。

2. 精测尺调制频率误差 m_f

目前,国内外厂商生产的红外测距仪的精测尺调制频率的相对误差 m_f/f 一般为 $1\sim 5\text{ppm}$,对测距的影响是 1km 产生 $1\sim 5\text{mm}$ 的比例误差。但是仪器在使用中,电子元器件的老化和外部环境温度的变化,都会使设计频率发生漂移,这就需要通过对测距仪进行检定,以求出比例改正数对所测距离进行改正。也可以应用高精度野外便携式频率计,在测距的同时测定仪器的精测尺调制频率对所测距离进行实时改正。

3. 气象参数误差 m_n

大气折射率主要是大气温度 t 和大气压力 p 的函数。严格地说,计算大气折射率 n 所用的气象参数 t、p 应该是测距光波沿线的积分平均值,由于在实践中难以测到它们,所以一般是在测距的同时测定仪器站(简称测站)和棱镜站(简称镜站)的 t、p 并取平均来代替其积分值。由此引起的折射率误差称为气象代表性误差。实验表明,选择阴天、有微风的天气测距时,气象代表性误差较小。

4. 测相误差 $m_{\Delta N}$

测相误差包括自动数字测相系统的误差、测距信号在大气传输中的信噪比误差等(信噪比为接收到的测距信号强度与大气中杂散光的强度之比)。前者决定于测距仪的性能与精度,后者与测距时的自然环境有关,例如空气的透明程度、干扰因素的多少、视线离地面及障碍物的远近等。

5. 仪器对中误差

光电测距是测定测距仪中心至棱镜中心的距离,因此,仪器对中误差包括测距仪的对中误差和棱镜的对中误差。用经过校准的光学对中器对中,此项误差一般不大于 2mm。

第四节 直线定向

一、直线定向的概念

为了确定地面上两点间平面位置的相对关系,除了测定两点间的水平距离外,还必须确定这条直线的方向。确定地面直线与标准方向间的水平夹角称为直线定向。进行直线定向,首先要选定一个标准方向作为定向基准,然后用直线与标准方向的水平夹角来表示该直线的方向。

(一)标准方向

测量工作中常用的标准方向有以下三种:

1. 真子午线方向

如图 4-15 所示,地表任一点 P 与地球旋转轴所组成的平面与地球表面的交线称为 P 点的真子午线,真子午线在 P 点的切线方向称为 P 点的真子午线方向。可以应用天文测量方法或者陀螺经纬仪来测定地表任一点的真子午线方向。

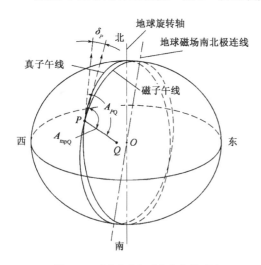

图 4-15 真方位角与磁方位角关系图

2. 磁子午线方向

地表任一点 P 与地球磁场南北极连线所组成的平面与地球表面的交线称为 P 点的磁子午线,磁子午线在 P 点的切线方向称为 P 点的磁子午线方向。可以应用罗盘仪来测定,在 P 点安置罗盘,磁针自由静止时其轴线所指的方向即为 P 点的磁子午线方向。

3. 坐标纵轴方向

过地表任一点 P 且与其所在的高斯平面直坐标系或者假定坐标系的坐标纵轴平行的直线称为 P 点的坐标纵轴方向,在同一投影带中,各点的坐标纵轴方向是相互平行的。

(二)直线定向的方法

测量工作中,常采用方位角或象限角表示直线的方向。

1. 方位角

从直线起始点标准方向的北端起,顺时针到直线的水平夹角,称为方位角。方位角的取值范围是 $0°\sim360°$。不同的标准方向所对应的方位角分别称为真方位角(用 A 表示)、磁方位角(用 A_m 表示)和坐标方位角(用 α 表示)。利用上述介绍的三个标准方向,可以对地表任一直线 PQ 定义三个方位角。

1)真方位角

由过 P 点的真子午线方向的北端起,顺时针到 PQ 的水平夹角,称为 PQ 的真子午线方位角,用 A_{PQ} 表示。

2)磁方位角

由过 P 点的磁子午线方向的北端起,顺时针到 PQ 的水平夹角,称为 PQ 的磁子午线方位角,用 $A_{m_{PQ}}$ 表示。

3)坐标方位角

由过 P 点的坐标纵轴方向的北端起,顺时针到 PQ 的水平夹角,称为 PQ 的坐标方位角,用 α_{PQ} 表示。

2. 三种方位角之间的关系

1)真方位角 A_{PQ} 与磁方位角 $A_{m_{PQ}}$ 的关系

由于地球的南北极与地球磁场的南北极不重合,过地表一点 P 的真子午线方向与磁子午线方向一般不重合,两者间的水平夹角称为磁偏角,用 δ_P 表示,其正负的定义为:以真子午线方向北端为基准,磁子午线方向北端偏东,$\delta_P>0$,偏西,$\delta_P<0$。图 4-15 中的 $\delta_P>0$,由图可得

$$A_{PQ} = A_{m_{PQ}} + \delta_P \qquad (4\text{-}31)$$

我国磁偏角的变化大约在 $+6°\sim-10°$ 之间。

2)真方位角 A_{PQ} 与坐标方位角 α_{PQ} 的关系

如图 4-16 所示,在高斯平面直角坐标系中,过其内任一点 P 的真子午线是收敛于地球旋转轴南北两极的曲线。所以,只要 P 点不在赤道上,其真子午线方向与坐标纵轴方向就不重合,两者间的水平夹角称为子午线收敛角,用 γ_P 表示,其正负的定义为:以真子午线方向北端为基准,坐标纵轴方向北端偏东,$\gamma_P>0$;偏西,$\gamma_P<0$。图 4-16 中的 $\gamma_P>0$,由图可得

$$A_{PQ} = \alpha_{PQ} + \gamma_P \qquad (4\text{-}32)$$

其中,P 点的子午线收敛角可以按下列公式计算

$$\gamma_P = (L_P - L_0)\sin B_P \qquad (4\text{-}33)$$

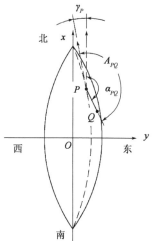

图 4-16　真方位角与坐标方位角的关系图

式中，L_0 为 P 点所在中央子午线的经度，L_P、B_P 分别为 P 点的大地经度和纬度。

3）坐标方位角与磁方位角的关系

由式（4-31）和式（4-32）可得

$$\alpha_{PQ} = A_{m_{PQ}} + \delta_P - \gamma_P \tag{4-34}$$

3. 象限角

直线与标准方向线所夹的锐角称为象限角。象限角的取值范围为 $0° \sim 90°$，用 R 表示。平面直角坐标系分为四个象限，以 Ⅰ、Ⅱ、Ⅲ、Ⅳ 表示。由于象限角可以自北端或南端量起，所以表示直线的方向时，不仅要注明其角度大小，而且要注明其所在象限。如图 4-18 所示，直线 AB 分别位于 4 个象限时，其名称分别为北东（NE）、南东（SE）、南西（SW）北西（NW），直线 AB 的方位角和象限角的关系见图 4-17，换算方法见表 4-3。

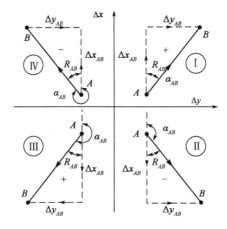

图 4-17　象限角与方位角的关系

方位角和象限角的关系　　　　　　　　　　　　　　　　　　　　表 4-3

象　　限		由方位角 α 求象限角 R	由象限角 R 求方位角 α
编　　号	名　　称		
Ⅰ	北东（NE）	$R=\alpha$	$\alpha=R$
Ⅱ	南东（SE）	$R=180°-\alpha$	$\alpha=180°-R$
Ⅲ	南西（SW）	$R=\alpha-180°$	$\alpha=180°+R$
Ⅳ	北西（NW）	$R=360°-\alpha$	$\alpha=360°-R$

二、坐标方位角的计算

1. 正、反坐标方位角

正、反坐标方位角是一个相对概念，如果称 α_{AB} 为正方位角，则 α_{BA} 就是 α_{AB} 的反方位角，反之亦然。由图 4-18 容易看出正、反坐标方位角的关系为

$$\alpha_{BA} = \alpha_{AB} + 180°$$

通用关系为

$$\alpha_{BA} = \alpha_{AB} \pm 180° \tag{4-35}$$

上式等号右边第二项 180°前的正负号的取号规律为:当 $\alpha_{AB} < 180°$ 时取正号,$\alpha_{AB} > 180°$ 时取负号。

2. 坐标方位角的推算

在实际工作中并不需要测定每条直线坐标方位角,而是通过与已知坐标方位角的直线联测后,推算出各条直线的坐标方位角。

如图 4-19a)所示,已知 $A \to B$ 的坐标方位角 α_{AB},用经纬仪观测了水平角 β,求 $B \to C$ 的坐标方位角 α_{BC}。根据坐标方位角的定义及图中的几何关系容易得出

$$\alpha_{BC} = \alpha_{AB} - 180° + \beta$$
$$= \alpha_{AB} + \beta - 180° \tag{4-36}$$

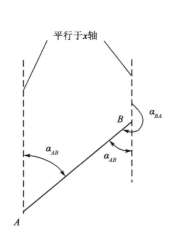

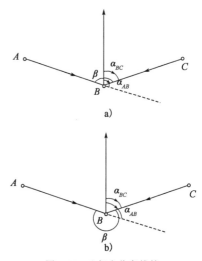

a)

b)

图 4-18　正、反坐标方位角的关系　　　　图 4-19　坐标方位角推算

由于观测的水平角 β 位于坐标方位角推算路线 $A \to B \to C$ 的<u>左边</u>,所以称 β 角相对于上述推算路线为左角。

如果观测的是右角 $\beta_{右}$,如图 4-19b)所示,则直线 BC 的坐标方位角为

$$\alpha_{BC} = \alpha_{AB} - \beta_{右} + 180° \tag{4-37}$$

式(4-36)和式(4-37)就是坐标方位角的推算公式,由此可以写出推算坐标方位角的一般公式为

$$\alpha_{前} = \alpha_{后} + \begin{Bmatrix} + \beta_{左} \\ - \beta_{右} \end{Bmatrix} \mp 180° \tag{4-38}$$

计算结果确保求得的坐标方位角满足方位角的取值范围(0°~360°)。

<h3 align="center">三、用罗盘仪测定磁方位角</h3>

1. 罗盘仪的构造

罗盘仪是测量直线磁方位角的仪器,如图 4-20 所示。该仪器构造简单,使用方便,但精度不高,外界环境对仪器的影响较大,如钢铁建筑和高压电线都会影响其精度。当测区内没有国家控制点可用而需要在小范围内建立假定坐标系的平面控制网时,可用罗盘仪测量磁方位角,

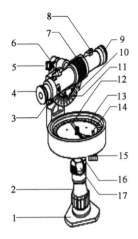

图 4-20　罗盘仪

1-三脚架头；2-接头螺旋；3-望远镜微动螺旋；4-目镜调焦螺旋；5-望远镜制动螺旋；6-照门；7-物镜调焦螺旋；8-准星；9-望远镜；10-竖直刻度盘；11-竖盘读数指标；12-磁针；13-水平刻度盘；14-管水准器；15-磁针固定螺旋；16-水平制动螺旋；17-球臼接头

作为该控制网起始边的坐标方位角。

罗盘仪的主要部件有磁针、刻度盘、望远镜和基座。

（1）磁针：磁针用人造磁铁制成，磁针在度盘中心的顶针尖上可自由转动。为了减轻顶针尖的磨损，在不用时，可用位于底部的固定螺旋升高杠杆，将磁针固定在玻璃盖上，如图 4-21 所示。

（2）刻度盘：用钢或铝制成的圆环，随望远镜一起转动，每隔 10°有一注记，按逆时针方向从 0°注记到 360°，最小分划为 1°或 30′。刻度盘内装有一个圆水准器或者两个相互垂直的管水准器，用手控制气泡居中，使罗盘仪水平。

（3）望远镜：罗盘仪的望远镜与经纬仪的望远镜结构基本相似，也有物镜、目镜对光螺旋和十字的分划板等，望远镜的视准轴与刻度盘的 0°分划线共面。

（4）基座：采用球臼结构，松开球臼接头螺旋，可摆动刻度盘，使水准气泡居中，度盘处于水平位置，然后拧紧接头螺旋。

2. 用罗盘仪测定直线磁方位角的方法

欲测直线 AB 的磁方位角，将罗盘仪安置在直线起点 A，挂上垂球对中后，松开球臼接头螺旋，用手前、后、左、右转动刻度盘，使水准器气泡居中，拧紧球臼接头螺旋，使仪器处于对中和整平状态。松开磁针固定螺旋，让它自由转动，然后转动罗盘，用望远镜照准 B 点标志，待磁针静止后，按磁针北端所指的度盘分划值读数，即为 AB 边的磁方位角角值，如图 4-22 所示。

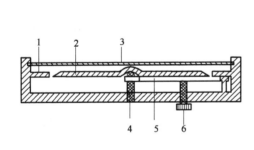

图 4-21　罗盘结构图

1-刻度盘；2-磁针；3-玻璃盖；4-顶针；5-杠杆；6-固定螺旋

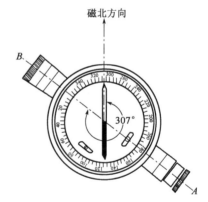

图 4-22　罗盘仪测磁方位角

使用时，要避开高压电线和避免铁质物体接近罗盘，测量结束后，要旋紧固定螺旋将磁针固定。

四、用陀螺经纬仪测定直线真子午线方位角

(一)陀螺经纬仪的构造

图 4-23 是国产 JT15 陀螺经纬仪的结构图，使用它测定地面任一点的真子午线方向的精

度可以达到±15″。陀螺经纬仪由 DJ₆ 经纬仪和陀螺仪组成,陀螺仪安装在 DJ₆ 经纬仪上的连接支架上。陀螺仪由摆动系统、观察系统和锁紧限幅机构组成。

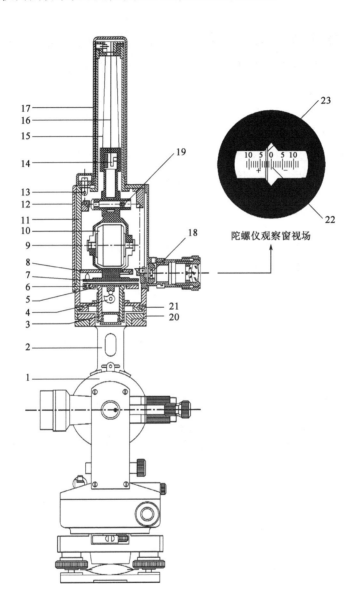

图 4-23　国产 JT15 陀螺经纬仪

1-经纬仪;2-连接支架;3-导向轴;4-凸轮;5-限幅盘;6-泡沫塑料垫板;7-转子底盘;8-锁紧圈;9-转子转轴;10-转子(马达);11-支架筒;12-双线光标;13-照明灯泡;14-悬吊带下端固定调节装置;15-导线;16-悬吊带;17-护罩;18-分划尺;19-双线光标成像透镜组;20-支架定位盘;21-陀螺附件固连螺环;22-零线指导线;23-双线光标影像

1. 摆动系统

摆动系统包括悬吊带 16、导线 15、转子(马达)10、转子底盘 7 等,它们是整个陀螺仪的灵敏部件。转子要求运转平稳,重心要通过悬吊带的对称轴,可以通过转子底盘上的 6 个螺钉进行调节。悬吊带采用特种合金材料制成,断面尺寸为 0.56mm×0.03mm,拉断力为 24kN,实际荷重为 7.8kN。

2. 观测系统

观测系统用来观察摆动系统的工作情况。照明灯泡 13 将灵敏部件上的双线光标 12 照亮,通过成像透镜组 19 使双线光标成像在分划板 18 上,以便在观察窗中观察。

3. 锁紧限幅机构

锁紧限幅机构包括凸轮 4、限幅盘 5、转子底盘 7、锁紧圈 8,用凸轮 4 使限幅盘沿导向轴 3 向上滑动,使限幅盘 5 托起转子的底盘靠在与支架连接的锁紧圈 8 上。限幅盘上的 3 个泡沫塑料块 6 在下放转子部分时,能起到缓冲和摩擦限幅的作用。

(二)陀螺经纬仪的操作方法

陀螺仪转子的额定旋转速度≥21 500r/min,可以形成很大的内力矩,如果操作不正确,很容易毁坏仪器,因此,正确使用陀螺仪非常重要。

在需要测定真子午线方向的点上安置好经纬仪后,应按下列步骤操作陀螺经纬仪:

(1)粗定向:将仪器附带的罗盘仪安装在支架上定位盘 20 上,旋转经纬仪照准部,使视线方向指向近似的真子午线北方向(误差±1°～2°),将经纬仪的水平微动螺旋旋至行程的中间位置,制动照准部,取下罗盘仪。

(2)安置陀螺仪:将陀螺仪安装到支架上定位盘 20 上,旋紧固连螺环 21,接好电源线,打开电源开关,启动陀螺转子,信号灯亮,当其转速达到额定转速后(大约需要 2min)信号灯熄火(有些仪器是信号灯颜色改变,具体参见仪器使用手册)。缓慢旋松锁紧机构,将摆动系统平稳放下,在陀螺仪的观察窗中观察陀螺的进动方向和速度。如果陀螺的进动速度很慢,就可以开始进行观测。观测方法有逆转点法和中天法。

(3)观测完成后,要先旋紧锁紧机构,将摆动系统托起,才能关闭电源,拔掉电源线。待陀螺仪转子完全停止转动以后,才允许卸下陀螺仪装箱。

(三)陀螺经纬仪的观测方法

1. 逆转点法

陀螺仪转轴在东、西两处的反转位置称为逆转点。逆转点法的实质就是通过旋转经纬仪的水平微动螺旋,在陀螺仪的观察窗中,用零线指标线 22 跟踪双线光标影像 23,当摆动系统到达逆转点时,在经纬仪读数窗中读取水平度盘读数 a_1(称为逆转点读数)。摆动系统到达逆转点并稍作停留后,将开始向真子午线方向摆动,反方向旋转经纬仪的水平微动螺旋继续跟踪摆动系统直至下一个逆转点,并读取水平度盘读数 a_2。重复上述基本操作,可以分别获得 $n+2$ 个逆转点读数为 $a_1, a_2, \cdots, a_{n+2}$,见图 4-24 所示。最后按照下式计算出 n 个中点位置

$$N_1 = \frac{1}{2}\left(\frac{a_1+a_3}{2}+a_2\right)$$

$$N_2 = \frac{1}{2}\left(\frac{a_2+a_4}{2}+a_3\right)$$

$$\vdots$$

$$N_n = \frac{1}{2}\left(\frac{a_n+a_{n+2}}{2}+a_{n+1}\right)$$

(4-39)

当 n 个中点位置的互差不超限时,则取其平均值作为真子午线方向。

$$\overline{N} = \frac{[N]}{n}$$

(4-40)

逆转点法跟踪时,为了证实陀螺仪工作是否正常和判断是否跟踪到了逆转点,还需要用秒表记录下连续两次经过同一个逆转点的时间,以计算跟踪周期。

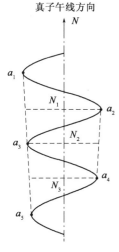

真子午线方向

图 4-24 逆转点法观测原理

2. 中天法

中天法要求粗定向的误差 $\leqslant \pm 20'$,经纬仪照准部固定在这个近似真子午线方向上不动。按照上述介绍的操作规程启动并放下陀螺仪转子后,在陀螺仪观察窗的视场中,双线光标影像 23 将围绕零线指标线 22 左右摆动。图 4-25 所示的操作过程如下:

(1)当双线光标影像 23 经过零线指标线 22 时,启动秒表,读取时间 t_1(称中天时间);

(2)当双线光标影像 23 到达逆转点时,在分划板上读取摆幅读数 a_E;

(3)当双线光标影像 23 返回零线指标线 22 时,读取中天时间 t_2;

(4)当双线光标影像 23 到达另一个逆转点时,在分划板上读取摆幅读数 a_W;

(5)当双线光标影像 23 返回零线指标线 22 时,读取中天时间 t_3。

可以多次重复上述基本操作,以提高测量精度,最后其子午线方向的计算公式为

$$N = N' + \Delta N$$

(4-41)

式中,N' 为近似真子午线方向,ΔN 为改正值,计算公式为

$$\Delta N = ca\Delta t$$

(4-42)

式中,$a = \frac{|a_E|+|a_W|}{2}$,$\Delta t = (t_3-t_2)-(t_2-t_1)$,$c$ 是比例常数,其值可以通过两次定向测量获得。第一次让近似值 N'_1 偏东 $15'\sim 20'$,第二次让近似值 N'_2 偏西 $15'\sim 20'$,这样就可以列出下列方程

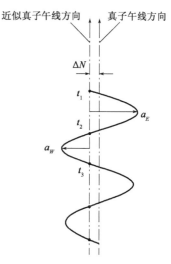

图 4-25 中天法观测原理

$$N = N'_1 + ca_1 \Delta t_1 \atop N = N'_2 + ca_2 \Delta t_2 \Bigg\}} \tag{4-43}$$

由此解出 c 为

$$c = \frac{N'_2 - N'_1}{a_1 \Delta t_1 - a_2 \Delta t_2} \tag{4-44}$$

c 值与纬度有关。c 值测定后,可以在同一纬度地区长期使用,每隔一定的时间抽测检查,不必每次都重新测定。

中天法观测的特点是,不需要像逆转点法那样紧张地跟踪。

陀螺经纬仪的应用范围在不断发展中。目前,军事、建筑、导航、测绘、矿山、铁道、森林等部门越来越多地采用陀螺仪定向。由于它不受时间和环境的限制,同时观测简单方便,所以应用范围越来越广泛。

【思考题】

4-1 直线定线的目的是什么?有哪些方法?如何进行?

4-2 简述用钢尺在平坦地面量距的步骤。

4-3 用钢尺量距时,会产生哪些误差?

4-4 衡量距离测量的精度为什么采用相对误差?

4-5 说明视距测量的方法。

4-6 直线定向的目的是什么?它与直线定线有何区别?陀螺经纬仪能够测量什么方向?

4-7 测量中常用的标准方向有哪几种?它们之间有什么关系?

4-8 说明脉冲式和相位式光电测距的基本原理,为什么相位式光电测距仪要设置精、粗测尺?

4-9 用钢尺往、返丈量了一段距离,其平均值为 167.38m,要求量距的相对误差为 1/3 000,问往、返丈量这段距离的较差不能超过多少?

4-10 进行普通视距测量时,仪器高为 1.52m;中、下丝在水准尺上的读数分别为 1.586m、1.115m;测得竖直角为 3°56′。求立尺点到测站点的水平距离以及对测站点的高差。

4-11 红外测距仪与光学经纬仪联测时,测得斜距为 867.753m,竖直角为 7°28′48″,求测站点到镜站点的水平距离。

4-12 何谓坐标方位角?若 $\alpha_{AB} = 298°36′48″$,则 α_{BA} 等于多少?

4-13 如图 4-26 所示。已知 $\alpha_{12} = 61°48′$,求其余各边的坐标方位角。

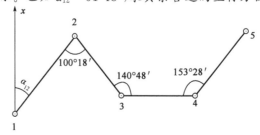

图 4-26

14. 如图 4-27 所示。已知 $\alpha_{AB} = 168°36'$，求其余各边的坐标方位角。

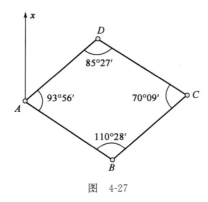

图 4-27

第五章 全站仪及其使用

第一节 全站仪概述

全站仪是全站型电子速测仪的简称,主要由光电测距、电子测角和微处理器等部分组成,它通过测量斜距、竖直角、水平角,可以自动记录、计算并显示出平距、高差、高程和坐标等相关数据。安置一次仪器便可完成一个测站上的所有测量工作,故被称为全站仪。

一、全站仪的结构和功能

全站仪按结构一般分为分体式(组合式或积木式)和整体式两类。分体式全站仪的特点是

图 5-1 全站仪

光电测距仪和电子经纬仪既可组合在一起使用,也可以分开使用。整体式全站仪的特点是光电测距仪和电子经纬仪共用一个望远镜,并安装在同一个外壳内,成为一个完整的整体不能分开,使用更为方便。目前,人们一般所说的全站仪通常就是指整体式的全站仪,如图 5-1 所示。

全站仪按数据存储方式分为内存型和电脑型两种。内存型全站仪所有程序都固化在仪器的存储器中,不能添加或改写,也就是说,只能使用全站仪提供的功能,无法扩充。而电脑型全站仪则内置操作系统,所有程序均运行于其上,根据实际需要,可通过添加程序来扩充其功能,使操作者进一步成为全站仪功能开发的设计者,更好地为工程建设服务。

全站仪除了上述的通过测量斜距、竖直角、水平角,自动记录、计算并显示出平距、高差、高程和坐标功能外,一般都还带有诸如放样、对边测量、悬高测量、面积测量、后方交会、偏心测量等一些特殊的测量功能;有的全站仪还具有免棱镜测量功能,有的全站仪则还具有自动跟踪照准功能,被喻为测量机器人。另外,有的厂家还将 GPS 接收机与全站仪进行集成,生产出了 GPS 全站仪。

二、全站仪的主要性能指标

衡量一台全站仪性能的指标有:精度(测角及测距)、测程、测距时间、补偿范围等。表5-1中列出了一些常见全站仪的主要性能指标。

部分全站仪的主要性能指标　　　　　　　　　　　　表 5-1

仪器型号 指标项目		拓普康 GTS-311	索佳 PowerSet2000	徕卡 TC1700
分类		内存型	电脑型	内存型
望远镜放大倍数		30×	30×	30×
最短视距(m)		1.3	1.3	1.7
角度最小显示		1″	0.5″	1″
测角精度		±2″	±2″	±1.5″
双轴自动补偿范围		±3′	±3′	±3′
最大测程 (km)	单棱镜	2.7	2.7	2.5
	三棱镜	3.6	3.5	3.5
测距精度		$\pm(3mm+2\times10^{-6}\times D)$	$\pm(2mm+2\times10^{-6}\times D)$	$\pm(2mm+2\times10^{-6}\times D)$
测距时间(精测)(″)		3	2	4
水准器 分划值	水准管	30″/2mm	20″/2mm	30″/2mm
	圆水准器	10′/2mm	10′/2mm	8′/2mm
使用温度(℃)		−20～+50	−20～+50	−20～+50
显示屏		4 行 20 列	8 行 20 列	4 行 16 列

三、全站仪的检校

全站仪同其他测量仪器一样,要定期地到有关鉴定部门进行检验校正。其检校项目主要有以下两个方面:

(1)光电测距部分的检验与校正。测距部分的检验项目及方法应遵照 JJG 703—2003《光电测距仪检定规程》进行,主要有发射、接收、照准三轴关系正确性检验、周期误差检验、仪器常数检验、精测频率检验、测程检验等。

(2)电子测角部分的检验与校正。测角部分的检验项目及方法应遵照 JJG 100—2003《全站型电子速测仪检定规程》进行,主要包括照准部水准管轴垂直于仪器竖轴的检验与校正,望远镜的视准轴垂直于横轴的检验与校正,横轴垂直于仪器竖轴的检验与校正,竖盘指标差的检验与校正,等等。

第二节　全站仪的操作使用

不同厂家生产的全站仪,同一厂家生产的不同等级的全站仪、同一厂家生产的同一等级不同时期的全站仪,其外观、结构、功能、键盘设计、操作方法和步骤等都会有所区别。因此,在操作使用某一台全站仪之前,必须认真详细地阅读其使用说明书,严格按照其使用说明书进行操作,并注意以下事项:

(1)仪器要由专人使用、保管,运输过程中应注意防震,存放时要注意防潮。

(2)迁站、装箱时只能握住仪器的把手,而不能握住镜筒,以免损坏仪器精度。

(3)没有滤光片时不要将仪器正对太阳,否则会损坏内部电子元件。

(4)旋转照准部时应匀速旋转,切记急速转动。

(5)不要让仪器暴晒和雨淋,在阳光下应撑伞遮阳。

(6)不用时应将电池取出保管,每月对电池充电一次和操作仪器一次。

(7)要经常保持仪器清洁和干燥。

下面,仅就全站仪的一般操作使用和测量原理进行介绍。

一、测量准备工作

(1)安装内部电池测前应检查内部电池的充电情况,如电力不足要及时充电,充电方法及时间要按使用说明书进行,不要超过规定的时间。测量前装上电池,测量结束应卸下。

(2)安置仪器操作方法和步骤与经纬仪类似,包括对中和整平。若全站仪具备激光对中和电子整平功能,在把仪器安装到三脚架上之后,应先开机,然后选定对中整平模式后再进行相应的操作。

开机后,仪器会自动进行自检。自检通过后,屏幕显示测量的主菜单。

二、距 离 测 量

距离测量的基本操作方法和步骤,与光电测距仪类似,先选择测量模式(精测、粗测、跟踪),然后瞄准反射棱镜,按相应的测量键,几秒之后即显示出距离值。

三、角 度 测 量

角度测量的基本操作方法和步骤,与电子经纬仪类似。目前的全站仪都具有水平度盘自动置零和任意方位角设置功能,使测角更加方便。当瞄准某一目标,并进行水平度盘置零或方位角设置后,转动照准部瞄准另一目标时,屏幕所显示的水平度盘读数即为它们的水平夹角或该目标的方位角。

四、三维坐标测量

如图 5-2 所示,将全站仪安置于测站点 A 上,选定三维坐标测量模式后,首先输入仪器高 i,目标高 v、测站点的三维坐标 (x_A, y_A, H_A) 以及后视定向点 B 的平面坐标或后视方位角;然后照准后视定向点 B 进行定向,即将该方向的水平度盘读数设置为后视方位角;接着再照准目标点 P 上的反射棱镜;按坐标测量键,仪器就会按式(5-1)利用内存的计算程序自动计算并瞬时显示出目标点 P 的三维坐标值 (x_P, y_P, H_P)。

$$\left.\begin{aligned} x_P &= x_A + S \cdot \cos\alpha\cos\theta \\ y_P &= y_A + S \cdot \cos\alpha\sin\theta \\ H_P &= H_A + S \cdot \sin\alpha + i - v \end{aligned}\right\} \tag{5-1}$$

式中:S——仪器至反射棱镜的斜距;

α——仪器至反射棱镜的竖直角;

θ——仪器至反射棱镜的方位角。

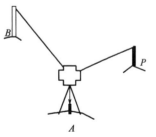

图 5-2 三维坐标测量示意图

五、三维坐标放样

如图 5-3 所示,将全站仪安置于测站点 A 上,选定三维坐标放样模式后,首先输入仪器高 i,目标高 v 以及测站点 A 和待测设点 P 的三维坐标值 (x_A, y_A, H_A)、(x_P, y_P, H_P),并照准另一已知点设定方位角;然后照准竖立在待测设点 P 的概略位置 P_1 处的反射棱镜;按测量键即可自动显示出水平角偏差 $\Delta\beta$、水平距离偏差 ΔD 和高程偏差 ΔH

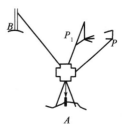

图 5-3　三维坐标放样示意图

$$\left.\begin{aligned} \Delta\beta &= \beta_测 - \beta_设 \\ \Delta D &= D_测 - D_设 \\ \Delta H &= H_测 - H_设 \end{aligned}\right\} \qquad (5\text{-}2)$$

其中

$$H_测 = H_A + S \cdot \sin\alpha + i - v \qquad (5\text{-}3)$$

最后,按照所显示的偏差移动反射棱镜,当仪器显示为零时即为设计的 P 点位置。

六、对 边 测 量

所谓对边测量,就是测定两目标点之间的平距和高差(如图 5-4 所示),即在两目标点 P_1、P_2 上分别竖立反射棱镜,在与 P_1、P_2 通视的任意点 P 安置全站仪后,先选定对边测量模式,然后分别照准 P_1、P_2 上的反射棱镜进行测量,仪器就会自动按(5-4)式计算并显示出 P_1、P_2 两目标点间的平距 D_{12} 和高差 H_{12}

$$\left.\begin{aligned} D_{12} &= \sqrt{S_1^2\cos^2\alpha_1 + S_2^2\cos^2\alpha_2 - 2S_1 S_2 \cos\alpha_1 \cos\alpha_2 \cos\beta} \\ h_{12} &= S_2\sin\alpha_2 - S_1\sin\alpha_1 \end{aligned}\right\} \qquad (5\text{-}4)$$

式中:S_1、S_2——仪器至两反射棱镜的斜距;

α_1、α_2——仪器至两反射棱镜的竖直角;

β——PP_1 与 PP_2 两方向间的水平夹角。

但需指出,应用上述公式计算地面点 P_1 和 P_2 间高差的前提条件是 P_1 和 P_2 两点的目标高 v_1、v_2 应相等。否则,应按下式计算

$$h_{12} = S_2\sin\alpha_2 - S_1\sin\alpha_1 + (v_1 - v_2) \qquad (5\text{-}5)$$

因此,在实际工作中,应尽量使两目标高相等;否则应在全站仪显示的高差中加入改正数 $(v_1 - v_2)$。

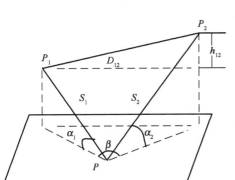

图 5-4　对边测量示意图

七、悬 高 测 量

所谓悬高测量,就是测定空中某点距地面的高度。如图 5-5 所示,把全站仪安置于适当位置,并选定悬高测量模式后,把反射棱镜设立在欲测高度的目标点 C 的天底 B(即过目标点 C

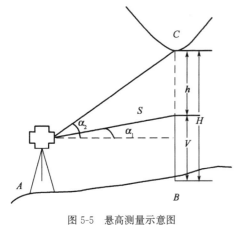

图 5-5　悬高测量示意图

的铅垂线与地面的交点)处,输入反射棱镜高 v;然后照准反射棱镜进行测量;再转动望远镜照准目标点 C,便能实时显示出目标点 C 至地面的高度 H。

显示的目标点高度 H,由全站仪自身内存的计算程序按下式计算而得

$$H = h + v = S\cos\alpha_1 \tan\alpha_2 - S\sin\alpha_1 + v \quad (5\text{-}6)$$

式中,S 为仪器至反射棱镜的斜距;α_1、α_2 为仪器至反射棱镜和目标点 C 的竖直角。

上面的测量原理,是在反射棱镜设立在欲测高度的目标点 C 的天底 B 而且不顾及投点误差的条件下进行的。如果该条件不能保证,全站仪将无法测得 C 点距地面点 B 的正确高度;即使使用这一功能,测出的结果也是不正确的。当测量精度要求较高时,应先投点后观测。

八、面 积 测 量

图 5-6 所示为一任意多边形,欲测定其面积,可在适当位置安置全站仪,选定面积测量模式后,按顺时针方向依次将反射棱镜竖立在多边形的各顶点上进行观测。观测完毕仪器就会瞬时地显示出该多边形的面积值。其原理为:通过观测多边形各顶点的水平角 β_i,竖直角 α_i 以及斜距 S_i,先根据下式自动计算出各顶点在测站坐标系 xoy(x 轴指向水平度盘的零度分划线,原点 o 为仪器的中心)中的坐标

$$\left.\begin{array}{l} x_i = S_i\cos\alpha_i\cos\beta_i \\ y_i = S_i\cos\alpha_i\sin\beta_i \end{array}\right\} \quad (5\text{-}7)$$

然后,再利用下式自动计算并显示出被测 n 边形的面积

$$P = \frac{1}{2}\sum_{i=1}^{n} x_i(y_{i+1} - y_{i-1}) \quad (5\text{-}8)$$

或

$$P = \frac{1}{2}\sum_{i=1}^{n} y_i(x_{i-1} - x_{i+1}) \quad (5\text{-}9)$$

当 $i=1$ 时,$y_{i-1}=y_n$,$x_{i-1}=x_n$;当 $i=n$ 时,$y_{i+1}=y_1$,$x_{i+1}=x_1$。

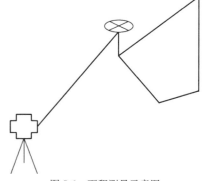

图 5-6　面积测量示意图

九、偏 心 测 量

所谓全站仪偏心测量,是指反射棱镜不是放置在待测点的铅垂线上而是安置在与待测点相关的某处间接地测定出待测点的位置。根据给定条件的不同,目前全站仪偏心测量有下列 4 种常用方式:角度偏心测量、单距偏心测量、圆柱偏心测量、双距偏心测量。

1. 角度偏心测量

如图 5-7 所示,将全站仪安置在某一已知点 A,并照准另一已知点 B 进行定向;然后,将偏心点 C(棱镜)设置在待测点 P 的左侧(或右侧),并使其到测站点 A 的距离与待测点 P 到测站点的距离相当;接着对偏心点进行测量;最后再照准待测点方向,仪器就会自动计算并显示出待测点的坐标。其计算公式如下

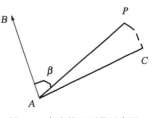

图 5-7 角度偏心测量示意图

$$x_P = x_A + S\cos\alpha\cos(T_{AB} + \beta) \atop y_P = y_A + S\cos\alpha\sin(T_{AB} + \beta) \Bigg\} \tag{5-10}$$

式中:S——仪器到偏心点 C(棱镜)的斜距;

$\quad\quad\alpha$——竖直角;

x_A、y_A——已知点 A 的坐标;

$\quad T_{AB}$——已知边的坐标方位角;

$\quad\quad\beta$——未知边 AP 与已知边 AB 的水平夹角。

当未知边 AP 在已知边 AB 的左侧时,上式取"$-\beta$"。

显然,角度偏心测量适合于待测点与测站点通视但其上无法安置反射棱镜的情况。

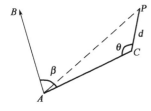

图 5-8 单距偏心测量示意图

2. 单距偏心测量

如图 5-8 所示,将全站仪安置在已知点 A,并照准另一已知点 B 进行定向;将反射棱镜设置在待测点 P 的附近一适当位置 C。然后输入待测点 P 与偏心点 C 间的距离 d 和 CA 与 CP 的水平夹角 θ,并对偏心点 C 进行观测,仪器就会自动显示出待测点 P 的坐标(x_P,y_P)或测站点至待测点的距离 D 和方位角 T_{AP}。其计算公式如下

$$x_C = x_A + S\cos\alpha\cos(T_{AB} + \beta) \atop y_C = y_A + S\cos\alpha\sin(T_{AB} + \beta) \Bigg\} \tag{5-11}$$

$$x_P = x_C + d\cos(T_{AB} + \beta + \theta + 180°) \atop y_P = y_C + d\sin(T_{AB} + \beta + \theta + 180°) \Bigg\} \tag{5-12}$$

$$D = \sqrt{(x_P - x_A)^2 + (y_P - y_A)^2} \atop T_{AP} = \arctan\dfrac{y_P - y_A}{x_P - x_A} \Bigg\} \tag{5-13}$$

式中:x_C、y_C——偏心点 C 的坐标;

$\quad\quad\beta$——AC 与已知边 AB 的水平夹角。

当 β 和 θ 为右角时,上式取"$-\beta$"和"$-\theta$"。

显然,单距偏心测量适合于待测点与测站点不通视的情况。

3. 圆柱偏心测量

圆柱偏心测量是单距偏心测量的一个特殊情况,即待测点 P 为某一圆柱形物体的圆心(如图 5-9 所示),观测时将全站仪安置在某一已知点 A,并照准另一已知点 B 进行定向;然后,

将反射棱镜设置在圆柱体的一侧 C 点,且使 AC 与圆柱体相切;当输入圆柱体的半径 R,并对偏心点 C 进行观测后,仪器就会自动计算并显示出待测点的坐标(x_P, y_P)或测站点至待测点的距离 D 和方位角 T_{AP}。其计算公式与单距偏心测量相同,只不过用 R 和 $90°$代替 d 和 θ。

4. 双距偏心测量

双距偏心测量,是利用专制的两点式觇牌(两觇牌的间距为定值 f,如 SET500 全站仪为 0.5m)来方便有效地测定出隐藏点的点位。如图 5-10 所示,将全站仪安置在某一已知点 A,并照准另一已知点 B 进行定向;然后将两点式觇牌对准待测点 P(无须正交),分别测量 D 和 C 并输入 C 点到待测点 P 的距离 g,仪器便可计算并显示出待测点 P 的坐标(x_P, y_P)或测站点至待测点的距离 D 和方位角 T_{AP}。其计算公式如下

D 点的坐标

$$\left. \begin{array}{l} x_D = x_A + S_D \cos\alpha_D \cos(T_{AB} + \beta_D) \\ y_D = y_A + S_D \cos\alpha_D \sin(T_{AB} + \beta_D) \end{array} \right\} \tag{5-14}$$

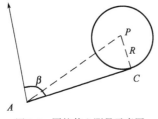
图 5-9　圆柱偏心测量示意图

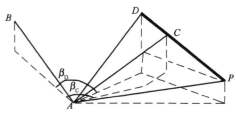
图 5-10　双距偏心测量示意图

C 点的坐标

$$\left. \begin{array}{l} x_C = x_A + S_C \cos\alpha_C \cos(T_{AB} + \beta_C) \\ y_C = y_A + S_C \cos\alpha_C \sin(T_{AB} + \beta_C) \end{array} \right\} \tag{5-15}$$

D、C 间的平距 k 和方位角 T_{DC}

$$\left. \begin{array}{l} k = \sqrt{(x_C - x_D)^2 + (y_C - y_D)^2} \\ T_{DC} = \arctan\dfrac{y_C - y_D}{x_C - x_D} \end{array} \right\} \tag{5-16}$$

C、P 之平距 d

$$d = \frac{g}{f}k \tag{5-17}$$

P 点的坐标

$$\left. \begin{array}{l} x_P = x_C + d\cos T_{DC} \\ y_P = y_C + d\sin T_{DC} \end{array} \right\} \tag{5-18}$$

测站点至待测点的距离 D 和方位角 T_{AP}:

$$\left. \begin{array}{l} D = \sqrt{(x_P - x_A)^2 + (y_P - y_A)^2} \\ T_{AP} = \arctan\dfrac{y_P - y_A}{x_P - x_A} \end{array} \right\} \tag{5-19}$$

式中:β_C、β_D——边 AC 和边 AD 与已知边 AB 的水平夹角。

当未知边 AC 和边 AD 在已知边 AB 的左侧时,上式取"$-\beta_C$"和"$-\beta_D$";其他符号与前面公式相同。

十、后方交会

将全站仪安置在未知点上,选定后方交会模式后,输入已知点的坐标;然后分别照准附近的两已知点进行测量,即可得两已知点在测站坐标系 xoy 中的坐标;再通过坐标转换公式联立求解坐标转换参数(当已知点多于两个时,则按最小二乘间接平差求解),最后通过坐标转换公式求得未知点在测量坐标系中的坐标。上述计算工作,全由仪器自动完成。

第三节 全站仪在工程测量中的应用

全站仪作为一种既能自动测角又能自动测距的全能仪器,在各种工程测量(如控制测量、地形测量、地籍测量、房产测量、变形监测、施工放样测量等)中获得了广泛的应用,给测量工作带来了极大的方便。下面,举两个具体的应用实例。

一、利用全站仪对边测量功能进行遇障碍物直线测设

在实际工作中,直线测设是经常要进行的一项测量工作。当遇到障碍物时,传统的直线测设方法有矩形移轴法、三点移轴法、直角移轴法、平行四边形法以及等腰三角形法和等腰梯形法等。这些方法因需要多次安置仪器,操作起来比较麻烦,且直线测设的精度也较低。利用全站仪的对边测量功能,可方便、快速、精确地完成该项工作。

如图 5-11a)所示,AB 为已测直线,现需将直线 AB 绕过障碍物进行延长。利用对边测量功能进行直线测设的方法步骤如下:

(1)在适当位置 M 点安置全站仪。

(2)在已测直线 AB 上取 A、B 两点,并分别竖立反射棱镜。

(3)在障碍物的另一侧 AB 延长线的大致方向 C' 点上竖立反射棱镜。

(4)选定对边测量模式后,依次照准 A、B、C'、A 点上的反射棱镜,连续测定 A 点与 B 点、B 点与 C' 点、C' 与 A 点的平距 D_{AB}、$D_{BC'}$ 和 $D_{C'A}$。

(5)若 $D_{AB} + D_{BC'} = D_{C'A}$ 成立,则 C' 点即已位于 AB 的延长线上;否则,指挥 C' 点上的反射棱镜沿 MC' 方向前后移动,重复(4)、(5)两步直至满足 $D_{AB} + D_{BC'} = D_{C'A}$。同理,可测设出 D 点。

由此可见,利用全站仪对边测量功能进行遇障碍物的直线测设十分方便、快捷,精度也较高。同时,由于对边测量对全站仪的安置没有什么特殊的要求,所以此方法在实际应用中具有很大的灵活性,能适应复杂情况的直线测设。此方法除可用于延长直线外,同样可方便地用于直线的内插(如图 5-11b)所示)。

二、全站仪在建筑挡光测量中的应用

随着我国城镇化建设的加快,各地城镇建筑工程方兴未艾,并呈现出以下两大特点:一是在兴建新的建筑物的同时,对原有的旧建筑区进行大规模改造;二是建筑物的高度不断上升。因此,建筑物的挡光测量已成为测绘部门一项重要的日常业务。

挡光测量是指准确测定建筑物与其主要日照朝向建筑物之间的距离、高差及相关位置,以计算其日照间距系数是否符合有关规定。挡光测量的内容包括:间距测量、高差测量和平面图绘制 3 部分。由于挡光测量是在很小的区域范围中进行,间距一般在 $25 \sim 30\text{m}$ 之间,即不超

过一个 30m 尺段。一般情况下,间距多采用钢尺丈量;高差通过各个部位的高程测量求得:挡光房与被挡光房的地面高程、房高测量联系点的高程由水准测量测定,联系点到房顶的高度用钢尺量测。

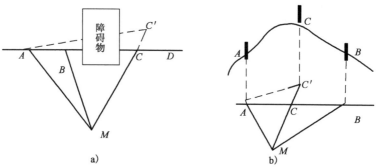

图 5-11　利用对边测量进行遇障碍物直线测设示意图

a)延长;b)内插

利用钢尺丈量房屋间距和房高,虽然工具比较简单,但操作起来比较费时、费力,特别是丈量房高时作业人员要爬至房顶,既危险又不易操作。因此,在全站仪广泛普及的今天,应该积极地采用这种先进的测量仪器来提高测量工作的质量和效率。

利用全站仪进行挡光测量的方法步骤如下:

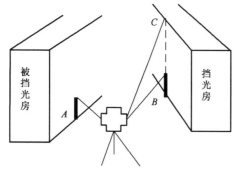

图 5-12　利用全站仪进行挡光测量示意图

首先,如图 5-12 所示在挡光房与被挡光房之间的适当位置安置全站仪,并利用全站仪把挡光房房顶某点 C 投影至地面,设为 B 点;然后在 B 点竖立反射棱镜,进行悬高测量,获得挡光房的房高 H_{BC}。

接着,在被挡光房前地面 A 上再竖立一反射棱镜(A 点的选取,应尽量使 AB 的连线与被挡光房垂直),进行对边测量,获得 A 点与 B 点间的平距 D_{AB} 和高差 h_{AB}。

为了使 D_{AB} 即为两建筑物间的平距,需将 A 点的反射棱镜沿墙面移动,当 D_{AB} 为最小时即测量完毕。

此时,挡光房与被挡光房之间的间距为

$$D = D_{AB} + \Delta_A + \Delta_B \tag{5-20}$$

式中:Δ_A、Δ_B——反射棱镜中心到墙面的距离,可用小钢卷尺量取。

挡光房房顶与被挡光房地面之间的高差为

$$h_{AC} = h_{AB} + h_{BC} \tag{5-21}$$

可见,利用全站仪进行建筑物挡光测量十分便捷,避免了测量人员上高爬下,克服了用钢尺丈量有时无法作业的困难。若拥有一台免反射棱镜全站仪,挡光测量会变得更加方便。因为免反射棱镜全站仪可以实现"所瞄即所测",即不需反射棱镜作为合作目标,瞄准某点进行测量便可获得该点的三维坐标。利用测得的各特征点的三维坐标,不仅可以求出所需的各种数据,还可以绘制成图。

最后指出,当挡光测量精度要求较高时,可根据要求对各个角度和距离测量进行一测回或多个测回观测取平均值,然后按上述公式人工或编程计算即可。

【思考题】

5-1　简述全站仪的基本结构和组成。

5-2　简述全站仪的基本功能。

5-3　简述全站仪三维坐标测量的基本原理。

5-4　简述全站仪三维坐标放样的基本原理。

5-5　简述全站仪对边测量的基本原理。

5-6　简述全站仪悬高测量的基本原理。

5-7　简述全站仪面积测量的基本原理。

5-8　简述全站仪偏心测量的基本原理。

第六章 误差理论的基础知识

第一节 测量误差概述

一、测量误差的基本概念

测量工作的实践表明,当对某一未知量进行多次观测时,不论测量仪器多么精密,观测进行得多么仔细,外界环境多么优越,常常还是会出现下述情况:多次观测同一个角或多次丈量同一段距离时,它们的观测结果之间往往会存在一定的差异;在观测了一个平面三角形的三个内角后,发现这三个实测内角之和往往不等于其理论值 $180°$。这种在同一个量的各观测值之间,或各观测值所构成的函数与其理论值之间存在差异的现象,在测量工作中是普遍存在的,这就是误差。

设对某一未知量进行 n 次观测,观测值 l_i 与真值 X 之间的差值 Δ_i 叫真误差,即

$$\Delta_i = l_i - X \tag{6-1}$$

由于观测结果中不可避免地存在误差影响,因此,在实际工作中,为提高观测成果的质量,发现观测中有无误差,必须进行多余观测,即观测的个数多于确定未知量所必须观测的个数。例如:丈量距离,往返各测一次,则有一次多余观测;测一个平面三角形的三个内角,则有一角多余。有了多余观测,则会出现同一个量的不同观测值不等,或观测值之间不符合某一应有的条件,其差值在测量上称为不符值,也称为闭合差。因此,必须对这些带有误差的观测成果进行处理,求出未知量真值的最优估计值(最或是值,平差值),并评定观测结果的质量,这项工作在测量上称为测量平差。

二、测量误差的来源

观测误差产生的原因很多,概括起来有下列三方面影响因素:

(1)观测者:由于观测者感觉器官的鉴别能力和技术熟练程度有一定的局限性,在仪器安置、照准、读数等工作中都会产生误差。同时,观测者的工作态度对观测数据的质量也有直接影响。

(2)测量仪器:测量是需要使用测量仪器的,测量仪器尽管在不断地改进,但仪器制造工艺

水平有限而使得仪器只具有一定的精确度，因此，使测量成果受到一定的影响。如使用只具有cm分划的普通水准尺进行水准测量时，就难以准确估读出mm位。另外，仪器本身构造上的不完善也会使观测结果产生误差，如水准仪视准轴与水准管轴不平行等。并且仪器在搬运及使用的过程中所产生的震动或碰撞等，都会导致仪器的各种轴线间的几何关系不能满足要求。

（3）外界观测环境：测量时所处的外界环境，如温度、湿度、风力、大气折光等因素的变化会对观测数据直接产生影响。例如，气温和气压变化使得光电测距产生误差，风力和日光的照射使仪器的安置不稳定，大气折光使望远镜的目标照准产生误差等。

任何测量工作都是由观测者使用测量仪器在一定的观测条件下完成的，所以通常把观测者、测量仪器和外界观测环境三方面因素综合起来称为观测条件。观测条件的好坏与观测成果的质量有着密切的联系。在相同观测条件下进行的各次观测，称为等精度观测，其相应的观测值称为等精度观测值；在不同观测条件下进行的各次观测，称为不等精度观测，其相应的观测值称为不等精度观测值。

三、测量误差的分类

根据测量误差对测量结果影响性质的不同，可将其分为系统误差、偶然误差和粗差三类。

1. 系统误差

在相同的观测条件下，对某量进行一系列的观测，如果测量误差的符号和大小表现出系统性，或按一定的规律性变化，或者保持恒定不变，则称这类误差为系统误差。例如，用名义长度为30m的钢尺量距，而该钢尺的实际长度为30.004m，则每量一尺段就会产生0.004m的系统误差；又如，水准仪经检验校正后，仍然存在视准轴与水准管轴之间不平行的i角残余误差，用该仪器观测时就会产生系统误差。

系统误差具有积累性，对测量结果的影响大。但由于系统误差的符号和大小有一定的规律，可以采用以下方法将系统误差从观测结果中消除或减弱到最低程度。

（1）观测前对仪器进行严格检校，使其各部件的关系均符合要求，并在施测时尽量选择与检定时的观测条件相近时进行。

（2）观测中采用合理的观测方法加以消除。例如在水准测量中用前、后视距相等的方法消除残余i角的影响；又如用经纬仪采用盘左、盘右观测可以消除仪器视准轴与横轴不垂直所带来的误差等。

（3）对观测成果加以改正。如钢尺量距时，可通过对测量结果加尺长改正数和温度改正数来消除尺长误差和温度变化误差的影响。

不同的测量仪器和测量方法，系统误差的形式和消除方法也不同。

2. 偶然误差

在相同的观测条件下，对某量进行一系列观测，若误差出现的符号和大小均不能确定，从表面上看没有任何规律性，具有一定的随机性，则称这类误差为偶然误差。例如，读数时估读小数的误差；照准目标时，产生的照准误差等。显然偶然误差是不可避免的。

单个的偶然误差就其大小和符号而言是没有规律的，但若在一定的观测条件下，对某量进行多次观测，误差却呈现出一定的规律性，并且随着观测次数的增加，偶然误差的规律性表现得更加明显。

3. 粗差

粗差是由于作业人员的疏忽大意而造成的错误。例如,在观测时读错、记错等,在观测结果中是不允许存在错误的,所以要求观测者认真负责并细心工作,避免粗差的产生。粗差是可以避免的,包含粗差的观测值应当舍弃。

在进行观测数据处理时,按照现代测量误差理论和测量数据处理方法,可以消除或削弱系统误差的影响;探测粗差的存在并剔除粗差;对偶然误差作适当处理,以求得观测值的最可靠值。

四、偶然误差的特性

测量误差理论主要研究在具有偶然误差的一系列观测值中,如何求得可靠的结果和评定观测成果的精度,为此,需要对偶然误差的性质作进一步的讨论。设在相同观测条件下,独立观测某测区 358 个三角形的全部内角,由于观测值含有误差(这里误差是指系统误差被消除后的偶然误差,下同),三角形内角和一般不等于真值 180°,按下式算得三角形内角和的真误差为

$$\Delta_i = (a_i + b_i + c_i) - 180° \quad (i = 1, 2, 3, \cdots, 358) \tag{6-2}$$

取误差区间(间隔)$d\Delta$ 为 0.2″,将误差按数值大小及符号进行排列,统计出各区间内的误差个数 k 及相对个数 $\dfrac{k}{n}$($n = 358$),其结果见表 6-1。

偶然误差统计结果　　　　　　　　　　　　　表 6-1

误差区间 $d\Delta$ (″)	负误差		正误差		误差绝对值	
	个数 k	频率 k/n	个数 k	频率 k/n	个数 k	频率 k/n
0.0~0.2	45	0.126	46	0.128	91	0.254
0.2~0.4	40	0.112	41	0.115	81	0.226
0.4~0.6	33	0.092	33	0.092	66	0.184
0.6~0.8	23	0.064	21	0.059	44	0.123
0.8~1.0	17	0.047	16	0.045	33	0.092
1.0~1.2	13	0.036	13	0.036	26	0.073
1.2~1.4	6	0.017	5	0.014	11	0.031
1.4~1.6	4	0.011	2	0.006	6	0.017
1.6 以上	0	0	0	0	0	0
合计	181	0.505	177	0.495	358	1.000

为了更直观地表示偶然误差的分布情况,根据表 6-1 的数据,以 Δ 为横坐标,以 $y = \dfrac{k}{n}/d\Delta$ 为纵坐标,绘制直方图,如图 6-1 所示。图中每一小条矩形的面积为 $y \cdot d\Delta = \dfrac{k}{n}$,表示误差出现在该区间的频率。而对于整个统计数据,则各小条的面积总和应等于 1,图 6-1 在统计学上称为误差频率直方图。

由表 6-1 和图 6-1 可以归纳出偶然误差的统计规律:

（1）界限性。即在一定的观测条件下，偶然误差的绝对值不会超过一定的限度。

（2）聚中性。即绝对值小的偶然误差出现的频率比绝对值大的偶然误差要大。

（3）对称性。绝对值相等的正误差和负误差出现的可能性相等。

（4）抵偿性。即偶然误差的算术平均值，随观测次数的无限增多而趋于零。即

$$\lim_{n \to \infty} \frac{[\Delta]}{n} = 0 \qquad (6-3)$$

式中，$[\Delta] = \Delta_1 + \Delta_2 + \cdots + \Delta_n$。

将表 6-1 中所列数据用图 6-1 表示，则可更直观地看出偶然误差的分布情况。

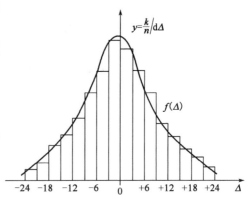

图 6-1　偶然误差频率直方图

当误差个数 $n \to \infty$，误差区间 $d\Delta \to 0$ 时，如图 6-1所示，各矩形顶边所形成的折线将变成一条光滑曲线，称为误差分布曲线，该曲线在概率论中被称为正态分布曲线。曲线的概率密度函数为

$$y = f[\Delta] = \frac{1}{\sqrt{2\pi}\sigma} e^{-\frac{\Delta^2}{2\sigma^2}} \qquad (6-4)$$

式中：π——圆周率；

e——自然对数的底；

σ——标准差，标准差的平方 σ^2 为方差。

从式(6-4)中可以看出正态分布具有偶然误差的特性：

(1) $f[\Delta]$ 是偶函数，曲线对称于纵轴，这就是偶然误差的第三特性。

(2) Δ 越小，$f[\Delta]$ 越大。当 $\Delta = 0$ 时，$f[\Delta]$ 有最大值 $\frac{1}{\sqrt{2\pi}\sigma}$；反之，$\Delta$ 越大，$f\Delta$ 越小。当 $\Delta \to \infty$ 时，$f[\Delta] \to 0$。实际上当 Δ 达到某值，$f[\Delta]$ 极小并可看作零时，该 Δ 值就是误差的限值。这是偶然误差的第一和第二特性。

误差分布曲线有两个拐点(图 6-2)，拐点横坐标为 $\Delta_{拐} = \pm\sigma$，不同的 σ 将对应着不同形状的误差分布曲线。σ 越小，曲线越陡峭，即误差分布比较密集；σ 越大，曲线越平缓，即误差分布比较分散。可见，参数 σ 的值表征了误差扩散的特征。

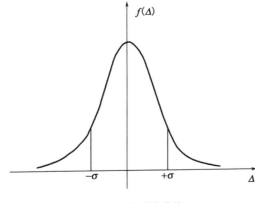

图 6-2　误差分布曲线

偶然误差对观测值的精度有较大的影响，一般是不能消除的。为了提高精度，削减其影响，可采用以下措施：

（1）观测前，尽可能选用高等级仪器。

（2）观测中，采取多余观测。例如，用钢尺丈量一段距离，从理论上讲只要丈量一次即可，但经过反复多次丈量，形成多余观测，最后取多次观测结果的平均值，可以削弱偶然误差的影响。

（3）观测后，根据偶然误差统计特性，利用数理统计的方法处理数据，可以减小偶然误差对测量结果的影响。

第二节　评定精度的标准

在测量工作中,除了要对未知量进行多次观测,求出最后结果以外,还需要对观测结果的质量进行评定,通常我们是用精度来评价观测结果的。据前所述,精度就是指误差分布的密集和离散程度。图6-3表示在不同观测条件下观测得到的两条不同的误差分布曲线。图中,曲线较陡的,σ越小,说明误差分布较为密集,观测精度较高;曲线较平缓者,σ越大,说明误差分布较为离散,观测精度较低。在实际测量工作中,不可能对某一量做无穷多次观测,因此在测量工作中常采用中误差、相对误差和极限误差作为衡量精度的指标。

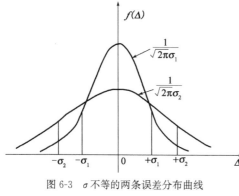

图6-3　σ不等的两条误差分布曲线

一、中　误　差

设在相同的观测条件下,对某未知量进行 n 次观测,观测值为 $l_1,l_2,\cdots,l_n$,真误差为 Δ_1,$\Delta_2,\cdots,\Delta_n$。则该组观测值的方差为

$$\sigma^2 = \lim_{n\to\infty} \frac{[\Delta\Delta]}{n} \tag{6-5}$$

标准差为

$$\sigma = \lim_{n\to\infty} \sqrt{\frac{[\Delta\Delta]}{n}} \tag{6-6}$$

实际测量工作中,观测次数 n 总是有限的。当 n 为有限值时,只能得到 σ^2 和 σ 的估计值,将 σ 的估计值称为中误差,用 m 表示,

$$m = \pm\sqrt{\frac{[\Delta\Delta]}{n}} \tag{6-7}$$

必须指出,在相同的观测条件下进行的一组观测,得出的每一个观测值称为等精度观测值。由于它们对应着一个误差分布,即对应着一个标准差,而标准差的估值即为中误差。因此,等精度观测值具有相同的中误差。但是,等精度观测值的真误差却彼此并不相等,有的差别还比较大,这是由于真误差具有偶然误差性质的缘故。

【例6-1】　两个测量小组分别对某个三角形的内角进行10次观测,观测所得的三角形内角和的真误差分别为

第一组:$+3''$,$-2''$,$-4''$,$+2''$,$0''$,$-4''$,$+3''$,$+2''$,$-3''$,$-1''$

第二组:$0''$,$-1''$,$-7''$,$+2''$,$+1''$,$+1''$,$-8''$,$+3''$,$0''$,$-1''$

试求这两组的中误差。

解:这两组观测值中误差(用三角形内角和的真误差而得的中误差,也称为三角形内角和的中误差)计算如下

$$m_1 = \pm\sqrt{\frac{3^2+2^2+4^2+2^2+0^2+4^2+3^2+2^2+3^2+1^2}{10}} = \pm 2.7''$$

$$m_2 = \pm \sqrt{\frac{0^2 + 1^2 + 7^2 + 2^2 + 1^2 + 1^2 + 8^2 + 3^2 + 0^2 + 1^2}{10}} = \pm 3.6''$$

比较 m_1 和 m_2 可知,第一组的观测精度比第二组观测精度高。

二、相 对 误 差

对于某些观测结果,有时仅靠中误差还不能完全反映测量的精度。例如,丈量两段距离:$D_1 = 1\,000\text{m}, D_2 = 80\text{m}$,中误差分别为 $m_1 = \pm 2\text{cm}, m_2 = \pm 2\text{cm}$。虽然 $m_1 = m_2$,但就单位长度而言,两者精度显然不相等。此时衡量精度应采用相对中误差,即中误差与观测值之比,并将分子化为 1,即

$$k = \frac{|m|}{D} = 1 / \frac{D}{|m|} \tag{6-8}$$

则上例中观测值的相对中误差分别为

$$k_1 = \frac{2}{1\,000\,000} = \frac{1}{50\,000}$$

$$k_2 = \frac{2}{8\,000} = \frac{1}{4\,000}$$

$k_1 < k_2$,可见 D_1 的量距精度高于 D_2。

三、容 许 误 差

在大量等精度观测中,误差分布在不同区间的概率分别为:

$$P(-m < \Delta < +m) \approx 68.3\%$$
$$P(-2m < \Delta < +2m) \approx 95.5\%$$
$$P(-3m < \Delta < +3m) \approx 99.7\%$$

可见大于 2 倍中误差的观测误差 Δ 出现的概率约占误差总数的 5%,而大于 3 倍中误差的观测误差仅占误差总数的 0.3%。一般进行的测量次数有限,大于 3 倍中误差的观测误差很少遇到。因此,以 2m 作为允许误差的极限,称为允许误差,或称为限差,即 $\Delta_限 = 2m$。

第三节　误差传播定律及应用

由前述可知,当对某量进行了一系列的观测后,观测值的精度可用中误差来衡量。但在实际工作中,未知量往往不能或者是不便于直接测定,而是由观测值通过一定的函数关系间接计算出来,这些未知量即为观测值的函数。例如,水准测量中,在某一测站上测得后视、前视读数分别为 a、b,则高差 $h = a - b$,这时高差 h 就是直接观测值 a、b 的函数。显然,函数 h 的中误差与观测值 a、b 的中误差之间存在一定的关系。

阐述观测值中误差与观测值函数中误差之间关系的定律称为误差传播定律。

一、线 性 函 数

设有线性函数

$$z = k_1 x_1 + k_2 x_2 + \cdots + k_i x_i \tag{6-9}$$

式中,z 为观测值的函数;$x_1, x_2, \cdots, x_i$ 为独立观测值,其中误差分别为 $m_1, m_2, \cdots, m_i$;$k_1, k_2, \cdots, k_i$ 为常数。设 $x_1, x_2, \cdots, x_i$ 分别含有真误差 $\Delta x_1, \Delta x_2, \cdots, \Delta x_i$,则函数 z 必有真误差

Δz,即

$$(z + \Delta z) = k_1(x_1 + \Delta x_1) + k_2(x_2 + \Delta x_2) + \cdots + k_i(x_i + \Delta x_i) \tag{6-10}$$

由式(6-10)减式(6-9)得

$$\Delta z = k_1 \Delta x_1 + k_2 \Delta x_2 + \cdots + k_i \Delta x_i \tag{6-11}$$

若对 $x_1, x_2, \cdots, x_i$ 均观测 n 次,则可得

$$\left. \begin{aligned} \Delta z_1 &= k_1 \Delta x_{11} + k_2 \Delta x_{21} + \cdots + k_i \Delta x_{i1} \\ \Delta z_2 &= k_1 \Delta x_{12} + k_2 \Delta x_{22} + \cdots + k_i \Delta x_{i2} \\ &\cdots \\ \Delta z_n &= k_1 \Delta x_{1n} + k_2 \Delta x_{2n} + \cdots + k_i \Delta x_{in} \end{aligned} \right\} \tag{6-12}$$

将式(6-12)平方求和再除以 n 得

$$\frac{[\Delta z \Delta z]}{n} = k_1^2 \frac{[\Delta x_1 \Delta x_1]}{n} + k_2^2 \frac{[\Delta x_2 \Delta x_2]}{n} + \cdots + k_i^2 \frac{[\Delta x_i \Delta x_i]}{n} +$$

$$2k_1 k_2 \frac{[\Delta x_1 \Delta x_2]}{n} + \cdots + 2k_{i-1} k_i \frac{[\Delta x_{i-1} \Delta x_i]}{n} \tag{6-13}$$

由于 $\Delta x_1, \Delta x_2, \cdots, \Delta x_i$ 均为独立观测值的偶然误差,因此乘积 $\Delta x_i \Delta x_{i+1}$ 必然呈现偶然性。根据偶然误差的特性和中误差定义,当 $n \to \infty$ 时,可得函数 z 的中误差为

$$m_z^2 = k_1^2 m_1^2 + k_2^2 m_2^2 + \cdots + k_i^2 m_i^2 \tag{6-14}$$

$$m_z = \pm \sqrt{k_1^2 m_1^2 + k_2^2 m_2^2 + \cdots + k_i^2 m_i^2} \tag{6-15}$$

二、一般函数的误差传播定律推导

设有函数

$$Z = f(x_1, x_2, \cdots, x_n) \tag{6-16}$$

式中,$x_i(i=1,2,\cdots,n)$ 为独立观测值,已知其中误差分别为 $m_i(i=1,2,\cdots,n)$。

当 x_i 具有真误差 Δx_i 时,函数 Z 相应地产生真误差 ΔZ,将式(6-16)全微分来表达变量误差与函数误差之间的关系,可得

$$\mathrm{d}Z = \frac{\partial f}{\partial x_1} \mathrm{d}x_1 + \frac{\partial f}{\partial x_2} \mathrm{d}x_2 + \cdots + \frac{\partial f}{\partial x_n} \mathrm{d}x_n \tag{6-17}$$

由于误差 Δx_i 和 ΔZ 都是很小的值,在上式中可以用 Δx_i 和 ΔZ 代替 $\mathrm{d}x_i$ 和 $\mathrm{d}Z$,则

$$\Delta Z = \frac{\partial f}{\partial x_1} \Delta x_1 + \frac{\partial f}{\partial x_2} \Delta x_2 + \cdots + \frac{\partial f}{\partial x_n} \Delta x_n \tag{6-18}$$

式中,$\frac{\partial f}{\partial x_i}(i=1,2,\cdots,n)$ 是函数对各个变量的偏导数,以观测值代入,算出的数值均为常数,因此可得

$$m_z = \pm \sqrt{\left(\frac{\partial f}{\partial x_1}\right)^2 m_1^2 + \left(\frac{\partial f}{\partial x_2}\right)^2 m_2^2 + \cdots + \left(\frac{\partial f}{\partial x_n}\right)^2 m_n^2} \tag{6-19}$$

该式为误差传播定律的一般形式。需要指出的是,在利用误差传播定律时,要求各观测值必须独立。

三、误差传播定律的应用

应用误差传播定律衡量观测值函数的精度的步骤为:

(1)按问题要求写出函数式(6-16);

(2)对函数式全微分,得出函数的真误差与观测值真误差之间的关系式(6-18);

(3)写出函数中误差与观测值中误差之间的关系式(6-19)。

【例 6-2】 对某一个三角形观测了其中两个内角 a 和 b,测角中误差分别为 $m_a = \pm 3.5''$,$m_b = \pm 5.8''$,试求第三个内角 c 的中误差 m_c。

解:函数关系式为

$$c = 180° - a - b$$

该函数为线性函数,根据式(6-19)得

$$m_c = \pm \sqrt{(-1)^2 m_a^2 + (-1)^2 m_b^2} = \pm 6.8''$$

【例 6-3】 用光电测距仪测定某一斜距 $S = 56.341\text{m}$,其倾斜竖直角 $\delta = 15°25'36''$,斜距和竖直角的中误差分别为 $m_S = \pm 4\text{mm}$、$m_\delta = \pm 10''$,求斜距对应的水平距离 D 及其中误差 m_D。

解:水平距离 $D = S \cdot \cos\delta = 56.341 \times \cos 15°25'36'' = 54.311\text{m}$

$D = S \cdot \cos\delta$ 是一个非线性函数,所以按照式(6-18)对等式两边取全微分,化成线性函数,得

$$\Delta_D = \cos\delta \cdot \Delta_S - S \cdot \sin\delta \cdot \frac{\Delta\delta}{\rho''}$$

再应用式(6-19),可得水平距离的中误差

$$m_D^2 = \cos^2\delta \cdot m_S^2 + (S \cdot \sin\delta)^2 \cdot \left(\frac{m_\delta}{\rho''}\right)^2$$

$$= (0.964)^2(\pm 4)^2 + (56\,341 \times 0.266)^2 \left(\frac{\pm 10}{206\,265}\right)^2$$

$$= 15.397\text{mm}$$

$$m_D = \pm 3.9\text{mm}$$

故求得水平距离及其中误差为

$$D = 54.311 \pm 0.003\,9\,(\text{m})$$

注意:在上式计算中,为了统一单位,需将角值的单位由秒化为弧度 $\left(\frac{m_\delta}{\rho''}\right)$。

第四节　等精度独立观测量的最可靠值与精度评定

一、算术平均值及其中误差

设对某未知量等精度独立观测了 n 次,观测值为 $l_1, l_2, \cdots, l_n$,根据式(6-1)得观测值的真误差为 $\Delta x_1, \Delta x_2, \cdots, \Delta x_n$,即

$$\Delta_i = l_i - X(i = 1, 2, \cdots, n)$$

将上式求和并除以观测次数 n,得

$$\frac{[\Delta]}{n} = \frac{[l]}{n} - X \tag{6-20}$$

式中,$\frac{[\Delta]}{n}$ 称为算术平均值的真误差,记为 Δx;$\frac{[l]}{n}$ 为观测值的算术平均值,即

$$x = \frac{l_1 + l_2 + \cdots l_n}{n} = \frac{[l]}{n} \tag{6-21}$$

则式(6-20)可写为

$$\Delta x = \frac{[\Delta]}{n} = x - X \tag{6-22}$$

顾及式(6-3),对式(6-20)取极限

$$\lim_{n \to \infty} \frac{[\Delta]}{n} = \lim_{n \to \infty} x - X = 0 \tag{6-23}$$

即

$$\lim_{n \to \infty} x = X \tag{6-24}$$

式(6-24)说明,当观测次数 n 趋于无穷大时,算术平均值就趋于未知量的真值。在实际工作中,不可能对某一量进行无限次的观测,但是将有限个观测值的算术平均值作为该量的最或然值,由于偶然误差的抵偿性,可以不同程度地逼近真值,即提高该量的观测精度。

算术平均值定义式(6-21)可写为 $x = \frac{l_1}{n} + \frac{l_2}{n} + \cdots + \frac{l_n}{n}$,式中 $\frac{1}{n}$ 为常数。由于各独立观测值的精度相同,设其中误差为 m,用 M 表示算术平均值的中误差,则由式(6-15)可得

$$M = \pm \sqrt{\frac{1}{n^2} \cdot n \cdot m^2} = \frac{m}{\sqrt{n}} \tag{6-25}$$

由上式可知,算术平均值的中误差 M 为观测值中误差 m 的 $\frac{1}{\sqrt{n}}$,因此适当增加观测次数可以提高算术平均值的精度。但是,通过大量实验发现,当观测次数达到一定数目后,即使再增加观测次数,精度却提高得很少,这是因为观测次数与算术平均值中误差并不是成线性比例关系。因此,为了提高观测精度,除适当地增加观测次数外,还应选用较高精度的观测仪器,采用合理的观测方法,选择良好的外界环境,以及提高操作人员的技术水平和责任心。

二、等精度独立观测量的中误差计算

当观测量的真值 X 已知时,每个观测量的真误差 $\Delta_i = l_i - X$ 可以求出,根据式(6-7)可计算出一次观测的中误差 m。但在大部分情况下,观测量的真值 X 是未知的,而是将算术平均值 x 作为真值 X 的最或是值,故可以使用 x 代替 X 计算 m。

观测值的算术平均值 x 与观测值 l_i 的差值称为观测值的改正数,用 v_i 表示,即

$$v_i = x - l_i \tag{6-26}$$

将式(6-1)与上式相加,得

$$\Delta_i = -v_i + (x - X) \quad (i = 1, 2, \cdots, n) \tag{6-27}$$

对上式取平方并求和,得

$$[\Delta\Delta] = [vv] - 2[v](x - X) + n(x - X)^2 \tag{6-28}$$

将 $\Delta x = \dfrac{[\Delta]}{n} = x - X$ 代入上式,并除以观测次数 n,可得

$$\frac{[\Delta\Delta]}{n} = \frac{[vv]}{n} - \frac{2[v]\Delta x}{n} + (\Delta x)^2 \tag{6-29}$$

对式(6-26)求和,得

$$[v] = nx - [l] = 0 \tag{6-30}$$

将式(6-30)代入式(6-29),得

$$\frac{[\Delta\Delta]}{n} = \frac{[vv]}{n} + (\Delta x)^2 = \frac{[vv]}{n} + \frac{[\Delta]^2}{n^2} \tag{6-31}$$

式中

$$(\Delta x)^2 = \frac{(\Delta_1 + \Delta_2 + \cdots + \Delta_n)^2}{n^2} = \frac{\Delta_1^2 + \Delta_2^2 + \cdots + \Delta_n^2}{n^2} +$$

$$2\frac{(\Delta_1\Delta_2 + \Delta_1\Delta_3 + \cdots + \Delta_{n-1}\Delta_n)^2}{n^2}$$

当 $n \rightarrow \infty$ 时,取 $(\Delta x)^2 = \frac{\Delta_1^2 + \Delta_2^2 + \cdots + \Delta_n^2}{n^2} = \frac{m^2}{n}$,代入式(6-31)得 $m^2 = \frac{[vv]}{n} + \frac{m^2}{n}$,故

$$m = \pm\sqrt{\frac{[vv]}{n-1}} \tag{6-32}$$

式(6-32)即为等精度独立观测时利用观测值改正数 v_i 计算一次观测值中误差的公式,称为贝塞尔公式。

【例 6-4】 用钢尺对某段距离进行精密测量,结果见表 6-2,试计算钢尺一次丈量的中误差及算术平均值中误差。

等精度独立观测值中误差计算表

表 6-2

观测次序	观测值(m)	v_i(mm)	v_iv_i	中 误 差 计 算
1	49.987	−5	25	
2	49.975	+7	49	
3	49.981	+1	1	$m = \pm\sqrt{\dfrac{[vv]}{n-1}} = \pm 4.9\text{mm}$
4	49.978	+4	16	$M = \dfrac{m}{\sqrt{n}} = \pm 2.0\text{mm}$
5	49.987	−5	25	
6	49.984	−2	4	
	$x = 49.982\text{m}$	$[v] = 0$	$[vv] = 120$	

解:6 次丈量距离的算术平均值为 $x = 49.982\text{m}$,其余计算结果见表 6-2。

第五节　不等精度独立观测量的最可靠值与精度评定

一、权 的 概 念

对某一未知量进行不等精度观测时,各观测值的中误差不同,即观测值具有不同程度的可靠性,因此不能像等精度观测那样取算术平均值作为未知量的最可靠值。

各不等精度观测值的可靠程度,可用一个数值来表示,称为观测值的权,用 P 表示。设观测值 l_i 的中误差为 m_i,则其权 P_i 为

$$P_i = \frac{m_0^2}{m_i^2} \tag{6-33}$$

式中,m_0^2 为任意正实数。如果令 $P_i = 1$,则有 $m_0^2 = m_i^2$,即 m_0^2 为权等于 1 的观测量的方差,故称 m_0^2 为单位权方差,而 m_0 为单位权中误差。

定权时,单位权中误差 m_0 可取任意正实数,但一经选定后,所有观测量的权都要用这个 m_0 来计算。

二、加权平均值及其中误差

设对同一未知量进行了 n 次不等精度观测,观测值为 $l_1, l_2, \cdots, l_n$,其相应的权为 $P_1, P_2,$

$\cdots, P_n$，则加权平均值 x 为不等精度观测值的最可靠值，其计算公式为：

$$x = \frac{P_1 l_1 + P_2 l_2 + \cdots + P_n l_n}{P_1 + P_2 + \cdots + P_n} \tag{6-34}$$

即

$$x = \frac{[Pl]}{[P]} = \frac{P_1}{[P]} \cdot l_1 + \frac{P_2}{[P]} \cdot l_2 + \cdots + \frac{P_n}{[P]} \cdot l_n \tag{6-35}$$

由式(6-35)，根据误差传播定律，可得 x 的中误差 m_x 为

$$m_x^2 = \frac{1}{[P]^2}(P_1^2 m_1^2 + P_2^2 m_2^2 + \cdots + P_n^2 m_n^2)$$

式中，$m_1, m_2, \cdots, m_n$ 相应为 $l_1, l_2, \cdots, l_n$ 的中误差。由式(6-33)知，$P_1 m_1^2 = P_2 m_2^2 = \cdots = P_n m_n^2 = m_0^2$

故有

$$m_x^2 = \frac{1}{[P]^2}(P_1 m_0^2 + P_2 m_0^2 + \cdots + P_n m_0^2) = \frac{m_0^2}{[P]} \tag{6-36}$$

$$m_x = \pm m_0 \sqrt{\frac{1}{[P]}} \tag{6-37}$$

在实际计算中，单位权中误差 m_0 可以是一个未知的正实数，但在计算观测值中误差 m_x 时，m_0 必须为一已知的正实数。因此，在定权完成后，必须进行单位权中误差 m_0 的计算。

一般，对权分别为 $P_1, P_2, \cdots, P_n$ 的不等精度独立观测值 $l_1, l_2, \cdots, l_n$，构造虚拟观测量 $l'_1, l'_2, \cdots, l'_n$，其中

$$l'_i = \sqrt{P_i} l_i \quad (i = 1, 2, \cdots, n) \tag{6-38}$$

应用误差传播定律，可得

$$m_{l'_i}^2 = P_i m_i^2 = \frac{m_0^2}{m_i^2} m_i^2 = m_0^2 \tag{6-39}$$

式(6-39)说明，虚拟观测量 $l'_1, l'_2, \cdots, l'_n$ 是等精度独立观测量，其每个测量的中误差相等，根据式(6-32)的贝塞尔公式可得

$$m_0 = \pm \sqrt{\frac{[v'v']}{n-1}} \tag{6-40}$$

由式(6-38)得 $v'_i = \sqrt{P_i} v_i$，将其代入上式，得单位权中误差

$$m_0 = \pm \sqrt{\frac{[Pvv]}{n-1}} \tag{6-41}$$

【例 6-5】 如图 6-4 所示，1，2，3 三点为已知高等级水准点，其高程值的误差很小，可以忽略不计。为了求 P 点的高程，使用 DS3 水准仪独立观测了三段水准路线的高差，每段高差的观测值及其测站数见图 6-4，试求 P 点高程的最可靠值与中误差。

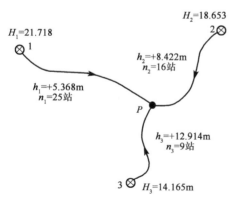

图 6-4 某水准路线图

解: 因为都采用 DS3 水准仪观测，可以认为其每站高差观测中误差 $m_{站}$ 相等，由误差传播定律可以求得高差观测值 h_1, h_2, h_3 的中误差分别为

$$m_1 = \sqrt{n_1}\, m_{站} = \sqrt{25}\, m_{站} = 5 m_{站}$$

$$m_2 = \sqrt{n_2}\, m_{站} = \sqrt{16}\, m_{站} = 4 m_{站}$$

$$m_3 = \sqrt{n_3}\, m_{站} = \sqrt{9}\, m_{站} = 3 m_{站}$$

若取单位权中误差 $m_0 = m_{站}$，则高差观测值 h_1, h_2, h_3 的权分别是 $\frac{1}{25}, \frac{1}{16}, \frac{1}{9}$，由 1，2，3 点的高程和三段高差观测值 h_1, h_2, h_3 可计算出 P 点高程分别为

$$H_{P1} = H_1 + h_1 = 21.718 + 5.368 = 27.086\text{m}$$

$$H_{P2} = H_2 + h_2 = 18.653 + 8.422 = 27.075\text{m}$$

$$H_{P3} = H_3 + h_3 = 14.165 + 12.914 = 27.079\text{m}$$

由公式(6-34)计算加权平均值 $\overline{H}_P$

$$\overline{H}_P = \frac{\dfrac{27.086}{25} + \dfrac{27.075}{16} + \dfrac{27.079}{9}}{\dfrac{1}{25} + \dfrac{1}{16} + \dfrac{1}{9}} = 27.079\ 1\text{m}$$

由此可以计算出观测值改正数和单位权中误差以及 P 点高程中误差，结果见表 6-3。

P 点高程中误差计算表　　　　　　　　　　　　　表 6-3

序号	H_P(m)	v(mm)	P	Pvv	
1	27.086	−6.9	0.04	1.904 4	$m_{站} = \pm\sqrt{\dfrac{[Pvv]}{n-1}} = \pm\sqrt{\dfrac{2.956\ 1}{2}} = \pm1.22\text{mm}$
2	27.075	+4.1	0.062 5	1.050 6	$m_{\overline{H}_{pw}} = \pm\dfrac{m_{站}}{\sqrt{(P)}} = \pm2.163\ 7 m_{站} = \pm2.64\text{mm}$
3	27.079	+0.1	0.111 1	0.001 1	
Σ			0.213 6	2.956 1	

【思考题】

6-1　测量误差分哪几类？各有何特性？在测量工作中如何消除或削弱？偶然误差有哪些特性？

6-2　为什么说观测值的算术平均值是最可靠的？

6-3　说明在什么情况下采用中误差衡量测量的精度？在什么情况下用相对误差？

6-4　对某直线丈量了 6 次，观测结果为 168.135m，168.148m，168.120m，168.129m，168.150m，168.137m，计算其算术平均值、测量一次的中误差及算术平均值的中误差。

6-5　对某个水平角以等精度观测 5 个测回，观测值分别为 $55°40'42''$，$55°40'36''$，$55°40'42''$，$55°40'54''$，$55°40'48''$。计算其算术平均值、一测回的中误差及算术平均值的中误差。

6-6　量得一圆柱体的半径及其中误差为 $r = 4.578 \pm 0.006$m，高度及其中误差为 $h = 2.378 \pm 0.004$m，试计算其体积及其中误差。

6-7　已知三角形各内角的测量中误差为 $\pm15''$，容许中误差为中误差的 2 倍，求该三角形闭合差的容许中误差。

6-8　如图 6-5 所示，测得边长 a 及其中误差为 $a = 230.78 \pm 0.012$m，$\angle A = 52°47'36'' \pm 15''$，$\angle B = 45°28'54'' \pm 20''$，试计算边长 b 及其中误差。

6-9　如图 6-6 所示，为了求得图中 P 点的高程，从 A、B、C 三个水准点向 P 点进行了同等

级的水准测量,其成果列在表 6-4 中,取单位权中误差 $m_0 = m_{km}$,计算 P 点高程的加权平均值及其中误差、单位权中误差。

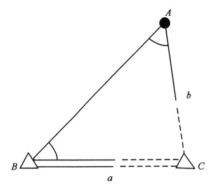

图 6-5 三角测量示意

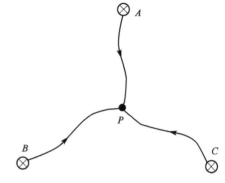

图 6-6 水准路线示意

水准测量观测整理表   表 6-4

已知水准点高程 (m)	高差观测值 (m)	水准路线长度 (km)
A:20.145	AP:+1.538	2.5
B:24.032	BP:−2.332	4.1
C:19.897	CP:+1.782	2.3

第七章 小区域控制测量

测绘的基本工作是确定地面上地物和地貌特征点的位置,即确定空间点的三维坐标。这样的工作若从一个原点开始,逐步依据前一个点测定后一个点的位置,必然会将前一个点的误差带到后一个点上。这样的测量方法误差逐步积累,将会达到惊人的程度。所以,为了保证所测点位的精度,减少误差积累,测量工作必须遵循"从整体到局部"、"先控制后碎部"的组织原则。为此,必须首先建立控制网,然后根据控制网进行碎步测量和测设。由在测区内所选定的若干个控制点所构成的几何图形,称为控制网。控制网分为平面控制网和高程控制网两种。测定控制点平面位置(X、Y)的工作称分为平面控制测量,测定控制点高程(H)的工作称为高程控制测量。

控制测量的作用是建立测区统一的控制基准,限制测量误差的传播和积累,保证必要的测量精度,使分区的测图能拼接成整体,整体设计的工程建筑物能分区施工放样。控制测量贯穿在工程建设的各阶段。

高程控制测量的部分已在第二章介绍,本章主要学习平面控制测量。

第一节　平面控制测量

一、概　　述

平面控制测量是确定控制点的平面位置。建立平面控制网的经典方法有三角测量和导线测量。如图 7-1 中,A、B、C、D、E、F 组成互相邻接的三角形,观测所有三角形的内角,并至少测量其中一条边长作为起算边,通过计算就可以获得它们之间的相对位置。这种三角形的顶点称为三角点,构成的网形称为三角网,这种控制测量方法称为三角测量。又如图 7-2 中控制点 1、2、3、……用折线连接起来,测量各边的长度和各转折角,通过计算同样可以获得它们之间的相对位置。这种控制点称为导线点,这种控制测量方法称为导线测量。

平面控制网除了经典的三角测量和导线测量外,还有卫星大地测量。目前常用的是 GPS

卫星定位。如图 7-3，在 A、B、C、D 控制点上，同时接收 GPS 卫星 S_1、S_2、S_3、S_4…发射的无线电信号，从而确定地面点位，称为 GPS 控制测量。

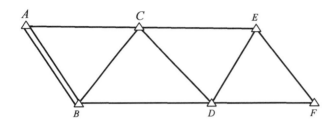

图 7-1 三角平面控制

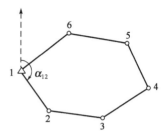

图 7-2 导线平面控制

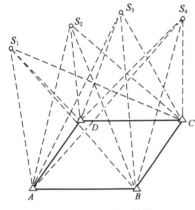

图 7-3 GPS 平面控制

国家平面控制网，是在全国范围内建立的控制网。逐级控制，分为一、二、三、四等三角测量和精密导线测量。一等三角锁是由沿经线和纬线布设成纵横交叉的三角锁组成，是国家平面控制网的骨干，锁长 200～250km，构成许多锁环。一等三角锁内由近于等边的三角形组成，边长为 20～30km。二等三角测量布设于一等三角锁环内，是国家平面控制网的全面基础。三、四等三角网是在二等三角网内的进一步加密。它是全国各种比例尺测图和工程建设的基本控制，也为空间科学技术和军事提供精确的点位坐标、距离、方位资料，并为研究地球大小和形状、地震预报等提供重要资料。图 7-4 为部分地区国家一、二等三角控制网的示意图。

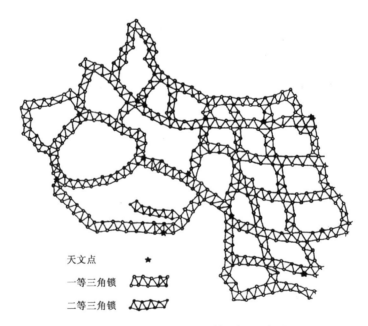

天文点 ★

一等三角锁

二等三角锁

图 7-4 部分地区国家一、二等三角网示意图

在城市地区，为测绘大比例尺地形图、进行市政工程和建筑工程放样，在国家控制网的控制下而建立的控制网，称为城市控制网。建立城市平面控制网可采用 GPS 测量、三角测量、各

种形式边角组合测量和导线测量方法。城市平面控制网按城市范围大小布设不同等级的平面控制网,三角网分为二、三、四等和一、二级,导线网分为三、四等和一、二、三级。

在面积小于 $15km^2$ 范围内建立的控制网,称为小地区控制网。建立小地区控制网时,应尽量与国家(或城市)已建立的高级控制网连测,将高级控制点的坐标和高程,作为小地区控制网的起算和校核数据。如果周围没有国家(或城市)控制点,或附近有这种国家控制点而不便连测时,可以建立独立控制网。此时,控制网的起算坐标和高程可自行假定,坐标方位角可用测区中央的磁方位角代替。

小地区平面控制网,应根据测区面积的大小按精度要求分级建立。在全测区范围内建立的精度最高的控制网,称为首级控制网;直接为测图而建立的控制网,称为图根控制网。图根平面控制常采用图根三角测量、图根导线测量、全站仪极坐标法或交会定点等方法。

其技术要求列于表 7-1~表 7-4。

城市三角网的主要技术要求　　　　　　　　　　　　　　表 7-1

等级	平均边长 (km)	测角中误差 (″)	起始边边长 相对中误差	最弱边边长 相对中误差
二等	9	≤±1.0	≤1/300 000	≤1/120 000
三等	5	≤±1.8	≤1/200 000(首级) ≤1/120 000(加密)	≤1/80 000
四等	2	≤±2.5	≤1/120 000(首级) ≤1/80 000(加密)	≤1/45 000
一级小三角	1	≤±5.0	≤1/40 000	≤1/20 000
二级小三角	0.5	≤±10.0	≤1/20 000	≤1/10 000

城市光电测距导线的主要技术要求　　　　　　　　　　　表 7-2

等级	附合导线长度 (km)	平均边长 (m)	测距中误差 (mm)	测角中误差 (″)	导线全长 相对闭合差
一级	3.6	300	≤±15	≤±5	≤1/14 000
二级	2.4	200	≤±15	≤±8	≤1/10 000
三级	1.5	120	≤±15	≤±12	≤1/6 000

图根光电测距导线的主要技术要求　　　　　　　　　　　表 7-3

比例尺	附合导线长度 (m)	平均边长 (m)	导线相对 闭合差	测回数 DJ$_6$	方位角闭合差 (″)	测距	
						仪器类型	方法与测回数
1:500	900	80	≤1/4 000	1	≤±40 $\sqrt{n}$	Ⅱ级	单程观测 1 测回
1:1 000	1 800	150					
1:2 000	3 000	250					

比例尺	附合导线长度 (m)	平均边长 (m)	导线相对闭合差	测回数 DJ$_6$	方位角闭合差 (″)
1∶500	500	75			
1∶1 000	1 000	120	≤1/2 000	1	≤±60 $\sqrt{n}$
1∶2 000	2 000	250			

二、控制点坐标的正、反算

(1)根据已知点的坐标及已知边长和坐标方位角计算未知点的坐标,即坐标的正算。

如图 7-5a)所示,设 A 为已知点,B 为未知点,当 A 点的坐标(X_A,Y_A)和边长 D_{AB}、坐标方位角 α_{AB} 均为已知时,则可求得 B 点的坐标 X_B、Y_B。由图可知

$$\left. \begin{array}{l} X_B = X_A + \Delta X_{AB} \\ Y_B = Y_A + \Delta Y_{AB} \end{array} \right\} \tag{7-1}$$

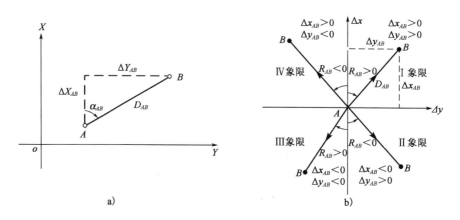

图 7-5　导线坐标计算示意图
a)坐标正算;b)坐标反算

其中,坐标增量的计算公式为

$$\left. \begin{array}{l} \Delta X_{AB} = D_{AB} \cdot \cos\alpha_{AB} \\ \Delta Y_{AB} = D_{AB} \cdot \sin\alpha_{AB} \end{array} \right\} \tag{7-2}$$

式中 ΔX_{AB}、ΔY_{AB} 的正负号应根据 $\cos\alpha_{AB}$、$\sin\alpha_{AB}$ 的正负号决定,所以式(7-1)又可写成

$$\left. \begin{array}{l} X_B = X_A + D_{AB} \cdot \cos\alpha_{AB} \\ Y_B = Y_A + D_{AB} \cdot \sin\alpha_{AB} \end{array} \right\} \tag{7-3}$$

(2)由两个已知点的坐标反算其坐标方位角和边长,即坐标反算。

如图 7-5a)所示,若设 A、B 为两已知点,其坐标分别为 X_A、Y_A 和 X_B、Y_B 则可得

$$\tan\alpha_{AB} = \frac{\Delta Y_{AB}}{\Delta X_{AB}} \tag{7-4}$$

$$D_{AB} = \frac{\Delta Y_{AB}}{\sin\alpha_{AB}} = \frac{\Delta X_{AB}}{\cos\alpha_{AB}} \tag{7-5}$$

或

$$D_{AB} = \sqrt{(\Delta X_{AB})^2 + (\Delta Y_{AB})^2} \tag{7-6}$$

上式中，$\Delta X_{AB} = X_B - X_A$，$\Delta Y_{AB} = Y_B - Y_A$。

由式(7-4)可求得 α_{AB}。α_{AB} 求得后，又可由式(7-5)和式(7-6)算出两个 D_{AB}，并作相互校核。如果仅尾数略有差异，就取中数作为最后的结果。

需要指出的是，按式(7-4)计算出来的坐标方位角是有正负号的，因此，还应按坐标增量 ΔX 和 ΔY 的正负号最后确定 AB 边的坐标方位角。坐标反算有两种方法：

方法一：直接根据坐标增量反算。这里引入

$$\alpha' = \arctan\left|\frac{\Delta Y}{\Delta X}\right| \tag{7-7}$$

由表7-5，AB 边的坐标方位角 α_{AB} 应为：

在第 Ⅰ 象限，即当 $\Delta X > 0$，$\Delta Y > 0$ 时，$\alpha_{AB} = \alpha'$

在第 Ⅱ 象限，即当 $\Delta X < 0$，$\Delta Y > 0$ 时，$\alpha_{AB} = 180° - \alpha'$

在第 Ⅲ 象限，即当 $\Delta X < 0$，$\Delta Y < 0$ 时，$\alpha_{AB} = 180° + \alpha'$ $\qquad$ (7-8)

在第 Ⅳ 象限，即当 $\Delta X > 0$，$\Delta Y < 0$ 时，$\alpha_{AB} = 360° - \alpha'$

坐标增量与坐标方位角的关系 $\qquad$ 表 7-5

象限	Ⅰ	Ⅱ	Ⅲ	Ⅳ
α_{AB}	$\alpha_{AB} = \alpha'$	$\alpha_{AB} = 180° - \alpha'$	$\alpha_{AB} = 180° + \alpha'$	$\alpha_{AB} = 360° - \alpha'$
Δx_{AB}	+	−	−	+
Δy_{AB}	+	+	−	−

方法二：根据象限角反算。所谓象限角，指的是高斯平面坐标系的 x、y 轴将一个圆周划分为 Ⅰ、Ⅱ、Ⅲ、Ⅳ 四个象限，从 x 轴的正方向或负方向顺时针或逆时针旋转至直线 AB 的水平角度(范围为 $0° \sim \pm 90°$)称为边长 AB 的象限角，用 R_{AB} 表示。事实上，用式(7-4)计算的就是象限角，如图 7-5b)所示，坐标方位角和象限角的关系见表7-6。

方位角和象限角的关系 $\qquad$ 表 7-6

象限	坐标增量	关系	象限	坐标增量	关系
Ⅰ	$\Delta x_{AB} > 0$，$\Delta y_{AB} > 0$	$\alpha_{AB} = R_{AB}$	Ⅲ	$\Delta x_{AB} < 0$，$\Delta y_{AB} < 0$	$\alpha_{AB} = R_{AB} + 180°$
Ⅱ	$\Delta x_{AB} < 0$，$\Delta y_{AB} > 0$	$\alpha_{AB} = R_{AB} + 180°$	Ⅳ	$\Delta x_{AB} > 0$，$\Delta y_{AB} < 0$	$\alpha_{AB} = R_{AB} + 360°$

第二节　导　线　测　量

导线测量是平面控制测量的一种方法。所谓导线就是由测区内选定的控制点组成的连续折线，如图 7-6 所示。折线的转折点 A、B、C、E、F 称为导线点；转折边 D_{AB}、D_{BC}、D_{CE}、D_{EF} 称为导线边；水平角 β_B、β_C、β_E 称为转折角，其中 β_B、β_E 在导线前进方向的左侧，叫作左角，β_C 在导线前进方向的右侧，叫作右角；α_{AB} 称为起始边 D_{AB} 的坐标方位角。导线测量主要是测定导线边长及其转折角，然后根据起始点的已知坐标和起始边的坐标方位角，计算各导线点的坐标。

一、导线的布设形式

导线测量布设灵活，要求通视方向少，边长可直接测定，适宜布设在视野不够开阔的地区，如城市、厂区、矿山建筑区、森林等，也适用于狭长地带的控制测量，如铁路、隧道、渠道等。利用全站仪测量导线,一测站可同时完成测距、测角。导线测量方法广泛地用于控制网的建立,特别是图根导线的建立。

根据测区的情况和要求,导线可以布设成以下几种常用形式。

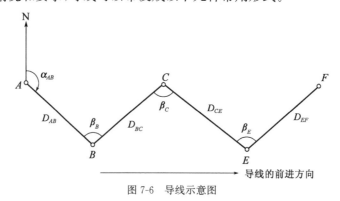

图 7-6 导线示意图

1. 闭合导线

如图 7-7a)所示,由某一高级控制点出发最后又回到该点,组成一个闭合多边形。它适用于面积较宽阔的独立地区作测图控制。

2. 附合导线

如图 7-7b)所示,自某一高级控制点出发最后附合到另一高级控制点上的导线。它适用于带状地区的测图控制,也广泛用于公路、铁路、管道、河道等工程的勘测与施工控制点的建立。

3. 支导线

如图 7-7c)所示,从一控制点出发,既不闭合也不附合于另一控制点上的单一导线。这种导线没有已知点进行校核,错误不易发现,所以导线的点数不得超过 2~3 个。

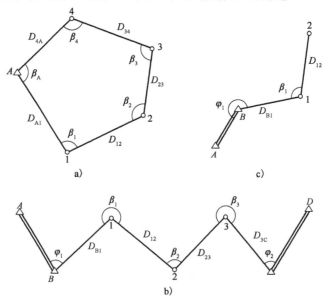

图 7-7 导线的布置形式示意图

a)闭合导线;b)符合导线;c)支导线

二、导线测量外业工作

导线测量外业工作包括踏勘选点、角度测量、边长测量。

1. 踏勘选点

导线点位置的选择,除了满足导线的等级、用途及工程的特殊要求外,选点前应进行实地踏勘,应尽量搜集测区的有关资料,如地形图、已有控制点的坐标和高程、控制点点之记等确定布点方案,并在实地选定位置,埋设标石。在实地选点时应注意下列几点:

(1)导线点应选在土质坚硬,能长期保存和便于观测的地方。

(2)相邻导线点间通视良好,导线应沿着平坦、土质坚实的地面设置,便于测角、量边。

(3)导线点视野开阔,便于测绘周围地物和地貌。

(4)导线边长应大致相等,避免过长、过短,相邻边长之比不应超过1:3。

导线点选定后,应在地面上建立标志,并沿导线走向顺序编号,绘制导线略图。一般方法是打一木桩并在桩顶中心钉一小铁钉,坚实的路面可直接钉入钢钉,对等级导线点应按规范埋设混凝土桩,桩顶刻凿十字或浇入锯有十字的钢筋作标志(见图7-8),并在导线点附近的明显地物(房角、电杆)上用油漆注明导线点编号和距离,并绘制标有与邻近固定地物点尺寸的图,称为点之记,见图7-9。

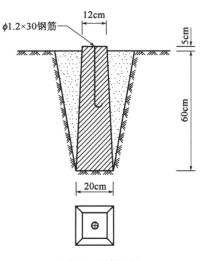

图 7-8　混凝土桩

草　图	导 线 点	相 关 位 置	
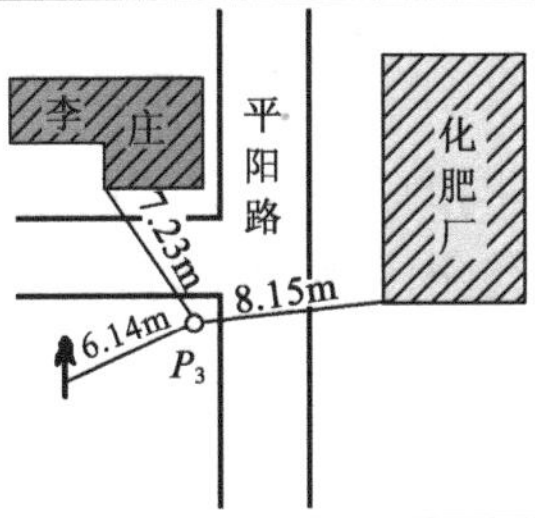		李庄	7.23m
		化肥厂	8.15m
	P_3	独立树	6.14m

图 7-9　导线点之标记图

2. 角度测量

导线角度测量有转折角测量和连接角测量。在各待定点上所测的角为转折角,如图7-7所示。这些角分为左角和右角。在导线前进方向右侧的水平角为右角,左侧的为左角。导线一般只测左角。导线应与高级控制点连测,才能得到起始方位角,这一工作称为连接角测量或导线定向。目的是使导线点坐标纳入国家坐标系统或该地区统一坐标系统。附合导线与两个已知点连接,应测两个连接角 φ_1、φ_2,见图7-7c)。支导线只有一个连接角 φ_1,见图7-7c)。对于独立地区无高级控制点时,可假定某点坐标,用罗盘仪测定起始边的磁方位角作为起算数据。

3. 边长测量

导线边长常用电磁波测距仪测定。由于测距仪只能测斜距,因此要同时测竖直角,进行平距改正。图根导线也可采用钢尺量距。往返丈量的相对精度不得低于 1/3 000,特殊困难地区允许 1/1 000,并进行倾斜改正。具体内容可参阅第 4 章的相关内容。

三、导线测量内业计算

导线内业计算之前,应全面检查导线外业观测记录及成果是否符合精度要求。然后绘制导线略图,注上实测边长、转折角、连接角和起始坐标,以便于导线坐标计算。

(一)闭合导线内业计算

1. 角度闭合差的计算与调整

闭合导线从几何上看,是一多边形,如图 7-10 所示。其内角和在理论上应满足下列关系:

$$\sum \beta_{理} = 180°(n-2)$$

但由于测角时不可避免地有误差存在,使实测得内角之和不等于理论值,这样就产生了角度闭合差,以 f_β 来表示,则:

$$f_\beta = \sum \beta_{测} - \sum \beta_{理}$$

或

$$f_\beta = \sum \beta_{测} - (n-2) \times 180° \qquad (7\text{-}9)$$

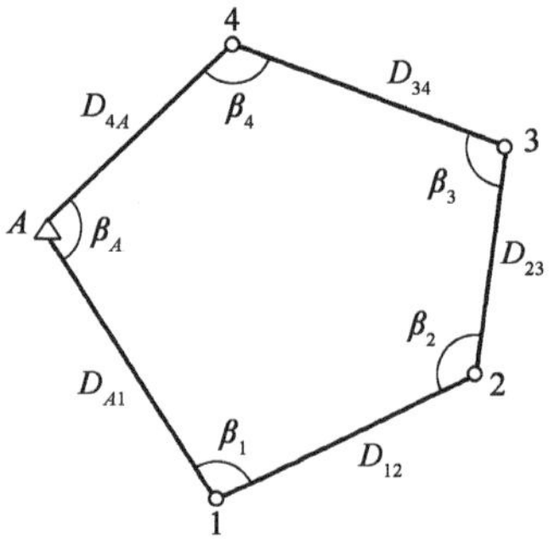

图 7-10 闭合导线示意图

式中:n——闭合导线的转折角数;

$\sum \beta_{测}$——观测角的总和。

算出角度闭合差之后,如果 f_β 值不超过允许误差的限度,(图根导线为 $\pm 60\sqrt{n}$,n 表示角度个数),说明角度观测符合要求,即可进行角度闭合差调整,使调整后的角值满足理论上的要求。

由于导线的各内角是采用相同的仪器和方法,在相同的条件下观测的,所以对于每一个角度来讲,可以认为它们产生的误差大致相同,因此在调整角度闭合差时,可将闭合差按相反的符号平均分配于每个观测内角中。设以 $V_{\beta i}$ 表示各观测角的改正数,$\beta_{测i}$ 表示观测角,β_i 表示改正后的角值,则

$$V_{\beta i} = -\frac{f_\beta}{n} \qquad (7\text{-}10)$$

$$\beta_i = \beta_{测i} + V_{\beta i} (i = 1, 2, \cdots, n)$$

当上式不能整除时,则可将余数凑整到导线中短边相邻的角上,这是因为在短边测角时由于仪器对中、照准所引起的误差较大。

各内角的改正数之和应等于角度闭合差,但符号相反,即 $\sum V_\beta = -f_\beta$。改正后的各内角值之和应等于理论值,即 $\sum \beta_i = (n-2) \times 180°$。下面结合实例介绍闭合导线的计算方法。

【例 7-1】 图 7-11 是一个四边形闭合导线,观测和已知数据已标于图上。将图中的观测数据计入表 7-7 中,其中角度填入第 1 列已知观测角度,第 5 列已知方位角,第 6 列中已知观测边长,第 11、12 列中已知控制点。

首先计算四个内角的观测值总和 $\sum \beta_{测} = 359°59'10''$。由多边形内角和公式计算可知

$$\sum \beta_{理} = (4 - 2) \times 180° = 360°$$

则角度闭合差为

$$f_\beta = \sum \beta_{测} - \sum \beta_{理} = -50''$$

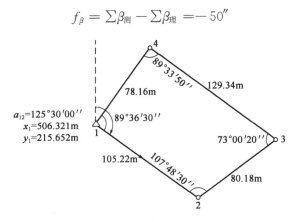

图 7-11　闭合导线略图

按要求允许的角度闭合误差为

$$f_{\beta允} = \pm 40'' \sqrt{n} = \pm 40'' \sqrt{4} = \pm 1'20''$$

则 f_β 在允许误差范围内,可以进行角度闭合差调整。

依照(7-10)式得各角的改正数为

$$V_{\beta i} = -\frac{f_\beta}{n} = \frac{-46''}{n} = \pm 12.5''$$

由于不是整秒,分配时每个角平均分配+12″,短边角的改正数为+13″。即表 7-7 中第 3 列。改正后角度 $\beta_i = \beta_{测i} + V_{\beta i}$,即表 7-7 中第 4 列。

注意:(1)角度改正数之和 $\sum V_\beta = -f_\beta$,即与计算的闭合差大小相等符号相反;

(2)改正后的各内角值之和应等于 360°。

2. 坐标方位角推算

根据起始边的坐标方位角 α_{AB} 及改正后(调整后)的内角值 β_i,按"左加右减"的原则依次推算各边的坐标方位角。即表 7-7 中第 5 列。

$$\alpha_{前} = \alpha_{后} \pm 180° \begin{cases} +\beta_左 \\ -\beta_右 \end{cases} \tag{7-11}$$

注意:(1)起算边的方向最后一定要核算完全正确;

(2)注意闭合导线的前进方向,分清"左、右角"。

3. 坐标增量的计算

根据各边长和方位角,即可按(7-2)计算出相邻导线点的坐标增量,填入表 7-7 的第 7、8 列。

4. 坐标增量闭合差的计算与调整

1)坐标增量闭合差的计算

如图 7-12 所示,导线边的坐标增量可以看成是在坐标轴上的投影线段。从理论上讲,闭合多边形各边在 X 轴上的投影,其+ΔX 的总和与-ΔX 的总和应相等,即各边纵坐标增量的代数和应等于零。同样在 Y 轴上的投影,其 $+\Delta Y$ 的总和与 $-\Delta Y$ 的总和也应相等,即各边横坐标量的代数和也应等于零。也就是说闭合导线的纵、横坐标增量之和在理论上应满足下述关系

$$\sum \Delta X_{理} = 0$$
$$\sum \Delta Y_{理} = 0 \tag{7-12}$$

但因测角和量距都不可避免地有误差存在,因此根据观测结果计算的 $\sum \Delta X_{算}$、$\sum \Delta Y_{算}$ 都不等于零,而等于某一个数值 f_X 和 f_Y。即

$$\sum \Delta X_{算} = f_X$$
$$\sum \Delta Y_{算} = f_Y \tag{7-13}$$

式中:f_X——纵坐标增量闭合差;

$\quad\quad f_Y$——横坐标增量闭合差。

从图 7-13 中可以看出 f_X 和 f_Y 的几何意义。由于 f_X 和 f_Y 的存在,就使得闭合多边形出现了一个缺口,起点 A 和终点 A' 没有重合,设 AA' 的长度为 f_D,称为导线的全长闭合差,而 f_X 和 f_Y 正好是 f_Y 在纵、横坐标轴上的投影长度。所以

$$f_D = \sqrt{f_X^2 + f_Y^2} \tag{7-14}$$

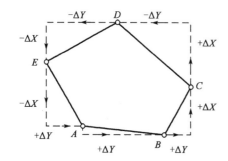

图 7-12　闭合导线坐标增量示意图

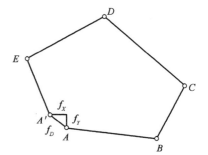

图 7-13　闭合导线坐标增量闭合差示意图

2)导线精度的衡量

导线全长闭合差 f_D 的产生,是由于测角和量距中有误差存在的缘故,所以一般用它来衡量导线的观测精度。可是导线全长闭合差是一个绝对闭合差,且导线越长,所量的边数与所测的转折角数就越多,影响全长闭合差的值也就越大,因此,须采用相对闭合差来衡量导线的精度。设导线的总长为 $\sum D$,则导线全长相对闭合差 K 为

$$K = \frac{f_D}{\sum D} = \frac{1}{\sum D / f_D} \tag{7-15}$$

若 $K \leqslant K_{允}$,则表明导线的精度符合要求,否则应查明原因进行补测或重测。

3)坐标增量闭合差的调整

如果导线的精度符合要求,即可将增量闭合差进行调整,使改正后的坐标增量满足理论上的要求。由于是等精度观测,所以增量闭合差的调整原则是将它们以相反的符号按与边长成正比例分配在各边的坐标增量中。设 $V_{\Delta X_i}$、$V_{\Delta Y_i}$ 分别为纵、横坐标增量的改正数,即

$$\left. \begin{array}{l} V_{\Delta X_i} = -\dfrac{f_x}{\sum D} D_i \\[3mm] V_{\Delta Y_i} = -\dfrac{f_y}{\sum D} D_i \end{array} \right\} \tag{7-16}$$

式中:$\sum D$——导线边长总和;

D_i——导线某边长($i=1,2,\cdots,n$)。

所有坐标增量改正数的总和,其数值应等于坐标增量闭合差,而符号相反,即

$$\left.\begin{array}{l}\sum V_{\Delta X}=V_{\Delta X_1}+V_{\Delta X_2}+\cdots+V_{\Delta X_n}=-f_X\\\sum V_{\Delta Y}=V_{\Delta Y_1}+V_{\Delta Y_2}+\cdots+V_{\Delta Y_n}=-f_Y\end{array}\right\}$$

改正后的坐标增量应为

$$\left.\begin{array}{l}\Delta X_i=\Delta X_{算_i}+V_{\Delta X_i}\\\Delta Y_i=\Delta Y_{算_i}+V_{\Delta Y_i}\end{array}\right\}\tag{7-17}$$

即表 7-7 中第 7、8 列改正数部分和第 9、10 列。

闭合导线计算表 表 7-7

点号	观测角(左角)(° ′ ″)	改正数(″)	改正角(° ′ ″)	坐标方位角(° ′ ″)	距离(m)	坐标增量 Δx(m)	坐标增量 Δy(m)	改正后坐标增量 $\Delta \hat{x}$(m)	改正后坐标增量 $\Delta \hat{y}$(m)	坐标值 $\hat{x}$(m)	坐标值 $\hat{y}$(m)	点号
1	2	3	4	5	6	7	8	9	10	11	12	13
1				<u>125 30 00</u>	105.22	−2 −61.10	+2 +85.66	−61.12	+85.68	<u>506.321</u>	<u>215.652</u>	1
2	107 48 30	+13	107 48 43	53 18 43	80.18	−2 +47.90	+2 +64.30	−47.88	+64.32	445.20	301.33	2
3	73 00 20	+ 12	73 00 32	306 19 15	129.34	−3 +76.61	+2 −104.21	+76.58	−104.19	493.08	365.64	3
4	89 33 50	+ 12	89 34 02	215 53 17	78.16	−2 −63.32	+1 −45.82	−63.34	−45.81	569.66	261.46	4
1	89 36 30	+ 13	89 36 43	<u>125 30 00</u>						<u>506.321</u>	<u>215.652</u>	1
2												
总和	359 59 10	+50			392.90	+0.09	−0.07	0.00	0.00			

辅助计算	$\sum\beta_测=359°59'10''$ $\sum\beta_理=360°$ $f_\beta=\sum\beta_测-\sum\beta_理=-50''$ $f_{\beta允}=\pm60''\sqrt{n}=\pm120''$	$f_x=\sum\Delta x_测=0.09\text{m}, f_y=\sum\Delta y_测=-0.07\text{m}$ 导线全长闭合差 $f=\sqrt{f_x^2+f_y^2}=0.11\text{m}$ 导线相对闭合差 $K=\dfrac{1}{\sum D/f}\approx\dfrac{1}{3\,500}$ 允许相对闭合差 $K_允=\dfrac{1}{2\,000}$

注意:(1)所有坐标增量改正数的总和,其数值应等于坐标增量闭合差,而符号相反;

(2)改正后的坐标增量之和为零。

5. 坐标推算

用改正后的坐标增量,就可以从导线起点的已知坐标依次推算其他导线点的坐标,即

$$\left.\begin{array}{l}X_i=X_{i-1}+\Delta X_{i-1,i}\\Y_i=Y_{i-1}+\Delta Y_{i-1,i}\end{array}\right\}\tag{7-18}$$

即表 7-7 中第 11、12 列。

注意:最后一点的坐标一定要实际进行验证是否和已知值相同。

(二)附合导线内业计算

附合导线的坐标计算方法与闭合导线基本上相同,但由于布置形式不同,且附合导线两端

与已知点相连,因而只是角度闭合差与坐标增量闭合差的计算公式有些不同。

1. 角度闭合差的计算

如图 7-14 所示,附合导线连接在高级控制点 A、B 和 C、D 上,它们的坐标均已知。连接角为 φ_1 和 φ_2,起始边坐标方位角 α_{AB} 和终边坐标方位角 α_{CD} 可根据坐标反算求得,见式(7-7)。从起始边方位角 α_{AB} 经连接角依照"左加右减"的原则可推算出终边的方位角 α'_{CD},此方位角应与反算求得的方位角(已知值)α_{CD} 相等。由于测角有误差,推算的 α'_{CD} 与已知的 α_{CD} 不可能相等,其差数即为附合导线的角度闭合差 f_β,即

$$f_\beta = \alpha'_{CD} - \alpha_{CD} \tag{7-19}$$

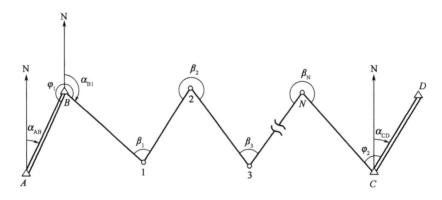

图 7-14 附和导线示意图

终边坐标方位角 α'_{CD} 的推算方法可用下列公式直接计算出终边坐标方位角。

用观测导线的左角来计算方位角,其公式为

$$\alpha'_{CD} = \alpha_{AB} - n \cdot 180° + \sum\beta_左 \tag{7-20}$$

用观测导线的右角来计算方位角,其公式为

$$\alpha'_{CD} = \alpha_{AB} + n \cdot 180° + \sum\beta_右 \tag{7-21}$$

式中:n——转折角的个数。

附合导线角度闭合差的调整方法与闭合导线相同。需要注意的是,在调整过程中,转折角的个数应包括连接角,若观测角为右角时,改正数的符号应与闭合差相同。用调整后的转折角和连接角所推算的终边方位角应等于反算求得的终边方位角。

2. 坐标增量闭合差的计算

如图 7-15 所示,附合导线各边坐标增量的代数和在理论上应等于起、终两已知点的坐标值之差,即

$$\sum\Delta X_理 = X_B - X_A$$
$$\sum\Delta Y_理 = Y_B - Y_A \tag{7-22}$$

由于测角和量边有误差存在,所以计算的各边纵、横坐标增量代数和不等于理论值,产生纵、横坐标增量闭合差,其计算公式为

$$\left.\begin{array}{l} f_X = \sum\Delta X_算 - (X_B - X_A) \\ f_Y = \sum\Delta Y_算 - (Y_B - Y_A) \end{array}\right\} \tag{7-23}$$

附合导线坐标增量闭合差的调整方法以及导线精度的衡量均与闭合导线相同。

上述两个条件是附合导线外业观测成果检核条件,又是导线平差计算的基础。

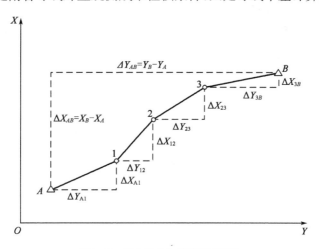

图 7-15   附和导线坐标增量示意图

【例 7-2】   图 7-16 是一个附合导线,其已知方位角标于图上,观测数据及计算结果见表 7-8。

附合导线计算表   表 7-8

点号	观测角(左角)(° ′ ″)	改正数(″)	改正角(° ′ ″)	坐标方位角(° ′ ″)	距离(m)	坐标增量 Δx(m)	坐标增量 Δy(m)	改正后坐标增量 $\Delta\hat{x}$(m)	改正后坐标增量 $\Delta\hat{y}$(m)	坐标值 $\hat{x}$(m)	坐标值 $\hat{y}$(m)	点号
1	2	3	4	5	6	7	8	9	10	11	12	1
B												
A	99 01 00	+6	99 01 06	237 59 30						2 507.69	1 215.63	A
1	167 45 36	+6	167 45 42	157 00 36	225.85	+5 −207.91	−4 +88.21	−207.86	+88.17	2 299.83	1 303.80	1
2	123 11 24	+6	123 11 30	144 46 18	139.03	+3 −113.57	−3 +80.20	−113.54	+80.17	2 186.29	1 383.97	2
3	189 20 36	+6	189 20 42	87 57 48	172.57	+3 +6.13	−3 +172.46	+6.16	+172.43	2 192.45	1 556.40	3
4	179 59 18	+6	179 59 24	97 18 30	100.07	+2 −12.73	−2 +99.26	−12.71	+99.24	2 179.74	1 655.64	4
C	129 27 24	+6	129 27 30	97 17 54	102.48	+2 −13.02	−2 101.65	−13.00	+101.63	2 166.74	1 757.27	C
D				46 45 24								D
总结	888 45 18	+36	888 45 54		740.00	−341.10	+541.78	−340.95	+541.64			

辅助计算	$\alpha'_{CD}=46°44'48''$ $\alpha_{CD}=46°45'24''$ $f_\beta=\alpha'_{CD}-\alpha_{CD}=-36''$ $f_{\beta允}=\pm60''\sqrt{n}=\pm147''$	$f_x=\sum\Delta x_{测}-(x_C-x_A)=-0.15\mathrm{m}, f_y=\sum\Delta y_{测}-(y_C-y_A)=+0.14\mathrm{m}$ 导线全长闭合差 $f=\sqrt{f_x^2+f_y^2}=0.20\mathrm{m}$ 导线相对闭合差 $K=\dfrac{1}{\sum D/f}\approx\dfrac{1}{3\,700}$ 允许相对闭合差 $K_允=\dfrac{1}{2\,000}$

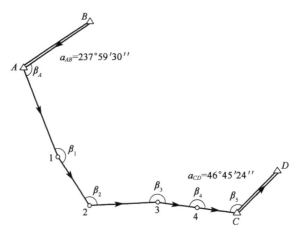

图 7-16　附合导线略图

其计算步骤如下：

1. 坐标方位角的计算与角度闭合差的调整

根据各转折角的观测值及坐标方位角的计算原理,推算出 CD 边坐标方位角 α'_{CD}。

由于测角存在误差,α'_{CD} 与 α_{CD} 之间的差值为角度闭合差 f_β

$$f_\beta = \alpha'_{CD} - \alpha_{CD}$$

本例中 $\alpha'_{CD} = 46°44'48''$,则 $f_\beta = -36''$。

角度闭合差容许值为:$f_{\beta容} = \pm 60''\sqrt{n} = \pm 147''$。

由于 $|f_\beta| < |f_{\beta容}|$,则只需对各角度进行调整。由于各角度是同精度观测,所以将角度闭合差反符号平均分配给各角,然后再计算各边方位角。最后以计算的 α'_{CD} 和 α_{CD} 是否相等作为检核。

2. 坐标增量闭合差的计算与调整

利用上述计算的各边坐标方位角和边长,可以计算各边的坐标增量。各边坐标增量之和理论上应与控制点 A、C 的坐标差一致,产生的误差称为附合导线的坐标增量闭合差 f_x、f_y。

$$\begin{cases} f_x = \sum \Delta x_{计} - \sum \Delta x_{理} = \sum \Delta x_{计} - (x_C - x_B) \\ f_y = \sum \Delta y_{计} - \sum \Delta y_{理} = \sum \Delta y_{计} - (y_C - y_B) \end{cases}$$

导线全长闭合差 $f = \sqrt{f_x^2 + f_y^2}$,导线全长相对闭合差为 $K = \dfrac{f}{\sum D} = \dfrac{1}{\sum D/f}$。

图 7-10 中导线,$f_x = -0.15\mathrm{m}$,$f_y = 0.14\mathrm{m}$,$\sum D = 740.00\mathrm{m}$,则

$$f = \sqrt{f_x^2 + f_y^2} = 0.204\mathrm{m}$$

$$K = \frac{1}{\sum D/f} \approx \frac{1}{3\,700} < \frac{1}{2\,000}$$

调整的方法也是将 f_x、f_y 反号按与边长成正比的原则进行分配。

计算完毕,改正后的坐标增量之和应与 A、C 两点的坐标增量相等,以此检核。

3. 坐标计算

根据起始点 A 的坐标及改正后各边的坐标增量计算各点坐标,最后 C 点推算坐标应与已知坐标一致。

四、检查导线测量错误的方法

导线测量计算中,如果发现闭合差超限($f_\beta > f_{\beta容}$),应首先复查导线测量外业观测记录、内业计算的数据抄录和计算,如果均无错误,则说明导线外业观测的边长或角度值存在错误,应返工重测。重测之前,如果先通过分析能判断出错误可能发生的位置,则可以提高重测的效率。理论上说,只有当测错一个转折角或一条边长时,才可以准确地定位错误发生的位置。

1. 一个转折角测错的查找方法

如图 7-17 所示,设附合导线第 3 点的转折角 β_3 发生错误,测小了 $\Delta\beta$ 角,使角度闭合差 f_β 超限。当沿 $B \to A \to 1 \to 2 \to 3 \to 4 \to C$ 方向计算各点坐标时,由于 1、2、3 点不受错角 β_3 的影响,因而求得的 1、2、3 点坐标正确,而 4 点和 C 点的坐标是错误的;当沿 $D \to C \to 4 \to 3 \to 2 \to 1 \to A$ 方向计算各点的坐标时,4、3 点不受错角 β_3 的影响,因而求得的坐标是正确的,而 2、1、A 点的坐标是错误的。

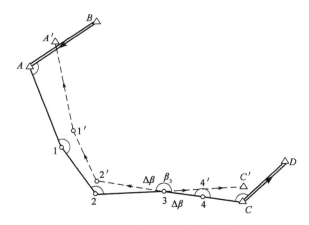

图 7-17 导线中一个转折角测错

因此,一个转折角测错的查找方法是:分别从导线两端出发,按支导线计算导线各点的坐标,得到两套坐标,如果某一个导线点的两套坐标值非常接近,则该点的转折角最有可能测错。闭合导线查找一个错角的方法与此类似,即从起点出发,分别沿顺时针和逆时针方向按支导线法计算出两套坐标进行比较。

2. 一条边长测错的查找方法

当 $f_\beta > f_{\beta容}$ 而 $K > K_容$ 时,说明边长测量有错误。在图 7-18 中,设导线边 2-3 测错,测大了 ΔD,由于其他各边和各角无误,因此,从第 3 点开始及以后各点均产生一个平行于 2-3 边的位移量 ΔD。如果不计其他边长和角度的偶然误差,则计算出的导线全长闭合差 f 应等于 ΔD,且 f 的方向与测错边 2-3 的方向平行,也即边长的测错值为

$$f = \sqrt{f_x^2 + f_y^2} = \Delta D \qquad (7-24)$$

测错边的坐标方位角为

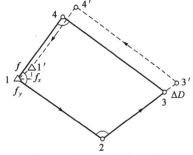

图 7-18 导线中一条边长测错

$$\alpha_f = \arctan \frac{f_y}{f_x} \qquad (7\text{-}25)$$

根据上述原理可知,凡是与 f 方向平行的边长,最有可能测错。

第三节　交　会　测　量

交会测量是通过测量交会点与周边已知坐标点所构成三角形的水平角,来计算交会点的平面坐标,它是加密小地区平面控制点的方法之一。按交会的图形,交会测量可以分成前方交会、侧方交会、后方交会;按观测值类型,交会测量可以分成测角交会、测边交会、边角交会。

本节主要介绍前方交会、后方交会、测边交会的坐标计算方法。一些全站仪的固化程序有交会测量的计算功能,只要按其要求观测了水平角和边长并输入已知点的坐标,就可以自动计算出交会点的坐标。

一、前　方　交　会

如图 7-19a)所示,在已知点 A、B 分别对 P 点观测了水平角 α 和 β,以求 P 点坐标,称为前方交会。为了检核,通常需从三个已知点 A、B、C 分别向 P 点观测水平角,如图 7-19b)所示,由两个三角形来计算 P 点坐标。P 点的精度不仅与 α、β 角的观测精度有关,还与 γ 角的大小有关。γ 角为 90°时精度最高,在不利的条件下,γ 角也不应小于 30°或大于 150°。

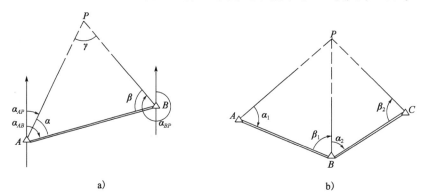

图 7-19　前方交会

现以一个三角形为例说明前方交会的定点方法,步骤如下。

1. 根据已知坐标计算已知边 AB 的坐标方位角和边长

$$\left.\begin{array}{l} \alpha_{AB} = \arctan \dfrac{y_B - y_A}{x_B - x_A} \\[3mm] D_{AB} = \sqrt{(x_B - x_A)^2 + (y_B - y_A)^2} \end{array}\right\} \qquad (7\text{-}26)$$

2. 推算 AP 和 BP 边的坐标方位角和边长

由图 7-19a)得

$$\left.\begin{array}{l} \alpha_{AP} = \alpha_{AB} - \alpha \\[2mm] \alpha_{BP} = \alpha_{BA} + \beta \end{array}\right\} \qquad (7\text{-}27)$$

$$D_{AP} = \frac{D_{AB}\sin\beta}{\sin\gamma} \left.\vphantom{\frac{D_{AB}\sin\beta}{\sin\gamma}}\right\}$$
$$D_{BP} = \frac{D_{AB}\sin\alpha}{\sin\gamma}$$

$$\tag{7-28}$$

$$\gamma = 180° - (\alpha + \beta) \tag{7-29}$$

3. 计算 P 点坐标

分别由 A 点和 B 点按下式推算 P 点坐标,并校核。

$$
\left.
\begin{aligned}
x_P &= x_A + D_{AP}\cos\alpha_{AP} \\
y_P &= y_A + D_{AP}\sin\alpha_{AP} \\
x_P &= x_B + D_{BP}\cos\alpha_{BP} \\
y_P &= y_B + D_{BP}\sin\alpha_{BP}
\end{aligned}
\right\}
\tag{7-30}
$$

将式(7-27)及式(7-28)式代入式(7-30)可推导出适合用计算器计算 P 点坐标的公式 (7-31)。但需要注意的是,A、B、P 的点号应按逆时针次序编号(见图7-13),公式推导从略。

$$
\left.
\begin{aligned}
x_P &= \frac{x_A\cot\beta + x_B\cot\alpha - (y_B - y_A)}{\cot\alpha + \cot\beta} \\
y_P &= \frac{y_A\cot\beta + y_B\cot\alpha + (x_B - x_A)}{\cot\alpha + \cot\beta}
\end{aligned}
\right\}
\tag{7-31}
$$

【例7-3】 前方交会计算见表7-9。

前方交会计算表 表7-9

示意图					计 算 公 式 $X_P = \dfrac{X_A\cot\beta_B + X_B\cot\alpha_A + (Y_B - Y_A)}{\cot\alpha_A + \cot\beta_B}$ $Y_P = \dfrac{Y_A\cot\beta_B + Y_B\cot\alpha_A - (X_B - X_A)}{\cot\alpha_A + \cot\beta_B}$		
点名		观测角	纵坐标 X(m)		角之余切	横坐标 Y(m)
A	α	53°07′44″	X_A	4 992.524	$\cot\alpha$ 0.750 033	Y_A 29 674.500
B	β	56°06′07″	X_B	5 681.042	$\cot\beta$ 0.671 923	Y_B 29 849.997
			X_P	5 479.113	1.421 956	Y_P 29 282.862

二、后 方 交 会

图7-20中 A、B、C 为已知点,将经纬仪安置在 P 点上,观测 P 点至 A、B、C 各方向的夹角 γ_1、γ_2。根据已知点坐标,即可推算 P 点坐标,这种方法称为后方交会。其优点是只在未知点上设站观测,野外工作量少。后方交会的计算工作量较大,计算公式有很多,这里只介绍其中一种——余切公式。

(1)利用坐标反算公式计算 AB、BC 坐标方位角 α_{AB}、α_{BC} 和边长 a、c。

(2)计算 α_1、β_2。

由图7-20可知:

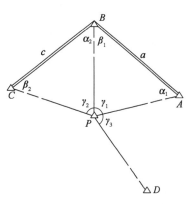

图7-20 后方交会

$$\alpha_{BC} - \alpha_{BA} = \alpha_2 + \beta_1$$

又因为
$$\alpha_1 + \beta_1 + \alpha_2 + \beta_2 + \gamma_2 + \gamma_1 = 360°$$

$$\alpha_1 + \beta_2 = 360° - (\alpha_2 + \beta_1 + \gamma_1 + \gamma_2) = \theta \tag{7-32}$$

所以

$$\beta_2 = \theta - \alpha_1 \tag{7-33}$$

在 $\triangle APB$ 和 $\triangle BPC$ 中,根据正弦定理可得

$$\frac{a\sin\alpha_1}{\sin\gamma_1} = \frac{c\sin\beta_2}{\sin\gamma_2} = \frac{c\sin(\theta - \alpha_1)}{\sin\gamma_2}$$

$$\sin(\theta - \alpha_1) = \frac{a\sin\alpha_1\sin\gamma_2}{c\sin\gamma_1}$$

整理得

$$\cot\alpha_1 = \frac{a\sin\gamma_2}{c\sin\gamma_1\sin\theta} + \cot\theta \tag{7-34}$$

根据式(7-33)和式(7-34)可解出 α_1 和 β_2。

(3)计算 β_1 和 α_2

$$\beta_1 = 180° - (\alpha_1 + \gamma_1) \tag{7-35}$$

$$\alpha_2 = 180° - (\beta_2 + \gamma_2) \tag{7-36}$$

利用 β_1 和 α_2 之和应等于 $\alpha_{BC} - \alpha_{BA}$ 作检核。

(4)再用前方交会公式(7-31)计算 P 点坐标。

为检查 P 点的可靠性,必须在 P 点对第四个已知点 D 进行观测,测出 γ'_3。利用求得的 P 点坐标和 A、D 两点坐标反算 α_{PA}、α_{PD},求出 γ_3 为

$$\gamma_3 = \alpha_{PD} - \alpha_{PA} \tag{7-37}$$

则

$$\Delta\gamma = \gamma_3 - \gamma'_3。$$

对于图根点,$\Delta\gamma$ 的允许值为 $\pm 40''$。

(5)后方交会的危险圆。

当待定点 P 位于三个已知点 A、B、C 的外接圆时,无论 P 点位于该圆周任何位置,其 γ_1 和 γ_2 均不变,造成 P 点无解。故称此外接圆为危险圆。见图 7-21,当 P 点在危险圆上时,有

$$\theta = \gamma_1 + \gamma_2 + \alpha_{BC} - \alpha_{BA} = 180° \tag{7-38}$$

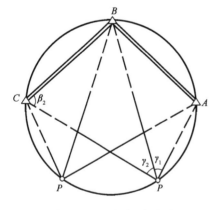

图 7-21 后方交会的危险圆

将 θ 值代入式(7-34),该式无解。在实际工作中,P 点位于危险圆上的情况是极偶然的,但是在危险圆附近时,计算出的坐标误差会很大。为了避免 P 点落在危险圆附近,规定后方交会角 γ_1、γ_2 与固定角 B 不应在 $170°\sim 190°$ 之间,否则应重新选择点位。

【例 7-4】 表 7-10 为用余切公式计算后方交会点算例。

角　度　计　算			略　　图

①$\begin{cases}\alpha_{BC}\\\alpha_{BA}\\\angle B=\alpha_{BC}-\alpha_{BA}\end{cases}$

273°30′56″	251.847m
－)130 37 53	210.376m

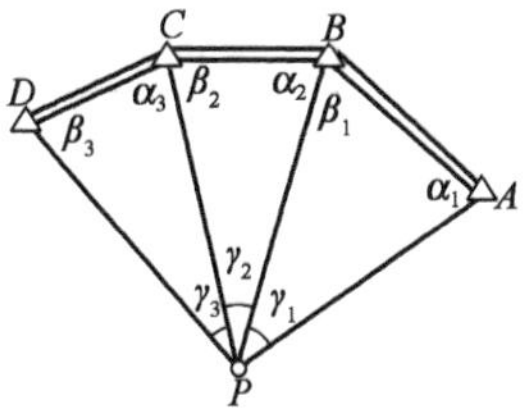

S_{AB}　S_{BC}

| 142 53 03 |
| 60 33 22 |
| ＋)61 38 48 |

②$\begin{cases}\gamma_1\\\gamma_2\\\Sigma=\angle B+\gamma_2+\gamma_1\end{cases}$

⑥$\begin{cases}\alpha_{CD}\\\alpha_{CB}\\\angle C\end{cases}$

204°17′58″	
－)93 30 56	

| 265 05 13 |
| 94 54 47 |

③$\theta=360°-\Sigma$

| 110 47 02 |
| －)53 21 44 |

④α_1

⑤$\beta_2=\theta-\alpha_1$

⑦$\begin{cases}\beta_2\\\alpha_3\end{cases}$

－)41 33 03	57 25 18
53 21 44	

坐　　标　　计　　算				
点名	角度(° ′ ″)			
			x(m)	y(m)
A	α_1	41 33 03	690.93	7 680.77
B	β_1	77 53 35	854.93	7 489.64
P	γ_1	60 33 22	686.39	7 398.04
B	α_2	64 59 28	854.93	7 489.64
C	β_2	53 21 44	867.83	7 279.66
P	γ_2	61 38 48	686.39	7 398.04
C	α_3	57 25 18	867.88	7 279.66
D	β_3	80 41 58	481.30	7 105.14
P	γ_3	91 52 44	683.40	7 398.04
	中数		686.39	7 398.04

公　式

$$\theta=\alpha_1+\beta_2=360°-(\angle B+\gamma_1+\gamma_2)$$

$$\tan\alpha_1=\frac{S_{AB}\cdot\sin\gamma_2}{S_{BC}\cdot\sin\gamma_1\cdot\sin\gamma_\theta}+\cot\theta$$

检查：$\beta_1+\alpha_2=\angle B$

$$\begin{cases}x_p=\dfrac{x_A\cot\beta+x_B\cot\alpha-y_A+y_B}{\cot\alpha+\cot\beta}\\[2mm]y_p=\dfrac{y_A\cot\beta+y_B\cot\alpha-x_A+x_B}{\cot\alpha+\cot\beta}\end{cases}$$

三、测 边 交 会

随着电磁波测距仪的应用,测边交会也成为加密控制点的一种常用方法。如图 7-22,在两个已知点 A、B 上分别测量至待定点 P_1 的边长 D_a、D_b,求解 P_1 点坐标,称为距离交会。

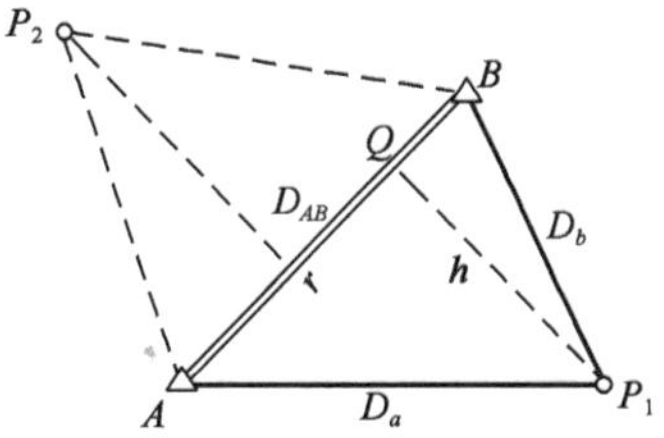

(1)利用 A、B 已知坐标求方位角 α_{AB} 和边长 D_{AB}。

(2)过 P_1 点作 AB 垂线交于 Q 点。垂距 P_1Q 为 h,AQ 长为 r,利用余弦定理求 A 角。

图 7-22　测边交会

$$D_b^2=D_{AB}^2+D_a^2-2D_{AB}D_a\cos A$$

$$\cos A=\frac{D_{AB}^2+D_a^2-D_b^2}{2D_{AB}D_a}\tag{7-39}$$

$$\left.\begin{array}{l}r=D_a\cos A=\dfrac{1}{2D_{AB}}(D_{AB}^2+D_a^2-D_b^2)\\[2mm]h=\sqrt{D_a^2-r^2}\end{array}\right\}\tag{7-40}$$

(3)P_1 点坐标为

$$\left.\begin{array}{l}x_{P1}=x_A+r\cos\alpha_{AB}-h\sin\alpha_{AB}\\y_{P1}=y_A+r\sin\alpha_{AB}+h\cos\alpha_{AB}\end{array}\right\}\tag{7-41}$$

上式 P_1 点在 AB 线段右侧（A、B、P_1 顺时针构成三角形）。若待定点 P_2 在 AB 线段左侧（A、B、P_2 逆时针构成三角形），则计算公式为

$$\left.\begin{array}{l} x_{P2} = x_A + r\cos\alpha_{AB} + h\sin\alpha_{AB} \\ y_{P2} = y_A + r\sin\alpha_{AB} - h\cos\alpha_{AB} \end{array}\right\} \tag{7-42}$$

【例 7-5】 表 7-11 为测边交会法算例。

测边交会计算表　　　　　　　　　　　　　　　　表 7-11

略图与公式	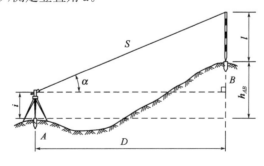 $r = \dfrac{1}{2D_{AB}}(D_{AB}^2 + D_a^2 - D_b^2)$ $h = \sqrt{D_a^2 - r^2}$ $x_p = x_A + r\cos\alpha_{AB} + h\sin\alpha_{AB}$ $y_p = y_A + r\sin\alpha_{AB} - h\cos\alpha_{AB}$				
已知坐标	x_A	1 035.147	y_A	2 601.295	观测数据	D_a	703.760
	x_B	1 501.295	y_B	3 270.053		D_b	670.486
a_{AB}	55°07′20″		D_{AB}	815.188	r	435.641
h	552.716		x_p	1 737.692	y_p	2 642.625

第四节　三角高程测量

　　高程控制测量主要采用水准测量和三角高程测量方法，测定控制点的高程。水准测量方法精度较高，普遍用于建立高程控制点。当地形高低起伏、两点间高差较大而不便于进行水准测量时或用水准测量进程缓慢时，常采用三角高程测量的方法测定两点间的高差和点的高程。三角高程测量的基本原理是由测站向照准点方向所观察的竖直角（或天顶距）和两点间的平距或斜距，计算测站点与照准点之间的高程。它是距离测量与角度测量的结合，方法简便灵活，受地形条件限制较少。

一、三角高程测量原理

　　如图 7-23 所示，已知 A 点的高程为 H_A，欲测定 B 点的高程 H_B。置经纬仪于 A 点，用卷尺量取仪器高 i（地面点至经纬仪横轴的高度），在 B 点安置觇标，量取觇标高 l（地面点至觇标中心或觇标横轴的高度），测定竖直角 α。

图 7-23　三角高程测量

如果已经测定 A、B 两点间的水平距离 D，则 A、B 两点间的高差计算公式为

$$h_{AB} = D\tan\alpha + i - l \qquad (7\text{-}43)$$

如果用光电测距仪测定两点间的斜距 S，则高差计算公式为

$$h_{AB} = S\sin\alpha + i - l \qquad (7\text{-}44)$$

求得高差 h_{AB} 后，按下式计算 B 点的高程：

$$H_B = H_A + h_{AB} \qquad (7\text{-}45)$$

在以上三角高程测量公式（7-43）、式（7-44）中，没有考虑水准面曲率对高差的影响，对于距离较近（如 200m 以内）的两点，这是允许的。但对于较远的距离，则水准面曲率对高差的影响就不容忽视，在第一章第三节中已介绍了水准面曲率对高差测量的影响。因此，对于长距离的三角高程测量，应进行地球曲率影响的改正，简称球差改正（f_1），如图 7-24 所示。

$$f_1 = \Delta h = \frac{D^2}{2R} \qquad (7\text{-}46)$$

式中，R 为地球平均半径，取 $R = 6\,371\text{km}$。由于地球曲率影响总是使测得的高差小于实际的高差，因此，球差改正 f_1 恒为正值。

另外，由于围绕地球的大气层受重力影响，低层空气的密度大于高层空气的密度，观测垂直角时的视线穿过密度不均匀的介质，成为一条向上

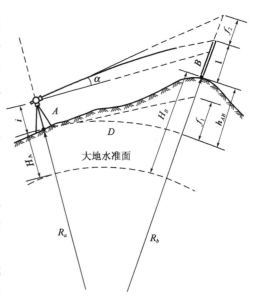

图 7-24　地球曲率及大气折光影响

凸的曲线（称为大气垂直折光），使视线的切线方向向上抬高，测得垂直角偏大，如图 7-18 所示。因此，还应进行大气折光影响的改正，简称气差改正（f_2）、f_2 恒为负值。

理论证明，大气垂直折光的曲率大约为地球表面曲率的 $1/k$（k 称为大气垂直折光系数），因此，可根据式（7-46），得到气差改正的计算公式

$$f_2 = -k\frac{D^2}{2R} \qquad (7\text{-}47)$$

球差改正和气差改正合在一起，统称为两差改正 f

$$f = f_1 + f_2 = (1 - k)\frac{D^2}{2R} \qquad (7\text{-}48)$$

大气垂直折光系数 k 随时间、日照、气温、气压、视线高度和地面情况等因素而改变，一般取其平均值，令 $k = 0.14$。在表 7-12 中，列出水平距离 $D = 100 \sim 2\,000\text{m}$ 的两差改正值 f。由于 $f_1 > f_2$，故 f 恒为正值。

表 7-12

三角高程测量地球曲率和大气折光改正（$k = 0.14$）

D(m)	f(mm)	D(m)	f(mm)	D(m)	f(mm)	D(m)	f(mm)
100	1	600	24	1 100	82	1 600	173
200	3	700	33	1 200	97	1 700	195
300	6	800	43	1 300	114	1800	219
400	11	900	55	1 400	132	1 900	244
500	17	1 000	67	1 500	152	2 000	270

由于折光系数 k 的不确定性,使两差改正值也具有误差。但是如果在两点间进行对向观测,即测定 h_{AB} 及 h_{BA} 并取其平均值,则由于 k 值在短时间内变化不大,而高差 h_{BA} 必须反其符号与 h_{AB} 取平均,两差改正 f 得到抵消。因此,对要求较高的三角高程测量,应进行对向观测。

顾及两差改正时,三角高程测量的高差计算公式为

$$h_{AB} = D\tan\alpha + i - l + f \tag{7-49}$$

$$h_{AB} = S\sin\alpha + i - l + f \tag{7-50}$$

根据测定的平距 D 或斜距 S,按式(7-49)或式(7-50)计算高差,其中,两差改正按式(7-48)计算。

二、三角高程测量的观测与计算

1. 三角高程测量的观测

在测站上安置经纬仪,量取仪器高 i;在目标点上安置觇标,量取觇标高 l。i 和 l 用钢卷尺量取,读数至毫米。

用经纬仪望远镜中横丝照准觇标中心,读取竖盘读数,盘左、盘右观测为一测回,计算竖直角 α。一般观测 $2\sim4$ 测回,取其平均值。

测定两点间的水平距离 D 或斜距 S。

2. 三角高程测量的计算

根据测定的平距 D 或斜距 S,按式(7-49)或式(7-50)计算高差,其中,两差改正按式(7-48)计算。

由三角高程测量的对向观测所求得的往、返测高差(经过两差改正)之差 $f_{\Delta h}$ 的允许值为

$$f_{\Delta h允} = \pm 0.1D(\text{m}) \tag{7-51}$$

式中,D 为两点间平距,以 km 为单位。

各点间的三角高程测量一般构成闭合线路或附合线路,计算高差闭合差 f_h,作为观测正确性的检核,高差闭合差的允许值为

$$f_{h允} = \pm 0.05\sqrt{\sum D^2}(\text{m}) \tag{7-52}$$

【例 7-6】 如图 7-25 是三角高程测量的算例。在 A、B、C、D 四点间进行三角高程测量,构成闭合线路,在各点间均进行垂直角及斜距的往返观测,已知 A 点的高程为 234.88m。已知数据及观测值均注明于图上。

在表 7-13 中进行高差计算(仅列出 AB 及 BC 边的计算),在表 7-14 中计算高差闭合差、进行高差闭合差的调整及计算各点高程。

三角高程测量高差计算

表 7-13

起算点	A		B		...
待定点	B		C		...
往返测	往	返	往	返	...
斜距 S(m)	593.391	593.400	491.360	491.301	...
竖直角 α	$+11°32'49''$	$-11°33'06''$	$+6°41'48''$	$-6°42'04''$	...
$S\sin\alpha$(m)	118.780	-118.829	57.299	-57.330	...

起算点	A		B		···
待定点	B		C		···
往返测	往	返	往	返	···
仪器高 i(m)	1.440	1.491	1.491	1.502	···
目标高 l(m)	1.502	1.400	1.522	1.441	···
两差改正 f(m)	0.022	0.022	0.016	0.016	···
单向高差	+118.740	−118.716	+57.284	−57.253	···
往返平均高差	+118.728		+57.268		···

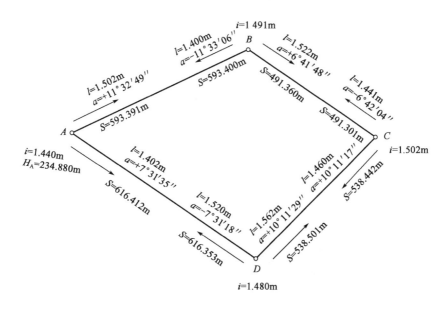

图 7-25 三角高程测量算例

三角高程测量高差调整及高程计算

表 7-14

点号	水平距离(m)	观测高差(m)	改正值(m)	改正后高差(m)	高程(m)
A					234.880
	581	+118.728	−0.013	+118.715	
B					353.595
	488	+57.268	−0.010	+57.258	
C					410.853
	530	−95.198	−0.012	−95.210	
D					315.643
	611	−80.749	−0.014	−80.763	
A					234.880
Σ	2210	+0.049	−0.049	0	
高差闭合差及允许闭合差	$f_h = +0.049$m $\qquad$ $f_{h允} = \pm0.05\sqrt{1.2299} = \pm0.055$m				

【思考题】

7-1 什么是控制测量,其作用是什么?

7-2 平面控制网有哪几种形式?各在什么情况下采用?

7-3 何谓导线的坐标正算、坐标反算?反算坐标方位角时应注意什么?

7-4 坐标增量的正负号与坐标象限角和坐标方位角有何关系?

7-5 导线测量外业有哪些工作?选择导线点应注意哪些问题?

7-6 何谓导线角度闭合差、导线全长闭合差?

7-7 导线的布设形式有哪些?针对不同的导线布设形式,角度闭合差如何计算?

7-8 支导线、附合导线、闭合导线有何特点?

7-9 由 A、B 两点的坐标反算坐标方位角,已知 $\Delta X_{AB} > 0$,$\Delta Y_{BA} > 0$,而由 $\arctan \left| \dfrac{\Delta y_{BA}}{\Delta x_{AB}} \right|$ 求得的角值为 $32°54'50''$,试计算 α_{AB}、α_{BA} 的值。

7-10 已知单一导线的坐标闭合差 $f_x = -72$mm,$f_y = +32$mm,导线全长为 351m,则全长相对闭合差为多少?

7-11 如图 7-26 所示支导线,已知 $X_A = 264.20$m,$Y_A = 113.30$m;$X_B = 464.22$m,$Y_B = 313.35$m。测得 $\beta_1 = 120°30'30''$,$S_1 = 297.26$m;$\beta_2 = 212°12'30''$,$S_2 = 187.82$m。计算 1、2 点的坐标。

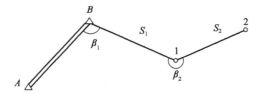

图 7-26 支导线略图

7-12 闭合导线的观测数据如图 7-27 所示,已知 $B(1)$ 点的坐标 $X_{B(1)} = 48\,311.264$m,$Y_{B(1)} = 27\,278.095$m;已知 AB 边的方位角 $\alpha_{AB} = 226°44'50''$,计算 2、3、4、5、6 点的坐标。

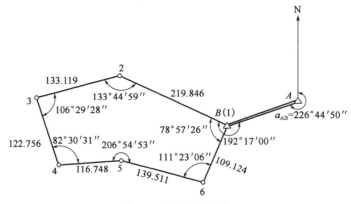

图 7-27 闭合导线略图

7-13 根据图 7-28 所示附合导线及表 7-15 的观测数据,计算 1、2、3 点坐标。已知 $X_A = 8\,865.810$m,$Y_A = 5\,055.330$m;$X_B = 9\,846.690$m,$Y_B = 5\,354.037$m;$\alpha_{CA} = 290°21'00''$,$\alpha_{BD} = 351°49'02''$。

表 7-15

点 号	观测角值(° ′ ″)	边长(m)
A	291 07 50	388.06
1	174 45 20	283.38
2	143 47 40	
3	128 53 00	359.89
B	222 53 30	161.93

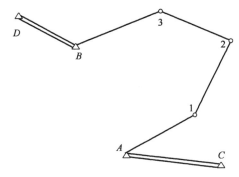

图 7-28 附合导线略图

7-14 交会测量有哪几种交会方法? 各采取什么方法来检查交会成果正确与否?

7-15 完成表 7-16 的附合导线坐标计算(观测角为右角)。

附合导线坐标计算　　　　　　　　　　　表 7-16

点号	观测角(改正数)(° ′ ″)	改正后的角值(° ′ ″)	坐标放位角(° ′ ″)	边长(m)	增量计算值(m)		改正后的增量值(m)		坐标(m)	
					Δx	Δy	Δx	Δy	x	y
1	2	4	5	6	7	8	9	10	11	12
A			317 52 06							
B	267 29 58								4 028.532	4 006.770
2	203 29 46			133.842						
3	184 29 36									
4	179 16 06			154.711 80.742						
5	81 16 52			148.933						
C	147 07 34			147.161						3 671.031	3 619.242
D			334 42 42							

点号	观测角 (改正数) (° ′ ″)	改正后的 角值 (° ′ ″)	坐标 放位角 (° ′ ″)	边长 (m)	增量计算 值(m)		改正后的增量值 (m)		坐标 (m)	
					Δx	Δy	Δx	Δy	x	y
Σ										
辅助计算	$f_\beta=$ $F_\beta=\pm 40''\sqrt{n}=$		$f_x=$				$f_y=$ $f=\sqrt{f_x^2+f_y^2}=$			

7-16 计算如图 7-29a)所示的测角后方交会点 P_3 的平面坐标。已知 $X_A=2\,687.861$，$Y_A=6\,038.754$；$X_B=3\,167.329$，$Y_B=5\,384.001$；$X_C=2\,598.108$，$Y_C=5\,256.358$。AB、BC、CA 对应的夹角分别为：$130°35'27''$；$87°37'47''$；$141°46'47''$。

7-17 计算如图 7-29b)所示的前方交会点 P1 的平面坐标。已知 $X_A=2\,539.944$，$Y_A=4\,513.599$；$X_B=2\,603.017$，$Y_B=4\,985.148$。A、B 夹角分别为：$70°55'54''$；$32°31'06''$。

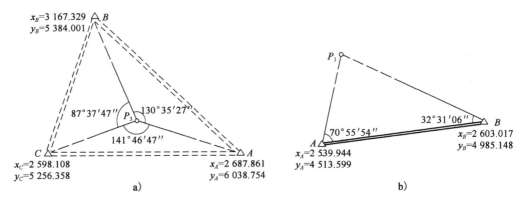

图 7-29 第 17、18 题图

a)后方交会；b)前方交会

7-18 试完成表 7-17 给出的三角高程测量计算，取大气垂直折光系数 $k=0.14$。

三角高程测量计算表   表 7-17

起算点	A	
待定点	B	
往返测	往	返
水平距离 D(m)	581.391	581.391
竖直角 α	$+11°38'30''$	$-11°24'00''$
仪器高 i(m)	1.44	1.49
觇标高 v(m)	2.50	3.00
球气差改正 f		
单项高差 h(m)		
往返高差平均(m)		

第八章 卫星定位系统

第一节 概　　述

全球导航卫星系统(Global Navigation Satellite System)简称 GNSS,它是泛指所有的卫星导航系统,包括全球的、区域的和增强的,如美国的 GPS、俄罗斯的 Glonass、欧洲的 Galileo、中国的北斗卫星导航系统,以及相关的增强系统,如美国的 WAAS(广域增强系统)、欧洲的EGNOS(欧洲静地导航重叠系统)和日本的 MSAS(多功能运输卫星增强系统)等,还涵盖在建和以后要建设的其他卫星导航系统。

GNSS 是采用空间距离后方交会原理来进行定位的,主要利用三个或三个以上卫星的空间已知位置来交会出地面未知点的位置,具有全球性、全天候、高精度、快速实时三维导航、定位、测速和授时功能,以及良好的保密性和抗干扰性,已成功应用于军事和民用的许多领域,并发挥了重大作用。如:导弹制导、智能交通、飞机和船只导航、大气参数测试、电力和通信系统中的时间控制、地震和地球板块运动监测、地球动力学研究等。

目前 GPS(Global Positioning System 英文字头的缩写)仍是世界上最完善的卫星导航与定位系统。1973 年 12 月,由美国国防部批准由陆海空三军联合研制一种新的军用卫星导航系统。1978 年 2 月 22 日第一颗 GPS 试验卫星发射成功(第一代),标志着 GPS 研制阶段开始,试验阶段从 1978~1985 年共发射了 11 颗试验卫星,其中论证阶段发射 4 颗,全面研制和试验阶段发射 7 颗,同时测地型 GPS 接收机问世。1989 年 2 月 14 日第一颗 GPS 工作卫星发射成功,标志着 GPS 系统进入了生产作业阶段。1994 年 3 月 28 日第 24 颗 GPS 卫星发射升空,标志着 GPS 满星座建成。下面以 GPS 为例,介绍卫星定位系统的组成、基本原理与应用。

第二节　GPS 的组成

全球定位系统(GPS)主要由空间卫星部分(GPS 卫星星座)、地面监控部分和用户设备三部分组成,见图 8-1。

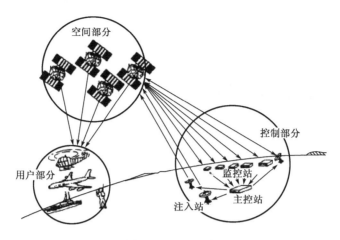

图 8-1　GPS 的组成

一、空间星座部分

GPS 卫星主体呈圆柱形,直径为 1.5m,重约 774kg。两侧有双叶太阳能板,能自动对日定向,太阳能电池为卫星提供工作用电。卫星上带有燃料和喷管,可在地面控制系统的控制下调整自己的运行轨道。每颗卫星装有 4 台高精度原子钟(2 台铷钟,2 台铯钟),频率稳定度为 $10^{-12} \sim 10^{-13}$,为 GPS 测量提供高精度时间标准。

GPS 卫星主要功能是接收并存储由地面监控站发来的导航信息;接收并执行主控站发出的控制命令,如调整卫星姿态、启用备用卫星等;向用户连续发送卫星导航定位所需信息,如卫星轨道参数、卫星健康状态,以及卫星信号发射时间标准等。

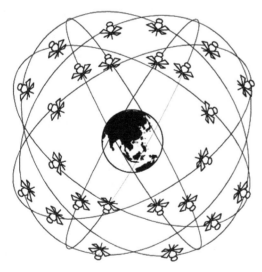

图 8-2　24 颗 GPS 卫星组成的 GPS 卫星星座

如图 8-2 所示,设计 GPS 卫星星座由 24 颗卫星组成,其中 21 颗工作卫星,3 颗备用卫星。工作卫星均匀分布在 6 个近圆形的轨道面内,每个轨道上有 4 颗卫星。卫星轨道面相对地球赤道面倾角为 55°。各轨道面升交点赤径相差 60°。轨道平均高度为 20 200km。卫星运行周期为 11 小时 58 分。卫星同时在地平线以上至少有 4 颗,最多可达 11 颗。这样的布设方案可以保证在世界任何地方、任何时间,都可观测到高度角在 15° 以上的 4 颗卫星,能够进行实时三维定位。

GPS 卫星发射的信号由载波、测距码和导航电文三部分组成。测距码是用于测定从卫星至接收机间的距离的二进制码,主要接收的有 C/A 码和 P 码。C/A 码用于粗略测距和捕获 GPS 卫星信号,故被称为粗码,C/A 码的周期为 1ms,一个周期中含有 1 023 个码元,码元的宽度为 293.1m,相应的测距误差可达 29.3 ～ 2.9m。作为一种公开码,不能精确地消除电离层延迟误差。P 码用于精密测距,周期为 7 天,每个周期中含有约 6.2 万亿个码元,每个码元的宽度约为 29.3m,相应的测距误差约为 2.93 ～ 0.29m。载波是一种周期性余弦波,是一种可运载调制信号的高频振荡波。根据波长不同,分

为 L_1 载波(波长 19.03cm)、L_2 载波(波长 24.42cm)以及新增设的 L_5 载波(波长 25.48cm)。采用多个载波频率的主要目的是为了更好地消除电离层延迟,组成更多的线性组合观测值。其测距精度比测距码测量的精度高 2~3 个数量级,在高精度测量中有广泛应用。卫星导航电文是用户用来导航与定位的基础数据,其内容包括:卫星星历、时间信息和时钟改正、电离层时延改正、卫星工作状态信息等。

二、地面监控部分

支持整个系统正常运行的地面设施称为地面监控部分,它由分布在世界各地五个地面站组成(如图 8-3),按功能可分为监测站、主控站和注入站三种。地面监控系统由 1 个主控站、3 个注入站和 5 个监测站组成。

图 8-3 GPS 地面监控点分布

主控站设在美国本土科罗拉多联合空间中心。它是整个地面监控系统的行政管理中心和技术中心,除了协调管理地面监控系统外,还负责将监测站的观测资料联合处理推算卫星星历、卫星钟差和大气修正参数,并将这些数据编制成导航电文送到注入站。此外,它还可以调整偏离轨道的卫星,使之沿预定轨道运行或启用备用卫星。

监测站是无人值守的数据自动采集中心,分别位于科罗拉多、阿松森群岛、迪戈加西亚、卡瓦加兰和夏威夷。站内设有双频 GPS 接收机、高精度原子钟、气象参数测试仪和计算机等设备。主要任务是完成对 GPS 卫星信号的连续观测,并将搜集的数据和当地气象观测资料经处理后传送到主控站。

注入站是向 GPS 卫星输入导航电文和其他命令的地面设施,分别设在阿松森群岛、迪戈加西亚和卡瓦加兰。其主要任务是将主控站编制的导航电文和其他命令通过直径为 3.6m 的发射天线注入给相应的卫星。

三、用户设备部分

用户设备由用户 GPS 接收机和数据处理软件等仪器设备组成。其主要任务是捕获 GPS 卫星发射的信号,跟踪并锁定卫星信号,获得必要的观测量;并通过对接收的卫星信号进行处理,测量出 GPS 信号从卫星到接收机天线间的传播时间;译出 GPS 卫星发射的导航电文,实时计算接收机天线的三维坐标、速度和时间。

GPS 接收机按用途的不同可分为导航型、测量型和授时型三类,按使用的载波频率分为单频接收机(L_1 载波)和双频接收机(L_1、L_2 载波)。测量单位使用的 GPS 接收机一般为测量型,本章仅简要介绍测量型接收机的定位原理和测量方法。

第三节　GPS 定位基本原理

GPS 是采用空间测距交会原理来进行定位的,如图 8-4 所示。

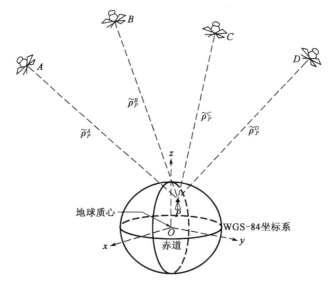

图 8-4　GPS 定位基本原理图

为了测定空间某点 P 在空间直角坐标系 $Oxyz$(简称 WGS-84 坐标系)中的三维坐标(x_P, y_P, z_P),将 GPS 接收机安置在 P 点,通过接收工作卫星发射的测距码信号,在接收机时钟的控制下,可以解出测距码卫星信号从发射到接收机的传播时间 Δt,乘以光速 c 并加上卫星时钟与接收机时钟不同步改正就可以计算出卫星至接收机间的空间距离 $\tilde{\rho}$

$$\tilde{\rho} = c\Delta t + c(v_T - v_t) \tag{8-1}$$

式中:v_t——卫星时钟与标准时间的钟差;

v_T——接收机时钟与标准时间的钟差。

因为式(8-1)中的距离 $\tilde{\rho}$ 没有涉及大气电离层和对流层折射的影响,所以它不是工作卫星至接收机的真实几何距离,通常称其为伪距。

在测距时刻 t_i,接收机通过接收卫星 S_i 的广播星历可以解算出卫星 S_i 的钟差 v_t 和在 WGS-84 坐标系中的三维坐标(x_P,y_P,z_P),则卫星 S_i 与 P 点的几何距离为

$$R_P^i = \sqrt{(x_P - x_i)^2 + (y_P - y_i)^2 + (z_P - z_i)^2} \tag{8-2}$$

由此列出伪距观测方程为

$$\tilde{\rho}_P^i = c\Delta t_{iP} + c(v_t^i - v_T) = \sqrt{(x_P - x_i)^2 + (y_P - y_i)^2 + (z_P - z_i)^2} \tag{8-3}$$

式(8-3)中有 x_P、y_P、z_P、v_T 4 个未知数,为了解出这 4 个未知数,必须同时锁定 4 颗卫星进行观测。图 8-4 中对 A、B、C、D 四颗卫星进行观测的伪距方程分别为

$$\left.\begin{array}{l} \tilde{\rho}_P^A = c\Delta t_{Ap} + c(v_t^A - v_T) = \sqrt{(x_p - x_A)^2 + (y_p - y_A)^2 + (z_p - z_A)^2} \\ \tilde{\rho}_P^B = c\Delta t_{Bp} + c(v_t^B - v_T) = \sqrt{(x_p - x_B)^2 + (y_p - y_B)^2 + (z_p - z_B)^2} \\ \tilde{\rho}_P^C = c\Delta t_{Cp} + c(v_t^C - v_T) = \sqrt{(x_p - x_C)^2 + (y_p - y_C)^2 + (z_p - z_C)^2} \\ \tilde{\rho}_P^D = c\Delta t_{Dp} + c(v_t^D - v_T) = \sqrt{(x_p - x_D)^2 + (y_p - y_D)^2 + (z_p - z_D)^2} \end{array}\right\} \tag{8-4}$$

解出式(8-4),就可以计算出 P 点的坐标(x_p, y_p, z_p)。

根据测距原理的不同,GPS 定位方法主要有伪距法定位、载波相位测量定位和 GPS 差分定位。对于待定点位,根据其运动状态可分为静态定位和动态定位。静态定位是指用 GPS 测定相对于地球不运动的点位,GPS 接收机安置在该点上,接收数分钟乃至更长时间,以确定其三维坐标。动态定位是确定 GPS 接收机天线处在运动状态运动下的三维坐标。若将两台或两台以上 GPS 接收机分别安置在固定不变的待点上,通过同步接收卫星信号,确定待测点之间的相对位置,称为相对定位。利用伪距和载波相位均可进行静态定位。利用伪距定位精度较低,高精度定位常采用载波相位观测值的各种线性组合,即差分,以减弱卫星轨道误差、卫星钟差、接收机钟差、电离层和对流层延迟等误差影响。

一、伪距定位

伪距定位又分单点定位和多点定位。

单点定位就是将 GPS 接收机安置在测站点上并锁定 4 颗以上的工作卫星,通过将接收到的卫星测距码与接收机产生的复制码对齐来测量各个锁定卫星测码重叠接收机的传播 Δ_{t_i} 时间,进而求出工作卫星至接收机的伪距值;从锁定卫星广播的星历中获得其空间坐标,采用距离交会的原理解算出天线所在点的三维坐标。设锁定 4 颗工作卫星时的伪距观测方程为式(8-4),因 4 个方程中刚好有 4 个未知数,所以该式有唯一解。如果锁定的工作卫星超过 4 颗时,伪距观测方程中就有多余观测,此时要使用最小二乘原理通过平差求解待定点的坐标。

由于伪距观测方程没有考虑大气电离层和对流层折射误差、星历误差的影响,所以使用单点定位的精度不高。用 C/A 码定位的精度一般为 25m,用 P 码定位的精度一般为 10m。当美国施行 SA 技术时,将对工作卫星所发射的信号进行人为干扰,使非特用户不能获得高精度的实时定位,此时使用 C/A 码定位的精度将下降至 50m。但从 2000 年 5 月开始,美国政府取消了 SA 技术。单点定位的优点是速度快、无多值性问题,从而在运动载体的导航定位上得到了广泛的应用,同时,它还可以解决载波相位测量中的整周模糊度问题。

多点定位就是将多台 GPS 接收机(一般使用 2~3 台)安置在不同的测点上,同时锁定相同的工作卫星进行伪距测量,此时,大气电离层和对流层折射误差、星历误差的影响基本相同,在计算各测点之间的坐标差$(\Delta x, \Delta y, \Delta z)$时,可以消除上述误差的影响,使测点之间的点位相对精度大大提高。

二、载波相位定位

由于载波 L_1、L_2 的频率比测距码(C/A 码和 P 码)的频率高得多,因此其波长就比测距码短很多,$\lambda_1 = 19.03\text{cm}$,$\lambda_2 = 24.42\text{cm}$。如果使用载波 L_1 或 L_2 作为测距信号,将卫星传播到接收机天线的余弦载波信号与接收机产生的基准信号(其频率和初始相位与卫星载波信号完全相同)进行比相求出它们之间的相位延迟从而计算出伪距,就可以获得很高的测距精度。如果测量 L_1 载波相位移的误差为 1/100,则伪距测量精度可达 19.03cm/100=1.9mm。

1. 载波相位绝对定位

图 8-6 为使用载波相位测量法单点定位的情形。由于载波信号是余弦波信号,相位测量时只能测出其不足一个整周期的相位差 $\Delta\varphi(\Delta\varphi<2\pi)$,因此,存在整周数 N_0 不确定性问题,N_0 也称为整周模糊度。

由图 8-5 可知,在 t_0 时刻(也称历元 t_0),某颗工作卫星发射的载波信号到达接收机的相位移为 $2\pi N_0+\Delta\varphi$,则该卫星至接收机的距离为

$$\frac{2\pi N_0+\Delta\varphi}{2\pi}\lambda = N_0\lambda+\frac{\Delta\varphi}{2\pi}\lambda \tag{8-5}$$

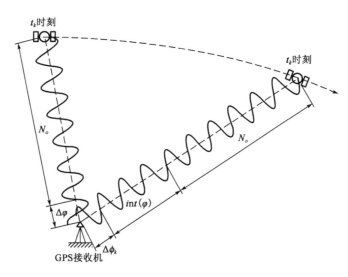

图 8-5　GPS 载波相位测距原理图

式中,λ 为载波波长。当对卫星进行连续跟踪观测时,由于接收机内有多普勒计数器,只要卫星信号不失锁,N_0 就不变,故在 t_k 时刻(历元 t_k),该卫星发射的载波信号到达接收机的相位移变成 $2\pi N_0+\mathrm{int}(\varphi)+\Delta\varphi_k$,式中的 $\mathrm{int}(\varphi)$ 由接收机内的多普勒计数器自动累计求出。

考虑钟差改正 $c(v_T-v_t)$、大气电离层折射改正 $\delta\rho_{ion}$ 和对流层折射改正 $\delta\rho_{trop}$ 的载波相位观测方程为

$$\rho = N_0\lambda+\frac{\Delta\varphi}{2\pi}\lambda+c(v_T-v_t)+\delta\rho_{ion}+\delta\rho_{trop} = R \tag{8-6}$$

虽然通过对锁定卫星进行连续跟踪观测可以修正 $\delta\rho_{ion}$ 和 $\delta\rho_{trop}$,但整周模糊度 N_0 始终是未知的。能否准确求出 N_0 就成为载波相位定位的关键问题。

2. 载波相位相对定位

载波相位相对定位一般是使用 2 台 GPS 接收机,分别安置在两个测点,两个测点的连线称为基线。通过同步接收卫星信号,利用相同卫星相位观测值的线形组合来解算基线向量在 WGS-84 坐标系中的坐标增量 $(\Delta x,\Delta y,\Delta z)$,进而确定它们的相对位置。如果其中一个测点的坐标已知,就可以据此推算出另一个测点的坐标。

根据相位观测值的线形组合形式,载波相位相对定位又分为三种:单差法、双差法和三差法。主要介绍前两种。

1)单差法

如图 8-6 所示,将安置在基线端点上的两台 GPS 接收机对同一颗卫星进行同步观测,根据式(8-6)可以列出观测方程为

$$N_{01}^i\lambda + \frac{\Delta\varphi_{01}^i}{2\pi}\lambda + c(v_T^i - v_{t_1}) + \delta\rho_{ion1} + \delta\rho_{trop1} = R_1^i$$

$$N_{02}^i\lambda + \frac{\Delta\varphi_{02}^i}{2\pi}\lambda + c(v_T^i - v_{t_2}) + \delta\rho_{ion2} + \delta\rho_{trop2} = R_2^i \qquad (8\text{-}7)$$

考虑到接收机到卫星的平均距离为 20200km,而基线的距离远小于它,可以认为基线两端点的电离层和对流层改正基本相等,即有 $\delta\rho_{ion1}=\delta\rho_{ion2}$,$\delta\rho_{trop1}=\delta\rho_{trop2}$,对式(8-7)的两式求差可得单差观测方程为

$$N_{12}^i\lambda + \frac{\lambda}{2\pi}\Delta\varphi_{12}^i - c(v_{t_1} - v_{12}) = R_{12}^i \qquad (8\text{-}8)$$

式中,$N_{12}^i = N_{01}^i - N_{02}^i$,$\Delta\varphi_{12}^i = \Delta\varphi_{01}^i - \Delta\varphi_{02}^i$,$R_{12}^i = R_1^i - R_2^i$。

单差方程式(8-8)消除了卫星钟差改正数 v_T。

2)双差法

如图 8-7 所示,将安置在基线端点上的两台 GPS 接收机对同两颗卫星进行同步观测,根据式(8-8)可以写出观测 S_j 卫星的单差观测方程为

$$N_{12}^i\lambda + \frac{\lambda}{2\pi}\Delta\varphi_{12}^i - c(v_{t_1} - v_{12}) = R_{12}^i \qquad (8\text{-}9)$$

将式(8-8)和式(8-9)求差,可得双差观测方程为

$$N_{12}^{ij}\lambda + \frac{\lambda}{2\pi}\Delta\varphi_{12}^{ij} = R_{12}^{ij} \qquad (8\text{-}10)$$

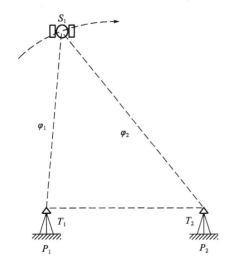

图 8-6　载波相位单差法定位

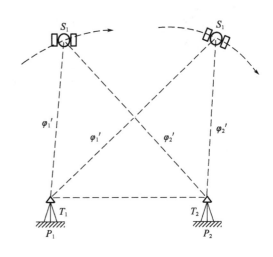

图 8-7　载波相位双差法定位

式中,$N_{12}^{ij} = N_{12}^i - N_{12}^j$,$\Delta\varphi_{12}^{ij} = \Delta\varphi_{12}^i - \Delta\varphi_{12}^j$,$R_{12}^{ij} = R_{12}^i - R_{12}^j$。

双差方程式(8-10)消除了基线端点两台接收机的相对钟差改正数 $v_{t_1} - v_{12}$。

综上所述,载波相位定位时采用差分方法,可以减少平差计算中的未知数数量,消除或减弱测站间一些共同误差的影响,提高了定位精度。

根据式(8-2),可以将 R_{12}^{ij} 化简为基线端点坐标增量(Δx_{12},Δy_{12},Δz_{12})的函数,也即式(8-

10)中有 3 个坐标增量未知数。如果两台 GPS 接收机同频道观测了 n 颗卫星,则有 $n-1$ 个整周模糊度 N_{12}^{ij},未知数总数为 $3+n-1$ 个未知数,要求双差方程数>未知数个数,也即

$$m(n-1) \geqslant 3-n-1, \text{ 或者 } m \geqslant \frac{n+2}{n-1}$$

一般取 $m=2$,也即每颗卫星观测两个历元。

为了提高相对定位精度,应增加同步观测的时间,具体增加多少时间与基线长度、所使用的接收机类型(单频机还是双频机)和解算方法有关。在小于 15km 的短基线上使用双频机,采用快速处理软件,野外每个测点同步观测时间只需要 10～15min 就可以使测量的基线长度值达到 5mm+1ppm 的精度。

三、实时差分定位

根据观测卫星瞬间在空间中的位置以及接收机所测得的至这些卫星的距离并加上钟差等

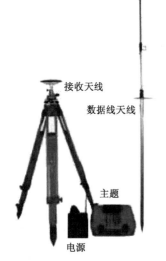

图 8-8 实时差分 GPS 接收机

误差项的改正后,即可采用空间距离后方交会的方法求得该瞬间接收机天线的位置,但其获得点位的精度较低,无法满足某些领域对精度有较高要求的用户的需求。

差分定位是大幅度提高导航定位精度的有效手段。GPS 差分定位系统由基准台、流动台和无线电通讯链三部分组成。GPS 差分定位的原理是在已有精确地心坐标点安放 GPS 接收机(称为基准站),利用已知地心坐标和星历计算 GPS 每个观测时刻由于钟差误差等影响的校正值,并通过无线电通信设备(称为数据链)将校正值发送给运动中的 GPS 接收机(称为流动站)。流动台利用校正值对自己的 GPS 观测值进行修正,以消除上述误差,从而提高实时定位精度。

实时差分定位必须使用带实时差分功能的 GPS 接收机才能够进行。图 8-8 为某一双频 GPS 接收机,它由接收天线、主机、数据链天线和电源组成。常用的实时差分方法有三种。

1. 位置差分

将基准站的已知坐标与 GPS 伪距单点定位获得的坐标值进行差分,通过数据链向流动站传送坐标改正值,流动站用接收到的坐标改正值修正其测得的坐标。

设基准站的已知坐标为 (x_B^0, y_B^0, z_B^0),使用 GPS 伪距单点定位测得的基准站的坐标为 (x_B, y_B, z_B),通过差分求得基准站的坐标改正值为

$$\begin{aligned} \Delta x_B &= x_B^0 - x_B \\ \Delta y_B &= y_B^0 - y_B \\ \Delta z_B &= z_B^0 - z_B \end{aligned} \tag{8-11}$$

设流动站使用 GPS 伪距单点定位测得的坐标为 (x_i, y_i, z_i),则使用基准站坐标改正值修正后的流动站坐标为

$$\begin{aligned} x_i^0 &= x_i + \Delta x_B \\ y_i^0 &= y_i + \Delta y_B \\ z_i^0 &= z_i + \Delta z_B \end{aligned} \tag{8-12}$$

位置差分要求基准站与流动站同步接收相同的工作卫星信号。

2. 伪距差分

利用基准站的已知坐标和卫星星历计算卫星到基准站间的几何距离 R'_{B0}，并与使用伪距单点定位测得的基准站伪距值 $\tilde{\rho}_B$ 进行差分，得到距离改正数

$$\Delta \tilde{\rho}_B^i = R_{B0}^i - \tilde{\rho}_B^i \tag{8-13}$$

距离改正数是由卫星星历误差、卫星钟和接收机钟误差、大气延迟误差和测量噪声引起的。若同一时刻流动站用户也在进行 GPS 测量，那么对于基准站和流动站来说，卫星钟的钟差、卫星星历误差和大气延迟误差的影响大致相同，而接收机钟差可作为未知数进行解算。测量噪声的影响量级很小，可以忽略不计。通过数据链向流动站传送 $\Delta \tilde{\rho}_B^i$，流动站用接收的 $\Delta \tilde{\rho}_B^i$ 修正其测得的伪距值。基准站只要观测 4 颗以上的卫星并用 $\Delta \tilde{\rho}_B^i$ 修正其至各卫星的伪距值就可以进行定位，它不要求基准站与流动站接收的卫星完全一致。

由于伪距差分是对每颗卫星伪距观测值进行修正，所以不要求基准站和流动台接收的卫星完全一致，只要有 4 颗以上相同卫星即可。其差分精度取决于差分卫星个数、卫星空中分布状况及差分修正值延迟时间。伪距差分精度为 3～10m。基准站距流动台距离可达 200～300km。

3. 载波相位实时差分（RTK）

RTK（Real Time Kinematic）是一种利用 GPS 载波相位观测值进行实时动态相对定位的技术。进行 RTK 测量时，位于基准站（具有良好的 GPS 观测条件的已知站）上的 GPS 接收机通过无线数据通信链实时地把载波相位观测值以及已知的站坐标等信息播发给在附近工作的流动用户。这些用户就能根据自己采集的载波相位观测值利用 RTK 数据处理软件进行实时定位，进而根据基准站坐标求得自己的三维坐标，如有必要，还可将求得的 WGS-84 坐标转换为用户所需要的坐标系中的站坐标。

由于载波相位观测值精度高，若通过数据链将基准站载波相位观测值传送到流动台，在流动台进行实时载波相位数据处理，其定位精度可达到 1～2cm。因而被广泛用于图根控制测量、施工放样、工程测量以及地形测量等应用领域，是 GPS 技术的重大突破。但是 RTK 差分距离不可太远，目前最远可到 30km。此外，流动台是否能进行 RTK 差分，取决于数据通信的可靠性和流动台载波相位观测值是否失锁。目前在城市测量中因受周围环境影响，实时动态 RTK 受到限制，但在空旷地区、海上应用较多。

第四节　GPS 测量实施的基本方法

GPS 测量实施过程与常规测量一样，包括方案设计、外业测量和内业数据处理三部分。目前 GPS 控制测量基本采用载波相位观测值为主的相对定位法，这就需要多台 GPS 接收机在相同时间段内同时连续跟踪相同的卫星组，实施同步观测。使用 GPS 进行控制测量的过程为：方案设计、外业观测和内业数据处理。用户可以根据测量成果的用途选择相应的 GPS 测量规范实施：《全球定位系统（GPS）测量规范》、《全球定位系统城市测量技术规程》和《公路全球定位系统（GPS）测量规范》。

一、GPS 控制网设计

GPS 控制网的技术设计是进行 GPS 测量的基础。它应根据用户提交的任务书或测量合同所规定的测量任务进行设计。其内容包括测区范围、测量精度、提交成果方式、完成时间等。GPS 测量控制网一般是使用载波相位静态相对定位法,使用两台或两台以上的接收机同时对一组卫星进行同步观测。

1. GPS 测量精度指标

控制网的精度指标是以网中基线观测的距离误差 m_D 来定义的

$$m_D = a + b \times 10^{-6}D \qquad (8\text{-}14)$$

式中,a 为距离固定误差,b 为距离比例误差,D 为基线距离。习惯上称 1×10^{-6} 为 1ppm,意指 1km 的比例误差为 1mm。城市及工程控制网的精度指标要求列于表 8-1。

城市及工程 GPS 控制网精度指标 表 8-1

等　　级	平均距离(km)	a(mm)	b(ppm)	最弱边相对中误差
二等	9	≤10	≤2	1/120 000
三等	5	≤10	≤5	1/80 000
四等	2	≤10	≤10	1/45 000
一级	1	≤10	≤10	1/20 000
二级	<1	≤15	≤20	1/10 000

具体工作中精度标准的确定要根据工作实际需要,以及具备的仪器设备条件,恰当地确定 GPS 网的精度等级。布网可以分级布设,也可越级布设,或布设同级全面网。

在同步观测中,测站从开始接收卫星信号到停止数据记录的时段称为观测时段;卫星与接收机天线的连线相对水平面的夹角称卫星高度角,卫星高度角太小时,不能进行观测;反映一组卫星与测站所构成的几何图形形状与定位精度关系的数值称点位图形强度因子 PDOP(position dilution of precision),它的大小与观测卫星高度角的大小以及观测卫星在空间的几何分布变化有关。如图 8-9 所示,观测卫星高度角越小,分布范围越大,其中 PDOP 值越小,综合其他因素的影响,当卫星高度角设置为不小于 15°时,点位的 PDOP 值不宜大于 6。GPS 接收机锁定一组卫星后,将自动计算出 PDOP 值并显示在液晶屏幕上。规范对 GPS 测量作业的基本要求列于表 8-2。

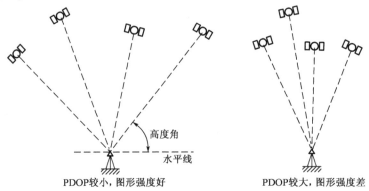

图 8-9　卫星高度角与图形强度因子

等级	二等	三等	四等	一级	二级
卫星高度角(°)	≥15	≥15	≥15	≥15	≥15
PDOP	≤6	≤6	≤6	≤6	≤6
有效观测卫星数	≥4	≥4	≥4	≥4	≥4
平均重复设站数	≥2	≥2	≥1.6	≥1.6	≥1.6
时段长度(min)	≥90	≥60	≥45	≥45	≥45
数据采样间隔(s)	10～60	10～60	10～60	10～60	10～60

2. 网形设计

与传统控制测量方法不同,使用 GPS 接收机设站观测时,并不要求各站点之间相互通视,因此图形设计灵活性比较大。网形设计时,根据控制网的用途、现有 GPS 接收机的台数可以分为两台接收机同步观测、多台接收机同步观测和多台接收机异步观测三种方案。GPS 网设计主要考虑以下几个问题:

(1)网的可靠性设计。GPS 测量有很多优点,如测量速度快,测量精度高等,但是由于是无线电定位,受外界环境影响大,所以在图形设计时应重点考虑成果的准确可靠,应考虑有较可靠的检验方法。GPS 网一般应通过独立观测边构成闭合图形,以增加检核条件,提高网的可靠性。GPS 网的布设通常有点连式、边连式、网连式及边点混合连接等四种方式。

点连式是指相邻同步图形(多台仪器同步观测卫星获得基线构成的闭合图形)仅用一个公共点连接。这样构成的图形检核条件太少,一般很少使用,如图 8-10a)所示。

边连式是指同步图形之间由一条公共边连接。这种方案边较多,非同步图形的观测基线可组成异步观测环(称为异步环)。异步环常用于观测成果质量检查。所以边连式比点连式可靠,如图 8-10b)所示。

网连接是指相邻同步图形之间有两个以上公共点相连接。这种方法需要 4 台以上的仪器。这种方法几何强度和可靠性更高,但是花费时间和经费也更多。常用于高精度控制网。

边点混合连接是指将点连接和边连接有机结合起来,组成 GPS 网(图 8-10c)。这种网布设特点是周围的图形尽量以边连接方式,在图形内部形成多个异步环。利用异步环闭合差检验、保证测量的可靠性。

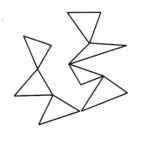
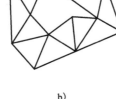
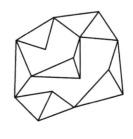

a)　　　　　　　　　　　b)　　　　　　　　　　　c)

图 8-10　GPS 控制网的布设形式
a)点连式(7 个三角形);b)边连式(15 个三角形);c)边点混合连接(10 个三角形)

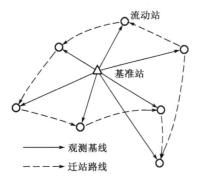

图 8-11 GPS 快速静态测量

在低等级 GPS 测量或碎部测量时可用星形布设,见图 8-11。这种方式常用于快速静态测量。优点是测量速度快,但是没有检核条件。为了保证质量可选两个点作基准站。

(2)GPS 点虽然不需要通视,但是为了便于用常规方法联测和扩展,要求控制点至少与一个其他控制点通视,或者在控制点附近 300m 外布设一个通视良好的方位点,以便建立联测方向。

(3)为了求出 GPS 网坐标与原有地面控制网坐标之间的坐标转换参数,要求至少有三个 GPS 控制网点与地面控制网点重合。

(4)为了利用 GPS 进行高程测量,在测区内 GPS 点应尽可能与水准点重合,或者进行等级水准联测。

二、GPS 外业工作

1. 外业选点及建立标志

GPS 点位应尽量选在天空视野开阔、交通方便且易于安置接收设备的地点,以便于与常规地面控制网的联测;GPS 点应远离对电磁波接收有强烈吸收、反射等干扰影响的障碍物,如高压线、变电所、高层建筑物、大面积水面及微波辐射干扰源等。

点位选定后,应按规范要求埋置标石,以便保存。最后,应绘制点之记、测站环视图和 GPS 网选点图,作为提交的选点技术资料。

2. 外业观测

外业观测是指利用 GPS 接收机采集来自 GPS 卫星的电磁波信号,其作业过程大致可分为安置天线和接收机操作。外业观测应严格按照技术设计时所拟定的观测计划进行实时。为了顺利完成观测任务,在外业观测之前还必须对所选定的接收设备进行严格的检验。

(1)天线安置。天线安置是 GPS 精密测量的重要保证。包括对中、整平、量取仪器高。仪器高要用钢尺在互为 120°方向量三次,互差小于 3mm。取平均值后输入 GPS 接收机。

(2)接收机操作。GPS 接收机应安置在距天线不远的安全处,连接天线及电源电缆,并确保无误。按规定时间打开 GPS 接收机,输入测站名,卫星截止高度角,卫星信号采样间隔等。详细可见仪器 GPS 操作手册。

GPS 接收机自动化程度很高,仪器一旦跟踪卫星进行定位,接收机自动将观测到的卫星星历、导航文件以及测站输入信息以文件形式存入接收机内。作业员只需要定期查看接收机工作状况,发现故障及时排除,并做好记录。在接收机正常工作过程中不要随意开关电源,更改设置参数,关闭文件等。

三、成果检核与数据处理

观测成果的外业检核是确保外业观测质量和实现定位精度的重要环节。所以外业观测数据在测区时就要及时进行严格检查,对外业预处理成果,按规范要求进行严格检查、分析,根据情况进行必要的重测补测。只有按照《全球定位系统(GPS)测量规范》(GB/T 18314—2009)要求,对各项检核内容进行严格检查,确保准确无误,才能进行后续的平差计算和数据处理工作。GPS测量采用连续同步观测的方法,一般15s自动记录一组数据,其数据量之多、信息量之大是常规测量方法所无法相比的。同时采用的数学模型、算法等形式多样,数据处理的过程比较复杂。在实际工作中,借助于电子计算机,使得数据处理工作的自动化程度达到相当高的程度,这也是GPS能够被广泛应用的重要原因之一。限于篇幅,数据处理和整体平差的方法不做详细介绍。

第五节 我国北斗卫星定位系统

北斗卫星导航系统(BeiDou Navigation Satellite System)是中国正在实施的自主发展、独立运行的全球卫星导航系统。系统建设目标是:建成独立自主、开放兼容、技术先进、稳定可靠的覆盖全球的卫星导航系统,促进卫星导航产业链形成,形成完善的国家卫星导航应用产业支撑、推广和保障体系,推动卫星导航在国民经济社会各行业的广泛应用。

北斗卫星导航系统由空间段、地面段和用户段三部分组成,空间段包括5颗静止轨道卫星和30颗非静止轨道卫星,地面段包括主控站、注入站和监测站等若干个地面站,用户段包括北斗用户终端以及与其他卫星导航系统兼容的终端。北斗一号导航定位卫星(英文简称为BD)由中国空间技术研究院研究制造,由四颗导航定位卫星组成,分别发射于2000年10月31日、2000年12月21日、2003年5月25日和2007年4月14日,其中,第三、四颗是备用卫星。北斗二代卫星定位系统(英文为Compass),可在全球范围内全天候、全天时为各类用户提供高精度、高可靠定位、导航、授时服务,并具短报文通信能力。

目前,我国正在实施北斗卫星导航系统建设。根据系统建设总体规划,2012年左右,系统将首先具备覆盖亚太地区的定位、导航和授时以及短报文通信服务能力;2020年左右,建成覆盖全球的北斗卫星导航系统。

【思考题】

8-1 GPS测量中采用的坐标系是什么?

8-2 GPS工作卫星共有几颗工作卫星? 距离地表的平均高度是多少?

8-3 在GPS卫星信号中,测距码指什么?

8-4 简要叙述GPS的定位原理。

8-5 卫星星历包含什么信息? 它的作用是什么?

8-6 为什么称接收机测得的工作卫星至接收机的距离为伪距?

8-7 测定地面一点在WGS-84坐标系中的坐标时,GPS接收机为什么要接收至少4颗工作卫星的信号?

8-8 GPS由哪些部分组成? 各部分的功能和作用是什么?

8-9 载波相位相对定位的单差法和双差法各可以消除什么误差?

8-10 什么是同步观测? 什么是卫星高度角? 什么是几何图形强度因子DPOP?

第九章 大比例尺地形图测绘

第一节 地形图的基本知识

地图是依据一定的数学法则,使用制图语言,通过制图综合,在一定的载体上,表达地球表面各种自然要素和社会要素的空间分布、联系及时间中的发展变化状态的图形。按照地图的内容,地图可分为普通地图和专题地图。普通地图是综合、全面地反映一定制图区域内的自然要素和社会经济现象一般特征的地图,内容包括自然地理要素(如水系、地貌、植被等)和社会要素(如居民地、交通、行政区划等),但不突出表示其中的某一种要素;专题地图,又称特种地图,是着重表示一种或数种自然要素或社会经济现象的地图,如水系分布图、交通旅游图等。

地球表面复杂多样的形体,归纳起来可分为地物和地貌两大类。地面上各种天然或人工构筑的固定物体称为地物,如河流、湖泊、居民地等;而地面上各种高低起伏的形态,如高山、深谷等,称为地貌。

地形是地物与地貌的总称。地形图就是按一定的比例尺、用规定的符号表示地物和地貌的平面位置和高程的正射投影图。如果是仅表是地物的形状和平面位置,而不表示地面的起伏的地图,则称为平面图。

一、地形图的比例尺

1. 比例尺的表示方法

为方便测图和用图,需将实际地物、地貌按一定的比例缩绘到图纸上,所以通常地形图是按比例缩小的图,且同一张图内处处比例一致。地形图比例尺的定义:图上某线段的长度 d 与地面上相应线段的实际水平距离 D 之比。地形图比例尺的表示形式一般分为数字比例尺和图示比例尺。

1)数字比例尺

数字比例尺的表示形式为

$$\frac{d}{D} - \frac{1}{D/d} - \frac{1}{M} - 1 : M \tag{9-1}$$

一般将数字比例尺用分数表示,分子为1,分母为一较大的整数 M。从上式可知,分母越小(M 值越小),比例尺越大。按照比例尺的大小,通常将地形图分为三类:

(1)大比例尺地形图。比例尺为 1:5 000、1:2 000、1:1 000 和 1:500 的地形图,此类地形图一般采用测量仪器野外实测获得,大面积测图也可采用航空摄影测量的方法成图。

(2)中比例地形图。比例尺为 1:1 万、1:2.5 万、1:5 万的地形图,目前均采用航空摄影测量的方法成图。

(3)小比例尺地形图。比例尺为 1:100 万、1:50 万、1:25 万、1:10 万的地形图,此类地形图一般中比例尺地形图缩编而成。

2)图示比例尺

为了便于用分规直接从图上直线的水平距离,常在图上绘制图示比例尺。图示比例尺也可减小由于图纸变形伸缩而引起的误差。在绘制地形图时,最常见的图示比例尺为直线比例尺。例如图 9-1 为 1:1 000 的直线比例尺,取 2cm 为基本单位,从直线比例尺上可直接读得基本单位的 1/10,估读到 1/100。

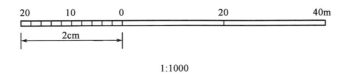

1:1000

图 9-1　直线比例尺

2. 比例尺精度

一般来说,正常人的眼睛只能清晰分辨出图上大于 0.1mm 的两点间距离,这种把相当于图上 0.1mm 所表示的实地水平距离称为比例尺精度。比例尺的精度可用下式表示

$$\delta = 0.1mm \cdot M \tag{9-2}$$

式中,M 为地图比例尺分母。显然,比例尺越大,比例尺精度也越高。不同比例尺的比例尺精度见表 9-1。

比 例 尺 精 度

表 9-1

比例尺	1:500	1:1 000	1:2 000	1:5 000	1:10 000
比例尺精度(m)	0.05	0.1	0.2	0.5	1.0

比例尺精度对于地形测图和设计用图都具有重要的意义。首先,比例尺精度决定了与比例尺相应的测图精度,例如 1:1 万比例尺的最大精度为 1m,因此在测绘 1:1 万比例尺地形图时,只需精确到整米即可,更高的精度是没有意义的;其次,我们也可按照用户要求的精度确定测图的比例尺,例如某项工程建设,要求在图上能反映地面 0.1m 的精度,则采用的比例尺不得小于 1:1 000。

3. 地形图比例尺的选择

在城市和工程建设的规划、设计、施工以及管理运营各阶段中,需要用到不同比例尺的地形图,在实际应用,地形图比例尺的选择可参照表 9-2 进行。

比　例　尺	用　　途
1:10 000	城市的总体规划、厂址选择、区域布置、方案比较等
1:5 000	
1:2 000	城市详细规划、工程项目的初步设计等
1:1 000	
1:500	建筑设计、工程施工设计、竣工图等

二、地形图图式

　　地球表面的极为复杂,为了真实、概括的在地形图上表达地表信息,人们采用了一些特定的符号,这些符号统称为地形图图式。我国当前使用的最新地形图图式是由中华人民共和国质量监督检验检疫总局和与国家标准化管理委员会 2007 年 8 月 30 日联合发布,2007 年 12月 1 日开始实施的中华人民共和国国家标准《国家基本比例尺地图图示第 1 部分:1:500、1:1 000、1:2 000 地形图图式》(GB/T 20257.1—2007)。

　　地形图的符号是地形图测绘和用图的重要依据,主要分为:地物符号、地貌符号和注记符号。

1. 地物符号

　　表 9-3 摘录了《1:500、1:1 000、1:2 000 地形图图式》中的部分地物符号,根据绘制符号的方法,地物符号分为三种类型:比例符号、非比例符号和半比例符号。

地 形 图 图 式　　　　　　　表 9-3

编号	符号名称	图　例	编号	符号名称	图　例
1	一般房屋 砖—建筑材料 3—房屋层数	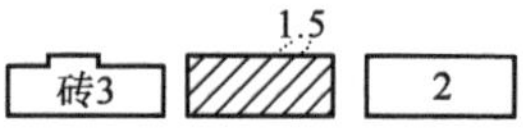 砖3　1.5　2	5	台阶	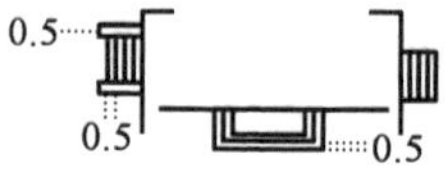 0.5 0.5 0.5
2	简单房屋	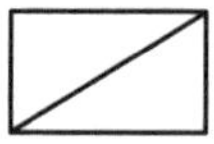	6	打谷场、球场	 谷
3	特种房屋	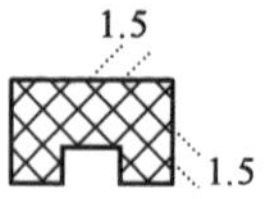 1.5　1.5	7	花圃	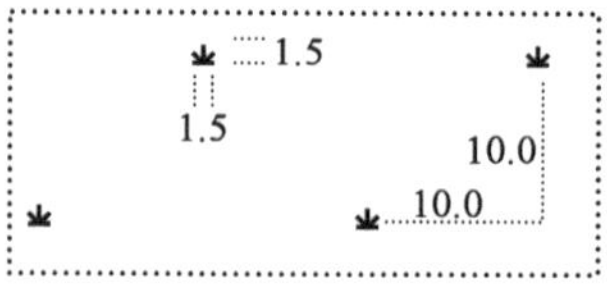 1.5　1.5　10.0　10.0
4	棚房	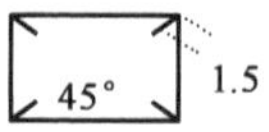 45°　1.5	8	草地	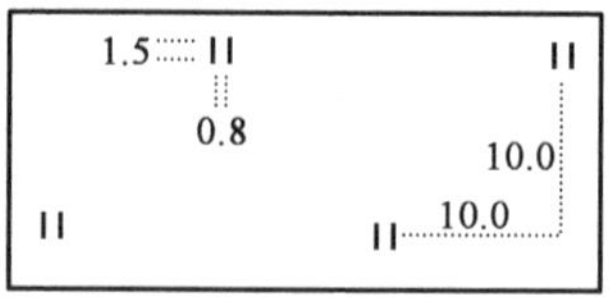 1.5　0.8　10.0　10.0

编号	符号名称	图　例	编号	符号名称	图　例
9	旱地	1.0　2.0　10.0　10.0	16	小路	0.3　4.0　1.0
10	耕地 水稻田	0.2　2.0　10.0　10.0	17	栅栏、栏杆	10.0　1.0
			18	篱笆	10.0　1.0
11	林地	1.5　松6	19	活树篱笆	5.0　0.5　1.0
			20	铁丝网	10.0　1.0
12	河流、溪流、湖泊、池塘、水库 a.水涯线 b.高水界 c.流向 d.潮流向	a　b　0.15　3.0　c　1.0　0.5　d　7.0	21	砖、石及混凝土墙 土墙	10.0　0.3　10.0　10.0　0.5　0.5
			22	挡土墙 a.斜面的 b.垂直的	a　0.3　5.0　b　0.3　5.0
13	高架公路	0.3　0.5　1.0　1.5	23	电力线 a.高压 b.低压	4.0　4.0
14	公路	0.15　0.3　沥　砾	24	电线架	
15	乡村路 a. 依比例尺的 b. 不依比例尺的	4.0　1.0　0.15　8.0　2.0　0.4	25	水准点	2.0　Ⅱ京石5　32.804

编号	符号名称	图 例	编号	符号名称	图 例
26	三角点	凤凰山 394.68 3.0	32	塑像 旗杆	1.0 4.0 2.0 / 1.5 4.0 1.0 1.0
27	导线点	2.0 I 16 84.46	33	独立树 a.阔叶 b.针叶 c.果树 d.椰子、棕榈、槟榔	a 1.5 3.0 0.7 / b 3.0 0.7 / c 3.0 0.7 / d 3.5 1.2
28	图根点 a.埋石的 N16—点号 84.46—高程 b.不埋石的 25—点号 62.74—高程	a 1.5 N16 84.46 2.5 / b 1.5 25 62.74			
29	消火栓	1.5 2.0 3.5	34	等高线及其注记 a.首曲线 b.计曲线 c.间曲线	0.15 87 / 0.3 85 / 0.15 6.0 1.0
30	水龙头	2.0 3.5			
31	喷水池	1.0 4.0			

1)比例符号

能将地物的形状、大小和位置按比例尺缩小绘在图上以表达轮廓特征的符号。这类符号一般是用实线或点线表示其外围轮廓,如房屋、湖泊、森林、稻田、旱地等。

2)非比例符号

一些具有特殊意义的地物,轮廓较小,不能按比例尺缩小绘在图上时,就采用统一尺寸,用规定的符号来表示,如三角点、水准点、烟囱、消防栓等。非比例符号在图上只能表示地物的中心位置,不能表示其形状和大小。

3)半比例符号

一些呈线状延伸的地物,其长度能按比例缩绘,而宽度不能按比例缩绘,需用一定的符号表示的称为半比例符号,也称线状符号。如铁路、公路、围墙、通讯线等。半比例符号只能表示地物的位置(符号的中心线)和长度,不能表示宽度。

需要指出的是,比例符号与半比例符号的使用界限是相对的。如公路、铁路等地物,在1:500～1:2 000比例尺地形图上是用比例符号绘出的,但在1:5 000比例尺以上的地形图上是按半比例符号绘出的。同样的情况也出现在比例符号与非比例符号之间。总之,测图比例尺越大,用比例符号描绘的地物越多;比例尺越小,用非比例符号表示的地物越多。

2. 地貌符号

地图上表示地貌的方法有多种,在大比例尺地形图上常用的表示地貌的符号是等高线。等高线不仅能表示地形高低起伏的形态,也可确定出地面点的高程。但是对于梯田、峭壁、冲沟等特殊地貌,不便用等高线表示时,可根据地形图图式绘制相应符号。

3. 注记符号

有些地物除用相应的符号表示外,对于地物的性质、名称等还需要用文字或数字加以说明,称为地物注记,例如工厂、村庄等的名称,房屋的层数,河流的名称、流向,控制点的点号、高程等。

三、等 高 线

1. 等高线的定义

等高线是地面上高程相等的相邻各点连成的闭合曲线。如图 9-2 所示,设想有一座高出水面的小岛,与某一静止的水面相交形成的水涯线为一闭合曲线,曲线的形状随小岛与水面相交的位置而定,曲线上各点的高程相等。例如,当水面高为 70m 时,曲线上任一点的高程均为 70m;若水位继续升高至 80m、90m,则水涯线的高程分别为 80m、90m。将这些水涯线垂直投影到水平面 H 上,并按一定的比例尺缩绘在图纸上,这就将小岛用等高线表示在地形图上了。这些等高线的形状和高程,客观地显示了小岛的空间形态。

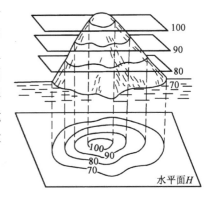

图 9-2　等高线

2. 等高距与等高线平距

等高线是一组水准面与地面的交线。不同高程的水准面与地面相交则得到不同高程的等高线。我们把相邻两等高线间的高差,称为等高距,用 h 表示,图 9-2 中等高距 $h=10m$。同一幅地形图的等高距是相同的。对表达同一局域的等高线而言,等高距越小,其表示的地貌细部越详尽;等高距越大,地貌细部表示的越粗略。但是等高距过小时,地形图上的等高线就过于密集,影响图面的清晰度。因此,要根据测图比例尺、地面的坡度,按国家规范要求选择地形图的基本等高距,具体见表 9-4。

地形图的基本等高距(m)　　　　　　　　　　　　　　　　　　表 9-4

地形类别＼比例尺	1:500	1:1 000	1:2 000	1:5 000
平坦地	0.5	0.5	1	2
丘陵	0.5	1	2	5
山地	1	1	2	5
高山地	1	2	2	5

相邻等高线间的水平距离称为等高线平距,用 d 表示,同一张地形图内等高距相同,所以等高线平距与地形坡度有关。相邻等高线之间的地面坡度(i)用下式计算

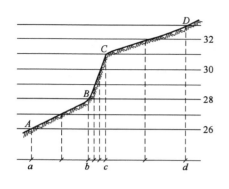

图 9-3 等高线平距与地面坡度的关系

$$i = \frac{h}{d \cdot M} \quad (9-3a)$$

式中，M 表示比例尺分母，h 为基本等高距。

如图 9-3 所示，在同一幅地形图上，等高线平距越大，表示地貌的坡度越小；反之，坡度越大。因此，可以根据图上等高线的疏密程度，判断地面坡度的陡缓。地面坡度也可用百分比（千分比）坡度或坡度角表示：

$$i = \frac{h}{d \cdot M} \quad (9-3b)$$

$$\alpha = \arctan \frac{h}{d \cdot M} \quad (9-3c)$$

3. 等高线的分类

地形图上等高线主要有首曲线、计曲线、间曲线和助曲线 4 种（图 9-4）。

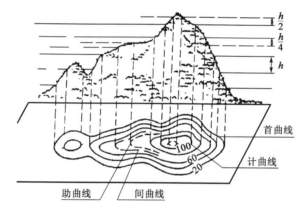

图 9-4 4 种等高线

（1）首曲线。按基本等高距描绘的等高线，一般用 0.15mm 细实线绘制。

（2）计曲线。为了计算高程的方便，通常每隔 4 条或 3 条首曲线加粗等高线，用 0.3mm 粗实线绘制。

（3）间曲线。对于坡度很小的局部区域，用基本等高线不足以反映地貌特征时，按 1/2 基本等高距加绘的等高线。间曲线用长虚线绘制，可不闭合。

（4）助曲线。为了表示坡度极小的局部地形，按 1/4 基本等高距加绘的等高线。助曲线用短虚线绘制，可不闭合。

4. 典型地貌的等高线

虽然地球表面高低起伏的形态千变万化，但可以归纳为山头、洼地、山脊、山谷和鞍部等几种典型地貌。了解和熟悉这些典型地貌的等高线，有助于正确地识图和用图。

1）山头和洼地

图 9-5a）、图 9-5b）分别表示山头和洼地的等高线，它们都是一组闭合曲线。它们的区别在于：山头的等高线由外圈向内圈高程逐渐增加，洼地的等高线由外圈向内圈高程逐渐减小，

因此可以根据等高线高程注记来区分山头和洼地。也可以用示坡线来指示斜坡的方向,在山头、洼地的等高线上绘出示坡线加以识别。

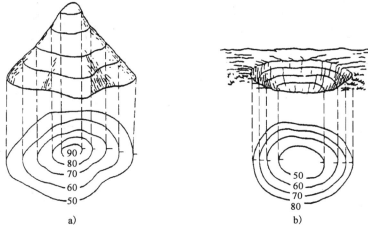

图 9-5　山头与洼地等高线

2)山脊和山谷

山坡的坡度和走向发生改变时,在转折处就会出现山脊或山谷地貌(图 9-6)。

山脊的等高线均向下坡方向凸出,两侧基本对称。山脊线是山体延伸的最高棱线,也称分水线。山谷的等高线均凸向高处,两侧也基本对称。山谷线是谷底点的连线,也称集水线。在土木工程规划及设计中,要考虑地面的水流方向、分水线、集水线等问题。因此,山脊线和山谷线在地形图测绘及应用中具有重要作用。

3)鞍部

相邻两个山头之间呈马鞍形的低凹部分称为鞍部。鞍部是山区道路选线的重要位置。鞍部左右两侧的等高线是近似对称的两组山脊线和两组山谷线,如图 9-7 所示。

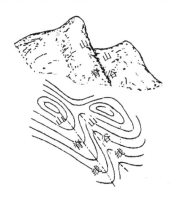

图 9-6　山脊与山谷等高线

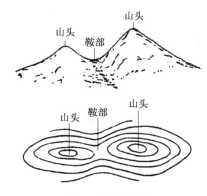

图 9-7　鞍部等高线

4)陡崖和悬崖

陡崖是坡度在 70°以上或接近 90°的陡峭崖壁,用等高线表示出来将是非常密集或重合为一条线,因此采用陡崖符号来表示,如图 9-8a)、图 9-8b)所示。

悬崖是上部突出、下部凹进的陡崖。悬崖上部的等高线投影到水平面时,与下部的等高线相交,下部凹进的等高线用虚线表示,如图 9-8c)所示。

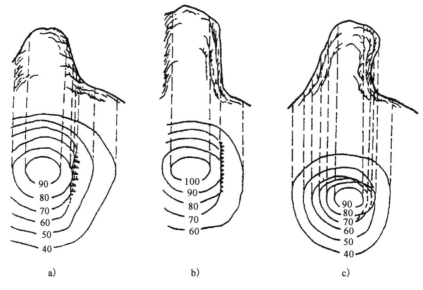

图 9-8　陡崖与悬崖的表示

5. 等高线的特征

通过等高线表示地貌的规律性,可以归纳出等高线的一些特征,它对于地貌的测绘以及正确使用地形图都有很大帮助。

(1)同一条等高线上各点的高程相等。

(2)等高线是闭合曲线,如果不在同一幅图内闭合,则必定在相邻的其他图幅内闭合。

(3)除在绝壁或悬崖处外,等高线在图上不能相交或重合。

(4)等高线经过山脊或山谷时改变方向,因此山脊线与山谷线应和改变方向处的等高线的切线垂直相交,如图 9-6 所示。

(5)在同一幅地形图上,基本等高距是相同的。因此,等高线平距大表示地面坡度小;等高线平距小则表示地面坡度大;等高线平距相等则坡度相同。等倾斜面的等高线是一组间距相等且平行的直线。

四、大比例尺地形图的分幅与编号

1. 大比例尺地形图的分幅

由于图纸的尺寸有限,为了便于地形图的测绘、使用和保管,需要将大面积的地形图进行统一的分幅,并将分幅的地形图进行系统编号。

地形图分幅形式主要有两种:一种是按照经纬线分幅的梯形分幅法,又称国际分幅,由国家统一规定的经线为图的左右边界,纬线为图的南北边界,由于子午线向南北极收敛,因此整个图幅呈梯形。其划分的方法和编号随比例尺的不同而不同。另一种是按照坐标格网分幅的矩形(正方形)分幅法,矩形(正方形)分幅图的图廓线是由坐标格网线组成,图框是矩形(正方形),一般用于城市和工程建设中的大比例尺地形图分幅。

我国基本比例尺地形图包括 1:100 万,1:50 万,1:25 万,1:10 万,1:5 万,1:2.5 万,1:1 万和 1:5 000 等 8 种,均采用梯形分幅,统一按经纬度划分。工程建设中使用的大比例尺地形图

164

通常采用矩形、以整千米(或百米)坐标进行分幅,图纸大小见表9-5。

矩形分幅图的图幅   表 9-5

比 例 尺	图幅大小 (cm)	实际面积 (km²)	一幅1:5 000的图幅 所包含本图幅的数目
1:5 000	40×40	4	1
1:2 000	50×50	1	4
1:1 000	50×50	0.25	16
1:500	50×50	0.062 5	64

2. 大比例尺地形图的编号

矩形分幅图的编号主要有以下几种方式。

1)按图廓西南角坐标编号

采用图幅西南角坐标公里数编号时,x坐标在前,y坐标在后,中间用小短线连接。其中,1:500比例尺地形图的编号公里数取至0.01km,1:1 000、1:2 000比例尺地形图的公里数取至0.1km,1:5 000比例尺地形图的公里数取至1km。如图9-9a)所示,一幅1:5 000地形图西南角P的坐标$x=20$km,$y=30$km,则该图的编号为20-30。

2)以1:5 000地形图图号为基础编号

如果在同一个地区测绘了几种不同比例尺的地形图,则地形图的编号可以1:5 000比例尺地形图为基础。具体为:以1:5 000地形图西南角坐标值为基本图号,按比例尺由小至大逐级向下分幅。每级均分为四幅,记为罗马数字Ⅰ、Ⅱ、Ⅲ、Ⅳ。如图9-9a)所示,1:5 000地形图的编号为20-30,本幅图内的1:2 000地形图的编号为在1:5 000地形图图号后分别加上Ⅰ、Ⅱ、Ⅲ、Ⅳ组成,如20-30-Ⅲ。1:1 000地形图的编号是在1:2 000地形图的图号后再分别加上Ⅰ、Ⅱ、Ⅲ、Ⅳ,例如20-30-Ⅱ-Ⅰ。1:500地形图的编号以此类推,如20-30-Ⅰ-Ⅰ-Ⅰ。

3)按测区顺序编号

如果测区范围较小,图幅数量不多,可以按测区顺序统一进行编号,一般从左到右,从上到下用阿拉伯数字1,2,3…编号,如图9-9b)所示。

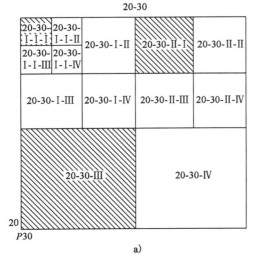

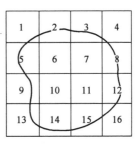

a)   b)

图 9-9　地形图的矩形分幅与编号

第二节　大比例尺地形图的测绘方法

大比例尺地形图的测绘是为国家经济建设服务的一项重要的基础性工作。在测区中控制测量的工作完成以后，就可以根据图根控制点测绘地物、地貌特征点平面位置和高程，并按规定的比例尺和符号缩绘成地形图。本节主要学习大比例尺地形图的传统测绘和数字测绘方法。

一、地形图的传统测绘方法

(一)测图前的准备工作

测图前，除做好仪器、工具及资料的准备工作外，还应着重做好测图板的准备工作。其主要内容包括：图纸准备，会制坐标格网以及展绘控制点。

1. 图纸准备

在进行传统地形图测绘中一般使用聚酯薄膜来代替白纸。聚酯薄膜经过热定型和打磨处理，具有透明度好、伸缩性小、不怕潮湿等优点。图纸弄脏后，可以水洗或用湿软棉布擦洗，便于野外作业。还可在图纸上着墨后，直接复晒蓝图。其缺点是易燃易折和易老化。

测图时，为了减少图纸变形，用胶带或铁夹固定在图板上，即可进行测绘地形图。

2. 绘制坐标格网

在野外测图前，需要根据图根控制点的直角坐标 x、y 值，将其展绘到图纸上。为使得展绘的控制点更精确，需要在图纸上先绘制 $10cm \times 10cm$ 的直角坐标系格网，又称坐标方格网。聚酯薄膜纸有空白纸和印有坐标格网两种图纸，其中，印有坐标格网的图纸又有 $50cm \times 50cm$ 的正方形和 $40cm \times 10cm$ 的矩形两种规格。若是空白的聚酯薄膜纸，就需要在图纸上精确绘出坐标格网。坐标格网的绘制方法有对角线法、坐标格网尺法和 AutoCAD 绘制法等，具体方法参考其他手册。传统测绘法一般采用印有坐标格网的聚酯薄膜纸。

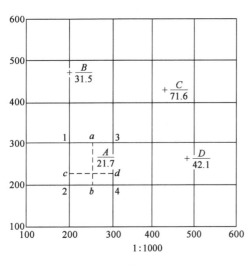

1:1000

图 9-10　控制点的展绘

3. 展绘控制点

根据图根平面控制点的坐标值，将其点位在图纸上标出，称为展绘控制点。展点前，首先应根据地形图的分幅位置，将坐标格网线的坐标值注在图框外相应位置，如图 9-10 所示。

展点时，先根据控制点的坐标，确定其所在的方格。例如 A 点的坐标为 $x_A = 214.60m$，$y_A = 256.78m$，则 A 点在方格 1234 内。然后依 2 点与 A 点的坐标增量 Δx_{2A}、Δy_{2A} 在方格内标明点位。从 1 点、2 点分别向右量取 $\Delta y_{2A} = 256.78m - 200m = 56.78m$，定出 a、b 点；从 2 点、4 点分别向上量取 $\Delta x_{2A} = 214.60m - 200m = 14.60m$，定出 c、d 点。

连接 ab、cd 得到的交点即为 A 点的位置,并将点号与高程注在点位的右侧。同法,可将其余控制点 B、C、D 点展绘在图上。最后要检查展点精度,在图上分别量取线段 AB、BC、CD、DA 的长度,其值与已知值(由坐标反算的长度)之差不应超过 ±0.3mm×M(M 为比例尺分母),否则应重新展绘。为了保证地形图的精度,测区内应有一定数量的图根控制点。按照测量规范,测区内解析图根点的个数不能少于表 9-6 的规定。

一般地区解析图根点的个数　　　　　　　　　　　　　表 9-6

测图比例尺	图幅尺寸(cm)	解析图根点(个数)
1:500	50×50	8
1:1 000	50×50	12
1:2 000	50×50	15
1:5 000	40×40	30

(二)碎部点的测定方法

在地形图测绘中,决定地物、地貌位置的特征点统称为碎部点。碎部点测定就是确定特征点的平面位置与高程。

1. 碎部点的选择

地物的测绘是在图上绘制地物轮廓的外边界或地物的定位线。地物外轮廓的转折点决定了其边界的位置,例如房屋的屋角点,围墙、电力线的转折点,道路、河流的转弯点、交叉点,电杆、独立树的中心点等,都是决定地物位置的特征点。由于受测图比例尺的限制,对地物的细部要进行综合取舍,一般规定当建筑物、构筑物轮廓凸凹部分在图上小于 0.5mm 或 1:500 比例尺图上小于 1mm 时,可用直线连接。

地貌特征点是指地面坡度大小和方向变化点,例如山顶、鞍部、山脊线、山谷线、山坡、山脚等坡度改变处。在地面平坦或坡度无显著变化地区,为了真实地表示地貌,应按表 9-7 的要求选择足够数目的碎部点。

地形点间距和视距长度　　　　　　　　　　　　　表 9-7

测 图 比 例 尺	地形点最大间距 (m)	最大视距(m)	
		主要地物点	次要地物及地形点
1:500	15	60	100
1:1 000	30	100	150
1:2 000	50	180	250
1:5 000	100	300	350

2. 碎部点的测量方法

碎部测量的特点是测点的数量大,远远超过图根控制点的个数;在白纸成图过程中由于受地形图比例尺精度的制约,碎部点的定位精度比控制点的定位精度要低得多。因此在实际工作中碎部点的测、绘方法比较灵活,可用解析法,也可用图解方法。但就点的定位原理而言,与控制测量方法相同。平面定位的方法主要有极坐标法、直角坐标法和交会法等。高程定位的方法有水准测量和三角高程等。

(1)极坐标法。如图 9-11 所示,A、B 为已展绘在图上的图根控制点,房角点 1、2、3 为待定点,用测量仪器工具在实地分别测定水平角 β_i、水平距离 D_i($i=1,2,3$),在图上用量角器和比例尺便可绘出房屋位置。

(2)直角坐标法。如图 9-12 所示,A、B 为图上已绘出的图根控制点或地物点,待定房屋在 A、B 附近,房屋角点 1、2 在 AB 线上垂足为 $1'$、$2'$,通过丈量两段互相垂直水平距离 $A1'$、$1'1$,在图上便可定出 1 点,同法可在图上定出 2 点。

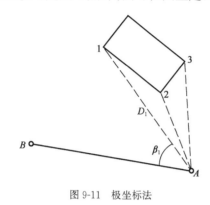

图 9-11　极坐标法

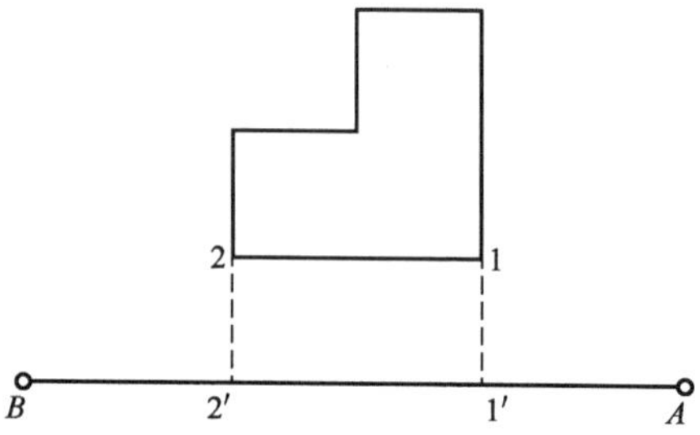

图 9-12　直角坐标法

(3)交会法,常用的交会法有下述 3 种:

①角度交会法。如图 9-13 所示,A、B 为已知控制点,在 A、B 分别测定水平角 $\angle BAO$、$\angle ABO$,在图上用量角器便可交会定出 O 点。

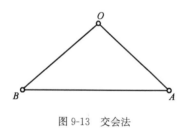

②距离交会法。如图 9-13 所示,如果测得 A、B 点与 O 点间的水平距离 AO、BO,可用分规按水平距离 AO、BO 在图上交会出 O 点。

③角度距离交会。如图 9-13 所示,如果在 A 点测量水平距离 AO,在 B 点测量水平角 $\angle ABO$,则在图上用量角器按角度、用分规按距离定出 O 点。

碎部点定位的水平角测量可用经纬仪或平板仪,水平距

图 9-13　交会法

离测量可用丈量法或视距测量法。

(三)经纬仪测绘法

大比例尺地形图传统测绘法中,碎部点测量的方法有经纬仪测图法、大平板仪测图法和小平板仪加经纬仪联合测图法等。下面以经纬仪测图法为例介绍,其他方法类似。

经纬仪测绘法是按极坐标法测定碎部点位置的方法。利用经纬仪及其他工具(如皮尺、塔尺、测距仪等),测定碎部点的平面定位元素:水平角和水平距离,用量角器和直尺在图纸上标定碎部点。同时利用经纬仪(或水准仪)测出该碎部点的高程,并注记在图上该点的右侧。

经纬仪测绘法在一个测站上的观测步骤(图 9-14)如下:

(1)安置仪器。将经纬仪安置在测站点 A,对中、整平、量取仪器高 i(精确至厘米)并记入碎部测量手簿(表 9-8)。在测站附近安置图板。

(2)定向。将经纬仪照准另一控制点 B,将水平度盘读数设为 $0°00'00''$。绘图员在图纸上同名方向画一条短直线(短直线超过量角器半径),作为量角器读数的起始方向线。

(3)立尺。立尺员先观察测站附近的地形情况,与观测员共同商定跑尺的范围、路线,然后

在选定的碎部点上立标尺,尽量做到跑尺有顺序、不重复、不漏点,一点多用,方便绘图。立尺点与测站间的视距长度应不超过表9-5中规定的最大视距。

(4)观测。用经纬仪照准标尺,读取上丝、下丝和中丝读数,读取水平度盘读数、竖盘读数。在观测过程中,应经常检查定向读数是否为$0°00'00''$,其不符值不得超过$4'$,否则应重新定向。

(5)记录。记录者将观测数据记入手簿,并在备注栏填入特征点名称。

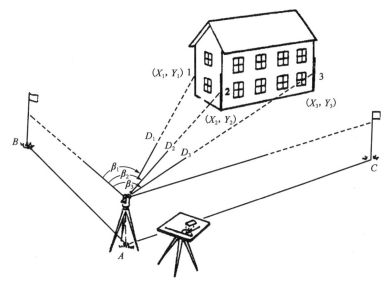

图9-14 经纬仪测绘法

碎 部 测 量 手 簿　　　　　　　　　　　表9-8

日期:2002.5.28　　　　后视点:B　　　　测站高程:H_A=243.76m　　　　指标差:$x=0$

测站:A　　　　仪器高I:1.45m　　　　观测者:王勇　　　　记录者:刘平

观测点	尺上读数(m)			尺间隔L (m)	竖盘读数 (°　′)	竖直角α (°　′)	水平角β (°　′)	水平距离 (m)	高程 (m)	备注
	中丝	下丝	上丝							
1	1.45	1.640	1.260	0.380	93 28	−3 28	17 530	37.9	241.47	房角
2	1.50	1.637	1.262	0.375	93 00	−3 00	27 845	37.4	241.80	电杆
3	1.45	1.720	1.179	0.541	87 26	+2 34	23 620	51.3	246.06	山脚
4	2.45	2.964	1.936	1.028	91 45	−1 45	29 715	102.7	239.62	公路
⋮	⋮	⋮	⋮	⋮	⋮	⋮	⋮	⋮	⋮	

(6)计算。记录员按照视距测量公式,计算水平距离、碎部点高程,并将展点数据随时报绘图员。

(7)展点。绘图员用量角器按水平角在图上做出$a1$方向线,用直尺依水平距离在$a1$方向上定出1点,并在点位右侧标注高程。按同法定出其他碎部点。

(8)绘图。绘图员在现场根据展绘的碎部点,勾绘地形图。地物的轮廓线或定位线应边测边绘;测绘地貌时应先对照实地标明山脊线、山谷线,勾绘计曲线,再加绘首曲线。

一个测站周围的碎部点测绘完成后,对照实地检查,确认地物、地貌没有遗漏及错误,方可搬站。

(四)地形图的绘制

当碎部点展绘在图纸上后,在现场对照实际地形用铅笔描绘地物、勾绘等高线。现场绘图可及时发现漏测或测错的地形,以便当场进行补测或返工。

1. 地物的描绘

地物在地形图上表示的原则:凡能以比例尺表示的地物,则将其水平投影位置的几何形状相似的描绘在地形图上,如道路、房屋、河流等。或将其边界位置表示在图上,边界内再绘制相应地物符号,如森林、沙漠、草地等。对于不能以比例尺表示的地物,在地形图上是以相应的地物符号表示在地物的中心位置上,如水塔、烟囱、单线道路、单线河流等。

测绘地物必须根据规定的比例尺,按照规范和地形图图式的要求,经过综合取舍,将各种地物绘制在图纸上。

2. 等高线的勾绘

测定的地貌特征点是山顶、鞍部、山脊、山谷、山脚以及山坡上坡度大小及方向变化的点。依据图上展出的碎部点,按选定的基本等高距绘制出等高线。对于悬崖、陡崖等特殊地貌,用图式规定的符号表示。

山脊线、山谷线、山脚是不同坡度地面的分界线,控制地貌的基本形状。测图时在图上用铅笔描出这些地性线。在由地形线包围的范围内相邻两个地形点间的坡度应当是均匀的。因此相邻碎部点连线上的点,存在着平距与高差成正比的关系。等高线勾绘的第一步就是在两碎部点连线上内插一些高程点,其高程与首曲线高程相对应。然后将高程相同的相邻点连接成顺滑的曲线。

等高线内插原理如图 9-15a)所示,A、B 两地形点的高程分别为 52.3m、47.1m,当取等高距为 1m 时,就有 52m、51m、50m、49m 和 48m 5 条等高线通过 A、B 两点之间,依等高线平距与高差成正比的关系,它们在图上的位置分别为 ab 连线间的 1′、2′、3′、4′、5′点。内插等高线常用的方法有透明纸法、目估法等。

1)透明纸法

如图 9-15b)所示,在一张透明纸上绘有一组等间距的平行直线,直线端点分别注有 0～10 数字。将透明纸盖到 ab 直线上,使 a、b 点分别位于平行线组的 2.3 和 7.1 处,则 ab 直线与平行线的交点 1′、2′、3′、4′、5′就是 52m、51m、50m、49m 和 48m 等高线通过的点。

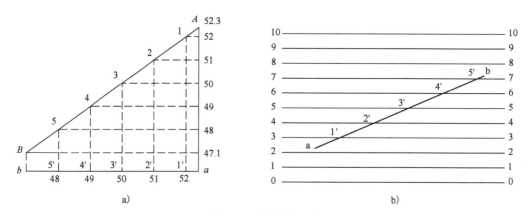

图 9-15 等高线的内插

2)目估法

用目估法在 a、b 点间内插等高线的步骤是:先定头尾,后等分中间。即首先将 a、b 间粗略分为 5 等分,然后根据高差 $48-47.1=0.9$m、$52.3-52=0.3$m 调整首、尾点的位置,定下 48m、52m 高程点;然后在 48m、52m 点间目估 4 等分,定下 49m、50m、51m 高程点。目估法虽不如透明纸法精确,但其内插精度可以达到地形图测绘规范的要求。用目估法比透明纸法要快得多,也能满足野外工作的要求,现场一般都采用此方法。

在局部范围内内插出高程点后,根据实地情况,将高程相同的相邻点用光滑曲线连起来。勾绘等高线的步骤如图 9-16 所示,作业时首先边测量边展点,绘出山脊线(实线)、山谷线(虚线)(图 9-16a)。然后在相邻高程点间按基本等高距内插高程点,按实际地形勾出计曲线(图 9-16b),最后绘出首曲线(图 9-16c)。

3. 地形图的拼接

当测区面积较大时,整个测区必须划分为若干幅图进行施测。由于测量误差和绘图误差的影响,相邻图幅进行拼接时,无论是地物轮廓线还是等高线往往不能准确吻合,如图 9-17 所示相邻两幅图上的等高线、房屋、道路等。因此必须对图幅接边处的地物、地貌的位置进行合理的修改。

根据规范要求,每幅图应测出图廓外 5mm,若图幅的接边误差不超过表 9-9 和表 9-10 中规定的地物点平面位置中误差、等高线高程中误差的 $2\sqrt{2}$ 倍时,可取其平均位置进行改正。若接边误差超过规定限差,应进行实地检查和修改。

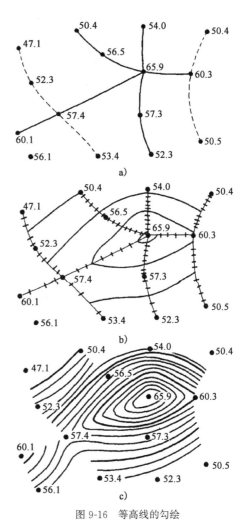

图 9-16 等高线的勾绘

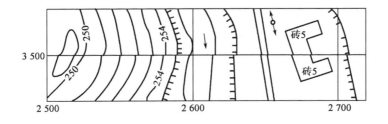

图 9-17 地形图的拼接

图上地物点的点位中误差(mm)　　　　　　　　　　　　　　表 9-9

区 域 类 型	点 位 中 误 差
一般地区	0.8
城镇居住区、工矿区	0.6

地形类别	平坦地	丘陵地	山地	高山地
高程中误差(m)	$\dfrac{h}{3}$	$\dfrac{h}{2}$	$\dfrac{2h}{3}$	h

(五)地形图的检查与整饰

1. 地形图的检查

为了确保地形图的质量,除了在施测过程中加强检查外,还应在地形图测绘完成后,进行全面质量检查,这项检查分室内检查和实地检查两部分。

1)室内检查

测图工作完成后,测图人员对测图全部资料进行检查,主要内容为:

①控制点的资料是否齐全、计算是否准确、有无超限等。

②图廓、坐标格网、控制点的展绘是否合乎要求。

③地物、地貌测绘是否齐全,符号是否按图式绘制正确。

2)实地检查

实地检查分为实地巡查和仪器检查两部分。

实地巡查是到测区将地形图与实际地形对照检查,着重注意地物、地貌有无遗漏,取舍是否合理,名称注记是否与实地一致,以及等高线勾绘是否合乎实际等。

仪器检查是对室内检查和实地巡查中发现的问题、遗漏和疑点,重新将测量仪器安置在图根控制点上进行补测与检查,并进行必要的修改。

2. 地形图的整饰

铅笔原图经过拼接、检查和修正后,需要进行整饰,使地物符号、注记符号符合地形图图式的规定,等高线光滑、清晰。地形图整饰的顺序是:先图内后图外,先地物后地貌,先注记后符号。

整饰的要求是:

(1)地物、地貌均按照地形图图式符号绘制,线条清晰,位置正确。

(2)文字注记一般字头朝北,书写清楚。

(3)等高线的注记字头应指向山顶或高地,不应朝向图纸的下方。

(4)等高线与高程注记点不矛盾。

(5)图名、图号、地形图比例尺、坐标格网、坐标系、高程系和等高距、测图人员、测图单位、时间书写正确齐全。

二、地形图的数字测绘方法

地形图的传统测绘法,主要是利用测量仪器在野外量测特征点的角度、距离和高差,并记录,再由测绘人员按规定的图式符号手工展绘到白纸上。这种测图方法效率低,劳动强度大,精度不高,用图不便,而且成图周期长、现势性差。

随着科学技术的进步和计算机技术的发展及其在测绘领域的交叉渗透,以及电子全站仪和 GPS RTK 等先进测量仪器和技术的广泛应用,数字测图技术出现并得到了快速发展,并以其自动化、数字化、高精度和方便存储与共享等显著优势逐步取代了传统测图方法。

(一)数字测图原理

数字化测图是指对利用全站仪、GPS 接收机等仪器采集的数据及其编码,通过计算机图形处理而自动绘制地形图的方法。数字化测图系统主要包括硬件和软件两部分,基本硬件包括:全站仪或 GPS 接收机、计算机和绘图仪等;软件主要包括系统软件和应用软件等,应用软件的主要功能有:野外数据的输入与处理、图形文件的生成、等高线自动生成、图形编辑与注记以及地形图自动绘制等。与传统的地形图测量相比,数字化测图具有以下特点:

1. 测图精度高、制图规范

传统地形图测绘方式是全手工作业,从数据的采集、记录计算和绘图都是人工完成,不可避免地存在人为误差。数字化测图直接利用测量仪器获取碎部点坐标、自动存储,内业将测量数据直接输入计算机,在计算机上进行编辑成图,因此,可减少人为误差影响、提高观测精度,同时,与传统的手工绘制地形图相比,计算机绘制的地形图图面美观而规范。

2. 降低劳动强度、功效高

传统地形图测绘方式中,外业人工测量数据、记录、计算以及手工绘图,劳动强度大,作业效率低。数字化测图的外业数据采集工作集测距、测角、计算、记录于一体,自动记录、解算,劳动强度小、自动化程度高;内业方面,可以将测量数据自动传输、展点,在电脑上编辑成图,与传统测图方法比较,大大提高功效。

3. 存储、更新和使用方便

数字测图的成果是以数据文件的形式存储于计算机以及其他磁介质上,因此便于存储、复制、传输和网上发布等。同时,当地形、地物发生变化时,只需将修测变化区域的数据导入进行编辑处理,很快即可完成地图的更新,与传统测图相比,具有更新速度快,费用低的优势。同时,从数字地图上可提取多项数据和资料(如点位坐标、两点间距离、方位、地块面积、土石方计算等),方便各工程的规划设计使用。

4. 成果方便管理,科技含量高

由于传统测图科技含量不高,生产作业简单粗放,使得其测绘产品价值低、应用范围窄。数字测图由于采用高新技术装备,提高了测绘产品的技术含量,使得行业面貌焕然一新。数字化测绘成果为现代信息管理创造了条件,现已成为地理信息系统的基本数据源,顺应了信息时代要求。地理信息系统的发展也促进了测绘成果的有效利用,提高了测绘产品在国民经济建设领域的服务质量和效率。

近年来,随着数字化地形图测绘软硬件的发展,国内各测绘单位采用野外直接数字化的作业方法日趋成熟,数字测图技术以其精度高、作业效率高、经济效益高的优势,已经淘汰了传统方法。数字化测图的基本作业过程可分为数据采集、数据处理和成果输出三个阶段。

(二)野外数据采集

大比例尺数字地形图野外作业的方法主要是利用全站仪和 GNSS-RTK 等测量仪器设备

和技术,在实地采集地形图全部要素信息,以数字文件形式记录测量数据,然后输入计算机展点编辑,绘制成数字地形图。数字测图野外数据采集的作业方式,取决于测量仪器设备和数据记录格式。目前野外数据采集有三种方式:草图法、电子平板测绘法和 GNSS-RTK 测绘法。下面重点介绍草图法数字测图作业模式。

草图法数字测图模式是一种野外测记、室内编辑成图的数字测图模式。一般使用带有内存的测量仪器,将野外采集的数据传输到计算机,在计算机屏幕上展点,结合野外勾绘的草图,利用数字成图软件系统对数据进行处理,经人机交互编辑形成地形图。这种作业模式的特点是外业工作量最少,数据采集过程简单,不易出错,但内业编辑成图工作量比较大,因其成图效率高,在一般的作业单位中应用较广。

目前草图法测图采用的主要测量仪器有全站仪和 GNSS-RTK,下面分述如下:

1. 全站仪数据采集

全站仪是目前生产单位测绘数字地形图较为常用的测量仪器。在外也测绘时,先将全站仪安置在测站上(控制点或图根点),进行仪器参数设置,经定向后,在测区碎部点上立反射棱镜,司仪人员操作仪器对准棱镜测量,全站仪自动地同时测定角度和距离,按极坐标法算出测点的坐标和高程,并将观测结果数据记录到全站仪内存卡上。在进行测图的同时,测量人员进行测点草图绘制,草图上需绘制碎部点的点号、地物的相关位置、地貌的地性线、地理名称和说明注记等。草图上标注的点号要与全站仪数据采集及记录中的测点编号严格一致,地形要素之间的相关位置必须准确,地图上需注记的各种名称、地物属性等草图上也须标注清楚,以便在室内计算机上展点编辑成图时做参考。数据采集完成后,可在室内,通过数据通信线的联结或读卡器,应用相关软件(如南方测绘成图软件 CASS 等),将全站仪内存记录数据传输到计算机,在数字测绘软件上对照草图人工交互编辑成图。

2. GNSS-RTK 数据采集

随着卫星导航技术的发展,GNSS-RTK 定位技术的应用越来越广泛,因其定位精度高、速度快、作业范围广、测站间无须通视等优势,也常常应用于大比例尺地形图测绘中进行所部点地采集。利用 GNSS-RTK 进行数字测图,其过程同全站仪草图法测图基本一致,只是仪器的操作不同。采用 GNSS 基准站加流动站建立 RTK 的工作模式进行碎部点采集的大致步骤为:

(1)基准站的安置。主要包括:假设仪器设备、进行天线与主机等各设备连接、基准站参数设置、启动基准站及基站差分信号播发电台等工作。

(2)流动站设置。主要包括:开启流动站、建立流动站与基准站之间的数据链、在控制手簿上输入或求解坐标转换参数、在控制手簿上开始 RTK 测量等。

实践证明,在地势开阔的地区,采用 GNSS-RTK 进行碎部点数据采集,速度比全站仪快很多。尽管 GNSS-RTK 采集数据具有快速、作业集成度高、操作简便、易实现自动化、数据输入、处理和存储能强,与计算机等其他测量仪器通信方便等优点。当然也存在不足和局限性,比如,其易受到障碍物如大树、高大建筑物和各种高频信号源等的干扰。但可以预见,随着各地方连续运行卫星定位服务系统(CORS)的建立和 GNSS 软硬件系统的不断更新,GNSS-RTK 技术在数字地形图数据采集中的应用具有良好的前景。

(三)数字地形图的编辑

1. 地形图要素分类和代码

按照《1:500　1:1 000　1:2 000 地形图要素分类与代码》(GB 14804—93)标准,地形图要素分为 9 个大类:测量控制点、居民地和垣栅、工矿建(构)筑物及其他设施、交通及附属设施、管线及附属设施、水系及附属设施、境界、地貌和土质、植被。地形图要素代码由四位数字码组成,从左到右,第一位是大类码,用 1～9 表示,第二位是小类码,第三、第四位分别是一、二级代码。部分地形要素代码见表 9-11。

地形图要素代码　　　　　　　　　　　　　　　　表 9-11

代　　码	名　　称	代　　码	名　　称
1113	三等三角点	5111	地面上的高压电力线
1151	一级导线点	5121	地面上的低压电力线
1214	四等水准点	5713	架空的工业管道
1330	C 级 GPS 点	6112	双线河水涯线
2110	一般房屋	6240	池塘
2120	简单房屋	6510	水井
2320	台阶	7150	县界
2430	围墙	7160	乡界
3262	纪念碑	7220	自然保护区界
3271	烟囱	8431	土质陡崖
3313	粮仓群	8512	加固斜坡
3611	纪念碑	8521	未加固陡坎
4110	一般铁路	9110	稻田
4310	高速公路	9210	果园
4321	一级公路	9350	苗圃
4330	等外公路	9410	天然草地
4642	不依比例人行桥	9610	地类界

2. 地形图符号的绘制

外业数据采集完成后,就可在计算机上进行数据处理,即将外业记录的原始数据经计算机处理,在计算机屏幕上显示图形,然后在人机交互方式下进行地图的编辑,生成数字地形图。计算机地形图的编辑是在测图软件上完成的。大比例尺数字地形测图软件应具有以下功能:数据预处理、包括交互方式下碎部点坐标计算及编码、数据的检查与修改、图形显示、图幅分幅等;地形图编辑、包括图形文件生成、等高线生成、图形修改、注记、图廓生成等;地形图输出,包括地形图绘制、数字地形图数据库处理及存储等。但是,不同的数字测图软件在数据采集方法、数据记录格式、图形文件格式和图形编辑功能等方面会有一些不同。地形图符号的绘制具体包括地物符号的绘制和等高线的绘制。

1）地物符号的绘制

地物符号按图形特征可分为三类，即独立符号、线状符号和面状符号。

（1）独立符号的自动绘制。首先建立表示这些符号特征点信息的符号库，即以符号的定位点作为坐标原点，将符号特征点坐标存放在独立符号库中，符号图形显示时，可按照地图上要求的位置和方向对独立符号信息数据中的坐标进行平移和旋转，然后绘制该独立符号。

（2）线状符号的自动绘制。线状符号按轴线的形状可分为直线、圆弧、曲线三种线型。根据不同线型和符号的几何关系用数学表达式来计算符号特征点的坐标，然后绘制线状符号。

（3）面状符号的自动绘制。面状符号分为轮廓线的绘制和填充符号的绘制，轮廓线按线状符号绘制，按晕线的方位计算晕线与轮廓线的交点来绘制晕线，填充符号是在轮廓区域内计算填充符号的中心位置，再绘制点状符号。

2）等高线的绘制

根据不规则分布的数据点自动绘制等高线可采用网格法和三角网法。网格法是由小的长方形或正方形排列成矩阵式的网格，每个网格点的高程以不规则数据点为依据，按距离加权平均或最小二乘曲面拟合地表面等方法求得；而三角网法直接由不规则数据点连成三角形网。在构成网格或三角形网后，再在网格边或三角形边上进行等高线点位的寻找、等高线点的追踪、等高线的光滑和绘制等高线。

（四）地形图输出

数字地形图的输出主要包括两个方面：一是图形输出，即地形图的绘制。在外业通过测量获得数据，经过内业数据处理、图形编辑后，生成数字地图文件；将地图文件经整饰后利用图形输出程序在数控绘图仪上输出地形图。二是数据成果打印，即利用打印机输出各种测量成果表册，如平面控制测量成果表册、界址点坐标成果表册、面积测算表册等。

第三节　地面三维激光扫描仪地形测图

三维激光扫描仪是无合作目标激光测距仪与角度测量系统组合的自动化快速测量系统，在复杂的现场和空间对被测物体进行快速扫描测量，直接获得激光点所接触的物体表面的水平方向、天顶距、斜距和反射强度，自动存储并计算，或得点云数据。最远测量距离可达数千米，最高扫描频率可达每秒几十万次，纵向扫描角 θ 接近 $90°$，横向可绕仪器竖轴进行 $360°$ 全圆扫描，扫描数据可通过 TCP/IP 协议自动传输到计算机，外置数码相机拍摄的场景图像可通过 USB 数据线同时传输到电脑中。点云数据经过计算机处理后，结合 CAD 可快速重构出被测物体的三维模型及线、面、体、空间等各种制图数据。

目前，生产三维激光扫描仪的公司很多，典型的有瑞典的 Leica 公司、美国的 3D DIGITAL 公司和 Polhemus 公司、奥地利的 RIGEL 公司、加拿大的 OpTech 公司等。它们各自产品的测距精度、测距范围、数据采样率、最小点间距、模型化点定位精度、激光点大小、扫描视场、激光等级、激光波长等指标会有所不同，可根据不同的情况如成本、模型的精度要求等因素进行综合考虑之后，选用不同的三维激光扫描扫描仪产品。

一、地面三维激光扫描仪测量原理

无论扫描仪的类型如何，三维激光扫描仪的构造原理都是相似的。三维激光扫描仪的主要构造是由一台高速精确的激光测距仪，配上一组可以引导激光并以均匀角速度扫描的反射棱镜组成。激光测距仪主动发射激光，同时接受由自然物表面反射的信号从而可以进行测距，针对每一个扫描点可测得测站至扫描点的斜距，再配合扫描的水平和垂直方向角，可以得到每一扫描点与测站的空间相对坐标。如果测站的空间坐标是已知的，则可以求得每一个扫描点的三维坐标。地面三维激光扫描仪测量原理图如图9-18所示。

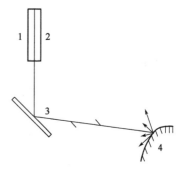

图 9-18　地面三维激光扫描仪原理
1-接收器；2-激光发射器；3-扫描棱镜；4-目标

地面三维激光扫描仪测量原理主要分为测距、扫描、测角和定向等4个方面。

1. 测距原理

激光测距作为激光扫描技术的关键组成部分，对于激光扫描的定位、获取空间三维信息具有十分重要的作用。目前，测距方法主要有脉冲法和相位法。

脉冲测距法是通过测量发射和接收激光脉冲信号的时间差来间接获得被测目标的距离。激光发射器向目标发射一束脉冲信号，经目标反射后到达接收系统，设测量距离为 S，测得激光信号往返传播的时间差为 Δt，则有：$S=\dfrac{1}{2}c \cdot \Delta t$，可以看出，影响距离精度的主要因素有 c 和 Δt。

相位法测距使用无线电波段的频率，对激光束进行幅度调制，通过测定调制光信号在被测距离上往返传播所产生的相位差，间接测定往返时间，并进一步计算出被测距离。相位型扫描仪可分为调幅型，调频型，相位变换型等。这种测距方式是一种间接测距方式，通过检测发射和接收信号之间的相位差，获得被测目标的距离。测距精度较高，主要应用在精密测量和医学研究，精度可达毫米级。

脉冲法和相位法测距各有优缺点，脉冲测量的距离最长，但精度随距离的增加而降低。相位法适用于中程测量，具有较高的测量精度。

2. 扫描和测角原理

三维激光扫描仪通过内置伺服驱动电机系统精密控制多面扫描棱镜的转动，决定激光束出射方向，从而使脉冲激光束沿横轴方向和纵轴方向快速扫描。目前，扫描控制装置主要有摆动平面扫描镜和旋转正多面体扫描镜。

三维激光扫描仪的测角原理区别于电子经纬仪的度盘测角方式，激光扫描仪通过改变激光光路获得扫描角度。把两个步进电机和扫描棱镜安装在一起，分别实现水平和垂直方向扫描。步进电机是一种将电脉冲信号转换成角位移的控制微电机，它可以实现对激光扫描仪的精确定位。

3. 定向原理

三维激光扫描仪扫描的点云数据都在其自定义的扫描坐标系中，但是数据的后处理要求是大地坐标系下的数据，这就需要将扫描坐标系下的数据转换到大地坐标系下，这个过程就称为三维激光扫描仪的定向。

二、地面三维激光扫描仪特点

1. 非接触测量

三维激光扫描技术采用非接触扫描目标的方式进行测量无须反射棱镜对扫描目标物体不需进行任何表面处理,直接采集物体表面的三维数据,所采集的数据完全真实可靠。可以用于解决危险目标及人员难以达到的情况,具有传统测量方式难以完成的技术优势。

2. 数据采样率高

目前采用脉冲激光的三维激光扫描仪采样点速率可达数十万点/秒,而采用相位激光方法测量的三维激光扫描仪甚至可以达到数百万点/秒。可见采样速率是传统测量方式难以比拟的。

3. 高分辨率、高精度

三维激光扫描技术可以快速、高精度获取海量点云数据,可以对扫描目标进行高密度的三维数据采集,从而达到高分辨率的目的。

4. 数字化采集,兼容性好

三维激光扫描技术所采集的数据是直接获取的数字信号,具有全数字化特征,易于后期处理及输出。

三、地面三维激光扫描仪的点云数据

点云数据是指通过 3D 扫描仪获取的海量点数据。以点的形式记录,每一个点包含有三维坐标,有些可能含有颜色信息或者反射强度信息。颜色信息通常是通过相机获取彩色影像,然后将对应位置的像素的颜色信息赋予点云中对应的点。强度信息的获取是激光扫描仪接收装置采集到的回波强度,此强度信息与目标的表面材质、粗糙度、入射角方向以及仪器的发射能量、激光波长有关。

扫描仪一般采用内部坐标系统:X 轴在横向扫描面内,Y 轴在横向扫描面内与 X 轴垂直,Z 轴与横向扫描面垂直,如图 9-19 所示。测量每个激光脉冲从发出经被测被测物体表面再返回仪器所经过的时间(或者相位差)来计算距离 S,同时内置精密时钟控制编码器,同步测量每个激光脉冲横向扫描角度观测值 X 和纵向扫描角度观测值 θ,因此,任意一个被测点云 P 的三维坐标为

$$\begin{cases} x_p = S \cdot \cos\theta \cdot \cos\alpha \\ y_p = S \cdot \cos\theta \cdot \sin\alpha \\ z_p = S \cdot \sin\theta \end{cases} \tag{9-4}$$

全站仪或 GPS RTK 地形测量都是单点采集,速度缓慢,加上必要的准备工作和内业的数据处理,要完成一个地形区域的全部测量工作需要较长的作业工期。对于地貌的测绘也仅限于地貌特征点的数据采集,没有地形细节描述数据,因而无法了解测区地形的详细状况。

利用三维激光扫描技术制作的地形图精度优于全站仪或 GPS RTK 地形测图,且可大大

缩短外业工作时间将大部分时间转为在软件中对扫描数据的内业处理。基于三维激光扫描的地形测绘成图技术的应用,改变了传统测绘的作业流程。是相关外业测绘流程大大简化,外业人员的劳动强度大大降低,内业处理的自动化程度也显著提高。三维激光扫描技术还应用于测绘行业的其他方面,主要包括建筑测绘、道路测绘、矿山测绘、文物数字化保护、数字城市地形可视化等。

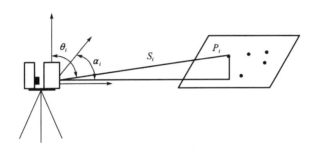

图 9-19　地面三维激光扫描仪测量原理

四、地面三维激光扫描仪用于等高线地形测量

由于地面三维激光扫描仪测距范围以及视角的限制,要完成大场景的地面完整的三维数据获取,需要布置多个测站,且需要多视点扫描来弥补点云空洞。地面三维激光扫描仪是以扫描中心为原点建立的独立局部扫描坐标系,为建立一个统一的测量坐标系,因此,需要先建立地面控制网,通过获取扫描仪中心与后视标靶坐标,将扫描仪坐标系转换到控制网坐标系,从而建立起统一的坐标系统。

(一)数据采集

地面点云数据的采集主要分为包括踏勘、控制网布设、标靶布设、扫描作业等 4 个步骤。

1. 场地踏勘

场地踏勘的目的是根据扫描目标的范围、形态及需要获取的重点目标等,完成扫描作业方案的整体设计,其中主要是扫描仪设站位置的选择。扫描测站的设置应满足以下要求:

1)相邻扫描站点之间有适度的重合区域

布设扫描站要考虑尽量减少其他物体的遮挡,且测站之间要有一定的重合区域,以保证获取点云的完整性及后续配准的可能性。

2)扫描站点距离地面目标的应选择适当

根据所使用仪器的参数,扫描的目标应控制在扫描仪的一般测程之内以保证获得的点云数据的质量。

2. 控制网布设

对大场景可采用导线网和 GPS 控制网等,对扫描仪测站点与后视点可用 GPS RTK 进行测设。若采用闭合导线形式布设扫描控制网,控制点之间通视良好,各控制点的点间距大致相同,控制点选在有利于仪器安置,且受外界环境影响小的地方。平面控制可按二级导线技术要求进行测量,高程可按三等水准进行测量,经过平差后得到各控制点的三维坐标。

3. 靶标布设

扫描测站位置选定后,按照测站的分布情况进行靶标的布设。现有靶标主要有平面靶标、球形靶标、自制靶标。平面靶标与自制靶标属于单面靶标,当入射偏角较大时,容易产生较大的测量偏差或无反射信号,且容易产生畸变,不利于后续的靶标坐标提取,球形靶标具有独特的优点,因为它是一个球体,从四周任意角度扫描都不会产生变形,所以基于球形靶标提取的靶标坐标精度较高,配准误差较小。

通过靶标配准统一各测站点云坐标时,靶标的布设具有一定的要求,具体要求如下:

(1)相邻两侧站之间至少需扫描 3 个或 3 个以上靶标位置信息,以作为不同测站点间点云配准转换的基准;

(2)靶标应分散布设,不能放置在同一直线或同一高程平面上,防止配准过程中出现无解情况;

(3)在条件许可的情况下,尽量选择利用球形标靶,这不仅可以克服扫描位置不同所引起的标靶畸变问题,同时也可提高配准精度。

4. 扫描作业

扫描的目的是为了获取地形的三维坐标数据,建立精确的数字地面模型,提取等高线为工程应用等方面服务。扫描点云数据配准统一坐标时,每个测站至少需要 3 个靶标参与坐标转换,每次测站扫描的点云坐标通过靶标中心坐标进行转换,将每个测站扫描的点云坐标转换为控制网的统一坐标。

(二)点云数据处理

三维激光扫描数据的处理是一项十分复杂的研究内容。从三维建模过程来看,激光扫描数据处理可分为以下三个步骤:点云数据的获取、点云数据的加工处理、建立空间三维模型。根据数据处理的研究主题可进一步细分为:点云数据获取、点云数据配准、点云数据分析、点云数据缩减、点云分层、等高线拟合、建立空间三维模型和纹理映射等方面。

第四节　数字摄影地形测量

传统的摄影测量学是利用光学摄影机摄影的相片,研究和确定被摄物体的形状、大小、位置、性质和相互关系的一门科学和技术。它包括的内容有:获取被摄物体的影像,研究单张和多张相片影像的处理方法,包括理论、设备和技术,以及将所测得成果以图解形式或数字形式输出的方法。

摄影测量的主要任务是用于测制各种比例尺地形图、建立地形数据库,并为各种地理信息系统和土地信息系统提供基础数据。

一、数字摄影地形测量作业的步骤

数字摄影地形测量作业的步骤为:外业控制测量、空中三角测量、内业数字测图、外业相片调绘等。

1. 外业控制测量

摄影测量绘制地形图需要有相片控制点。相片控制点的测量分别为全野外布点测量和非全野外布点测量。全野外布点测量是指通过野外控制测量获得相片控制点而不需要内业加密,直接提供内业测图定向或纠正使用。非全野外布点是在野外测定少量控制点,然后在内业采用空中三角测量加密获得测图或纠正所需要的全部控制点。非全野外像片控制点的布设分航线网布点和区域网布点。航线网布点如图 9-20 所示,按航线分每段布设 6 个平高控制点。区域网布点,区域的航线数一般为 4~6 条。区域网布点,可沿周边布设平高控制点,内部可加布适当数量的平高控制点和高程控制点,区域网的航线数和控制点之间的基线数应满足有关规范要求。

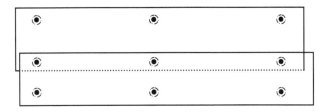

图 9-20　航带网布点

相片平面控制点的点位目标应选择在影响清晰的明显地物上,宜选在交角良好的细小线状地物交点、明显地物折角顶点、影像小于 0.2mm 的点状地物中心。相片高程控制点的点位目标应选在高程变化较小的地方。相片控制点应选择影像最清晰的一张相片作为刺点片,刺点误差和刺孔直径不应大于 0.1mm。

相片控制点的外业测量方法可根据测区实际情况,在已有控制点的基础上,平面控制测量采用导线测量、交会法测量以及卫星定位测量方法;高程控制测量采用水准测量、三角高程测量方法。

2. 空中三角测量

空中三角测量是摄影测量加密控制点的一种方法。根据少量的野外控制点,在室内进行控制点加密,求得加密控制点的平面位置和高程的测量方法。其目的是提供测图或纠正所需要的控制点。空中三角测量目前采用解析空中三角测量。它是根据相片上量测的像点坐标和少量地面控制点,用计算机解算待定点的平面位置和高程。

解析空中三角测量根据平差范围的大小,可分为单模型法、单航带法和区域网法。单模型法是在单个立体相对中加密控制点。单航带法是对一条航带进行处理。区域网法是对由多条航带连接成的区域进行整体平差,这样能尽量减少对地面控制点数量的要求。

3. 内业测图

航空摄影测量成图根据成图仪器和设备的不同,立体测图方法分为模拟法测图、解析法测图和数字法测图,目前已基本使用数字法测图。

数字摄影测量内业测图由数字摄影测量工作站来实现。数字摄影测量工作站硬件由计算机及其外部设备组成,软件由数字影像处理软件、模式识别软件、解析摄影测量软件等组成。

工作站的主要功能有：影像数字化、特征提取和量测、相对定向和绝对定向、空中三角测量、影响匹配、建立数字地面模型、自动绘制等高线、制作正射影像图和数字测图等。

4.外业相片调绘

相片调绘是以像片判读为基础，把相片上的影像所代表的地物识别和辨认出来，并按照规定的图式符号和注记方式表示在航摄像片上。相片调绘可采用先航测内业判读测图，然后到野外对航测内业所成线划图进行补测、调绘的方法；也可采用全野外相片调绘或室内相片判读与野外相片调绘相结合的方法。当采用先内业判读测图后野外调绘的方法时，应在野外对航测内业成图进行全面实地检查、修测、补测、地理名称调查注记、屋檐改正等工作。

相片调绘应采用放大片调绘，放大倍数视地物复杂程度而定，应配备一套相片以供立体观察。相片调绘的内容按地形测量规定的要素进行调查和注记。对于新增地物、内业漏绘或影像不清晰的地物，应采取实测坐标或距离交会的方法进行补测。

二、数字摄影测量的作业流程

数字摄影测量的作业流程如图 9-21。

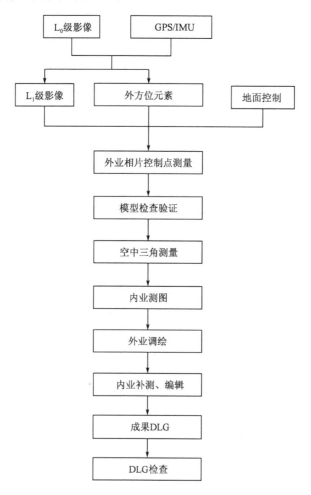

图 9-21 数字摄影测量作业流程图

第五节　地籍测绘简介

地籍测绘是对地块权属界线的界址点坐标进行精确测定,并把地块及其附着物的位置、面积、权属关系和利用状况等要素准确地绘制在图纸上并记录在专门的表册中的测绘工作。地籍测量的成果包括数据集(控制点和界址点坐标等)、地籍图(图 9-22)和地籍册。

按工作顺序,地籍测绘工作的内容为:

(1)地籍控制测量;

(2)测定行政区划界和土地权属界的位置及界址点的坐标;

(3)调查土地使用单位的名称或个人姓名、住址和门牌号、土地编号、土地数量、面积、利用状况、土地类别及房产属性等;

(4)由测定和调查获取的资料和数据编制地籍册和地籍图,计算土地权属范围面积;

(5)进行地籍更新测量,包括地籍图的修测、重测和地籍簿册的修编工作。

地籍测绘的作用是:

(1)为土地整治、土地利用、土地规划和政府制定土地政策提供可靠的依据。

(2)为土地登记和颁发土地证、保护土地所有者和使用者的合法权益提供法律依据。地籍测绘成果具有法律效力。

(3)为研究和制定征收土地税或土地使用费的收费标准提供准确的科学的依据。

地籍测绘工作人员必须严格按照《城镇地籍调查规程》(TD 1001—93)和《地籍测绘规范》(CH 5002—94)进行工作,特别是地产权属境界的界址点位置必须满足规定的精度。界址点的正确与否,涉及个人和单位的权益问题。同时地籍资料应不断更新,以保持它的准确性和现势性。

根据《地籍测绘规范》的规定,地籍测量包括基本控制测量、图根控制测量、地籍调查、地籍图测绘。

一、基本控制测量

基本控制点包括国家各级大地控制点和城镇二、三、四等控制点及一、二级控制点。控制网的布设应遵循从整体到局部,从高级到低级,分级布网,逐级加密的原则,也可根据测区实际越级布网。控制测量可选用三角测量、三边测量、导线测量、GPS 定位测量等方法。四等以下控制网最弱点对于起算点的点位中误差不得超过±5cm,四等控制网最弱相邻点相对中误差不得超过±5cm。地籍图根点的密度应根据测区内建筑物的稀密程度和通视条件而定,以满足地籍要素测绘需要为原则,一般每隔 100～200m 应有一点。

基本控制点应埋设固定标石,埋石有困难的沥青或水泥地面上可打入刻有十字的钢桩代替标石,在四周凿刻深度为 1cm、边长为 15cm×15cm 的方框,涂以红漆,内写等级及点号。

测量坐标系应采用国家统一坐标系,当投影长度变形大于 2.5cm/km 时,可采用任意带高斯平面坐标系或采用抵偿高程面上的高斯平面坐标系,亦可采用地方坐标系;采用地方坐标系时应与国家坐标系联测。条件不具备的地方,亦可采用任意坐标系。各级控制点应参照《城市测量规范》规定要求测量其高程。

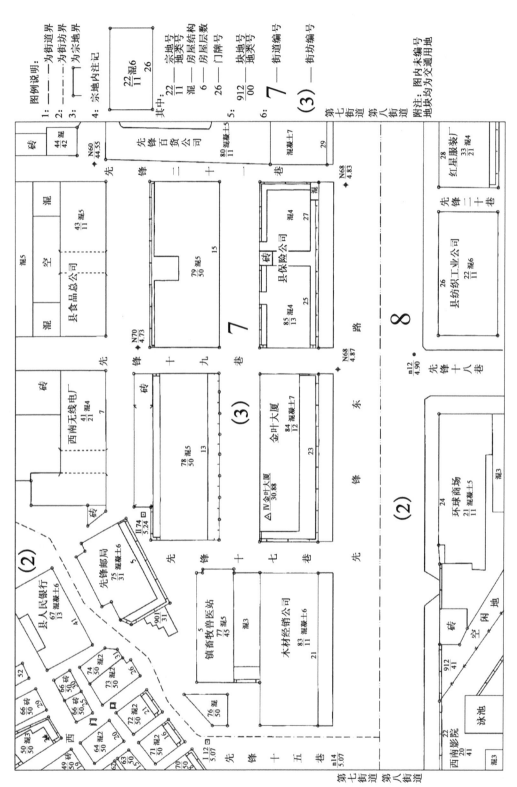

图例说明：

1: ———— 为街道界
2: ———— 为街坊界
3: ┌──┐ 为宗地界
4: ┌──┐ 宗地内注记

其中：

22
┌─────┐
│ 22 混6 26 │
│ 11   │
└─────┘

22 —— 宗地号
11 —— 地类号
混 —— 房屋结构
6 —— 房屋层数
26 —— 门牌号

5: 912 —— 块地号
   00 —— 地类号

6: 7 —— 街道编号

7: (3) —— 街坊编号

第七街道
第八街道

附注：图内未编号
地块均为交通用地

图9-22 地籍图示例

184

测区首级控制网可根据测区面积、自然地理条件、布网方法，并顾及规划发展远景，选择二、三、四等和一级控制网中的任一等级作为首级控制网。一般面积为 $100km^2$ 以上的大城市应选二等，面积为 $30\sim100km^2$ 的中等城市选二等或三等，面积为 $10\sim30km^2$ 的县城镇选三等或四等，$10km^2$ 以下的可选一级。首级控制应布成网状结构。对测区内已有控制网点应分析其控制范围和精度。当控制范围、精度符合规范要求时，可直接利用，否则应根据实际情况，进行重建、改造或扩展。

二、图根控制测量

图根控制点是地籍要素测量的依据。图根点在基本控制点基础上加密，通常采用图根导线加密。在等级网点基础上可连续加密二级，当受地形条件限制导线无法附合时，可布设不超过四条边的支导线，支导线点不得发展新点。图根支导线的起点上应观测两个连接角，交点上应观测左、右角，距离应往返观测或单程双测。

三、地 籍 调 查

地籍调查是土地管理的基础工作，内容包括土地权属调查、土地利用状况调查和界址调查，目的是查清每宗（块）土地的位置、权属、界线、数量、用途和等级及其地上附着物、建筑物等基本情况，满足土地登记的需要。地籍调查的工作程序如下：

(1)收集调查资料，准备调查底图；

(2)标绘调查范围，划分街道、街坊；

(3)分区、分片发放调查指界通知书；

(4)实地进行调查、指界、签界；

(5)绘制宗地草图；

(6)填写地籍调查审批表；

(7)调查资料整理归档。

地籍调查底图可采用 1:500～1:1000 的大比例尺地形图，也可采用相同比例尺的正射影像图或放大航片。没有上述图件的地区，可利用城镇规划图件作为调查底图，在调查时，按街坊或小区现状绘制宗地关系位置图，避免出现重漏。根据城镇的具体情况，在调查底图上标绘调查范围界线、行政界线，统一进行街道、街坊划分。

四、地籍图测绘

地形图是表示地物(也称地形要素)和地貌的综合图。地籍图则是表示必要的地形要素和地籍要素的专题图。地籍要素是指行政界线、权属界址点、界址线、地类界线、块地界线、保护区界线；建筑物和构筑物；道路和与界线关联的线状地物；水系和植被，同时调查房屋结构与层数、门牌号码、地理名称和大的单位名称等。地籍要素测量成果应能满足地籍图编制、面积量算和统计的要求。

1. 地籍权属调查资料的核实

进行地籍要素测绘之前，应对地籍权属调查资料加以核实。核实工作应在土地管理部门已完成地籍权属调查工作的基础上进行，与地籍调查人员配合，在实地一一核对。

2. 地籍要素测绘

地籍要素测量主要采用地面测量手段。在建筑密度低,测区面积较大的地区,也可采用航空摄影测量与地面调查相结合的方法。地籍要素测绘方法主要有下列两种。

1)解析法

解析法是利用实地观测数据(角度、距离等)或采用数字摄影测量技术,按公式计算被测点坐标的方法。利用所测点的坐标可随时根据需要展绘不同比例尺的地籍图,实现计算机自动绘制地籍图,并为建立地籍数据库和土地信息系统服务。

解析法应预先布测密度较大的控制网,施测时采用经纬仪配合测距仪或全站仪。对于街坊外围的所有界址点,应尽可能在野外直接测定坐标;对宗地内部无法直接观测的界址点和建筑物主要特征点,可按解析几何方法求得解析坐标,但必须进行检核。

野外观测时应注意防止出现粗差。仪器安置后应进行方向和距离检核,并在观测中经常检查定向方向以确认仪器没有移动。

2)部分解析法

部分解析法是先采用解析法测量街坊外围界址点和街坊内部部分界址点的坐标,并将这些解析点展绘在图上,然后对其余点位进行勘丈,再根据勘丈数据用装绘的方法将这些点位绘制在图上。装绘时可采用三角板、圆规、比例尺等绘图工具,按距离交会法、截距法、直角坐标法等几何关系作图。

大宗地内的地物可以用平板仪测绘,测绘时可直接在已展好解析界址点的聚酯薄膜图上进行,也可在另一张聚酯薄膜上按假定的坐标系自由定位和定向后测绘,然后与展点聚酯薄膜图套合透绘成图。

采用航测法测制地籍图时其工作程序宜先内业测图,后外业实地核实、修正和补充,再完成正式地籍图。

【思考题】

9-1　地形图的两大要素是什么?如何定义?

9-2　何谓比例尺精度?比例尺精度对于测绘工作有什么意义?

9-3　大、中、小比例尺地形图是如何划分的?

9-4　何谓地形图图式?地物符号分为几类?举例说明分别在什么情况下使用?

9-5　何谓等高线?等高线有哪些特性?

9-6　何谓等高距?何谓等高线平距?等高距、等高线平距和地面坡度三者之间有何关系?

9-7　典型地貌有哪些?绘图说明其等高线各有什么特点?

9-8　在图9-23所示地形图上,按规定符号表示:山顶、鞍部、山脊线、山谷线(山顶△,鞍部○,山脊线,山谷线————)。

9-9　地形图测绘前的准备工作有哪些?

9-10　何谓碎部测量?碎部点如何选取?碎部点的测量方法有哪些?

图 9-23　典型地貌的表示练习

9-11　简述经纬仪测绘法的特点及一个测站上的主要步骤。

9-12　平板仪的安置包括哪几项工作?

9-13　地形图的检查包括哪些方面?

9-14　根据图 9-24 中各地形特征点的高程值,内插勾绘等高距为 5m 的等高线(图中细实线表示山脊线,短虚线表示山谷线)。

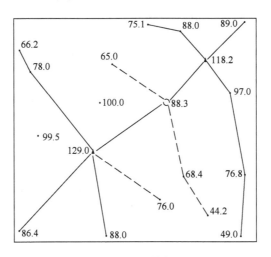

图 9-24　内插勾绘等高线练习

第十章 地形图的应用

地形图是包含丰富自然地理、人文地理和社会经济信息的载体。它是进行土木工程建设项目可行性研究的重要资料,也是土木工程规划、设计和施工的重要依据。借助地形图,可以了解自然和人文地理、社会经济诸方面因素对工程建设的综合影响,使勘测、规划、设计能充分利用地形条件,优化设计和施工方案,有效地节省工程建设费用。在施工中,利用地形图可以获取施工所需的坐标、高程、方位角等数据和进行工程量的估算等工作。可见,正确地应用地形图,是土木工程技术人员必须具备的基本技能。

本章主要介绍地形图的识读,地形图在土木工程中的应用。重点内容包括:地物、地貌的识读;应用地形图求某点坐标和高程,求某直线的坐标方位角、长度和坡度;利用地形图量算图形面积、绘纵断面图、选等坡度线、确定汇水面积,以及利用地形图进行土木工程的土石方计算。

第一节　地形图识图

一、图廓外注记

地形图图廓外注记的内容包括:图号、图名、接图表、比例尺、坐标系、使用图式、等高距、测图日期、测绘单位、图廓线、坐标格网、三北方向线和坡度尺等,它们分布在东、南、西、北四面图廓线外,如图 10-1 所示。

根据地形图图廓外的注记,可全面了解地形图的基本情况。例如,由地形图的比例尺可以知道该地形图反映地物、地貌的详略;根据测图的日期注记可以知道地形图的新旧,从而判断地物、地貌的变化程度;从图廓坐标可以掌握图幅的范围;通过接图表可以了解与相邻图幅的关系。另外,了解地形图的坐标系统、高程系统、等高距等,对正确用图有很重要的作用。

1. 图号、图名和接图表

每一幅地形图都有图号和图名。图号是根据统一的分幅进行编号的,图名一般用本图内著名的地名、最大的村庄或突出的地物、地貌等的名称命名的。图号、图名注记在北图廓上方的中央。在图的北图廓左上方,画有该幅图四邻各图号(或图名)的略图,称为接图表。中间一格画有斜线的代表本图幅,四邻分别注明相应的图号(或图名)。接图表的作用是便于查找到相邻的图幅。

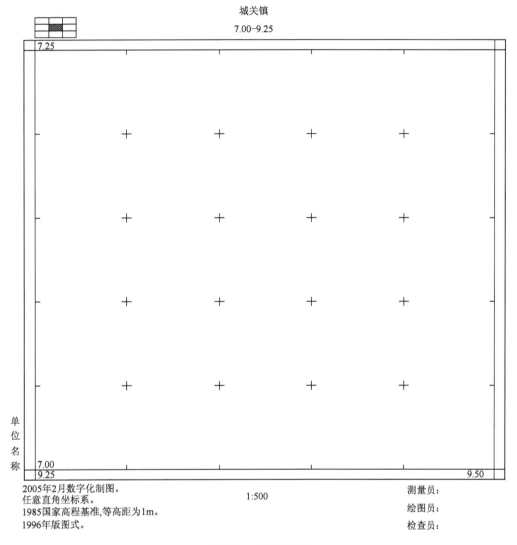

图 10-1   地形图识读

2. 比例尺

在每幅地形图南图廓外的中央均注有数字比例尺,中小比例尺地形图还在数字比例尺下方绘有直线比例尺,直线比例尺的作用是便于用图解法确定图上直线的距离。对于1∶500,1∶1 000和1∶2 000等大比例尺地形图,一般只注明数字比例尺,不注明直线比例尺。

3. 地形图的平面坐标系统和高程系统

地形图的左下方注有所采用的坐标系统和高程系统。对于1∶10 000 或更小比例尺的地图,通常采用国家统一的高斯平面坐标系,如"1954 年北京坐标系"或"1980 年西安坐标系"。城市地形图一般采用以通过城市中心的某一子午线为中央子午线的任意带高斯平面坐标系,称为城市独立坐标系。当工程建设范围较小时,也可采用把测区作为平面看待的假定平面直角坐标系(独立平面直角坐标系)。

高程系统有"1956 年黄海高程系"、"1985 国家高程基准"、假定高程系统。不同高程系统之间只需加减一个常数即可进行换算。

4. 测图时间

测图时间注明在图廓左下方,用户可以根据测图时间以及测区的开发情况,判断地形图的现势性。

二、地物与地貌识别

1. 地形图的内容

地形图上的地物、地貌是用不同的地物符号和地貌符号表示的。比例尺不同,地物、地貌的取舍标准也不同,随着各种建设的不断发展,地物、地貌又在不断改变。要正确地识别地物、地貌,阅读前应先熟悉测图所用的地形图式、规范和等高线的性质以及测绘地形图时综合取舍的原则。地形图的内容很丰富,主要包括以下内容(依据《国家基本比例尺地形图图式》(GB/T 20257.1—2007)):

1)测量控制点

包括三角点、导线点、GPS 点、图根点、水准点等。控制点在地形图上一般标注有点号或名称、等级及高程。

2)水系

包括河流、水库、沟渠、湖泊、岸滩、防洪墙、渡口、桥梁、拦水坝、码头等。

3)居民地及设施

包括居住房屋、房屋附属设施、垣栅等。房屋建筑分为特种房屋、坚固房屋、普通房屋、简单房屋、破坏房屋和棚房等六类。房屋符号中注写的数字表示建筑层数。

4)交通

包括公路及铁路、车站、路标、桥梁、天桥、高架桥、涵洞、隧道等。

5)管线

管线主要包括各种电力线、通信线以及地上、地下的各种管道、检修井、阀门等。垣栅是指长城、砖石城墙、围墙、栅栏、篱笆、铁丝网等。

6)境界

包括国界、省界、县界、乡界。

7)地貌

地貌和土质是土木工程建设进行勘测、规划、设计的基本依据之一。地貌主要根据等高线进行阅读,由等高线的疏密程度及其变化情况来分辨地面坡度的变化,根据等高线的形状识别山头、山脊、山谷、盆地和鞍部,还应熟悉特殊地貌如陡崖、冲沟、陡石山等的表示方法,从而对整个地貌特征做出分析评价。

8)植被与土质

植被是指覆盖在地表上的各种植物的总称。在地形图上表示出植物分布、类别特征、面积大小,包括树林、竹林火地、经济林、耕地等。土质主要包括沙地、戈壁滩、石块地、龟裂地等。

2. 地形图的识读

地形图的识读,可根据上述八方面的内容分类研究地物、地貌特征,进行综合分析,从而对地形图表示的地物、地貌有正确的了解。

1)地物的识别

识别地物的目的是了解地物的大小、种类、位置和分布情况。通常按先主后次的程序,并顾及取舍的内容与标准。按照地物符号先识别大的居民点、主要道路和用图需要的地物,然后再扩展到小的居民点、次要道路、植被和其他地物。通过分析,就会对主、次地物的分布情况、主要地物的位置和大小形成较全面的了解。

2)地貌的识别

识别地貌的目的是了解各种地貌的分布和地面的高低起伏状况。识别时,主要是根据基本地貌的等高线特征和特殊地貌(如陡崖、冲沟等)符号进行。山区坡陡,地貌形态复杂,尤其是山脊和山谷等高线犬牙交错,不易识别。这时可先根据水系的江河、溪流找出山谷、山脊系列,无河流时可根据相邻山头找出山脊。再按照两山谷间必有一山脊,两山脊间必有一山谷的地貌特征,即可识别山脊、山谷地貌的分布情况。再结合特殊地貌符号和等高线的疏密进行分析,就可以较清楚地了解地貌的分布和高低起伏情况。最后将地物、地貌综合在一起,整幅地形图就像立体模型一样展现在眼前。

第二节　地形图应用的基本内容

一、地形图上确定一点坐标

根据地形图的图廓坐标格网的坐标值,可以内插确定图上任一点位的坐标。

如图 10-2 所示,欲求地形图上 A 点的坐标,先找到 A 点所在的地形图坐标格网,从而得到该格网西南角的坐标 x_a、y_a,过 A 点作坐标格网的平行线 ef、gh,然后按地形图比例尺量算出 ef、gh 的实地长度,则 A 点的坐标为

$$\left. \begin{array}{l} x_A = x_a + ag \\ y_A = y_a + ae \end{array} \right\} \tag{10-1}$$

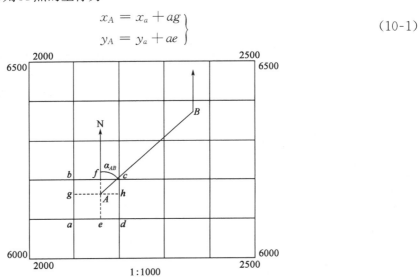

图 10-2　在地形图上确定一点坐标

为了检核,再量取 gb、ed,并且 $ag+gb$ 与 $ae+ed$ 应等于方格网的边长。

由于图纸伸缩,在图纸上实际量出的方格长度不等于 10cm,为了提高量测精度,消除伸缩误差,设在图纸上量得 ab 的实际长度为 $\overline{ab}$,量得 ad 的实际长度为 $\overline{ad}$,则 A 点坐标可按下式计算

$$\left.\begin{array}{l} x_A = x_a + \dfrac{10}{\overline{ab}} \cdot ag \\[3mm] y_A = y_a + \dfrac{10}{\overline{ad}} \cdot ae \end{array}\right\} \tag{10-2}$$

二、地形图上确定直线的长度和方向

如图 10-2 所示,求直线 AB 的距离和方位角。

1. 解析法

先从图纸上量测出直线端点 A、B 点的坐标值,然后按下式计算 AB 的距离 D_{AB} 和方位角 α_{AB}。

$$D_{AB} = \sqrt{(x_B - x_A)^2 + (y_B - y_A)^2} \tag{10-3}$$

$$\alpha_{AB} = \arctan \frac{y_B - y_A}{x_B - x_A} \tag{10-4}$$

2. 图解法

如果 AB 两点在同一图幅内,且量测精度要求不高,则 AB 的长度可用直尺或三棱尺在图上直接量取;过直线 AB 的端点 A 作纵轴 x 的平行线,然后用量角器直接量取该平行线的北端与直线 AB 的交角,即方位角 α_{AB}。

三、地形图上确定点的高程

如果点在某一等高线上,则该点高程与等高线高程相等。如图 10-3 所示,A 点的高程为 53m。

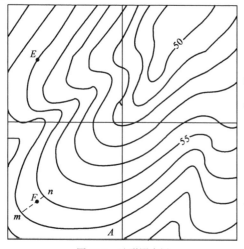

图 10-3 地形图应用

如果点在两条等高线之间,可按比例求出。如图 10-3 所示,F 点位于 53m 和 54m 两条等高线之间,通过 F 点作垂直于 53m 和 54m 等高线的直线 mn,量取 mn、mF 的图上距离,设等高距为 h,则 F 点相对于 m 点的高程为

$$H_F = H_m + \frac{mF}{mn} \cdot h \tag{10-5}$$

如图 10-3 所示,设图上量得 $mn = 6\text{mm}$,$mF = 4\text{mm}$,等高距 $h = 1\text{m}$,则 F 点的高程为 $H_F = 53 + \dfrac{4}{6} \times 1 = 53.67(\text{m})$。

实际工作中也可目估确定点的高程。

四、地形图上确定直线的坡度

设两点间的水平距离为 D，高差为 h，则两点连线的坡度为

$$i = \frac{h}{D} = \tan\alpha \tag{10-6}$$

式中，α 为直线的倾斜角；i 为坡度，一般用百分数或千分数来表示，"＋"为上坡，"－"为下坡。

如图 10-3 所示，设 A、B 两点高程已求得 $H_A = 53\text{m}$，$H_B = 60.45\text{m}$，量取 $D_{AB} = 150\text{m}$，则直线 AB 的坡度为

$$i_{AB} = \frac{H_B - H_A}{D_{AB}} = \frac{7.45}{150} \approx 5.0\%$$

第三节　工程建设中地形图的应用

一、根据等高线绘制线路的平断面图

在进行道路、隧道、管线等工程设计时，通常需要了解某条线路的地面起伏情况，需绘制断面图。断面图可根据地形图中的等高线来绘制。如图 10-4a) 所示，绘制 MN 方向纵断面图的步骤如下：

(1)首先确定断面图的水平比例尺和高程比例尺。一般断面图上的水平比例尺与地形图的比例尺一致，而高程比例尺往往比水平比例尺大 5～10 倍，以便明显地反映地面起伏变化情况。

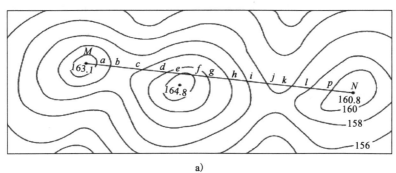

a)

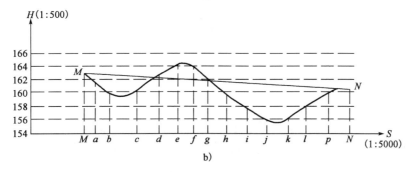

b)

图 10-4　根据等高线绘制断面图

(2)比例尺确定后,可在纸上绘出直角坐标轴线,如图 10-4b)所示,横轴表示水平坐标线,纵轴表示高程坐标线,并在高程坐标线上依据高程比例尺标出直线 MN 通过的各等高线的高程。

(3)在横轴上确定一点,过该点按 M 点高程值依据垂直比例确定 M 点,然后以 $a,b,\cdots,N$ 各 M 到 M 点的距离为横坐标,各点的高程为纵坐标,在图中绘出 $a,b,\cdots,N$ 各点,以圆滑曲线连接各点,即得 MN 线路的纵断面图。

二、按设计坡度选定最短路线

渠道、管线、道路等在规划设计初期,一般要先在地形图上选线。选择一条合理的线路要考虑很多因素,下面说明根据地形图,按规定的坡度选择最短路线的方法。

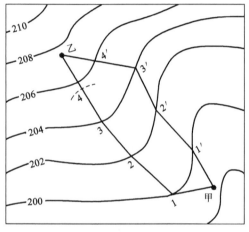

图 10-5 按设计坡度在图上选定最短路线

如图 10-5 中,从甲地到乙地修一条公路,已知等高距 $h=2\text{m}$,路线最大坡度 $i=10\%$,求经过的最短路线。

(1)求线路上两相邻等高线间的最短距离:

$$D = \frac{h}{i} = \frac{2}{0.1} = 20(\text{m})$$

测图比例尺为 1∶2 000,则图上距离为

$$d = \frac{D}{M} = \frac{20\text{m}}{2\,000} = 0.01\text{m} = 1\text{cm}$$

(2)以甲点为圆心,以 d 为半径画弧交 200m 等高线于 1 点,再以 1 点为圆心,以 d 为半径画弧交 202m 等高线于 2 点,依次进行下去直到乙点,然后把相邻点连接起来,即为所求路线。

在选线过程中,有时会遇到两相邻等高线间的平距大于 d 的情况,说明地面坡度已小于规定的坡度,可按最小距离来确定。如图中以 3 点为圆心画弧时,未能与 206m 等高线相交,可将 3 点和乙点直接连接,与 206m 的等高线交于 4 点,显然 3 点到 4 点这段路线即是从 3 点到乙点的最短路线,且坡度小于 10%,符合要求。

(3)由图 10-5 可知,还有一条线路甲-1′-2′-3′-4′-乙,也符合设计要求,设计人员可根据实际情况,考虑有无耕地、地质条件及工程费用等情况,权衡利弊,确定一条最佳线路。

三、图形面积的量算

在各种工程建设的规划、设计中,常遇到面积测量和计算问题。如求取城市和工业建设中的征用土地面积、建筑面积和工程断面面积等;农业建设中的耕地面积、植树造林面积和水库汇水面积等;地籍管理中的宗地面积和用地分类面积等。

图上面积量算的方法主要有图解法、解析法、求积仪法、CAD 法等。

1. 图解法

如图 10-6 所示,要计算图中曲线内的面积,先将毫米方格纸覆盖在图形上,然后数出图形内完整的方格数 n_1 和不完整的方格数 n_2,则曲线内面积 S 的计算公式为

$$S = \left(n_1 + \frac{1}{2}n_2\right)\frac{M^2}{10^6} \tag{10-7}$$

式中，M 为地形图比例尺分母。

如图 10-7 所示，将绘制有平行线的透明纸覆盖在图形上，使两条平行线与图纸的边缘相切，则相邻两平行线间隔的图形面积可以近视视为梯形。梯形的高为平行线间距 h，图形截割各平行线的长度分别为 $l_1, l_2, \cdots, l_n$，则各梯形面积分别为

$$\left.\begin{array}{l} S_1 = \dfrac{1}{2}h(0 + l_1) \\[2mm] S_2 = \dfrac{1}{2}h(l_1 + l_2) \\[2mm] \cdots \\[2mm] S_{n+1} = \dfrac{1}{2}h(l_n + 0) \end{array}\right\} \tag{10-8}$$

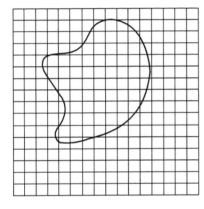

图 10-6　透明方格纸法面积量算

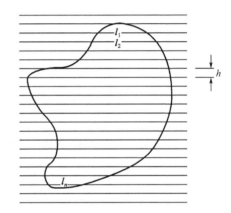

图 10-7　平行线法面积量算

则总面积为

$$S = S_1 + S_2 + \cdots + S_{n+1} = h\sum_{i=1}^{n} l_i \tag{10-9}$$

2. 解析法

在图 10-8 中，1、2、3、4 为多边形的顶点。多边形的每一条边和坐标轴、坐标投影线（图中虚线）组成一个个梯形。多边形面积 S 是这些梯形面积的和或差

$$\begin{aligned} S &= \frac{1}{2}\big[(x_1 + x_2)(y_2 - y_1) + (x_2 + x_3)(y_3 - y_2) - \\ &\quad (x_3 + x_4)(y_3 - y_4) - (x_4 + x_1)(y_4 - y_1)\big] \\ &= \frac{1}{2}\big[x_1(y_2 - y_4) + x_2(y_3 - y_1) + x_3(y_4 - y_2) + \\ &\quad x_4(y_1 - y_3)\big] \end{aligned}$$

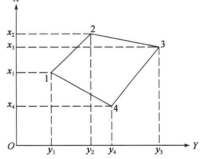

图 10-8　按多边形顶点坐标计算面积

对于任意 n 边形，可以写出下列按坐标计算面积的通用公式

$$S = \frac{1}{2}\sum_{i=1}^{n} x_i(y_{i+1} - y_{i-1}) \tag{10-10}$$

$$S = \frac{1}{2}\sum_{i=1}^{n} y_i(x_{i-1} - x_{i+1}) \tag{10-11}$$

195

式中,当 $i=1$ 时,$i-1=n$;当 $i=n$ 时,$i+1=1$。注意应用该公式时,多边形点号为顺时针编号。

3. 求积仪法

求积仪是一种专供量算图形面积的仪器。其特点是:操作简便,量算速度快,能保证一定的精度,并适用于各种不同图形的面积量算。

四、汇水面积的量算

为了防洪、发电、灌溉等目的,需要在河道的适当位置拦河筑坝,在坝的上游形成水库,图 10-9 为某水库库区的地形图,坝址上游分水线所围成的面积,即虚线所包围的部分为汇水面积。

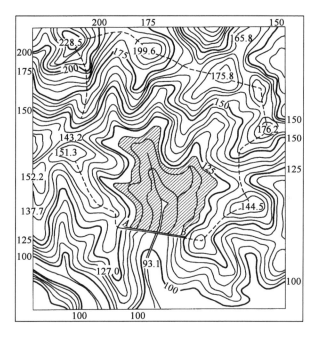

图 10-9　在地形图上确定汇水面积和水库库容

确定汇水面积,要先绘出分水线,勾绘分水线应注意以下几点:

(1)分水线应通过山顶和鞍部,与山脊线相连。

(2)分水线应与等高线正交。

(3)汇水面积由水坝的一端开始,最后回到坝的另一端,形成一条闭合环线。

(4)汇水面积范围线确定后,可用面积量算的方法求出以平方公里为单位的汇水面积。

五、水库容量的计算

水库设计时,如果溢洪道的高程已定,则水库的淹没面积也随之而定。如图 10-9 中的阴影部分,淹没面积内的蓄水量即是水库的库容,单位为 m^3。

库容的计算一般用等高线法。先求出图 10-9 的阴影部分每条等高线与水坝轴线所围成的面积,然后计算每两条相邻等高线的体积,其总和即是库容。

设 $A_1,A_2,\cdots,A_{n+1}$ 依次为各条等高线所围成的面积,h 为等高距;设淹没线与第二条等高线(淹没后的最高等高线)间的高差为 h',第 $n+1$ 条等高线(最低一条等高线)与库底最低点

间的高差为 h''，则各层体积为

$$V_1 = \frac{1}{2}(A_1 + A_2)h'$$

$$V_2 = \frac{1}{2}(A_2 + A_3)h$$

$$\vdots$$

$$V_n = \frac{1}{2}(A_n + A_{n+1})h$$

$$V'_n = \frac{1}{3}A_{n+1}h'' \qquad （库底体积）$$

则水库的库容为

$$V = V_1 + V_2 + \cdots + V_n + V'_n$$

$$= \frac{1}{2}(A_1 + A_2)h' + \left(\frac{A_2}{2} + A_3 + \cdots + A_n + \frac{A_{n+1}}{2}\right)h + \frac{1}{3}A_{n+1}h'' \qquad (10\text{-}12)$$

六、场地平整中填挖方边界确定和土方量的计算

将施工场地的自然地表按要求整理成一定高程的水平地面或一定坡度的倾斜地面的工作，称为平整场地。此项工作要先进行设计，按照填挖方量基本平衡的原则，在地形图上进行土石方量的概算。

(一)方格网法

1.将场地平整为水平地面

图 10-10 为等高距 1m，比例尺为 1∶1 000 的地形图中的某一地块，要求将原地面平整为某一高程的水平地面。方法如下：

1)在地形图上绘制方格网

在地形图上准备平整的范围内，绘上方格网。方格网的边长取决于地形的复杂程度和土石方概算精度，一般取 10m 或 20m，图 10-14 中方格边长为 20m。方格点的编号注于各点左下角。

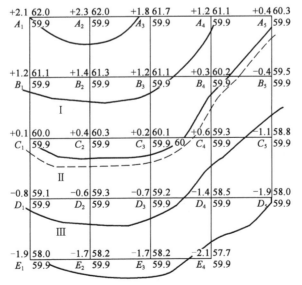

图 10-10　水平场地平整示意图

2）求方格网点的地面高程

根据等高线求出各方格网点的地面高程，标注在各点右上角。

3）计算设计高程

将每一方格 4 个角点的高程相加除以 4，求出每一方格的平均高程，再将各方格的平均高程总和除以方格数，即得平整后地面的设计高程 $H_{设}$。

显然，在计算设计高程的过程中，每个方格角点参与计算的次数是不同的，通常有四种情况：角点使用一次（如 A_1、A_5、D_5、E_1、E_4 等点），设 $P=1$；边点用两次（如 A_2、A_3、A_4、B_1、C_1、E_2 等点），设 $P=2$；拐点用三次（如 D_4 点），设 $P=3$；中间点用四次（如 B_2、C_2、D_2 等点），设 $P=4$。

则设计高程为

$$H_{设} = \frac{\sum P_i H_i}{\sum P_i} \tag{10-13}$$

图 10-10 中 $H_{设}$ 代入数据后计算得 $H_{设}=59.9\mathrm{m}$，将设计高程标注于各点右下角。

4）标出填挖边界线

在图上用虚线绘出高程为 $H_{设}=59.9\mathrm{m}$ 的曲线。该线即为填挖边界线，此线上既不填方也不挖方，故也称为零线。

5）确定填挖深度

各方格网点的填挖高度为地面高程与设计高程之差，即

$$h = H_{地} - H_{设}$$

h 为"＋"表示挖方，为"－"表示填方。将 h 值标注在各方格网点的左上角。

6）计算填挖方量

设每方格的实地面积为 A，分别以方格 Ⅰ、Ⅱ、Ⅲ 为例说明计算方法。

方格 Ⅰ 全挖，则挖方量为

$$V_{\mathrm{Ⅰ挖}} = \frac{1}{4}(1.2+1.4+0.4+0.1) \times A_{\mathrm{Ⅰ挖}} = 0.775 A_{\mathrm{Ⅰ挖}}$$

方格 Ⅱ 既有挖方，又有填方，则

$$V_{\mathrm{Ⅱ挖}} = \frac{1}{4}(0.1+0.4+0+0) \times A_{\mathrm{Ⅱ挖}} = 0.125 A_{\mathrm{Ⅱ挖}}$$

$$V_{\mathrm{Ⅱ填}} = \frac{1}{4}(0+0-0.8-0.6) \times A_{\mathrm{Ⅱ填}} = -0.5 A_{\mathrm{Ⅱ填}}$$

方格 Ⅲ 全填，则填方量为

$$V_{\mathrm{Ⅲ填}} = \frac{1}{4}(-0.8-0.6-1.9-1.7) \times A_{\mathrm{Ⅲ填}} = -1.25 A_{\mathrm{Ⅲ填}}$$

同法计算其他各方格的填挖方量，再计算填方总量和挖方总量，二者基本相等。另外，也可按下式分别计算填、挖土方量。

角点

$$填（挖）高度 h \times \frac{1}{4}方格面积 \tag{10-14}$$

边点

$$填（挖）高度 h \times \frac{2}{4}方格面积 \tag{10-15}$$

拐点

$$\text{填(挖)高度 } h \times \frac{3}{4} \text{方格面积} \tag{10-16}$$

中点

$$\text{填(挖)高度 } h \times \text{方格面积} \tag{10-17}$$

如图 10-11 所示,设方格的实地边长为 20m,则每一方格面积为 $400m^2$,计算得设计高程为 25.2m,其填挖土(石)方量计算见表 10-1。

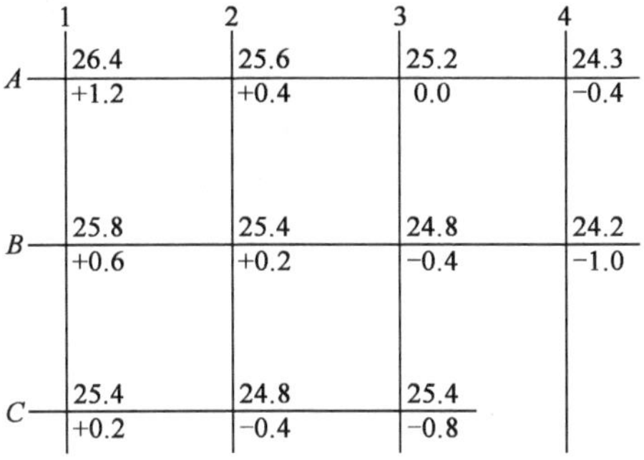

图 10-11　方格法水平场地平整示例

填挖土(石)方量计算表　　　　　　　　　　　表 10-1

点号	挖深(m)	所占面积(m^2)	挖方量(m^3)	点号	填高(m)	所占面积(m^2)	填方量(m^3)
A_1	1.2	100	120	A4	0.4	100	40
C_1	0.2	100	20	B4	1.0	100	100
A_2	0.4	200	80	C3	0.8	100	80
B_1	0.6	200	120	C2	0.4	200	80
A_3	0.0	200	0	B3	0.4	300	120
B_2	0.2	400	80				
			Σ　420				Σ　420

设计完成后,将图上方格网点放样到地面上,打上木桩,并在木桩上标明填挖深度,即可开始施工。

2. 设计成一定坡度的倾斜地面

如图 10-12 所示地面平整为倾斜场地,坡度要求从北到南 -3%,其方法步骤如下。

(1)绘制方格网,求各方格网点的地面高程,方法与水平场地平整相同。图 10-26 中方格边长为 20m。

(2)计算各方格网点的设计高程。

按公式(10-12)计算出场地重心(图中 G 点)的设计高程 $H_设 = 59.7m$,然后按坡度 -3% 推算南北相邻方格网点的设计高差为 $20 \times 3\% = 0.6m$。则各方格网点的设计高程即可求出,标注在相应点位的右下角,如图 10-12 所示。

(3)计算各方格网点的填挖深度。

(4)确定填挖分界线,计算填挖土石方量。

用相邻两方格网点的填、挖深度值确定零点位置,将其相连即为填挖分界线,如图 10-12 中虚线所示,然后计算填挖方量。

199

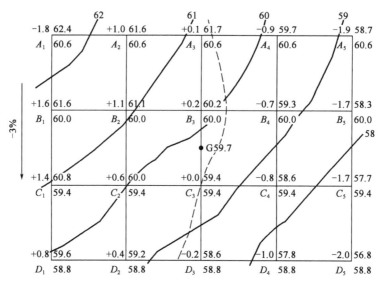

图 10-12 平整为倾斜面场地方格法土方计算

(二)断面法

在地形起伏变化比较大的山区,可以用断面法概算土(石)方量。

在施工场地范围内,按一定的间隔绘制断面图,先计算出各断面由地面线与设计高程围成的填、挖方面积,再计算两相邻断面间的填、挖土(石)方量,最后计算填土(石)方量和挖土(石)方量以及总土方量。图 10-13 所示为 1:1 000 比例尺地形图上欲进行概算土(石)方量的区域,等高距为 1m,设计高程为 48m。先在地形图上欲进行概算土(石)方量的区域内绘出相互平行间隔为 l 的断面方向线 1-1、2-2、3-3、…、5-5,并绘制出相应的断面图,如图 10-14 所示。

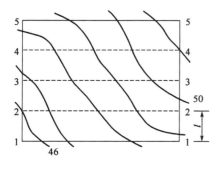

图 10-13 断面法计算土石方

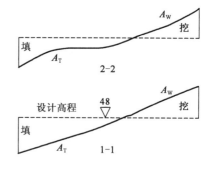

图 10-14 断面图

在每个断面图上,凡是高程高于 48m 的地面线与 48m 设计高程线围成的面积即为该断面处的挖方面积;凡是高程低于 48m 的地面线与 48m 设计高程线围成的面积即为该断面处的填方面积。然后分别计算每一断面处的填、挖方面积,依据相邻两断面处的填、挖方面积和间隔,计算相邻两断面间的填、挖土(石)方量。图 10-14 中 1-1 与 2-2 断面间的填、挖土(石)方量

填方

$$V_T = \frac{1}{2}(A_{1T} + A_{2T}) \cdot l \tag{10-18}$$

挖方

$$V_w = \frac{1}{2}(A_{1w} + A_{2w}) \cdot l \qquad (10\text{-}19)$$

同法计算其他相邻两断面间的填、挖土(石)方量,最后将所有填土(石)方量取和,所有挖土(石)方量取和,即得总的土(石)方量。

对于设计成一定坡度的倾斜场地,根据等高线的间距 h 和设计坡度 i,计算出斜坡设计等高线间的水平距离 l',并绘制每一条设计等高线处的断面图,计算每一断面处的填、挖方面积后,即可计算相邻两断面间的填、挖土(石)方量。最后计算总的填、挖土(石)方量。

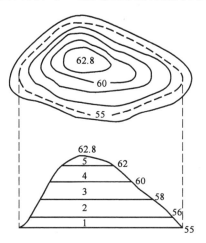

(三)等高线法

对于地形起伏大且变化比较多时,可以采用等高线法。在地形图上先求出各条等高线所包围的面积,如图10-15所示,然后计算相邻两条等高线所包围的面积的平均值,乘以等高距,即得相邻两条等高线间的土(石)方量。计算公式为

$$V_i = \frac{1}{2}(A_i + A_{i+1}) \cdot h \qquad (10\text{-}20)$$

这样从设计高程的等高线起,逐层计算相邻两条等高线间的土(石)方量,求总和即为总土(石)方量。

图 10-15　等高线法计算土方量

第四节　数字高程模型(DEM)

一、DTM 与 DEM 概述

数字地形模型(Digital Terrain Model,DTM)是地形表面形态属性信息的数字表达,是带有空间位置特征和地形属性特征的数字描述。数字地形模型中地形属性为高程时称为数字高程模型(Digital Elevation Model,DEM)。高程是地理空间中的第三维坐标。由于传统的地理信息系统的数据结构都是二维的,数字高程模型的建立是一个必要的补充。

数字地形模型(DTM)最初是为了高速公路的自动设计提出来的(Miller,1956)。此后,它被用于各种线路选线(铁路、公路、输电线)的设计以及各种工程的面积、体积、坡度计算,任意两点间的通视情况判断及任意断面图绘制。在测绘中被用于绘制等高线、坡度坡向图、立体透视图,制作正射影像图以及地图的修测。在遥感应用中可作为分类的辅助数据。它还是地理信息系统的基础数据,可用于土地利用现状的分析、合理规划及洪水险情预报等。在军事上可用于导航及导弹制导、作战电子沙盘等。

二、DEM 的表示方法

一个地区的地表高程的变化可以采用多种模型表达,在地理信息系统中,DEM 最主要的三种表示模型是:规则格网模型,等高线模型和不规则三角网模型。

1. 规则格网模型

规则网格,通常是正方形,也可以是矩形、三角形等规则网格。规则网格将区域空间切分

为规则的格网单元,每个格网单元对应一个数值。数学上可以表示为一个矩阵,在计算机实现中则是一个二维数组。每个格网单元或数组的一个元素,对应一个高程值,如图10-16所示。

对于每个格网的数值有两种不同的解释。第一种是格网栅格观点,认为该格网单元的数值是其中所有点的高程值,即格网单元对应的地面面积内高程是均一的高度,这种数字高程模型是一个不连续的函数。第二种是点栅格观点,认为该网格单元的数值是网格中心点的高程或该网格单元的平均高程值,这样就需要用一种插值方法来计算每个点的高程。计算任何不是网格中心的数据点的高程值,使用周围4个中心点的高程值,采用距离加权平均方法进行计算,当然也可使用样条函数和克里金插值方法。

91	78	63	50	53	63	44	55	43	25
94	81	64	51	57	62	50	60	50	35
100	84	66	55	64	66	54	65	57	42
103	84	66	56	72	71	58	74	65	47
96	82	66	63	80	78	60	84	72	49
91	79	66	66	80	80	62	86	77	56
86	78	68	69	74	75	70	93	82	57
80	75	73	72	68	75	86	100	81	56
74	67	69	74	62	66	83	88	73	53
70	56	62	74	57	58	71	74	63	45

图10-16　格网DEM

规则格网的高程矩阵,可以很容易地用计算机进行处理,特别是栅格数据结构的地理信息系统。它还可以很容易地计算等高线、坡度坡向、山坡阴影和自动提取流域地形,使得它成为DEM最广泛使用的格式,目前许多国家提供的DEM数据都是以规则格网的数据矩阵形式提供的。格网DEM的缺点是不能准确表示地形的结构和细部,为避免这些问题,可采用附加地形特征数据,如地形特征点、山脊线、谷底线、断裂线,以描述地形结构。

2. 等高线模型

等高线模型表示高程,高程值的集合是已知的,每一条等高线对应一个已知的高程值,这样一系列等高线集合和它们的高程值就构成了一种地面高程模型,如图10-17所示。

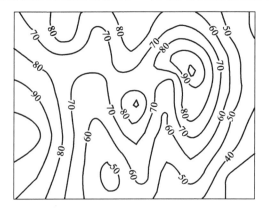

图10-17　等高线

等高线通常被存成一个有序的坐标点对序列,可以认为是一条带有高程值属性的简单多边形或多边形弧段。由于等高线模型只表达了区域的部分高程值,往往需要一种插值方法来计算落在等高线外的其他点的高程,又因为这些点是落在两条等高线包围的区域内,所以,通常只使用外包的两条等高线的高程进行插值。

3. 不规则三角网(TIN)模型

尽管规则格网 DEM 在计算和应用方面有许多优点,但也存在许多难以克服的缺陷:

(1)在地形平坦的地方,存在大量的数据冗余;

(2)在不改变格网大小的情况下,难以表达复杂地形的突变现象;

(3)在某些计算,如通视问题,过分强调网格的轴方向。

不规则三角网(Triangulated Irregular Network,TIN)是另外一种表示数字高程模型的方法(Peuker 等,1978),它既减少规则格网方法带来的数据冗余,同时在计算(如坡度)效率方面又优于纯粹基于等高线的方法。

TIN 拓扑结构的一个简单的记录方式是:对于每一个三角形、边和节点都对应一个记录,三角形的记录包括三个指向它三个边的记录的指针;边的记录有四个指针字段,包括两个指向相邻三角形记录的指针和它的两个顶点的记录的指针;也可以直接对每个三角形记录其顶点和相邻三角形(图 10-18)。每个节点包括三个坐标值的字段,分别存储 X、Y、Z 坐标。这种拓扑网络结构的特点是对于给定一个三角形查询其三个顶点高程和相邻三角形所用的时间是定长的,在沿直线计算地形剖面线时具有较高的效率。当然可以在此结构的基础上增加其他变化,以提高某些特殊运算的效率,例如在顶点的记录里增加指向其关联的边的指针。

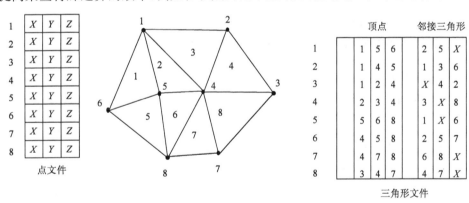

图 10-18　三角网的一种存储方式

不规则三角网数字高程由连续的三角面组成,三角面的形状和大小取决于不规则分布的测点,或节点的位置和密度。不规则三角网与高程矩阵方法不同之处是随地形起伏变化的复杂性而改变采样点的密度和决定采样点的位置,因而它能够避免地形平坦时的数据冗余,又能按地形特征点如山脊、山谷线、地形变化线等表示数字高程特征。

三、DEM 的建立

为了建立 DEM,必需量测一些点的三维坐标,DEM 数据采集常用的方法主要有以下几种:

1. 地面测量

利用自动记录的测距经纬仪(常用电子速测经纬仪或全站经纬仪)在野外实测。这种速测经纬仪一般都有微处理器,可以自动记录和显示有关数据,还能进行多种测站上的计算工作。其记录的数据可以通过串行通信,输入计算机中进行处理。

2. 现有地图数字化

利用数字化仪对已有地图上的信息(如等高线)进行数字化的方法,目前常用的数字化仪有手扶跟踪数字化仪和扫描数字化仪。

3. 空间传感器

利用全球定位系统 GPS,结合雷达和激光测高仪等进行数据采集。

4. 数字摄影测量方法

数字摄影测量方法是 DEM 数据采集最常用的方法之一。利用摄影测量获取的影像和附有的自动记录装置(接口)的立体测图仪或立体坐标仪、解析测图仪及数字摄影测量系统,进行人工、半自动或全自动的量测来获取数据。数字摄影测量方法是空间数据采集最有效的手段,它具有效率高、劳动强度低的优点。

四、DEM 的应用

(一)地形曲面拟合

DEM 最基础的应用是求 DEM 范围内任意点的高程,在此基础上进行地形属性分析。由于已知有限个格网点的高程,可以利用这些格网点高程拟合一个地形曲面,推求区域内任意点的高程。曲面拟合方法可以看作是一个已知规则格网的点数据进行空间插值的特例,距离倒数加权平均方法、克里金插值方法、样条函数等插值方法均可采用。

(二)立体透视图

从数字高程模型绘制透视立体图是 DEM 的一个极其重要的应用。透视立体图能更好地反映地形的立体形态,非常直观。与采用等高线表示地形形态相比有其自身独特的优点,更接近人们的直观视觉。特别是随着计算机图形处理工作的增强以及屏幕显示系统的发展,使立体图形的制作具有更大的灵活性,人们可以根据不同的需要,对于同一个地形形态作各种不同的立体显示。例如局部放大,改变高程值 Z 的放大倍率以夸大立体形态;改变视点的位置以便从不同的角度进行观察,甚至可以使立体图形转动,使人们更好地研究地形的空间形态。

从一个空间三维的立体的数字高程模型到一个平面的二维透视图,其本质就是一个透视变换。将"视点"看作为"摄影中心",可以直接应用共线方程从物点 (X, Y, Z) 计算"像点"坐标 (X, Y)。透视图中的另一个问题是"消隐"的问题,即处理前景挡后景的问题。

调整视点、视角等各个参数值,就可从不同方位、不同距离绘制形态各不相同的透视图制作动画。计算机速度充分高时,就可实时地产生动画 DTM 透视图。

(三)通视分析

通视分析有着广泛的应用背景。典型的例子是观察哨所的设定,显然观察哨的位置应该设在能监视某一感兴趣的区域,视线不能被地形挡住。这就是通视分析中典型的点对区域的通视问题。与此类似的问题还有森林中火灾监测点的设定,无线发射塔的设定等。有时还可能对不可见区域进行分析,如低空侦察飞机在飞行时,要尽可能躲避敌方雷达的捕捉,飞行显然要选择雷达盲区飞行。

　　根据问题输出维数的不同,通视可分点对点的通视、点对线的通视和点对面的通视。点对点的通视是指计算视点与待判定点之间的可见性问题,如图 10-19 所示;点对线的通视是指已知视点,计算视点的视野问题;点对区域的通视是指已知视点,计算视点能可视的地形表面区域集合的问题。基于格网 DEM 模型与基于 TIN 模型的 DEM 计算通视的方法差异很大。

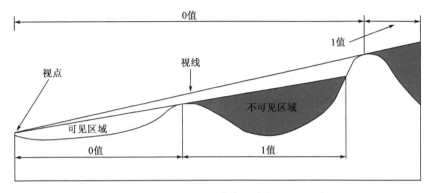

图 10-19　通视分析(图上灰色区域为不可见区域)

(四)流域特征地貌提取与地形自动分割

　　基于格网 DEM 自动提取流域特征地貌和进行地形自动分割技术主要包括两个方面:

　　(1)流域地貌形态结构定义,定义能反映流域结构的特征地貌,建立格网 DEM 对应的微地貌特征。

　　(2)特征地貌自动提取和地形自动分割算法。格网 DEM 数据是一些离散的高程点数据,每个数据本身不能反映实际地表的复杂性。为了从格网 DEM 数据中得到流域地貌形态结构,必须采用一个清晰的流域地貌结构模型,然后针对该结构模型设计自动提取算法。

1. 流域结构定义

　　可以使用一个具有根的树状图来描述流域结构,目前绝大多数算法都沿用这一描述方法。在此结构中主要包括三个部分,即结点集、界线集和汇流区集,如图 10-20 所示。

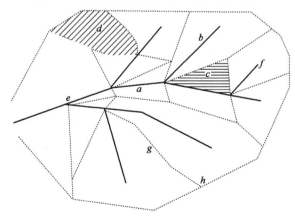

图 10-20　流域结构

a-内部沟谷段;b-外部沟谷段;c-内部汇流区;d-外部汇流区;e-沟谷结点;f-汇流源点;g-分水线段;h-分水线源点

沟谷结点和沟谷源点共同组成沟谷结点集,所有的沟谷段组成沟谷段集,形成沟谷网络;所有的分水线组成分水线段集,形成分水线网络。沟谷段集和分水线段集共同把流域分割成一个汇流区集。

沟谷段是最小的沟谷单位,沟谷段可以分为内部沟谷段和外部沟谷段。内部沟谷段连接两个沟谷结点,外部沟谷段连接一个沟谷结点和沟谷源点。同样,分水线段是最小的分水线单位,也分为内部分水线段和外部分水线段。内部分水线段连接两个分水线结点,外部分水线段连接一个分水线结点和一个分水线源点。

汇流网络中每一沟谷段都有一个汇流区域,这些区域由分水线集控制。外部沟谷段有一个外部汇流区,内部沟谷段有两个内部汇流区,分布在内部沟谷段两侧。整个流域被分割成一个个子流域,每个子流域如同树状图上的一片"叶子"。

2. 流域特征地貌自动提取和地形自动分割

山脊线和山谷线提取:山脊线和山谷线的自动探测实际上是凹点和凸点的自动搜索。较为简单的算子是 2×2 的局部算子。将算子在 DEM 数据中滑动,比较每个格网点与行和列上相邻格网点的高程,标出其中高程最小(探测山谷线)或高程最大(探测山脊线)的格网点。对整个 DEM 数据计算一遍后,剩下的未标记格网点就是山脊线或山谷线上的格网点。

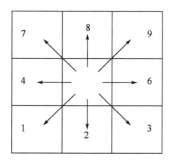

图 10-21 格网水流方向定义

流域地形自动分割:流域地形自动分割的目标是将整个流域分割成一个个子汇流区。大多数算法是利用 3×3 窗口计算流向和基于"溢流跟踪"算法确定汇流网络。算法过程如下:

1)格网点流向定义

采用 3×3 窗口按 8 方向搜索计算最大坡向为各网格点的流向。分别为 8 方向赋予不同的代码,如右图所示。每个格网有一个 1～9 的数值,代表它流向相邻象元的方向,如该象元为凹点,则其值为 5(图 10-21)。

2)凹点处理算法

由于凹点的存在,有一些流路不会流向流域出口,而是终止于凹点,所以在进行流域自动分割之前,还要对凹点进行处理。流域中凹点既可能是真实的凹点,也可能是由于插值误差造成的,所以不能使用简单的滤波或平滑函数,将凹点全部去除,目的是将凹点造成的断路连接到主沟谷网络。

搜索所有凹点的相邻最低点(有时可能有多个高程相等的最低点),作为凹点的溢出点,以溢出点为起点继续搜索比它的高程低或相等的邻点(已经搜索的点忽略),判断是否有比原凹点更低的格网点,如果没有则以该凹点的溢出点为起点,重复上述搜索过程;如果搜索到比原凹点低的格网点,将凹点和最低邻点的方向倒转。如图 10-22 所示,高程为 48 的点为一个凹点,搜索到高程最低的邻点为 49,以它为起点继续搜索,找到高程点 49,仍比原凹点高程高,则继续搜索,又找到另一个高程点 49,再找到高程 47 的点,比原凹点高程低,结束搜索,按搜索方向修改流向,如图 10-22 中实线箭头方向所示。

3)提取汇流网络

根据修改后的流向图,给定一个点,所有流向它的格网点的总和就是该点的汇流区。计算方法是给定一个点,搜索 8 邻点,记录所有流向它的格网点的位置,然后再以找到的格网点为基点继续搜索记录流向它的格网点,直到没有新的汇流点为止,所有记录的格网点构成该点的汇流区。

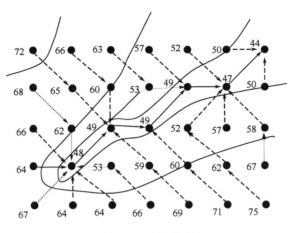

图 10-22　凹点处理

通常沟谷的汇流区面积大于其他格网点的汇流区面积,可以通过设定一个阈值,将汇流区面积大于此阈值的格网点,标识为沟谷点。很明显,不同的阈值得到的沟谷网络的复杂性是不同的,这种方法虽然为确定沟谷网络的复杂性提供了灵活性,但也使得沟谷网络的确定具有太大的随意性。

得到沟谷网络后,可以对沟谷网络进行编码。首先对沟谷结点编码。从流域出口开始搜索遍历整个汇流网络,对每个沟谷段的上下游结点进行编码标识,标识值是沟谷段的编码值,并记录下这些结点的位置。其次,把沟谷段中的每个格网点标识为沟谷段的编码值。第三,根据沟谷段上游结点的类型判定沟谷段是内部沟谷段还是外部沟谷段。

4)提取分水网络

递归搜索沟谷段中的每个格网点的汇流区,将汇流区的格网点赋为该沟谷段的标识值,形成各沟谷段的子汇流区。然后进行边界跟踪,提取子汇流区的边界线为分水线,得到分水线网络。最后,对沟谷网络和分水线网络及子汇流区进行拓扑编码,以完成流域地形的自动分割。

(五)DEM 计算地形属性

由 DEM 派生的地形属性数据可以分为单要素属性和复合属性。前者可由高程数据直接计算得到,如坡度因子、坡向。后者是由几个单要素属性按一定关系组合成的复合指标,用于描述某种过程的空间变化,这种组合关系通常是经验关系,也可以使用简化的自然过程机理模型。

单要素地形属性通常可以很容易地使用计算机程序计算得到,包括:

1. 坡度、坡向

坡度定义为水平面与局部地表之间的正切值。它包含两个成分:斜度——高度变化的最大值比率(常称为坡度);坡向——变化比率最大值的方向。地貌分析还可能用到二阶差分凹率和凸率。比较通用的度量方法是:斜度用百分比度量,坡向按从正北方向起算的角度测量,凸度按单位距离内斜度的度数测量。

坡度和坡向的计算通常使用 3×3 窗口,窗口在 DEM 高程矩阵中连续移动后,完成整幅

图的计算。坡度的计算如下

$$\tan\beta = \left[(\sigma_z/\sigma_x)^2 + (\sigma_z/\sigma_y)^2\right]^{1/2} \tag{10-21}$$

坡向计算如下

$$\tan A = (-\sigma_z/\sigma_y)/(\sigma_z/\sigma_x) \qquad (-\pi < A < \pi) \tag{10-22}$$

2. 面积、体积

1）剖面积

根据工程设计的线路，可计算其与 DEM 各格网边交点 $P_i(X_i, Y_i, Z_i)$，则线路剖面积为

$$S = \sum_{i=1}^{n-1} \frac{Z_i + Z_{i+1}}{2} \cdot D_{i,i+1} \tag{10-23}$$

式中 n 为交点数；$D_{i,i+1}$ 为 P_i 与 P_{i+1} 之距离。同理可计算任意横断面及其面积。

2）体积

DEM 体积由四棱柱（无特征的格网）与三棱柱体积进行累加得到，四棱柱体上表面用抛物双曲面拟合，三棱柱体上表面用斜平面拟合，下表面均为水平面或参考平面，计算公式分别为

$$\left.\begin{aligned} V_3 &= \frac{Z_1 + Z_2 + Z_3}{3} \cdot S_3 \\ V_4 &= \frac{Z_1 + Z_2 + Z_3 + Z_4}{4} \cdot S_4 \end{aligned}\right\} \tag{10-24}$$

式中 S_3 与 S_4 分别是三棱柱与四棱柱的底面积。

根据两个 DEM 可计算工程中的挖方、填方及土壤流失量。

3）表面积

对于含有特征的格网，将其分解成三角形，对于无特征的格网，可由 4 个角点的高程取平均即中心点高程，然后将格网分成 4 个三角形。由每一三角形的三个角点的坐标 (x_i, y_i, z_i) 计算出通过该三个顶点的斜面内三角形的面积，最后累加就得到了实地的表面积。

第五节　地理信息系统简介

一、地理信息系统概念

地理信息系统（Geographic Information System，GIS）有时又称为"地学信息系统"或"资源与环境信息系统"。它是在计算机硬、软件系统支持下，对整个或部分地球表层（包括大气层）空间中的有关地理分布数据进行采集、储存、管理、运算、分析、显示和描述的技术系统。地理信息系统处理、管理的对象是多种地理空间实体数据及其关系，包括空间定位数据、图形数据、遥感图像数据、属性数据等，用于分析和处理在一定地理区域内分布的各种现象和过程，解决复杂的规划、决策和管理问题。

通过上述的定义可提出 GIS 的如下基本概念：

（1）GIS 的物理外壳是计算机化的技术系统，它又由若干个相互关联的子系统构成，如数

据采集子系统、数据管理子系统、数据处理和分析子系统、图像处理子系统、数据产品输出子系统等,这些子系统的性能、结构直接影响着 GIS 的硬件平台、功能、效率、数据处理的方式和产品输出的类型。

(2)GIS 的操作对象是空间数据,即点、线、面、体这类有三维要素的地理实体。空间数据的最根本特点是每一个数据都按统一的地理坐标进行编码,实现对其定位、定性和定量的描述、这是 GIS 区别于其他类型信息系统的根本标志,也是其技术难点之所在。

(3)GIS 的技术优势在于它的数据综合、模拟与分析评价能力,可以得到常规方法或普通信息系统难以得到的重要信息,实现地理空间过程演化的模拟和预测。

(4)GIS 与测绘学和地理学有着密切的关系。大地测量、工程测量、矿山测量、地籍测量、航空摄影测量和遥感技术为 GIS 中的空间实体提供各种不同比例尺和精度的定位数据;电子速测仪、GPS 全球定位技术、解析或数字摄影测量工作站、遥感图像处理系统等现代测绘技术的使用,可直接、快速和自动地获取空间目标的数字信息产品,为 GIS 提供丰富和更为实时的信息源,并促使 GIS 向更高层次发展;地理学是 GIS 的理论依托。

早期 GIS 主要应用于自动制图、设施管理和土地信息系统,后来逐步扩展到军事、资源和环境管理、森林及草原调查、城市规划、市政管理、监测和预估等众多领域,随着 GPS 技术的成熟及与相关学科的结合,GIS 已经进入政治分析与决策、经济规划、农业耕作、公安监察、交通运输、卫生防疫、金融决策、供电供水及供气等所有涉及空间信息的行业和部门;从应用水平上,也从简单的机助制图,提供简单数据表格,发展到分析和模拟以解决实际问题,解决问题范围也由过去的几个图幅上升到几十、几百甚至几千幅图的范围。

二、地理信息系统的组成部分

地理信息系统主要由四部分组成,即计算机硬件系统、计算机软件系统、地理空间数据和系统开发、管理与使用人员。

1. 计算机硬件系统

地理信息系统的建立必须有一个计算机硬件系统。最简单的硬件系统只需要中央处理器、图形终端、磁盘驱动器和磁盘,再加上一台打印机即可运行。中央处理器(CPU)的任务是完成运算、处理、协调和控制计算机各个部件的运行,图形终端主要用做显示、监视和人机交互操作,如编辑、删改、增加、更新图形数据等。为了存储要处理的数据和程序,也为了存储运算的中间结果及处理后的结果,计算机必须有磁盘驱动器,配置一定的内存和硬盘。一般的地理信息系统要求有足够的内存和硬盘空间,例如美国环境系统研究所(ESRI)研制的 ARC/IN-FO 8.0,其最低要求是内存必须大于 64MB,硬盘必须大于 4GMB,否则软件很难工作。中国地质大学开发的 MAPGIS,其最低要求是内存必须大于 32MB,硬盘必须大于 420MB。打印机主要用于打印图表、图像、数据和文字报告以及提供硬拷贝的输出结果。

简单型配置适用于家庭、办公室等环境,完成较简单的工作,如数据处理、查询、检索和分析等。由于输入输出的外围设备不完善,只能用键盘输入各种数据,或者先在别的系统上完成输入数据的工作,然后通过软盘做媒介,将数据调入这个系统的磁盘再进行其他运算。由于简单型配置的系统功能较少,因而在数据输入的种类、数据量、数据更新及成果输出等方面都会受到诸多限制。

2. 计算机软件系统

计算机软件系统是指地理信息系统运行所必需的各种程序及有关资料。主要包括计算机系统软件、地理信息系统软件和应用分析软件三部分。

1) 计算机系统软件

它是由计算机厂家提供的为用户开发和使用计算机提供方便的程序系统。通常包括操作系统、汇编程序、编译程序、库程序、数据库管理系统以及各种维护手册。

2) 地理信息系统软件

地理信息系统软件应包括 5 类基本模块,即下述诸子系统:数据输入和校验、数据存储和管理、数据变换、数据输出和表示、用户接口等。

3) 应用分析软件

应用分析软件是指系统开发人员或用户根据地理专题或区域分析的模型编制的用于某种特定应用任务的程序,是系统功能的扩充和延伸。应用程序作用于地理专题数据或区域数据,构成 GIS 的具体内容,这是用户最为关心的真正用于地理分析的部分,也是从空间数据中提取地理信息的关键。用户进行系统开发的大部分工作是开发应用程序,而应用程序的水平在很大程度上决定系统实用性的优劣和成败。

3. 地理空间数据

在计算机环境中,数据是描述地理对象的唯一工具,它是计算机可直接识别、处理。储存和提供使用的手段,是一种计算机的表达形式。地理空间数据是 GIS 的操作对象,是 GIS 所表达的现实世界经过模型抽象的实质性内容,地理空间数据实质上就是指以地球表面空间位置为参照,描述自然、社会和人文经济景观的数据,主要包括数字、文字、图形、图像和表格等。这些数据可以通过数字化仪、扫描仪、键盘、磁带机或其他系统输入 GIS。图形资料可用数字化仪输入,图像资料多采用扫描仪输入,由图形或图像获取的地理空间数据以及由键盘输入或转储的地理空间数据,都必须按一定的数据结构将它们进行存储和组织,建立标准的数据文件或地理数据库,才便于 GIS 对数据进行处理或提供用户使用。

4. 系统开发、管理和使用人员

人是地理信息系统中的重要构成因素,GIS 不同于一幅地图,而是一个动态的地理模型,仅有系统软硬件和数据还构不成完整的地理信息系统,需要人进行系统组织、管理和维护以及数据更新、系统扩充完善、应用程序开发,并采用地理分析模型提取多种信息。

三、地理信息系统的功能

在建立一个实用的地理信息系统过程中,从数据准备到系统完成,必须经过各种数据转换,每个转换都有可能改变原有的信息。地理信息系统的功能主要是完成流程中不同阶段的数据转换工作。一般的 GIS 包括以下几项基本功能。

1. 数据采集与输入

数据采集与输入,即在数据处理系统中将系统外部的原始数据传输给系统内部,并将这些数据从外部格式转换为系统便于处理的内部格式的过程。对多种形式、多种来源的信息,可实现多种方式的数据输入。主要有图形数据输入(如管网图的输入)、栅格数据输入(如遥感图像的输入)、测量数据输入(如全球定位系统 GPS 数据的输入)和属性数据输入(如数字和文字的输入)。

2. 数据编辑与更新

数据编辑主要包括图形编辑和属性编辑。属性编辑主要与数据库管理结合在一起完成,图形编辑主要包括拓扑关系建立、图形编辑、图形整饰、图幅拼接、图形变换、投影变换、误差校正等功能。数据更新即以新的数据项或记录来替换数据文件或数据库中相对应的数据项或记录,它是通过删除、修改、插入等一系列操作来实现的。由于空间实体都处于发展着的时间序列中,人们获取的数据只反映某一瞬时或一定时间范围内的特征。随着时间的推进,数据会随之改变。数据更新可以满足动态分析的需要,对自然现象的发生和发展做出合乎规律的预测预报。

3. 数据存储与管理

数据存储,即将数据以某种格式记录在计算机内部或外部存储介质上。其存储方式与数据文件的组织密度相关,关键在于建立记录的逻辑顺序,即确定存储的地址,以便提高数据存取的速度。属性数据管理一般直接利用商用关系数据库软件,如 Oracle、SQL Server、Fox-Base、FoxPro 等进行管理。空间数据管理是 GIS 数据管理的核心,各种图形或图像信息都以严密的逻辑结构存放在空间数据库中。

4. 空间查询与分析

空间查询与分析是 GIS 的核心,是 GIS 最重要的和最具有魅力的功能,也是 GIS 有别于其他信息系统的本质特征。它主要包括数据操作运算、数据查询检索与数据综合分析。数据查询检索即从数据文件、数据库或存储装置中,查找和选取所需的数据,是为了满足各种可能的查询条件而进行的系统内部数据操作,如数据格式转换、矢量数据叠合、栅格数据叠加等操作以及按一定模式关系进行的各种数据运算,包括算术运算、关系运算、逻辑运算、函数运算等。综合分析功能可以提高系统评价、管理和决策的能力,主要包括信息量测、属性分析、统计分析、二维模型分析、三维模型分析及多要素综合分析等。

5. 数据显示与输出

数据显示是中间处理过程和最终结果的屏幕显示,通常以人机交互方式来选择显示的对象与形式,对于图形数据根据要素的信息量和密集程度,可选择放大或缩小显示。GIS 不仅可以输出全要素地图,还可以根据用户需要,分层输出各种专题图、各类统计图、图表及数据等。

四、地理信息系统的应用

1. 资源清查

资源清查是地理信息系统最基本的职能,其主要任务是将各种来源的数据汇集在一起,并通过系统的统计和覆盖分析功能,按多种边界和属性条件,提供区域多种条件组合形式的资源统计和进行原始数据的快速再现。以土地利用类型为例,可以输出不同土地利用类型的分布和面积、按不同高程带划分的土地利用类型、不同坡度区内的土地利用现状以及不同类型的土地利用变化等,为资源的合理利用、开发和科学管理提供依据。又如中国西南地区国土资源信息系统,设置了三个功能子系统,即数据库系统、辅助决策系统和图形系统,存储了1 500多项300多万个资源数据。该系统提供了西南地区的一系列资源分析与评价模型、资源预测预报及资源合理开发配置模型。该系统可绘制草场资源分布图、矿产资源分布图、各地县产值统计图、农作物产量统计图、交通规划图及重大项目规划图等不同的专业图。

2. 城乡规划

城乡规划中要处理许多不同性质和不同特点的问题,它涉及资源、环境、人口、交通。经济、教育、文化和金融等多个地理变量和大量数据。地理信息系统的数据库管理有利于将这些数据信息归并到同一系统中,最后进行城市与区域多目标的开发和规划,包括城镇总体规划、城市建设用地适宜性评价、环境质量评价、道路交通规划、公共设施配置以及城市环境的动态监测等。这些规划功能的实现,是以地理信息系统的空间搜索方法、多种信息的叠加处理和一系列分析软件(回归分析、投入产出计算、模 p 权评价、系统动力学模型等)加以保证的。我国大城市数量居世界前列,根据加快中心城市规划建设和加强城市建设决策科学化的要求,利用地理信息系统作为城市规划管理和分析的工具,具有十分重要的意义。

3. 灾害监测

借助遥感遥测数据,利用地理信息系统,可以有效地用于森林火灾的预测预报、洪水灾情监测和洪水淹没损失的估算,为救灾抢险和防洪决策提供及时准确的信息。例如据我国大兴安岭地区的研究,通过普查分析森林火灾实况,统计分析十几万个气象数据,从中筛选出气温、风速、降水、温度等气象要素、春秋两季植被生长情况和积雪覆盖程度等14个因子,用模糊数学方法建立数学模型,建立的微机信息系统多因子综合指标森林火险预报方法,对预报火险等级的准确率可达73%以上。又如黄河三角洲地区防洪减灾信息系统,在 ARC/INFO 地理信息系统软件支持下,借助于大比例尺数字高程模型,加上各种专题地图如土地利用、水系、居民点、油井、工厂和工程设施以及社会经济统计信息等,通过各种图形叠加、操作、分析等功能,可以计算出若干个泄洪区域及其面积,比较不同泄洪区域内的土地利用、房屋、财产损失等,最后得出最佳的泄洪区域,并制定整个泄洪区域内的人员撤退、财产转移和救灾物资供应等的最佳运输路线。

4. 土地调查

土地调查包括土地的调查、登记、统计、评价和使用等。土地调查的数据涉及土地的位置、房地界、名称、面积、类型、等级、权属、质量、地价、税收、地理要素及其有关设施等项内容。土地调查是地籍管理的基础工作,随着国民经济的发展,地籍管理工作的重要性正变得越来越明显,土地调查的工作量变得越来越大,以往传统的手工方法已经不能胜任,地理信息系统为解决这一问题提供了先进的技术手段,借助地理信息系统可以进行地籍数据的管理、更新,开展土地质量评价和经济评价,输出地籍图,同时还可以为有关的用户提供所需的信息,为土地的科学管理和合理利用提供依据。因此,它是地理信息系统的重要应用领域。

5. 环境管理

随着经济的高速发展,环境问题越来越受到人们的重视,环境污染、环境质量退化已经成为制约区域经济发展的主要因素之一。环境管理涉及人类社会活动和经济活动的一切领域,传统的环境管理方式已不断受到挑战,逐渐落后于我国经济发展的要求。为提高我国环境管理的现代化水平,很多新型的环境管理信息系统不断建成,从 1994 年下半年起,在国家环保局的统一领导下,进行了覆盖 27 个省的中国省级环境信息系统(PEIS)建设。

6. 城市管网

城市管网包括供水、排水、供电、供气及电缆系统等,管网是城市居民日常生活不可缺少的基本条件,GIS 能够建立 m 维矢量拓扑关系,特别是其网络分析功能,为城市管网的设计管理和规划建设提供了强有力的工具。GIS 用于城市管网,将会对市民的日常生活方式产生深刻的影响。

7. 作战指挥

军事领域中运用 GIS 技术最成功的例子当属 1991 年海湾战争。美国国防制图局战场 GIS 实时服务,为战争需要,在工作站上建立了 GIS 与遥感的集成系统,它能用自动影像匹配和自动目标识别技术处理卫星和高低空侦察机实时获得的战场数字影像,及时地(不超过 4 小时)将反映战场现状的正射影像图叠加到数字地图上,并将数据直接传送到海湾前线指挥部和五角大楼,为军事决策提供 24 小时的实时服务。通过利用 GPS(全球定位系统)、GIS、RS(遥感)等高新尖端技术迅速集结部队及武器装备,以较低的代价取得了极大的胜利。

8. 宏观决策

地理信息系统利用拥有的数据库,通过一系列决策模型的构建和比较分析,可为国家宏观决策提供依据。例如系统支持下的土地承载力的研究,可以解决土地资源与人口容量的规划。我国在三峡地区研究中,通过利用地理信息系统和机助制图的方法,建立的环境监测系统,为三峡宏观决策提供了建库前后环境变化的数量、速度和演变趋势等可靠的数据。美国伊利诺伊州某煤矿区由于采用房柱式开采,引起地面沉陷。为了避免沉陷对建筑物的破坏,减少经济赔偿和对新建房屋的破坏,煤矿公司通过对该煤矿地理信息系统数据库中岩性、构造及开采状况等数据的分析研究,利用图形叠合功能对地面沉陷的分布和塌陷规律进行了分析和预测,指出了地面建筑的危险地段和安全地段,为合理部署地面的房屋建筑提供了依据,取得了较好的经济效果。

【思考题】

10-1 识读地形图时,主要从哪几个方面进行?

10-2 如何确定地形图上直线的长度、坡度和坐标方位角?

10-3 将场地平整为平面和斜面,如何在地形图上绘制填挖边界线?

10-4 地形图的基本应用有哪些?

10-5 平整场地的原则是什么? 计算填挖土方量的方法有哪几种?

10-6 什么是GIS? 在GIS中,有哪几种功能?

10-7 设图 10-23 为 1:10 000 的等高线地形图,图下印有直线比例尺,用以从图上量取长度。根据地形图用图解法解决以下三个问题(1)求 A、B 两点的坐标及 AB 连线的方位角;(2)求 C 点的高程及 AC 连线的坡度;(3)从 A 点到 B 点定出一条地面坡度 $i=6.7$ 的路线。(4)作出 AB 直线的纵断面图。

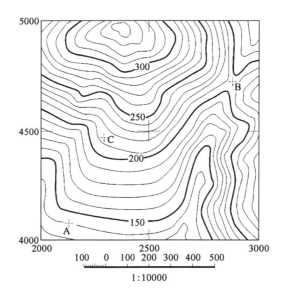

图 10-23 地形图

10-8 如图 10-24 所示,每一方格面积为 $400m^2$,计算设计高程以及填挖方量。

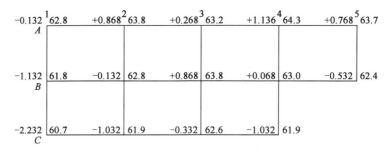

图 10-24 土方量计算

第十一章 施工测量原理与方法

第一节　施工测量概述

一、施工测量的目的和内容

施工测量指的是在工程施工阶段进行的测量工作,是工程测量的重要内容。施工测量的目的是按照设计和施工的要求将设计的建筑物、构筑物的平面位置在地面上标定出来、作为施工的依据,并在施工过程中进行一系列的测量工作,以衔接和指导各工序之间的施工。由此可知,施工测量是测设(又称放样)工作,与地形测量工作正好相反,但二者所用的仪器和方法基本是一致的。

施工测量的基本任务是确定射击点的空间位置,即确定点的平面位置和高程,贯穿于整个施工的全过程,从场地平整、建筑物定位、基础施工,到建筑物构件的安装等工序,都需要进行施工测量,以使建筑物、构筑物各部分的尺寸、位置符合设计要求。其主要内容有:

(1)建立施工控制网。

(2)建筑物、构筑物的详细测设。

(3)检查、验收。每道施工工序完工之后,都要通过测量检查工程各部位的实际位置及高程是否与设计要求相符合。

(4)变形观测。随着施工的进展,测定建筑物在平面和高程方面产生的位移和沉降,收集整理各种变形资料,作为鉴定工程质量和验证工程设计、施工是否合理的依据。

二、施工测量的原则和特点

1. 原则

在施工测量中,为了保证施工中各建(构)筑物的平面位置和高程能满足设计要求,施工测量与一般测图工作一样,也必须遵循"由整体到局部,先控制后细部"的原则,即先在施工现场建立统一的施工控制网,然后以此为基础,测设建筑物的细部位置。采取这一原则,可以减少误差积累,保证测设精度。

2. 特点

(1)精度要求较测图高。测图的精度取决于测图比例尺大小,而施工测量的精度则与建筑物的大小、结构形式、建筑材料以及放样点的位置有关。例如,高层建筑测设的精度要求高于低层建筑;钢筋混凝土结构的工程测设精度高于砖混结构工程;建筑物本身的细部点测设精度比建筑物主轴线点的测设精度要求高。

(2)贯穿施工全过程。施工测量是设计与施工之间的桥梁,贯穿于整个施工全过程,是施工的重要组成部分。放样的结果是实地上的标桩,这些标桩是施工的依据,同时,在施工过程中对测设要进行校核,检查无误后方可施工。工程建成后,为便于管理、维修以及续扩建,还必须编绘竣工总平面图。有些高大和特殊建筑物,例如,高层楼房、水库大坝等,在施工期间和建成以后还要进行变形观测,以便控制施工进度,积累资料,掌握规律,为工程严格按设计要求施工、维护和使用提供保障。

三、施工控制网

1. 控制网的布设形式

平面施工控制网的布设形式,应根据施工总平面图、施工场地的地形条件以及测量仪器设备等诸多因素来决定。对地形起伏较大的山岭地区的水利水电、隧道、桥梁等工程,一般采用三角锁网的布设形式。随着测量仪器的发展,施工控制网已广泛采用边角网、测边网、导线网以及卫星定位等测量方法。

平面施工控制网一般分两级布设,首级网作为基本控制,第二级网为加密控制,它直接用于测设建筑物的特征点。

高程控制一般也分两级布设,即布满整个工程测区的基本高程控制和直接用于高程测设的加密高程控制。加密高程控制点一般为临时水准点,临时水准点点位可选在露出地面的基岩上或已浇筑的混凝土上(用红漆作标志)。临时水准点密度应达到只设一个测站就能进行高程测设,其目的是减少高程传递误差及误差的累积。基本高程控制一般采用三等以上水准测量进行观测,加密的临时水准点可用四等水准进行观测。

2. 施工控制网的特点

相对于测图控制网来说,施工控制网一般具有以下特点:

1)控制范围小,精度要求高,控制点密度大

与测图控制网所控制的范围相比较,工程施工控制网的范围较小。因为在勘测阶段,建筑物位置尚未确定,要进行多个方案比较,因而测图范围较大,要求测图控制范围就大。工程控制网是在工程总体布置已定的情况下进行布设,其控制范围就较小。例如,大型水利枢纽工程,测图控制范围可能达到几十平方公里,而工程控制网的范围一般只有几平方公里或者更小。在这样较小的范围内,工程建筑物布局错综复杂,要求有较多的控制点才能满足施工测设的需要。

施工控制网点主要用于测设建筑物的主要轴线,这些轴线的测设精度要求较高。例如,水力发电厂房主轴线定位的精度要求为 $\pm 10mm$,与地形测图相比,这样的精度要求是相当高的。

2）控制点使用频繁

从施工开始至工程竣工的整个施工过程中,测设工作相当多。在建筑物的不同高度上,建筑物的形状和尺寸一般都不相同。例如,重力拱坝的迎水面、闸墩等建筑物,在不同的高度上具有不同的截面,因此,施工中随着建筑物的增高,要随时测设各高度上的特征点;在浇筑混凝土过程中也要利用控制点检查模板的变形或建筑物中心位置的正确性。所以,控制点使用相当频繁,这就要求控制点坚固稳定,使用方便。

3）受施工干扰大

在工程施工现场,各种施工机械和车辆很多。而且,由于各个建筑物都是分层施工的,其高度相差悬殊较大,影响控制点间的相互通视,给施工测设带来很多困难。因此,控制点的点位分布要恰当,要有足够的密度,以能灵活选择控制点,便于测设。

第二节　测设的基本工作

不论测设对象是建筑物还是构筑物,测设的基本工作是测设已知的水平距离、水平角度和高程。

一、水平距离的测设

水平距离的测设是在量距起点和量距方向已知的条件下,自量距起点沿量距方向丈量已知距离,订出直线另一端的过程。根据地形复杂情况和精度要求不同,距离测设可选用不同方法和工具。通常,精度要求不高时,可用钢尺和皮尺量距放样;精度要求高时,可用全站仪或测距仪放样。具体测设方法如下:

1. 钢尺量距法放样

已知距离 $AB=D$,线段的起点 A 和方向为 α_{AB}(如图 11-1 所示)。若要求以一般精度进行测设,可在给定的方向,根据给定的距离值,从起点用钢尺丈量的一般方法,测得线段的另一端点。为了进行检核,应往返丈量测设的距离,往返丈量得较差,若在限差之内,则取其平均值作为最后结果。

当测设精度要求较高时,应按钢尺量距的精密方法进行测设,具体作业步骤如下:

（1）将经纬仪安置在已知的起点 A 上,并标出给定直线的方向,沿该方向进行概量并在地面上打下尺段桩和终点桩,在桩顶刻十字标志;

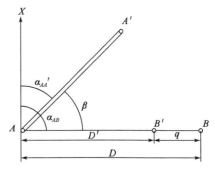

图 11-1　水平距离测设

（2）用水准仪测定各相邻桩桩顶之间的高差;

（3）按精密丈量的方法先量出整尺段的距离,并加尺长改正、温度改正和高差改正,计算每尺段的长度及各尺段长度之和,得最后结果为 D_0;

（4）用已知应测设的水平距离 D 减去 D_0。得余长 q,即 $D-D_0=q$。然后计算余长段应测设的距离 q'

$$q' = q - \Delta l_d - \Delta l_t - \Delta l_h \tag{11-1}$$

式中,Δl_d、Δl_t、Δl_h 为余长段相应的尺长、温度、高差改正。

(5)根据 q' 在地面上测设余长段,并在终点桩上做出标志,即为所测设的终点 B。如终点超过了原打的终点桩时,应另打终点桩。

2. 全站仪（或测距仪）放样

如图 11-2 所示,安置全站仪（或测距仪）于 A 点,瞄准已知方向。沿此方向移动反光棱镜的位置,使仪器显示值略大于测设的距离 D,定出 C' 点。在 C' 点安置反光棱镜,测出反光棱镜的竖直角 α 及斜距 S（加气象改正）。计算水平距离 $D'=S \cdot \cos\alpha$,求出 D' 与应测设的水平距离 D 之差 $q=D-D'$。根据 q 的符号在实地用小钢尺沿已知方向改正 C' 至 C 点,并用木桩标定其点位,为了检核,应将反光棱镜安置于 C 点再实测 AC 的距离,若不符合应再次进行改正,直到测设的距离符合限差为止。

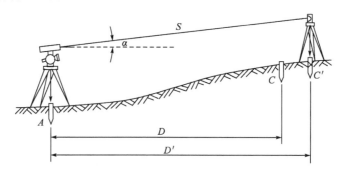

图 11-2　红外测距仪测设水平距离

由于钢尺量距受地形条件影响较大,尤其是量测较长距离时,量距的工作量大,效率低,且很难保证两侧的精度。目前距离放样时,通常采用全站仪进行,用全站仪（或测距仪）进行距离的放样具有适应性强、速度快、精度高等优点,因此在土建等施工放样中得到广泛的应用。

二、水平角的测设

水平角测设也称拨角,是在已知点上安置经纬仪,根据通过站点的一个已知方向为起始方向,将设计角度的另一个方向测设到地面上。水平角测设一般用经纬仪或全站仪进行,通常采用的方法有正倒镜分中法和多测回修正法。

1. 正倒镜分中法

如图 11-3a)所示,设地面上已有 AB 方向,要在 A 点以 AB 为起始方向,向右测设出设计的水平角 β,具体步骤如下:

(1)将经纬仪安置在 A 点,对中、整平。

(2)盘左瞄准 B 点,读取水平度盘读数为 L;松开水平制动螺旋,顺时针旋转照准部,当水平度盘读数约为 $L+\beta$ 时,制动照准部,旋转水平微动螺旋,使水平度盘读数准确地对准 $L+\beta$,在视线方向定出 C' 点。

(3)倒转望远镜为盘右位置,用上述同样的操作方法在视线方向定出 C'' 点,取 C',C'' 的中点 $\overline{C}$ 点,则 $\angle BA\overline{C}$ 即为要测设的 β 角。

2. 多测回修正法

如图 11-3b)所示,先用正倒镜分中法测设出 $\overline{C}$ 点,再用测回法观测 $\angle BA\overline{C}$ 2～3 测回,设角

度观测的平均值为 $\bar{\beta}$，则角度修正值为 $\Delta\beta'=\bar{\beta}-\beta$，如果 C 点至 A 点的设计水平距离为 D，则 $\bar{C}$ 点偏离正确点位 C 的弦长约为

$$C\bar{C} \approx D\frac{\Delta\beta'}{\rho''} \tag{11-2}$$

式中，$\rho''=20\,6256''$，$\Delta\beta$ 以秒为单位。

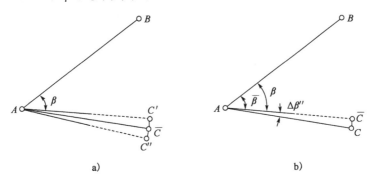

图 11-3　水平角测设方法

a)正倒镜分中法；b)多测回修正法

使用小三角板从 $\bar{C}$ 点沿垂直方向向背离 B 方向量 $C\bar{C}$，定出 C 点，则 $\angle BAC$ 即为要放样的 β 角。实际放样时要注意点位的改正方向。

三、高程的测设

高程测设主要利用水准仪进行，有时也用经纬仪或卷尺直接丈量。高程测设的依据是施工场地上已建立的高程控制网。

1. 高程测设的一般方法

如图 11-4a)所示，图中 A 为水准点，其高程为 H_A，B 点为设计高程位置，其设计高程为 H_B。现需要将 B 点设计高程的位置在桩上标定出来，具体步骤如下：

(1)将水准仪安置在 A、B 中间，读取后视 A 尺读数 a；

(2)计算前视 B 尺的读数 b；

$$b=(H_A+a)-H_B \tag{11-3}$$

(3)靠 B 点桩侧面竖立水准尺，指挥该尺上、下移动，使中丝对准读数 b，此时，尺的底端（零点）即为 B 点的高程位置。沿尺底划线将高程标记在木桩的竖面上，如图 11-4b)所示。

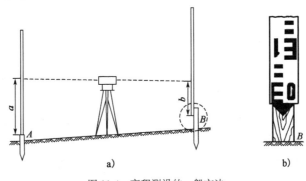

图 11-4　高程测设的一般方法

2. 传递高程测设方法

当所测设点的高程与已知点的高程相差较大时，由式(11-3)算出的 b 超过水准尺的长度，

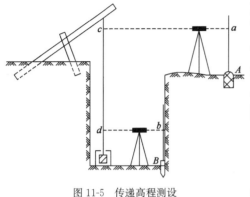

如利用地面水准点测设建筑物的基础基坑底部或高层建筑物上部的情况，这时，可以利用两台水准仪并借助一把钢尺，将已知点的高程向下或向上传递，然后按一般高程测设法进行测设。如图 11-5 所示，若钢尺的零点在下端，则前视 B 尺应有的读数为

$$b = H_A + a - (c - d) - H_B \qquad (11\text{-}4)$$

上下移动 B 处的水准尺，直到水准仪在尺上的读数恰好为 b 时紧靠尺底面标定点位。

图 11-5　传递高程测设

四、坡度的测设

在施工测设时，经常要遇到测设坡度的工作，如开挖边坡、线路测量、输水和排水管道等，在土方工程施工中，有时也会遇到斜坡测设。

1. 水准仪测设已知坡度

如图 11-6 所示，设地面上 A 点的高程为 H_A，现要从 A 点沿 AB 方向测设出一条坡度为 i 的直线，AB 间的水平距离为 D。使用水准仪的测设方法如下：

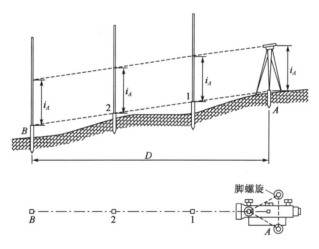

图 11-6　坡度的测设

(1)首先计算出 B 点的设计高程为 $H_B = H_A - iD$，用水平距离和高程测设方法测设出 B 点；

(2)在 A 点安置水准仪，使一个脚螺旋在 AB 方向线上，另两个脚螺旋的连线垂直于 AB 方向线，量取水准仪高 i_A，用望远镜瞄准 B 点上的水准尺，旋转 AB 方向上的脚螺旋，使视线倾斜至水准尺读数为仪器高 i_A 为止，此时，仪器视线坡度即为 i。在中间点 1、2 处打木桩，然后在桩顶上立水准尺使其读数均等于仪器高 i_A，这样各桩顶的连线就是测设在地面上的设计坡度线。

2. 全站仪（或经纬仪）**测设已知坡度**

当设计坡度 i 较大，超出了水准仪脚螺旋的最大调节范围时，应使用全站仪（或经纬仪）进行测设，若使用电子经纬仪或全站仪测设时，可以将其竖直度盘显示单位切换为坡度单位，直接将望远镜视线的坡度值调整到设计坡度值 i 即可，不需要先测设出 B 点的平面位置和高程。

如图 11-6 所示，要求在实地的 A、1、2、B 等点处的木桩立面上，测设出过 A 点设计高程 H_A 的设计坡度为 i 的坡度线，可采用如下方法：

（1）计算坡度线与水平面的夹角 $\alpha = \tan^{-1} i$；

（2）按一般方法测设出 A 点的高程位置；

（3）将经纬仪安置在 A 点，量取仪器高 i_A，并使竖盘读数为 α；

（4）分别将水准尺立于 1、2、B 等点，上下移动水准尺，使横丝与读数 i_A 重合，则尺的底端（零点）即为坡度线在 1、2、B 等点处的高程位置。

第三节　地面点平面位置的测设

施工之前，需将图纸上设计建（构）筑物的平面位置测设于实地，其实质是将该房屋诸特征点（例如各转角点）在地面上标定出来，作为施工的依据。测设时，应根据施工控制网的形式、控制点的分布、测设的精度要求和施工现场条件等因素，选用适当的方法。

一、直角坐标法

直角坐标放样是指在施工坐标系中，利用待定点的坐标 x、y 或坐标差 Δx、Δy 定位的方法。如根据建筑方格网或矩形控制网测设时，采用此法准确而简便。如图 11-7 所示，已知某厂房矩形控制网四角点 A、B、C、D 的坐标，设计总平面图中已确定某车间四角点 1、2、3、4 的设计坐标。现以 B 点测设点 1 为例，说明其测设的步骤：

（1）计算 B 与点 1 的坐标差：

$$\Delta x_{B1} = x_1 - x_B ; \Delta y_{B1} = y_1 - y_B$$

（2）在 B 点安置经纬仪或全站仪，瞄准 C 点，在 BC 方向上用钢尺量或全站仪测距 Δy_{B1} 得 E 点；

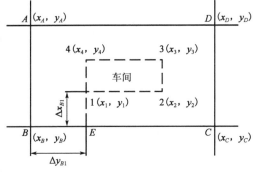

图 11-7　直角坐标法放样

（3）在 E 点安置经纬仪或全站仪，瞄准 C 点（较远点）定向（使起始度盘读数为 $0°00'00''$），用盘左、盘右位置两次测设 $270°$ 角，在两次平均方向 $E1$ 上从 E 点起用钢尺量或全站仪测距 Δx_{B1}，得车间角点 1；

（4）同法，从 C 点测设点 2，从 D 点测设点 3，从 A 点测设点 4；

（5）检查车间的四个角是否等于 $90°$，各边长度是否等于设计长度，若误差在允许范围内，则认为测设合格。

二、极 坐 标 法

极坐标法是根据已知水平角度和水平距离测设点位。测设前需根据施工控制点（例如导

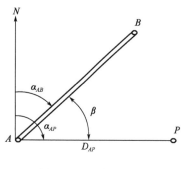

图 11-8 极坐标法放样

线点)和测设点的坐标,按坐标反算公式求出一方向的坐标方位角和水平距离,再根据坐标方位角求出水平角。

如图 11-8 所示,已知控制点 $A(x_A, y_A)$ 和 $B(x_B, y_B)$,待放样点 P 的设计坐标为 $P(x_P, y_P)$,AP 的水平距离为 D_{AP}。具体计算如下

$$\left.\begin{array}{l} \alpha_{AP} = \arctan \dfrac{y_P - y_A}{x_P - x_A} \\[2mm] \alpha_{AB} = \arctan \dfrac{y_B - y_A}{x_B - x_A} \\[2mm] \beta = \alpha_{AP} - \alpha_{AB} \\[2mm] D_{AP} = \sqrt{(x_P - x_A)^2 + (y_P - y_A)^2} \end{array}\right\} \qquad (11\text{-}5)$$

在计算出放样数据 β、D_{AP} 后,将经纬仪置于控制点 A,后视为 B 点,顺时针拨角 β 角定出 AP 方向,然后在 AP 方向上量水平距离 D_{AP},即为 P 点的位置。

【**例 11-1**】 如图 11-9 所示,已知点 A、B 和待测设点 P 的坐标见表 11-1,求在 A 点用极坐标法测设 P 点的测设元素 β、D_{AP}。

表 11-1

点 名	坐 标	
	$x(\text{m})$	$y(\text{m})$
A	500.00	1 000.00
B	800.00	1 200.00
P	525.00	1 100.00

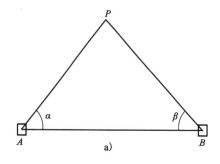

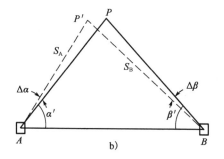

图 11-9 角度交会测设法

解:由式(11-5),计算 AB、AP 两边的方位角为

$$\alpha_{AB} = 33°41'24'' \qquad \alpha_{AP} = 75°57'50''$$

则测设的水平角为

$$\beta = \alpha_{AP} - \alpha_{AB} = 75°57'50'' - 33°41'24'' = 42°16'26''$$

沿 AB 方向,以 A 为起点应测设的距离为

$$D_{AP} = \sqrt{(x_P - x_A)^2 + (y_P - y_A)^2} = 103.078(\text{m})$$

三、角度交会法

当放样点远离控制点或不便于量距时,可采用角度交会法,如放样桥墩中心,烟囱顶部中心等。如图 11-9a)所示,已知控制点 $A(x_A, y_A)$ 和 $B(x_B, y_B)$,待放样点 P 的设计坐标为 $P(x_P, y_P)$,利用控制点 A、B 放样设计点 P 的方法如下:

（1）由式(11-5)，计算测设数据 α、β；

（2）用两台经纬仪分别安置在 A、B 点，分别以 B、A 两点定向，拨 $360°-\alpha$ 和 β 角得 AP 和 BP 方向，则两方向线的交点即为所求 P 点。

当测设精度要求较高时，应采用归化法测设。这时，将上述方法放出的 P 点作为过渡点，以 P' 表示，如图 11-9b)所示，以必要的精度实测 $\angle P'AB=\alpha'$，$\angle P'BA=\beta'$，并计算角差：$\Delta\alpha=\alpha-\alpha'$，$\Delta\beta=\beta-\beta'$。一般 $\Delta\alpha$、$\Delta\beta$ 均较小，可通过归化方法改正并定出 P 点。

四、距离交会法

距离交会法是利用放样点到已知点的距离交会定点，适应于测设点至两控制点的距离不超过一个尺段并便于量距的地方。如图 11-9b)所示，具体方法如下：

（1）由式(11-5)，计算测设数据 S_A、S_B；

（2）在实地用两把尺子分别以 A、B 为圆心，以 S_A、S_B 为半径画弧，两弧交出的点即为所求的 P 点。

当测设精度要求较高或测设距离超过一尺段时，其长度交会应采用归化法。将上述方法放出的点作为过渡点，以 P' 表示，以必要的精度实测长度 AP'、BP'，进行归化改正。

五、全站仪坐标放样

如图 11-9 所示，将全站仪安置于测站点 A，量出仪器高和棱镜高度；在全站仪中，输入测站点 A 的坐标、高程、仪器高、棱镜高度，定向点 B 的坐标，以及待定点 P 的坐标和高程。

启动全站仪的放样程序，利用定向点进行度盘定向后，放样程序可自动计算出 AP 方位角和距离并显示在屏幕上；然后根据显示的方位角转动照准部于 AP 方向，指挥棱镜在此方向上前后移动，直到通过全站仪测距，使屏幕显示的前后移动距离为零时，即可确定 P 点的位置。

六、GNSS-RTK 坐标放样

全球卫星定位系统(GNSS)应用于碎部测量的方法，也就是使用 RTK(Real-Time-Kinematic)实时动态差分技术 jinxing 点位坐标采集，该法也可用于设计点位坐标的实地放样。目前应用较多的是基站加流动站建立 GNSS RTK 工作系统，其基本步骤为：

（1）架设基站，指定基站坐标，设置投影方法和坐标系。

（2）启动基站差分信号播发电台。

（3）开启流动站，接收基站信号，建立基站与流动站之间的数据链。

（4）在控制手簿上输入或者解算坐标转换参数，以便将观测到的坐标转换到本地坐标系。

（5）开始测量工作。

详细技术方法参考本书第 8 章以及相关 GNSS 设备使用说明。放样时，在 GNSS RTK 工作模式下，将放样点坐标输入手簿后，放样软件即可提示流动站向测设点位的方向和移动距离。

【思考题】

11-1 施工测设的工作任务是什么？

11-2　建筑物平面位置的测设方法有哪几种？各适用于何种情况？

11-3　施工测量有哪些特点？

11-4　施工测设与测设地形图有什么根本的区别？

11-5　施工测设的基本工作有哪些？它们与测距、测角、测高程的区别是什么？

11-6　水平角测设的方法有哪些？各适用于什么情况？

11-7　试叙述使用水准仪进行坡度测设的方法。

11-8　施工平面控制网常用的布网形式有哪些？各适用于什么场合？

11-9　在地面上要求测设一个直角，先用一般方法测设出 $\angle AOB$，再测量该角，若于测回取平均值为 $\angle AOB = 90°00'18''$，又知 OB 的长度为 148m，问在垂直于 OB 的方向上，B 点应该移动多少距离才能得到 $90°$ 的角？

11-10　利用高程为 34.937m 的水准点，测设高程为 35.500m 的室内 ±0.000 高程。设尺立在水准点上时，按水准仪的水平视线在尺上画了一条线，问在该尺上的什么地方再画一条线，才能使视线对准此线时，尺子底部就在 ±0.000 高程的位置。

11-11　已知 $\alpha_{AB} = 300°40'$，点 A 的坐标为 $x_A = 44.22$m，$y_A = 116.71$m；若要测设坐标为 $x_P = 72.34$m，$y_P = 115.00$m 的 P 点，试计算仪器安置在 A 点用极坐标法测设 P 点所需的数据。

第十二章 建筑工程施工测量

第一节 建筑工程测量概述

建筑工程测量是指在建筑工程的勘测设计、施工、竣工验收、运营管理等阶段所进行的各种测量工作的总称。

在勘测设计阶段,主要测绘各种比例尺地形图,另外还要为工程、水文地质勘探以及水文测验等进行测量;在施工建设阶段,首先要根据工地的地形、地质情况、工程性质及施工组织计划等,建立施工控制网,然后按照施工的要求,采用不同的方法,将图纸上所设计的抽象几何实体在现场标定出来,使之成为具体的几何实体,也就是施工放样;在工程建筑物运营期间,为了监视工程的安全和稳定情况,了解设计是否合理,验证设计理论是否正确,需要定期对工程的动态变形,如水平位移、沉陷、倾斜、裂缝以及震动、摆动等进行监测,即通常所说的变形观测。为了保证大型机器设备的安全运行,要进行经常的检测和调校,为了对工程进行有效的维护和管理,要建立变形监测系统和工程管理信息系统。

一、建筑施工测量的目的和内容

建筑施工测量的目的是把设计的建筑物、构筑物的平面位置和高程,按设计要求以一定的精度测设在地面上,作为施工的依据。在施工过程中进行一系列的测量工作,以衔接和指导各工序间的施工。

建筑施工测量贯穿于整个施工过程中,从场地平整、建筑物定位、基础施工,到建筑物构件的安装等,都需要进行测量,才能使建筑物、构筑物各部分的尺寸、位置符合设计要求。

二、建筑施工测量的特点

测绘地形图是将地面上的地物、地貌测绘在图纸上,而建筑施工放样则和它相反,是将设计图纸上的建筑物、构筑物按其设计位置测设到相应的地面上。

测设精度的要求取决于建筑物或构筑物的大小、材料、用途和施工方法等因素。一般高层建筑物的测设精度应高于低层建筑物,钢结构厂房的测设精度应高于钢筋混凝土结构厂房,装配式建筑物的测设精度应高于非装配式建筑物。

建筑施工测量工作与工程质量及施工进度有着密切的联系。测量人员必须了解设计的内容、性质及其对测量工作的精度要求,熟悉图纸上的尺寸和高程数据,了解施工的全过程,并掌握施工现场的变动情况,使施工测量工作能够与施工密切配合。

另外,施工现场工种多,交叉作业频繁,并有大量土石方填挖,地面变动很大,又有动力机械的震动,因此,各种测量标志必须埋设在稳固且不易被破坏的地方;还应做到妥善保护,经常检查,若有破坏,应及时恢复。

三、建筑施工测量的原则

建筑施工现场上有各种建筑物、构筑物,且分布较广,往往又不是同时开工兴建。为了保证各建筑物、构筑物的平面和高程位置都符合设计要求,互相连成统一的整体,建筑施工测量和测绘地形图一样,也要遵循"从整体到局部,先控制后碎部"的原则,即先在施工场地建立统一的平面控制网和高程控制网,然后以此为基础,测设出各个建筑物和构筑物的位置。建筑施工测量的检核工作也很重要,必须采用各种不同的方法加强外业和内业的检核工作。

第二节　建筑施工控制测量

建筑工程在勘测设计阶段所建的测图控制网,由于各种建筑物的设计位置尚未确定,无法考虑满足施工测量的要求;另外,在施工平整场地时,大多控制点被破坏。因此,施工前必须在建筑场地建立施工控制网。施工控制网由平面控制网和高程控制网组成,是施工测量的基准。施工控制网与测图控制网相比,施工控制网具有控制范围小、控制点密度大、精度要求高及使用频繁等特点。施工控制点应设置在点位稳定并便于保存的地方,此外,还应便于施工放样。

为测设方便,施工平面控制网常以建筑物的主要轴线或与主要轴线平行或垂直的方向为坐标轴,建立局部施工坐标系。因此,对于新建的大中型建筑场地,一般常采用建筑方格网;而对于面积不大、地形又不太复杂的建筑场地,常采用建筑基线。对于扩建或改建的建筑区及通视困难的场地,则多采用布设灵活的导线或导线网。导线网在相应的章节已介绍,本章主要介绍建筑基线和建筑方格网。

一、施工平面控制网

(一)建筑基线

建筑基线的布设应根据设计建筑物的分布、场地的地形和原有控制点的情况而定。常见的建筑基线布设形式,如图 12-1 所示。

1. 建筑基线的布设要求

(1)建筑基线应尽可能靠近拟建的主要建筑物,并与其主要轴线平行,以便使用比较简单的直角坐标法进行建筑物的定位。

(2)建筑基线上的基线点应不少于三个,以便相互检核。

(3)建筑基线应尽可能与施工场地的建筑红线相联系。

（4）基线点位应选在通视良好和不易被破坏的地方，为便于长期保存，要埋设永久性的混凝土桩。

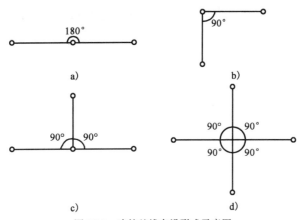

图 12-1　建筑基线布设形式示意图

a)三点"一"形；b)三点"L"形；c)四点"T"形；d)五点"十"形

2. 建筑基线的测设方法

根据施工场地的条件不同，建筑基线的测设方法有以下两种：

1）根据建筑红线测设建筑基线

由城市测绘部门测定的建筑用地界定基准线，称为建筑红线。在城市建设区，建筑红线可用作建筑基线测设的依据。如图 12-2 所示，AB、AC 为建筑红线，1、2、3 为建筑基线点，根据建筑红线与建筑基线的相互关系可以测定出建筑基线的位置。

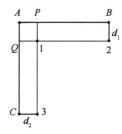

图 12-2　根据建筑红线测设建筑基线

2）根据附近已有控制点测设建筑基线

在施工现场，可以利用建筑基线的设计坐标和附近已有控制点的坐标，用极坐标法测设建筑基线。如图 12-3 所示，A、B 为附近已有控制点，1、2、3 为选定的建筑基线点。测设方法如下。

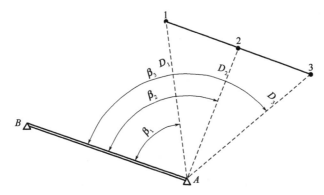

图 12-3　根据控制点测设建筑基线

首先，根据已知控制点和建筑基线点的坐标，计算出测设数据 β_1、D_1、β_2、D_2、β_3、D_3。然后，用极坐标法测设 1、2、3 点。

由于存在测量误差，测设的基线点往往不在同一直线上，且点与点之间的距离与设计值也不完全相符。为了将所测设的基线点调整在一条直线上，应在 2 点安置经纬仪或全站仪，精确测量∠123 的角值 β 和距离,计算出 $\Delta\beta = \beta - 180°$,当 $\Delta\beta$ 超过允许误差,应对基线点进行调整:

(1)调整一端点

如图 12-4 所示,将 1 点往 2、3 点连线方向移动 δ,得 $1'$ 点,使三点成一条直线,其调整值 δ 可按式(12-1)计算

$$\delta = \frac{|\beta - 180°|}{\rho''} \cdot a \tag{12-1}$$

式中:a——12 点的水平距离。

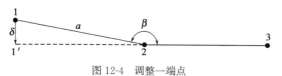

图 12-4 调整一端点

(2)调整中点

如图 12-5 所示,将中点 2 往 1、3 点连线方向移动调整值 δ,使三点成为一条直线,其调整值 δ 可按式(12-2)计算

$$\delta = \frac{ab}{a+b} \cdot \frac{|\beta - 180°|}{\rho''} \tag{12-2}$$

式中:a、b——12 和 23 点的水平距离。

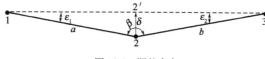

图 12-5 调整中点

(3)调整三点

调整三点的方法如图 12-6 所示。调整时,将 1、2、3 三点沿垂直方向各移动一个相等的改正值 δ,改正值 δ 按下式计算

$$\delta = \frac{ab}{2(a+b)} \cdot \frac{(180° - \beta)}{\rho} \tag{12-3}$$

式中:a——12 点的水平距离;

b——23 点的水平距离。

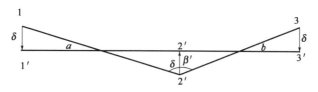

图 12-6 调整三点

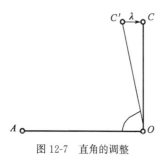

图 12-7 直角的调整

基线的直线性调整完毕后,再精确测定 AO 和 OB 的距离并进行调整,使其精度符合要求。

对于"L"形、"T"形、"十"形等基线,除了进行上面的调整外,还要进行直角的检验与调整。其方法如图 12-7 所示,由于存在测设误差,测设出的基线点 A、O 的连线与 O、C' 的连线常不垂直,需进行调整,使 $\angle AOC'$ 与 90°的差值一般在 $\pm5''$ 以内。调整时,A、O 两点不动,将 C' 点沿平行于 AO 方向移动改正值

λ,λ按下式计算

$$\lambda = \frac{90° - \beta}{\rho}L \qquad (12\text{-}4)$$

式中：β——AO 与 OC' 两方向间的水平夹角，即 $\angle AOC'$；

L——O、C' 两点间的平距。

直角性调整完毕后，同样要精确测定 OC 的距离并进行调整，使其精度符合要求。

(二)建筑方格网

在新建的大中型建筑场地上，施工控制网一般布设成矩形或正方形格网形式，称为建筑方格网，如图 12-8 所示。建筑方格网适用于按矩形布置的建筑群或大型建筑场地。

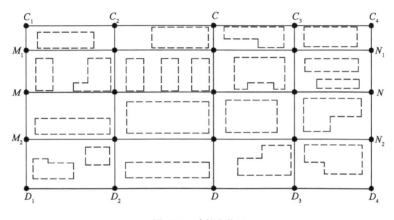

图 12-8　建筑方格网

1. 建筑方格网的布设

布设建筑方格网时，应根据总平面图上各建（构）筑物、道路及各种管线的布置，结合现场的地形条件来确定。如图 12-8 所示，设计时，应先选定建筑方格网的主轴线 MN 和 CD，再加密一些平行于主轴线的辅轴线，如 C_1D_1、C_2D_2、C_3D_3、M_1N_1、M_2N_2 等。

2. 建筑方格网的测设

1）主轴线测设

主轴线测设与建筑基线测设方法相似。首先准备测设数据，然后测设两条互相垂直的主轴线 MON 和 COD。当采用前述方法精确测设出主轴线 MON 后，将仪器安置于 O 点，测设主轴线 COD。如图 12-9 所示，测设时望远镜后视 M 点，分别向左、右测设 90°，在地面上定出 C、D 两点，精确观测 $\angle MOC$ 和 $\angle MOD$，分别计算其与 90° 的差值 δ_1、δ_2，按式(12-4)确定调整值 l_1、l_2。

将 C、D 点分别沿与 $C'D'$ 垂直的方向调整 l_1、l_2 值，定出 C'、D' 点。最后还必须精确观测 $\angle C'OD'$，其角值与 180° 不应超过限差的规定。建筑方格网的主要技术要求如表 12-1 所示。

建筑方格网的主要技术要求　　　　　　　　　　　　　　　　　　　表 12-1

等级	边长(m)	测角中误差	边长相对中误差	测角检测限差	边长检测限差
Ⅰ级	100～300	5″	1/30 000	10″	1/15 000
Ⅱ级	100～300	8″	1/20 000	16″	1/10 000

2)方格网点测设

如图 12-9 所示,主轴线测设后,分别在主点 M、N 和 C、D 安置仪器,后视主点 O,向左右测设 90°水平角,即可交会出田字形方格网点。随后再作检核,测量相邻两点间的距离,看是否与设计值相等,测量其角度是否为 90°,误差均应在允许范围内,并埋设永久性标志。

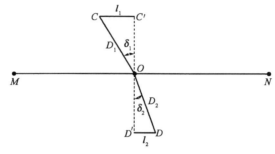

图 12-9　方格网垂向主点的测设

建筑方格网轴线与建筑物轴线平行或垂直,因此,可用直角坐标法进行建筑物的定位,计算简单,测设比较方便,而且精度较高。其缺点是必须按照总平面图布置,其点位易被破坏,而且测设工作量也较大。

(三)施工坐标系与测量坐标系的坐标换算

如前所述,施工坐标系的坐标轴与主要建筑物的主轴线相互平行或垂直,以便简化建筑物的放样工作。但是,施工坐标系与测量坐标系往往不一致,因此,在施工测量之前需要进行施工坐标系与测量坐标系的坐标换算。如图 12-10 所示,设 P 点的施工坐标系中的坐标为(A_P,B_P),换算为测量坐标(x_P,y_P)时,按下式计算

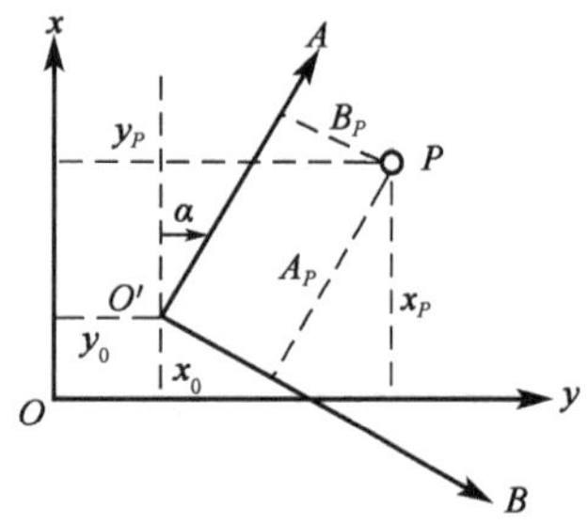

$$x_P = x_0 + A_P\cos\alpha - B_P\sin\alpha$$
$$y_P = y_0 + A_P\sin\alpha + B_P\cos\alpha \qquad (12\text{-}5)$$

式中:x_0、y_0——施工坐标系原点的测量坐标;

图 12-10　坐标换算示意图

$\qquad\qquad\alpha$——施工坐标轴相对于测量坐标轴的旋转角。

同样,若已知 P 点的测量坐标(x_P,y_P),要将其换算为施工坐标(A_P,B_P),则可按下式计算

$$A_P = (x_P - x_0)\cos\alpha + (y_P - y_0)\sin\alpha$$
$$B_P = -(x_P - x_0)\sin\alpha + (y_P - y_0)\cos\alpha \qquad (12\text{-}6)$$

二、建筑施工高程控制网

建筑施工场地的高程控制测量应与国家高程控制系统相联测,以便建立统一的高程系统,并在施工场地内建立可靠的水准点,形成水准网。

在建筑施工场地上,水准点的间距应小于 1km,水准点距离建筑物、构筑物不宜小于 25m,距离回填土边线不宜小于 15m。水准点的密度,应尽可能满足安置一次仪器即可测设出所需的高程。而测图时敷设的水准点往往是不够的,因此,还需增设一些水准点。在一般情况下,建筑基线点、建筑方格网点以及导线点也可兼作高程控制点。只要在平面控制点桩面上中心点旁边,设置一个突出的半球状标志即可。

为了便于检核和提高测量精度,施工场地高程控制网应布设成闭合或附合路线。当场地较大时,高程控制网可分为首级网和加密网,相应的水准点称为基本水准点和施工水准点。

基本水准点应布设在土质坚实、不受施工影响、无振动和便于施测,并埋设永久性标志。一般情况下,按四等水准测量的方法测定其高程,而对于为连续性生产车间或地下管道测设所建立的基本水准点,则需按三等水准测量的方法测定其高程。

施工水准点是用来直接测设建筑物高程的。为了测设方便和减少误差,施工水准点应靠近建筑物。此外,由于设计建筑物常以底层室内地坪高±0高程为高程起算面,为了施工引测方便,常在建筑物内部或附近测设±0水准点。±0水准点的位置,一般选在稳定的建筑物墙、柱的侧面,用红漆绘成顶为水平线的"▼"形,其顶端表示±0位置。

第三节 民用建筑施工测量

一、施工前的准备工作

(一)熟悉设计图纸

设计图纸是施工放样的主要依据,在施工测量前,应核对设计图纸,检查总尺寸和分尺寸是否一致,总平面图和大样详图尺寸是否相符,不符之处要向设计单位提出,及时进行修正。与测设有关的图纸主要有:建筑总平面图、建筑平面图、基础平面图和基础剖面图。

根据建筑总平面图可以了解设计建筑物与原有建筑物的平面位置和高程的关系,是测设建筑物总体位置的依据。从建筑平面图中(包括底层和楼层平面图)可以查明建筑物的总尺寸和内部各定位轴线间的尺寸关系,它是放样的基础资料。从基础平面图上可以获得基础边线与定位轴线的关系尺寸,以及基础布置与基础剖面的位置关系,以确定基础轴线放样的数据。基础剖面图上则可以查明基础立面尺寸、设计高程,以及基础边线与定位轴线的尺寸关系,从而确定开挖边线和基坑底面的高程位置。

(二)施工放样精度

由于建筑物的结构特征不同,施工放样的精度要求也有所不同。施工放样前,应熟悉相应的技术参数,合理选用放样方法。表 12-2 为建筑物施工放样的主要技术要求。

建筑物施工放样的主要技术要求　　　　　　表 12-2

建筑物结构特征	测距相对中误差	测角中误差 (″)	在测站上测定高差中误差 (mm)	根据起始水平面在施工水平面上测定高差中误差 (mm)	竖向传递轴线点中误差 (mm)
金属结构、装配式钢筋混凝土结构、建筑物高度 100～120m 或跨度 30～36m	1/20 000	5	1	6	4
15 层房屋、建筑物高度 60～100m 或跨度 18～30m	1/10 000	10	2	5	3

建筑物结构特征	测距相对中误差	测角中误差 (″)	在测站上测定 高差中误差 (mm)	根据起始水平面 在施工水平面上 测定高差中误差 (mm)	竖向传递轴 线点中误差 (mm)
5～15 层房屋、建筑物高度 15～60m 或跨度 6～18m	1/5 000	20	2.5	4	2.5
5 层房屋、建筑物高度 15m 或跨度 6m 及以下	1/3 000	30	3	3	2
木结构、工业管线或公路铁路专用线	1/2 000	30	5	—	—
土工竖向整平	1/1 000	45	10	—	—

注:1. 对于具有两种以上特征的建筑物,应取要求高的中误差值;

2. 特殊要求的工程项目,应根据设计对限差的要求,确定其放样精度。

在了解设计参数、技术要求和施工进度计划的基础上,应对施工现场进行实地踏勘,清理施工现场,检测原有测量控制点,根据实际情况拟定测设方案,准备测设数据,绘制测设略图;还应根据测设的精度要求,选择相应等级的仪器和工具,并对所用的仪器、工具进行严格的检验和校正,确保仪器、工具的正常使用。

二、建筑物的定位

所谓建筑物的定位,就是通过测设待定位建筑物的一些特征点的平面位置,将其在地面上的平面位置确定下来。对于民用建筑物,一般选定其外部轮廓轴线的交点为特征点;对于工业建筑,一般选定其柱列轴线的交点为特征点。可见,建筑物的定位实质上就是点平面位置的测设。

点平面位置的测设,可通过水平距离和水平角的测设来完成。水平距离的测设和水平角的测设,其不同组合可形成不同的点平面位置的测设方法,例如直角坐标法、角度交会法、距离交会法、极坐标法等。随着全站仪和建筑 CAD 的普及使用,极坐标法已成为点平面位置测设的主要方法。

建筑物定位时所测设的轴线交点桩(又称定位桩或角桩),在基础开挖时可能被破坏。为了后续施工时能方便地恢复各轴线的位置,通常要在轴线的延长线上基槽外安全地段适当位置设置轴线控制桩或设置龙门板。

1. 轴线控制桩的测设

设置方法如图 12-11 所示,J_1、J_2、J_3、J_4 为四个定位桩,安置经纬仪或全站仪于 J_1 点,瞄准 J_2 点,抬高望远镜物镜沿视线方向在轴线 J_1J_2 的延长线上适当位置(既要保证控制桩的安全稳定又便于安置仪器恢复各轴线的位置)设置控制桩 K_1,纵转望远镜沿视线方向在轴线 J_2J_1 的延长线上适当位置设置控制桩 K_2;瞄准 J_4 点,重复上述步骤设置轴线 J_1J_4 的控制桩。再将仪器置于 J_3 点,同法设置轴线 J_3J_4 和 J_3J_2 的控制桩。

值得注意的是,上述纵转望远镜设置控制桩时,为了消除仪器的误差,要盘左、盘右投测两次,取其中点作为最终位置。控制桩设置完毕,在后续的施工过程中要注意保护、经常查看,确保其安全稳定。为此,最好设置双点控制桩。

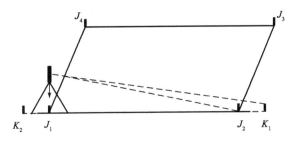

图 12-11 控制桩设置示意图

2. 龙门板的设置

在小型民用建筑施工中,常将各轴线引测到基槽外的水平木板上。水平木板称为龙门板,固定龙门板的木桩称为龙门桩,如图 12-12 所示。设置龙门板的步骤如下。

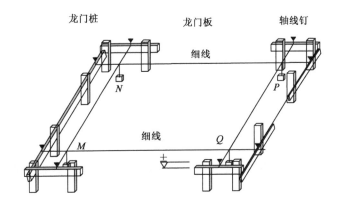

图 12-12 龙门板

在建筑物四角与隔墙两端,基槽开挖边界线以外 1.5～2m 处,设置龙门桩。龙门桩要钉得竖直、牢固,龙门桩的外侧面应与基槽平行。

根据施工场地的水准点,用水准仪在每个龙门桩外侧,测设出该建筑物室内地坪设计高程线(即±0 高程线),并做出标志。沿龙门桩上±0 高程线钉设龙门板,这样龙门板顶面的高程就同在±0 的水平面上。然后,用水准仪校核龙门板的高程,如有差错应及时纠正,其允许误差为±5mm。

在 N 点安置经纬仪或全站仪,瞄准 P 点,沿视线方向在龙门板上定出一点,用小钉作标志,纵转望远镜在 N 点的龙门板上也钉一个小钉。用同样的方法,将各轴线引测到龙门板上,所钉之小钉称为轴线钉。轴线钉定位误差应小于±5mm。

最后,用钢尺沿龙门板的顶面,检查轴线钉的间距,其误差不超过 1:2 000。检查合格后,以轴线钉为准,将墙边线、基础边线、基础开挖边线等标定在龙门板上。

三、建筑物的放线

所谓建筑物的放线,就是根据建筑物的轴线控制桩或龙门板将建筑物的各施工标志线(如建筑物的轴线、开挖边线等)在即将开工的施工面上标定出来。以基础及室内地坪施工完毕后的放线为例,介绍一般的放线方法。

如图 12-13 所示,K_1、K_2、K_3、K_4 为 4 个轴线控制桩,安置经纬仪或全站仪于 K_1 点,瞄准 K_2 点,转动望远镜物镜沿视线方向在轴线定位桩 J_1 的大致位置处标定两个定位点 N_1、N_2;然后将经纬仪或全站仪再安置于 K_3 点,瞄准 K_4 点,转动望远镜物镜沿视线方向在轴线定位桩 J_1 的大致位置处标定两个定位点 M_1、M_2;最后沿 N_1、N_2 和 M_1、M_2 分别拉线,其交点即为定位桩 J_1。同法可标定出 J_2、J_3、J_4 三个定位桩。J_1、J_2、J_3、J_4 四个定位桩的相应连线即为建筑物的定位轴线;根据定位桩和定位轴线,按照设计轴线间距通过水平距离的测设即可完成建筑物各细部轴线的测设;根据建筑物的轴线,按设计及施工要求即可放出其他各施工标志线。

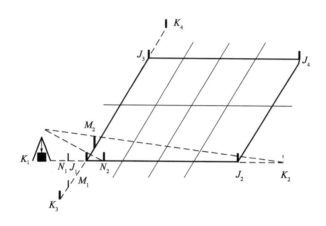

图 12-13　建筑物放线示意图

为了后续施工的需要,把轴线恢复到室内地坪面上的同时,在基础的侧面上也要把轴线标定出来,一般用红油漆画一个竖立的三角形表示。

四、基础施工测量

建筑物±0.000 高程以下的部分称为建筑物的基础。基础施工测量的主要内容是放样基槽开挖边线、测设基槽高程、垫层施工测设和基础墙测设等环节。

1. 基槽开挖边线的确定

基础开挖前,根据轴线控制桩或龙门板的轴线位置和基础宽度,并顾及基础开挖深度及应放坡的尺寸,在地面上标出记号,然后在记号之间拉一细线并沿细线撒上白灰放出基槽边线(也叫基础开挖线),即可按照白灰线的位置开挖基槽。

2. 基槽高程测设

为控制基槽的开挖深度,当快挖到槽底设计标高时(一般离槽底 0.3～0.5m 时),应利用水准仪在槽壁上每隔 2～3m 和拐角处钉一个水平桩,用以控制挖槽深度及作为清理槽底和铺设垫层的依据,如图 12-14 所示。

基槽开挖完成后,应根据轴线控制桩或龙门板,复核基槽宽度和槽底高程,合格后,方可进行垫层施工。

3. 垫层施工测设

基础垫层打好后,根据轴线控制桩或龙门板用仪器或用拉绳挂锤球的方法,把轴线投测到垫层上,如图 12-15 所示,并用墨线弹出墙中线和基础边线,作为砌筑基础的依据,并用水准仪检测各墙角垫层面高程。

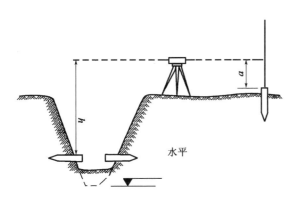

图 12-14　基槽水平桩测设

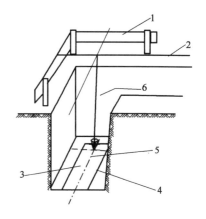

图 12-15　垫层中线的投测

1-龙门板;2-细线;3-垫层;4-基础边线;5-墙中线

由于整个墙身砌筑均以此线为准,这是确定建筑物位置的关键环节,所以要严格校核后方可进行砌筑施工。

4. 基础墙高程控制

房屋基础墙是指±0.000m 以下的砖墙,它的高度可以用基础皮数杆来控制。

(1)基础皮数杆是一根木制的杆子,如图 12-16 所示,在杆上事先按照设计尺寸,将砖、灰缝厚度画出线条,并标明±0.000m 和防潮层的高程位置。

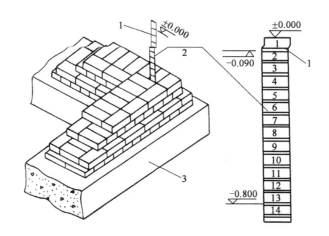

图 12-16　基础墙高程的控制

1-防潮层;2-皮数杆;3-垫层

（2）立皮数杆时，先在立杆处打一木桩，用水准仪在木桩侧面定出一条高于垫层某一数值（如 100mm）的水平线，然后将皮数杆上标高相同的一条线与木桩上的水平线对齐，并用大铁钉把皮数杆与木桩钉在一起，作为基础墙的高程依据。

基础施工结束后，应检查基础面的高程是否符合设计的要求。

五、墙体施工测量

1. 墙体定位

（1）利用轴线控制桩或龙门板上的轴线和墙边线标志，用全站仪或拉细绳挂锤球的方法将轴线投测到基础面上或防潮层上。

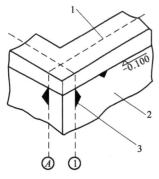

图 12-17　墙体定位
1-墙中心线；2-外墙基础；3-轴线

（2）用墨线弹出墙中线和墙边线。

（3）检查外墙轴线交角是否等于 90°。

（4）把墙轴线延伸并画在外墙基础上，如图 12-17 所示，作为向上投测轴线的依据。

（5）把门、窗和其他洞口的边线，也在外墙基础上标定出来。

2. 建筑物轴线测设

在多层建筑墙身砌筑过程中，为了保证建筑物轴线位置正确，可用吊锤球或用仪器将轴线投测到各层楼板边缘或柱顶上。

1）吊锤球法

将较重的锤球悬吊在楼板或柱顶边缘，当锤球尖对准基础墙面上的轴线标志时，线在楼板或柱顶边缘的位置即为楼层轴线端点位置，并画出标志线。各轴线的端点投测完后，用钢尺检核各轴线的间距，符合要求后，继续施工，并把轴线逐层自下向上传递。

吊锤球法简便易行，不受施工场地限制，一般能保证施工质量。但当有风或建筑物较高时，投测误差较大，应采用仪器投测法等其他方法。

2）仪器投测法

在轴线控制桩上安置经纬仪或全站仪，严格整平后，瞄准基础墙面上的轴线标志，用盘左、盘右分中投点法，将轴线投测到楼层边缘或柱顶上。将所有端点投测到楼板上之后，用钢尺检核其间距。检查合格后，才能在楼板分间弹线，继续施工。

3. 墙体各部位高程控制

在多层建筑施工中，要由下层向上层传递高程，以便楼板、门窗口等的高程符合设计要求。高程传递的方法有以下几种：

1）利用皮数杆传递高程

在墙体施工中，墙身各部位高程通常也可用皮数杆控制。

（1）在墙身皮数杆上，根据设计尺寸，按砖、灰缝的厚度画出线条，并标明±0.000m、门、窗、楼板等的高程位置，如图 12-18 所示。

（2）墙身皮数杆的设立与基础皮数杆相同，使皮数杆上的±0.000m 高程与房屋的室内地坪高程相吻合。在墙的转角处，每隔 10～15m 设置一根皮数杆。

（3）在墙身砌起1m以后，就在室内墙身上定出＋0.500m的高程线，作为该层地面施工和室内装修用。

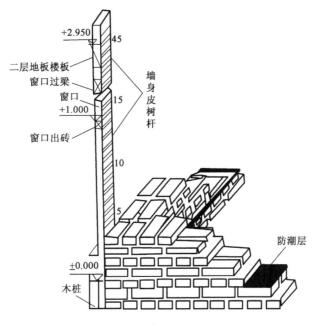

图12-18　墙体皮数杆的设置

（4）第二层以上墙体施工中，为了使皮数杆在同一水平面上，要用水准仪测出楼板四角的高程，取平均值作为地坪高程，并以此作为立皮数杆的标志。

框架结构的民用建筑，墙体砌筑是在框架施工后进行的，故可在柱面上画线，代替皮数杆。

2）利用钢尺直接丈量

对于高程传递精度要求较高的建筑物，通常用钢尺直接丈量来传递高程。对于二层以上的各层，每砌高一层，就从楼梯间用钢尺从下层的"＋0.500m"高程线，向上量出层高，测出上一层的"＋0.500m"高程线。这样用钢尺逐层向上引测。

3）吊钢尺法

用悬挂钢尺代替水准尺，用水准仪读数，从下向上传递高程。

第四节　工业厂房施工测量

工业建筑是指各类生产用房和为生产服务的附属用房，以生产厂房为主体。工业厂房有单层厂房和多层厂房。厂房的柱子按其结构与施工的不同可分为：预制钢筋混凝土柱子、钢结构柱子及现浇钢筋混凝土柱子，目前使用较多的是钢结构及装配式钢筋混凝土结构的单层厂房。各种厂房由于结构和施工工艺的不同，其施工测量方法亦略有差异。下面以装配式钢筋混凝土结构的单层厂房为例，着重介绍厂房柱列轴线测设、基础施工测量、厂房构件安装测量及设备安装测量等。

一、厂房矩形控制网测设

在图12-19中，M、N、Q、P四点是工业厂房最外沿四条轴线的交点，从设计图纸上已知

M、*N*、*Q*、*P* 四点的坐标。*RSUT* 为布置在基坑开挖范围以外的厂房矩形控制网,*R*、*S*、*U*、*T* 四点的坐标可以通过计算获得或在 autoCAD 中量出。

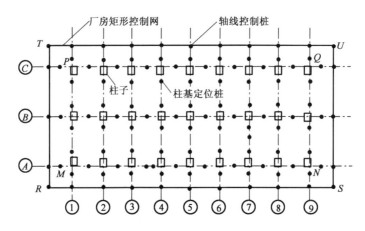

图 12-19　厂房矩形控制网和柱列轴线测设

根据厂房矩形控制网点 *R*、*S*、*U*、*T* 的坐标和厂区已建立的建筑方格网,通常采用直角坐标法测设 *R*、*S*、*U*、*T* 点的位置,并进行检查测量。对一般厂房,角度测设误差不应超过 ±10″,边长相对误差不应超过 1/10 000。

二、工业厂房柱列轴线测设

图 12-19 中的Ⓐ、Ⓑ、Ⓒ及①~⑨等轴线称为柱列轴线。厂房矩形控制网建立之后,根据设计柱间距和跨间距,用钢尺沿矩形控制网逐段测设柱间距和跨间距,以定出各轴线控制桩,并在桩顶钉小钉,作为柱列轴线和柱基放样的依据。

三、厂房柱基施工测量

1. 柱基测设

柱基测设就是在柱基坑开挖范围以外测设每个柱子的 4 个柱基定位桩,作为放样柱基坑开挖边线、修坑和立模板的依据。测设时,用两架经纬仪或全站仪分别安置在两条互相垂直的柱列轴线控制桩上,沿轴线方向交会出柱基定位点(定位轴线交点),再根据定位点和定位轴线,按如图 12-20 所示的基础大样图上的平面尺寸和基坑放坡宽度,用特制角尺放出基坑开挖边线,并撒上白灰;同时在基坑外的轴线上,离开挖边线约 2m 处,各打下一个基坑定位小木桩,桩顶钉小钉作为修坑和立模的依据,如图 12-21 所示。

桩基测设时,应注意定位轴线不一定都是基础中心线。如图 12-19 中的Ⓑ及②~⑧柱列轴线是基础的中心线,而其他柱列轴线则是柱子的边线。

2. 基坑施工测量

如图 12-21a)所示,当基坑开挖到一定深度时,应在坑壁四周离坑底设计高程 0.3~0.5m 处设置几个水平桩 2,作为基坑修坡和清底的高程依据。另外,还应在基坑底设置垫层高程桩 3,使桩顶面的高程等于垫层的设计高程,作为垫层施工的依据。

3. 基础模板定位

如图 12-21b)所示,当垫层施工完成后,根据基坑边的柱基定位桩,用拉线吊垂球的方法,将柱基定位线投测到垫层上,用墨斗弹出墨线,用红油漆画出标记,作为柱基立模板和布置基础钢筋的依据。立模板时,将模板底线对准垫层上的定位线,并用垂球检查模板是否竖直,同时注意使杯内底部高程低于其设计高程 2~5m,作为抄平调整的余量。拆模后,在杯口面上定出柱轴线,在杯口内壁上定出设计高程。

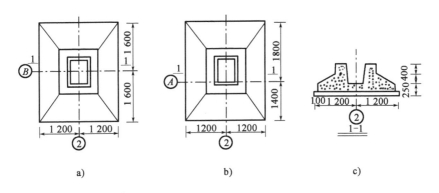

图 12-20　基础大样图(尺寸单位:mm)

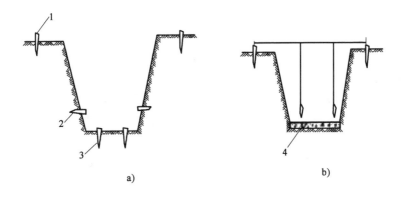

图 12-21　柱基放样
1-基坑定位桩;2-水平桩;3-垫层高程桩;4-垫层

四、厂房构件的安装测量

装配式单层工业厂房主要由柱、吊车梁、屋架、天窗架和屋面板等主要构件组成。在吊装每个构件时,有绑扎、起吊、就位、临时固定、校正和最后固定等几道操作工序。下面主要介绍柱子、吊车梁及吊车轨道等构件在安装时的测量工作。

1. 构件安装测量技术要求

工业厂房构件安装测量前应熟悉设计图纸,详细制定作业方案,了解限差要求,以确保构件的精度。表 12-3 为构件安装测量的允许偏差。

测 量 项 目	测 量 内 容	测量允许偏差(mm)
柱子、桁架或梁安装测量	钢柱垫板高程	±2
	钢柱±0高程检查	±2
	混凝土柱(预制)±0高程	±3
	混凝土柱、钢柱垂直度	±3
	桁架和实腹梁、桁架和钢架的支承结点间相邻高差的偏差	±5
	梁间距	±3
	梁面垫板高程	±2
构件预装测量	平台面抄平	±1
	纵横中心线的正交度	$±0.8\sqrt{l}$
	预装过程中的抄平工作	±2
附属构筑物安装测量	栈桥和斜桥中心线投点	±2
	轨面的高程	±2
	轨道跨距测量	±2
	管道构件中心线定位	±5
	管道高程测量	±5
	管道垂直度测量	$H/1\,000$

注：1. 当柱高大于 10m 或一般民用建筑的混凝土柱、钢柱垂直度，可适当放宽；

    2. l 为自交点起算的横向中心线长度，不足 5m 时，以 5m 计；

    3. H 为管道垂直部分的长度(mm)。

2. 柱子安装测量

1)吊装前的准备工作

柱子吊装前，应根据轴线控制桩把定位轴线投测到杯形基础的顶面上，并用墨线标明，如图 12-22 所示。同时在杯口内壁测设一条高程线，使从该高程线起向下量取一整分米数即到杯底的设计高程。另外，应在柱子的三个侧面弹出柱中心线，并作小三角形标志，以便安装校正，如图 12-23 所示。

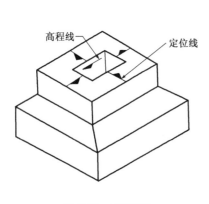

图 12-22   杯形柱基

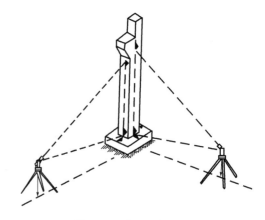

图 12-23   柱子垂直度校正

2)柱长检查与杯底找平

柱子吊装前，还应进行柱长的检查与杯底找平，由于柱底到牛腿面的设计长度加上杯底高程应等于牛腿面的高程,即如图 12-24 所示,$H_2 = H_1 + l$。但柱子在预制时,由于模板制作和模板变形等原因,不可能使柱子的实际尺寸与设计尺寸一样,为了解决这个问题,往往在浇铸基础时把杯形基础底面高程降低 2~5cm,然后用钢尺从牛腿顶面沿柱边量到柱底,根据这根柱子的实际长度,用 1:2 水泥砂浆在杯底进行找平,使牛腿面符合设计高程。

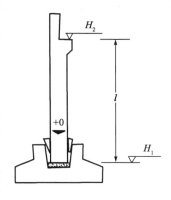

图 12-24 柱长检查与杯底

3)柱子安装时的垂直度校正

柱子插入杯口后,首先应使柱身基本竖直,再使其侧面所弹的中心线与基础轴线重合,用木楔或钢楔初步固定,即可进行竖直校正。校正时将两架经纬仪或全站仪分别安置在柱基纵、横轴线附近,离柱子的距离约为柱高的 1.5 倍,如图 12-23 所示。先瞄准柱中线底部,固定照准部,仰视柱中线顶部,如重合,则柱子在此方向是竖直的;如不重合,应进行调整,直到柱子两侧面的中心线都竖直为止。

柱子校正时应注意以下几点:

(1)校正用的经纬仪或全站仪事前应经过严格检校,因为校正柱子竖直时,往往只能用盘左或盘右一个盘位观测,仪器误差影响较大。操作时还应使照准部水准管气泡严格居中。

(2)柱子在两个方向的垂直度校好后,应复查平面位置,检查柱子下部的中线是否仍对准基础轴线。

(3)当校正变截面的柱子时,经纬仪应安置在轴线上校正,否则,容易出错。

(4)在烈日下校正柱子时,柱子受太阳光照射后,容易向阴面弯曲,使柱顶有一个水平位移,因此,应在早晨或阴天时校正。

(5)当安置一次仪器校正几根柱子时,仪器偏离轴线的角度最好不超过 15°。

3. 吊车梁安装测量

吊车梁安装前,应先弹出吊车梁顶面和两端的中心线,再将吊车轨道中心线投到牛腿面上。如图 12-25a)所示,利用厂房中心线 A_1A_1,根据设计轨距在地面上测设出吊车轨道中心线 $A'A'$ 和 $B'B'$。然后分别安置经纬仪于吊车轨道中心线的一个端点 A' 上,瞄准另一端点 A',仰起望远镜,即可将吊车轨道中心线投测到每根柱子的牛腿面上并弹以墨线。最后,根据牛腿面上的中心线和吊车梁端面的中心线,将吊车梁安装在牛腿面上。

吊车梁安装完后,还需检查其高程,将水准仪安置在地面上,在柱子侧面测设 +50cm 的高程线,再用钢尺从该线沿柱子侧面向上量出至吊车梁顶面的高度,检查吊车梁顶面的高程是否正确,然后在吊车梁下用钢板调整梁面高程,使之符合设计要求。

4. 吊车轨道安装测量

吊车轨道安装前,通常采用平行线法先检测吊车梁顶面的中心线是否正确。如图 12-25b)所示,首先在地面上从吊车轨道中心线向厂房中心线方向量出长度 $a=1m$,得平行线 $A''A''$ 和 $B''B''$;安置经纬仪或全站仪于平行线一端的 A'' 点上,瞄准另一端点 A'',固定照准部,仰起望远镜投测;此时另一人在吊车梁上左右移动横放的木尺,当视线正对准尺上 1m 刻划时,尺的零点应与吊车梁顶面上的中线重合。如不重合,应予以改正,可用撬杠移动吊车梁,使吊车梁中线至 $A''A''$(或 $B''B''$)的间距等于 1m 为止。

吊车轨道按中心线安装就位后,应进行高程和距离两项检测。高程检测时,将水准仪安置在吊车梁上,水准尺直接放在吊车轨道顶上进行高程检测,每隔 3m 测一点的高程,并与设计高程相比较,误差不超过相应的限差。距离检测可用钢尺丈量两吊车轨道间的跨距,与设计跨距比较,误差应符合相应要求。

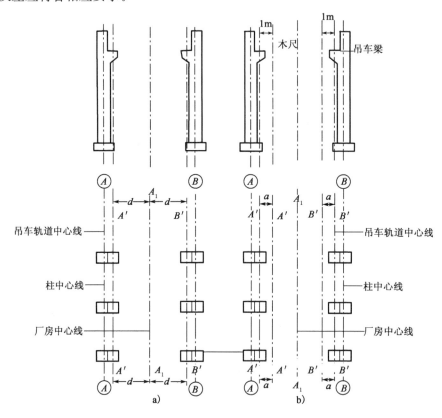

图 12-25　吊车梁和吊车轨道安装测量

五、烟囱、水塔施工测量

烟囱和水塔的施工测量相近似,现以烟囱为例加以说明。烟囱是截圆锥形的高耸构筑物,其特点是基础小,主体高。施工测量工作主要是严格控制其中心位置,保证烟囱主体竖直。

1. 烟囱的定位、放线

1)烟囱的定位

烟囱的定位主要是定出基础中心的位置。定位方法如下:

(1)按设计要求,利用与施工场地已有控制点或建筑物的尺寸关系,在地面上测设出烟囱的中心位置 O(即中心桩)。

(2)如图 12-26 所示,在 O 点安置经纬仪或全站仪,任选一点 A 作后视点,并在视线方向上定出

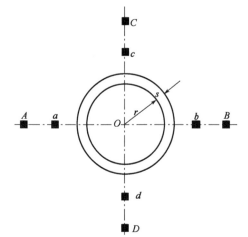

图 12-26　烟囱的定位、放线

a 点,掉转望远镜,通过盘左、盘右分中投点法定出 b 和 B;然后,顺时针测设 $90°$,定出 d 和 D,掉转望远镜,定出 c 和 C,得到两条互相垂直的定位轴线 AB 和 CD。

(3)A、B、C、D 四点至 O 点的距离为烟囱高度的 $1\sim1.5$ 倍。a、b、c、d 是施工定位桩,用于修坡和确定基础中心,应设置在尽量靠近烟囱而不影响桩位稳固的地方。

2)烟囱的放线

以 O 点为圆心,以烟囱底部半径 r 加上基坑放坡宽度 s 为半径,在地面上用皮尺画圆,并撒出灰线,作为基础开挖的边线。

2. 烟囱的基础施工测量

(1)当基坑开挖接近设计高程时,在基坑内壁测设水平桩,作为检查基坑底高程和打垫层的依据。

(2)坑底夯实后,从定位桩拉两根细线,用锤球把烟囱中心投测到坑底,钉上木桩,作为垫层的中心控制点。

(3)浇灌混凝土基础时,应在基础中心埋设钢筋作为标志,根据定位轴线,用经纬仪把烟囱中心投测到标志上,并刻上"+"字,作为施工过程中,控制筒身中心位置的依据。

3. 烟囱筒身施工测量

1)引测烟囱中心线

在烟囱施工中,应随时将中心点引测到施工的作业面上。

(1)在烟囱施工中,一般每砌一步架或每升模板一次,就应引测一次中心线,以检核该施工作业面的中心与基础中心是否在同一铅垂线上。引测方法如下:

在施工作业面上固定一根枋子,在枋子中心处悬挂 $8\sim12kg$ 的锤球,逐渐移动枋子,直到锤球对准基础中心为止。此时,枋子中心就是该作业面的中心位置。

(2)另外,烟囱每砌筑完 $10m$,必须用经纬仪或全站仪引测一次中心线。引测方法如下:

如图 12-26 所示,分别在控制桩 A、B、C、D 上安置经纬仪或全站仪,瞄准相应的控制点 a、b、c、d,将轴线点投测到作业面上,并做出标记。然后,按标记拉两条细绳,其交点即为烟囱的中心位置,并与锤球引测的中心位置比较,以作校核。烟囱的中心偏差一般不应超过砌筑高度的 $1/1\,000$。

(3)对于高大的钢筋混凝土烟囱,烟囱模板每滑升一次,就应采用激光铅垂仪进行一次烟囱的铅直定位,定位方法如下:

在烟囱底部的中心标志上,安置激光铅垂仪,在作业面中央安置接收靶。在接收靶上,显示的激光光斑中心,即为烟囱的中心位置。

(4)在检查中心线的同时,以引测的中心位置为圆心,以施工作业面上烟囱的设计半径为半径,用木尺画圆,如图 12-27 所示,以检查烟囱壁的位置。

2)烟囱外筒壁收坡控制

烟囱筒壁的收坡,是用靠尺板来控制的。靠尺板的形状,如图 12-28 所示,靠尺板两侧的斜边应严格按设计的筒壁斜度制作。使用时,把斜边贴靠在筒体外壁上,若锤球线恰好通过下端缺口,说明筒壁的收坡符合设计要求。

3)烟囱筒体高程的控制

一般是先用水准仪,在烟囱底部的外壁上,测设出 $+0.500m$(或任一整分米数)的高程线。以此高程线为准,用钢尺直接向上量取高度。

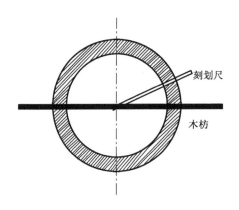

图 12-27　烟囱壁位置的检查　　　　　　　图 12-28　坡度靠尺板

第五节　高层建筑施工测量

高层建筑物施工测量中的主要问题是控制垂直度,就是将建筑物的基础轴线准确地向高层引测,并保证各层相应轴线位于同一竖直面内,控制竖向偏差,使轴线向上投测的偏差值不超限。轴线向上投测时,要求竖向误差在本层内不超过 5mm,全楼累计误差值不应超过 $2H/10\ 000$(H 为建筑物总高度),且不应大于:30m$<H\leqslant$60m 时,10mm;60m$<H\leqslant$90m 时,15mm;90m$<H$ 时,20mm。高层建筑物轴线的竖向投测,主要有外控法和内控法两种。

一、外　控　法

外控法是利用测量仪器在建筑物外部轴线控制点上进行轴线传递工作。轴线传递的仪器不同,外控法可分为:经纬仪投点法、全站仪坐标法和 GPS 坐标法。本节介绍经纬仪投点法,经纬仪投点法是根据建筑物轴线控制桩来进行轴线的竖向投测,亦称作“经纬仪引桩投测法”。具体操作方法如下:

1. 在建筑物底部投测中心轴线位置

高层建筑的基础工程完工后,将经纬仪安置在轴线控制桩 A_1、A'_1、B_1 和 B'_1 上,把建筑物主轴线精确地投测到建筑物的底部,并设立标志,如图 12-29 中的 a_1、a'_1、b_1 和 b'_1,以供下一步施工与向上投测之用。

2. 向上投测中心线

随着建筑物不断升高,要逐层将轴线向上传递,如图 12-29 所示,将经纬仪安置在中心轴线控制桩 A_1、A'_1、B_1 和 B'_1 上,严格整平仪器,用望远镜瞄准建筑物底部已标出的轴线 a_1、a'_1、b_1 和 b'_1 点,用盘左和盘右分别向上投测到每层楼板上,并取其中点作为该层中心轴线的投影点,如图 12-29 中的 a_2、a'_2、b_2 和 b'_2。

3. 增设轴线引桩

当楼房逐渐增高,而轴线控制桩距建筑物又较近时,望远镜的仰角较大,操作不便,投测精度也会降低。为此,要将原中心轴线控制桩引测到更远的安全地方,或者附近大楼的屋面。

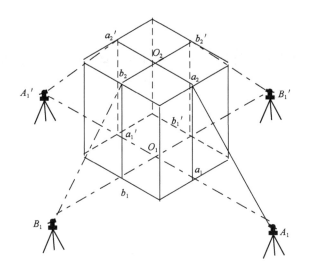

图 12-29　经纬仪投测中心线

投测时将经纬仪安置在已经投测上去的较高层（如第 10 层）楼面轴线 $a_{10}a'_{10}$ 上,如图 12-30所示,瞄准地面上原有的轴线控制桩 A_1 和 A'_1 点,用盘左、盘右分中投点法,将轴线延长到远处 A_2 和 A'_2 点,并用标志固定其位置,A_2、A'_2 即为新投测的 $A_1A'_1$ 轴控制桩。

更高各层的中心轴线,可将经纬仪安置在新的引桩上,按上述方法继续进行投测。

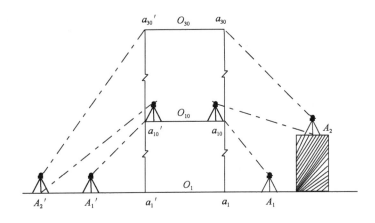

图 12-30　经纬仪引桩投测

二、内 控 法

内控法是在建筑物内±0 平面设置轴线控制点,并预埋标志,以后在各层楼板相应位置上预留 200mm×200mm 的传递孔,在轴线控制点上直接采用吊线坠法或激光铅垂仪法,通过预留孔将其点位垂直投测到任一楼层。

1. 内控法轴线控制点的设置

在基础施工完毕后,在±0 首层平面上,适当位置设置与轴线平行的辅助轴线。辅助轴线距轴线 500～800mm 为宜,并在辅助轴线交点或端点处理设标志,如图 12-31 所示。

2. 吊线坠法

吊线坠法是利用钢丝悬挂重锤球的方法,进行轴线竖向投测。这种方法一般用于高度在 50～100m 的高层建筑施工中,锤球的重量为 10～20kg,钢丝的直径为 0.5～0.8mm。投测方法如下:

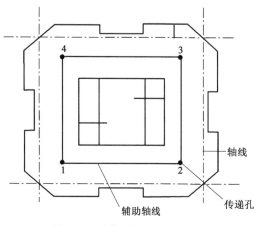

图 12-31　内控法轴线控制点的设置

如图 12-32 所示,在预留孔上面安置十字架,挂上锤球,对准首层预埋标志。当锤球线静止时,固定十字架,并在预留孔四周做出标记,作为以后恢复轴线及放样的依据。此时,十字架中心即为轴线控制点在该楼面上的投测点。

用吊线坠法施测时,要采取一些必要措施,如用铅直的塑料管套着坠线或将锤球沉浸于油中,以减少摆动。

3. 激光铅垂仪法

利用激光铅垂仪投测轴线的操作如图 12-33 所示:将仪器安置在±0.000 平面某投测网点上,严格对中整平;在欲测设轴线楼层的楼板的相应预留孔上放置接收靶;接通电源,启动激光器发出激光,靶上光斑的位置即为投测点位。由于仪器可能存在视准轴不平行于仪器旋转轴的误差,应采用三点法投点后取中。

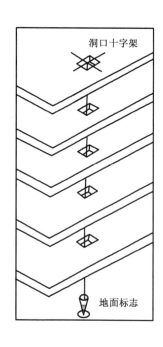

图 12-32　吊线坠法投测轴线

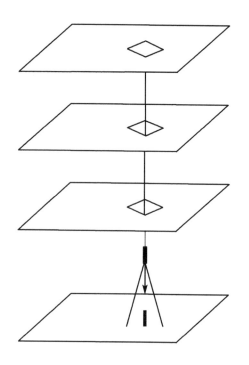

图 12-33　激光铅垂仪法轴线投测

第六节　竣工总平面图的编绘

土建工程完工后,与原设计总会有一定的变更,故必须编绘竣工总平面图,以全面反映竣工后的情况。同时,它也为日后的维修和扩建提供必要的资料。

竣工总平面图是工业厂区或建筑区的现状图。它是随着工程陆续竣工而相继编绘的,对某一单体工程来说,在工程施工过程中,隐蔽工程应随时测量,并及时整理竣工资料。一旦工程竣工,竣工图也编绘完成。

竣工总平面图的内容应包括:建筑方格网点、水准点、厂房、辅助设施、生活福利设施、地下管线、架空管线、道路、铁路等的建筑物和构筑物细部点的空间数据,以及厂区内的空地和未建区的地形(地物和地貌)。

竣工总平面图根据内容不同可着不同的颜色。细部点按内容分别编号,写在图上,以便查找。如果是数字测图,则要建立细部点数据库,以图查询数据或以数字查询图形,图数连动十分方便。

在编绘好的竣工总平面图上,要有工程负责人和编图者的签字,并附以下资料:

(1)测量控制点布置图及坐标与高程成果表;

(2)建筑物或构筑物沉降及变形观测资料;

(3)地下管线竣工纵断面图;

(4)工程定位、检查及竣工测量的资料。

竣工总平面图编绘完成后,会同其他相关竣工资料装订成册,予以保存或上交。

【思考题】

12-1　何谓建筑工程测量? 其主要任务是什么?

12-2　建筑场地施工平面控制网,常用的布设形式有哪些? 各适用于什么情况?

12-3　何谓建筑物的定位、放线?

12-4　如何控制建筑物的垂直度?

12-5　为何要编绘竣工总平面图?

12-6　高层建筑轴线投测和高程传递的方法有哪些?

12-7　在烟囱和水塔施工中,如何进行中心点投测?

12-8　为什么要进行竣工测量和编绘竣工图? 竣工测量的内容主要有哪些?

第十三章 线路工程测量

第一节　线路工程测量概述

线路通常是指公路、铁路、输电线、输油线、给排水以及各种地下管线等工程的中线总称，因此，各种线路工程在勘测设计、施工建设和竣工验收及运营管理等各阶段的测量工作被称为线路工程测量。线路工程测量在城市建设中占有重要地位，对国民经济发展和改善人民生活有着非常重要的意义。

一、任务与内容

线路工程测量实质是为工程的各个阶段顺利施工服务的。它的任务总结起来大致分为两个方面：一是为线路工程的设计提供地形图和断面图；二是按设计位置要求将线路测设于实地。其主要内容包括下列三项：

(1)线路工程初测：初测是在所定的规划路线上进行的勘测工作，主要技术工作是对选定的线路进行控制测量(如导线测量和水准测量等)，绘制比例尺为1∶1 000～1∶5 000的带状地形图。带状地形图的宽度在山区一般为100m，在平坦地区一般为250m，有争议的或特殊的地段则应适当加宽，为路线工程提供完整的控制基准及详尽的地形资料，为纸上定线、编制比较方案及初步设计提供依据。

(2)线路工程详测：详测就是将图纸上初步设计的路线方案，利用初测和图上设计线路的几何关系，将选定的线路测设到实地的过程。主要技术工作包括中线测量和路线纵、横断面测量以及其局部的地形图测绘，并根据现场的具体情况，对不能按原设计之处作局部线路调整。为路线纵坡设计、工程量计算等有关施工技术文件的编制提供重要数据。

(3)线路施工测量：施工阶段的测量工作主要包括施工控制桩、中线的恢复，路基的测设、边桩的测设和竖曲线测设等。

二、特　　点

(1)全线性：线路工程测量工作贯穿于整个线路工程建设的每个环节。线路初测阶段的控制测量和绘制地形图，详测阶段的中线测量和纵、横断面测量，施工阶段的中线恢复和路基测设等工作,都离不开测量工作。

(2)阶段性:线路工程测量的每个阶段工作有所不同。比如在初测阶段主要进行测绘工作,在详测阶段主要进行测设工作。

(3)渐近性:线路工程测量工序与工程施工的工序密切相关,从规划设计到施工、竣工经历了一个从粗到精的过程。

第二节　线路工程初测

初测在整个线路工程测量工作中占有非常重要的地位。线路初测阶段的主要技术工作包括进行带状地形测量、工程地质勘测和水文勘测等工作。运用纸上定线的方法初步设计线路的位置,根据设计结果计算土石方量、工程数量,编制工程费用概算和初测报告作为定测的依据。本节将着重介绍带状地形测量的相关工作。

一、平面控制测量

导线测量是线路工程常见的控制形式,是测绘带状地形图和详细定线的基础,需结合规划的线路位置和实地情况,选择适当的点位,定桩。此步骤关系到能否选出优良的线路位置,将直接影响道路工程的质量。

导线选点除应满足第 7 章介绍的对导线选点的基本要求外,还应做到点位尽量接近整个线路通过的位置,大桥及复杂中桥和隧道口附近、严重地质不良地段以及越岭垭口地点均应设点。导线测量的外业和内业工作参见第 7 章小区域控制测量。

1. 导线测量精度要求

线路导线测量时水平角的观测应使用精度不低于 6″级的经纬仪或全站仪,水平角较差在 $\pm 20''$(DJ$_2$)或 $\pm 30''$(DJ$_6$)以内时取平均数作为观测结果;边长测量的相对中误差不应大于 1/2 000。其精度要求见表 13-1 所示。

导线测量精度要求　　　　　　　　　表 13-1

水平角		检测时较差(″)		30
	闭合差 (″)	附合和闭合导线		$\pm 30\sqrt{n}$
		延伸导线	两端测真北	$\pm 30\sqrt{n+10}$
			一端测真北	$\pm 30\sqrt{n+5}$
长度	检测较差	光电测距(mm)		$2\sqrt{2}M_D$
		其他测距		1/2 000
	相对闭合差	光电测距	水平角平差	1/4 000
			水平角不平差	1/2 000
		其他测距		

注:n——测站数;M_D——光电测距仪标称精度。

为控制测量误差的积累,测量技术规范规定:线路测量的起点、终点以及每隔 30km 的点,应与国家平面控制点或其他部门的不低于四等平面控制的点进行联测。联测的方法可采用导线测量法、角度交会法、前方交会法、后方交会法等。

2. 导线测量成果改正

在与国家控制点进行联测时,要注意控制点与线路的起算点是否处于同一投影带内,否则应先进行换带计算,然后进行坐标计算。由于国家控制点的坐标都是高斯投影面上的坐标,因此,需要先将导线测量的成果转换到大地水准面上,然后再转换到高斯投影面上。转换后的导线相对精度 K 不得超过 $1/2\,000$,符合要求后,计算导线各点的坐标。转换过程分为两步:

(1)将坐标增量转换到大地水准面上,计算公式为:

$$\left.\begin{array}{l} \sum \Delta x_0 = \sum \Delta x \left(1 - \dfrac{H_m}{R}\right) \\[2mm] \sum \Delta y_0 = \sum \Delta y \left(1 - \dfrac{H_m}{R}\right) \end{array}\right\} \tag{13-1}$$

式中:$\sum \Delta x_0$ 和 $\sum \Delta y_0$——大地水准面上的纵、横坐标增量总和,m;

$\quad\quad \sum \Delta x$ 和 $\sum \Delta y$——导线测量直接计算的纵、横坐标增量总和,m;

$\quad\quad H_m$——导线的平均高程,km;

$\quad\quad R$——地球平均曲率半径,km。

(2)将大地水准面上的坐标增量总和转换到高斯投影面上,计算公式为

$$\left.\begin{array}{l} \sum \Delta x_\delta = \sum \Delta x_0 \left(1 + \dfrac{y_m^2}{2R^2}\right) \\[2mm] \sum \Delta y_\delta = \sum \Delta y_0 \left(1 + \dfrac{y_m^2}{2R^2}\right) \end{array}\right\} \tag{13-2}$$

式中:$\sum \Delta x_\delta$ 和 $\sum \Delta y_\delta$——高斯投影面上纵、横坐标增量的总和,m;

$\quad\quad y_m$——导线两端点横坐标的平均值,km。

二、高 程 测 量

初测线路高程测量的任务是沿着线路设立水准点,并测定各水准点的高程,作为线路的高程控制基准,然后再测定线路各导线点和加桩点的高程。

1. 水准点高程测量

水准点一般情况下每隔 2km 设置一个,遇有 300m 以上的大桥和隧道,大型车站或重点工程地段应增设水准点,并选在距离线路 100m 的范围内。

使用精度不低于 DS₃ 级的水准仪,进行往、返测量或两台水准仪并测一个单程。读数至 mm,视线长度不得大于 150m,前、后视距应大致相等,视距差不宜大于 10m,视线离地面高度不应小于 0.3m,在跨越 200m 以上的大河或深沟时,应按跨河水准测量进行。

水准点高程测量应与国家水准点进行联测,当国家水准点在 5km 以内时,以路线长度不远于 30km 联测一次,组成附合水准路线,检核观测结果,并降低闭合差的影响。水准点高程测量的精度要求见表 13-2 所示。

水准点高程测量的精度要求 表 13-2

每公里高差中数的中误差 (mm)	限差(mm)		
	检验已测段高差之差	往返测不符值	附合(闭合)路线闭合差
≤7.5	$\pm 30\sqrt{R}$	$\pm 30\sqrt{R}$	$+30\sqrt{L}$

注:R——测段长度;L——附合路线长度,均已 km 为单位。

2. 加桩高程测量

加桩高程测量是以上述水准点为依据,采用单程水准测量,测定各导线点和加桩的地面高程,并在相邻的两水准点间进行符合,以控制测量精度。

加桩水准测量时,导线点作为转点,水准尺应立于桩顶,两导线点之间的距离超过视距长时,可设立临时转点,转点上的水准尺读数至 mm;加桩作为中间视点,水准尺立于桩前地面,中间视点上的水准尺读数至 cm。其精度要求见表 13-3 所示。

加桩水准测量精度要求   表 13-3

项 目		附合路线闭合差(mm)	检测(mm)
水准测量		$\pm 50\sqrt{L}$	± 100
光电三角高程		$\pm 50\sqrt{L}$	± 100
一般三角高程	困难地段	± 300	± 150
	隧道	± 800	± 400

注:L——附合路线长度,以 km 为单位。

三、带状地形图测绘

带状地形图测绘是一项重要的技术性工作,测图的质量直接影响到初步设计的结果。因此,应当精心测绘,确保成图质量。

规范要求高速公路、一级公路应布设一级导线或小三角网;二级及二级以下公路应布设二级导线或小三角网;三级导线是在测量设备等受限制时,方可采用。在采用上述导线或小三角网有困难的情况下,应增设加桩,测量横断面,用横断面控制路线两侧的地形。

公路勘测规范规定:除水准控制测量外,对于路线沿线设置的中线桩、导线桩和设计需要进行控制的高程点以及有关建筑物、水位等,都应测量其高程。有些高程点,路线纵坡的设计要求很严,不能在地形图上判读,而应实测,绘制纵断面图。路线地形图的测绘宽度,应以设计需要为准。其绘图要求见表 13-4 所示。

带状地形图测绘要求   表 13-4

测图比例尺	导线每侧的测绘宽度(m)	等高距(m)		最大视线长度(m)	
		一般地段	困难地段	垂直度<12°	垂直度≥12°
1:10 000	250~500	5	10	600	600
1:5 000	200~300	2	5	450	350
1:2 000	100~150	1	2	400	300
1:1 000	按需要	1	1	250	150
1:500	按需要	0.5	1	150	80

地形点的密度,一般在图上的间距为 15~20mm。地物和地貌的测绘除遵守测图的一般要求外,图内的高压线、电力线、通信线需注明杆材及所属单位;与线路交叉跨越的已有铁路、公路、道路以及渡口应注明名称及去向;对于地质水文专业要求的其他特征点,应由专业人员现场指定测绘或由有关专业人员测绘后补绘于图上。

四、初勘提交的资料

线路初勘完成以后,需要提供以下资料:

(1)线路勘测的说明书;

(2)各种测量表格,如各种测量记录手簿、水准路线计算表、导线计算表等;

(3)线路(包括比较线路)的带状地形图及重点工程地段的地形图;

(4)横断面图,比例尺为1：200;

(5)选用方案和比较方案的平面图,比例尺为1：10 000或1：20 000;

(6)选用方案和比较方案的纵断面图,比例尺横向为1：10 000,纵向为1：1 000;

(7)其他调查资料。

第三节　线路工程详测

一、中 线 测 设

(一)基本概念

线路详细测量是根据初测阶段布设的控制点,将设计图上的线路测设到实地的过程。为了保证放线的精度,应对原控制点进行检测,对新增的控制点进行联测,当精度符合规定要求时,采用原初测成果;当精度超出限差要求时,应重新测量并进行平差,放线时以重测的数据为依据。

线路详测的主要技术工作包括中线测量和纵、横断面测量。中线测量是指将线路的中心线具体地测设到地面上,并测出其里程的过程。中线测量包括交点和转点测设、转角测定、里程桩设置、曲线主点测设和详细测设等工作。纵断面测量又称中线水准测量,是测定中线各里程桩地面高程,并绘制纵断面图的过程;横断面测量是指测定中线各里程桩两侧垂直于中线的地面高程,并绘制横断面图的过程。

(二)中线在地面上的表示

1. 中桩及其里程

由于线路受地形、地物、水文、地质及其他因素的限制影响,需改变路线方向,线路的转折点称为交点(JD)。当相邻交点不通视时,应在相邻交点的连线或其延长线上增设一些点,以能传递方向,增设点称为转点(ZD)。当两交点间距离较长时,亦应设置转点。如图 13-1 所示,实线表示道路中线,由直线和曲线组合而成,虚线相交点 JD_A、JD_B 即为路线交点,ZD_1、ZD_2 和 ZD_3 即为路线转点。

某点的里程桩,又称中桩,是线路中线的加密桩,同时标明该桩至线路起点的水平距离。如某桩距起点的水平距离为 3679.48m,则桩号书写形式为 K3+679.48。

2. 中桩分类

里程桩分为整桩和加桩两类。整桩是按每隔 20m 或 50m 设置的里程桩。百米桩和公里桩均属于整桩,图 13-2 所示为整桩的书写情况。

加桩分为以下 4 种：

（1）地形加桩：中线上或中线附近两侧地形变化点设置的桩；

（2）地物加桩：沿中线或中线附近两侧的桥梁、涵洞等人工构造物处，以及与公路、铁路交叉处设置的桩；

（3）曲线加桩：曲线起点、中点、终点等处以及按规定桩距加密设置的桩。

（4）关系加桩：路线上转点和交点处设置的桩。

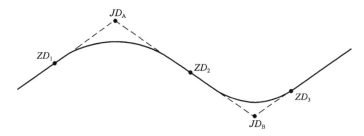

图 13-1　路线中线示意图

如图 13-3 所示，在书写曲线加桩和关系加桩时，应在桩号之前，加写其缩写名称。目前，我国公路采用汉语拼音的缩写名称，如表 13-5 所示。

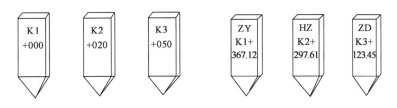

图 13-2　整桩　　　　　　　　　　　图 13-3　加桩

主点桩号名称中文与英文对照表　　　　　　　　　　　　　　　　表 13-5

名　称	简　称	汉语拼音缩写	英语缩写
交点		JD	IP
转点		ZD	TP
圆曲线起点	直圆点	ZY	BC
圆曲线中点	曲中点	QZ	MC
圆曲线终点	圆直点	YZ	EC
公切点		GQ	CP
第一缓和曲线起点	直缓点	ZH	TS
第一缓和曲线终点	缓圆点	HY	SC
第二缓和曲线起点	圆缓点	YH	CS
第二缓和曲线终点	缓直点	HZ	ST

里程桩的测设是在中线测量的基础上进行的，具体测设方法在下面章节中详细介绍。钉桩时，对起控制作用的交点桩、转点桩以及一些重要的地物加桩，将桩钉至与地面齐平，桩顶钉一小钉表示点位。在距桩 20m 左右设置指示桩，上面书写桩的名称和桩号。钉指示桩时要注意字面应朝向加桩，在直线上应钉在路线的同一侧，在曲线上则应钉在曲线的外侧。除此之外，其他的桩，不钉至与地面齐平，以露出桩号为佳，桩号要面向路线起点方向。

(三)中线放样方法

1.交点测设

对于低等级路线,其交点通常在现场直接标定。对于高等级路线或地形复杂地段,则需先进行纸上定线,然后按照以下方法进行交点的测设。

(1)放点穿线法:这种方法适合于地形不太复杂,且中线距初测导线不远的情况。首先在地形图上定出角度 β_i 和水平距离 D_i,具体测设步骤如下:

①放点:在地面上测设路线中线的直线部分,只需定出直线上两个临时点,就可确定这一直线的位置,但为了检查核对,一条直线应选择 3 个以上的临时点。如图 13-4 所示,欲将纸上定线的两段直线 JD_1、JD_2 和 JD_2、JD_3 测设于地面上,只需在地面上定出 1~6 等临时点,这些点一般应选在地势较高、通视良好、距导线点较近、便于测设的地方。这些临时点可采用支距法(如 1、2、4、6 点)和极坐标法(如 5 点)进行测设。

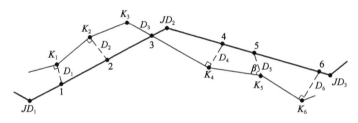

图 13-4　放点穿线法

②穿线:理论上各相应的临时点应在一条直线上,由于图解数据和测设误差,实际上并不严格的在一条直线上,需将相应的各临时点调整到同一直线上,这一工作称为穿线。如图 13-5 所示,可将经纬仪置于直线中部较高的位置,瞄准一端多数临时点都靠近的方向,倒镜后如视线不能穿过另一端多数临时点所靠近的方向,则将仪器左右移动,重新观测,直到达到要求为止,最后定出转点桩 A 和 B,取消其他临时点。

图 13-5　穿线示意图

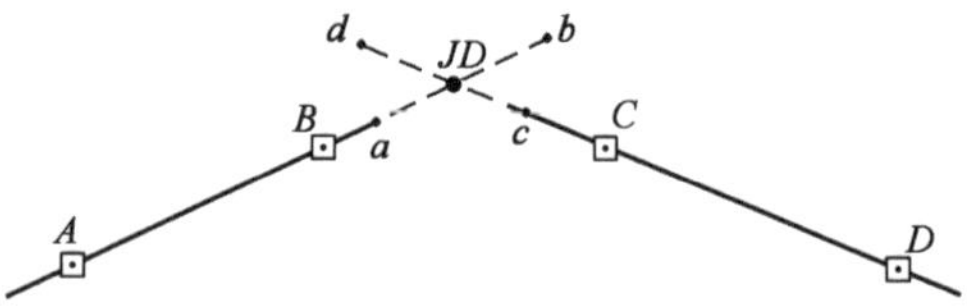

③交点:当相邻两直线在地面上定出后,将它们延长相交即可定出交点。如图 13-6 所示,先将经纬仪置于 B 点,盘左瞄准 A 点,倒镜,在视线方向上在交点(JD)的概略位置前后打下两个木桩,桩顶标示 a_1 和 b_1,俗称骑马桩,盘右同法可在两木桩桩顶标示 a_2 和 b_2,分别取 a_1、a_2 和 b_1、b_2 的中点作为最终的 a 和 b 点位,同法可定出 c 和 d 两点。用两细线分别连接 ab 和 cd,在相交处打下木桩,钉以小钉,得到交点。

图 13-6　交点示意图

(2)拨角放线法:拨角放线法需先在地形图上量出交点坐标,反算相邻交点间的水平距离、坐标方位角和转角。然后将仪器置于路线中线起点或已确定的交点上,拨出转角,测设水平距离,依次定出各交点位置。

这种方法工作效率高,但测设交点越多,误差累积也越大,故每隔一定距离应将测设的中线与初测导线联测，以检查拨角放线的精度。联测的精度要求与测图导线相同。当闭合差超限时，应检查原因予以纠正；当闭合差符合精度要求时，则按具体情况进行调整，使交点位置符合纸上定线的要求。

（3）交点坐标法：此种方法首先需计算各交点坐标，利用与其附近导线点的坐标关系，如使用全站仪，可直接用坐标测设交点点位；如使用常规仪器，则需利用坐标反算水平距离和水平角，结合实地情况，采用直角坐标法、极坐标法、距离交会法、角度交会法等方法测设各交点位置。

2. 转点测设

当相邻两交点互不通视或通视不良时，需要在其连线或延长线上定出一点或数点，以供交点测角、量距或延长直线时瞄准之用，这样的点称为转点（ZD）。其测设方法如下：

1）在两交点间设置转点

如图 13-7 所示，JD_A 和 JD_B 互不通视，ZD' 为粗略定出的转点位置。将经纬仪置于 ZD' 点，以正、倒镜延长直线 JD_A、ZD' 于 JD'_B，丈量水平距离 a、b 及 JD_B 与 JD'_B 的偏差值 f。

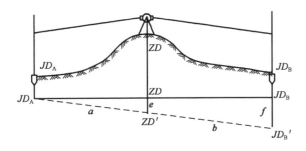

图 13-7　在交点间测设转点

如 JD'_B 与 JD_B 重合或偏差值 f 在容许范围内，则转点 ZD' 位置即为 ZD，这时应将 JD_B 移至 JD'_B。如 f 超过允许偏离范围，则须将测站 ZD' 移动至 ZD，其移动量 e 为

$$e = \frac{a}{a+b}f \tag{13-3}$$

将 ZD' 横向移至 ZD，延长直线 JD_A、ZD，看是否通过 JD_B 或偏差值 f 是否小于容许值，反复操作，直至符合要求为止。

2）在交点延长线上设置转点

如图 13-8 所示，JD_A 和 JD_B 互不通视，ZD' 为粗略定出的转点位置。将经纬仪置于 ZD' 点，盘左瞄准 JD_A，在 JD_B 附近标出一点，盘右重新瞄准 JD_A，再在 JD_B 附近标出一点，取两点的中点作为 JD'_B。若 JD'_B 与 JD_B 重合或偏差值 f 在容许范围内，ZD' 即作为转点，若超出容许范围，则应调整 ZD' 的位置，其横向移动量 e 为

$$e = \frac{a}{a-b}f \tag{13-4}$$

将 ZD' 横向移至 ZD，照准 JD_A，看 JD_B 是否在视线上或偏差值 f 是否小于容许值，反复操作，直至符合要求为止。

3. 转角的测定

转角（α）是指线路由一个方向转向另一方向时，偏转后的方向与原方向间的水平夹角。如图 13-9 所示，偏转后的方向位于原方向右侧时称为右转角（α_y）；偏转后的方向位于原方向左侧时称为左转角（α_z）。

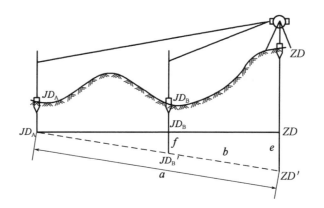

图 13-8 在交点延长线上测设转点

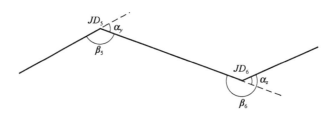

图 13-9 路线转角

在路线测量中,转角通常是通过观测路线的右角计算求得。当右角 $\beta_{右} < 180°$ 时,为右转角,当右角 $\beta_{右} > 180°$ 时,为左转角,即

当 $\beta_{右} < 180°$ 时 $\qquad\qquad\qquad\qquad \alpha_y = 180° - \beta_{右}$

当 $\beta_{右} > 180°$ 时 $\qquad\qquad\qquad\qquad \alpha_z = \beta_{右} - 180°$ $\qquad$ (13-5)

右角 $\beta_{右}$ 的观测,通常采用经纬仪用测回法观测一个测回。两个半测回角值的允许误差随线路的等级不同而定,一般不超过 $1'$,如在容许范围内取其平均值作为最后结果。

4. 角平分线的测设

为了测设曲线,在右角测定之后,无须变动水平度盘位置,即可定出前后两方向线的角平分线。如图 13-10 所示,设交点(JD)的转角为右转角 α_y,测角时方向 A 在水平度盘上的相应读数为 a,方向 B 在水平度盘上的相应读数为 b,则右角平分线方向在水平度盘上的相应读数 c 为

$$c = \frac{a+b}{2} \qquad (13-6)$$

在角平分线方向上钉临时桩,以便日后测设道路曲线的中点。对于每条线路还需进行测角成果的检核。检核时,具体方法有三种:

(1)如果线路附近或两端能与国家控制点联测,则可使线路与国家控制点组成附合导线,进行角度闭合差的检核;

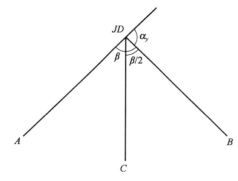

图 13-10 角平分线方向测设

(2)如果线路不能与高级控制点联测,而是在起始边和终边采用天文测量方法或陀螺经纬仪测定真方位角,进行角度闭合差的检核;

（3）对于等级较低的线路，可采用测定磁方位角同时略放宽角度闭合差的限差进行检核。

二、圆曲线的测设

由于线路受多种因素的影响需改变路线方向，在直线转向处要用曲线连接起来，这种曲线称为平曲线。平曲线分为圆曲线和缓和曲线两种。其中，圆曲线是指具有一定曲率半径的圆弧。

圆曲线的实地测设，首先是要测设圆曲线的主点，再测设圆曲线其他各加密点，从而完整地定出线路曲线的中线位置。

1. 圆曲线主点的测设

圆曲线的主点包括曲线起点(ZY)、曲线中点(QZ)和曲线终点(YZ)。测设步骤如下：

1）圆曲线主点测设元素计算

如图 13-11 所示，设交点(JD)的转角为 α，圆曲线半径为 R，则曲线的测设元素可按下列公式计算

$$
\left.
\begin{aligned}
\text{切线长} \quad & T=R\tan\frac{\alpha}{2} \\
\text{曲线长} \quad & L=R\alpha\frac{\pi}{180°} \\
\text{外距} \quad & E=R\left(\sec\frac{\alpha}{2}-1\right) \\
\text{切曲差} \quad & D=2T-L
\end{aligned}
\right\} \quad (13\text{-}7)
$$

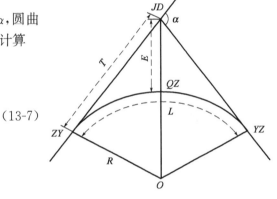

图 13-11　圆曲线主点测设元素

2）圆曲线主点的测设方法

置经纬仪于 JD 上，望远镜照准后一方向线的交点（或转点），量取切线长 T，得圆曲线起点 ZY；将望远镜照准前一方向线的交点（或转点），量取切线长 T，得圆曲线终点 YZ；将经纬仪设定为角平分线方向上，并在此方向量取外矢距 E，得曲线中点 QZ；然后丈量三主点至最近一个桩的距离，如两桩号之差等于所丈量的距离或相差在容许范围内，即可在三主点处钉桩，如超出容许范围，应查明原因，予以改正，确保桩位的正确性。

2. 圆曲线主点里程

一般情况下，交点的里程由中线丈量求得，根据交点的里程和已计算出的圆曲线测设元素，即可推算各主点的里程。由图 13-11 可得

$$
\left.
\begin{aligned}
& ZY\text{里程}=JD\text{里程}-T \\
& YZ\text{里程}=ZY\text{里程}+L \\
& QZ\text{里程}=YZ\text{里程}-\frac{L}{2} \\
& JD\text{里程}=QZ\text{里程}+\frac{D}{2}\quad（检核）
\end{aligned}
\right\} \quad (13\text{-}8)
$$

【例 13-1】　已知交点的里程为 K4＋147.39，测得转角 $\alpha_y=28°15'00''$，圆曲线半径 $R=200\text{m}$，求圆曲线主点的桩号。

首先由公式(13-7)计算圆曲线测设元素

$$T=50.33 \qquad L=98.61 \qquad E=6.24 \qquad D=2.05$$

接着由公式(13-8)计算主点桩号

JD	K4＋147.39
$-T$	50.33
ZY	K4＋097.06
$+L$	98.61
YZ	K4＋195.67
$-\dfrac{L}{2}$	49.305
QZ	4＋146.365
$+\dfrac{D}{2}$	1.025
JD	K4＋147.39

（计算无误）

3. 圆曲线的详细测设

测设出圆曲线各主点位置后,还需根据工程的要求在曲线上加密一系列点,以便详细表示曲线在地面上的形状,这项工作称为圆曲线的详细测设。

详细测设所采用的加密桩桩距 l_0 与曲线半径 R 有关,一般有如下规定:

$$R \geqslant 100\text{m 时} \qquad l_0=20\text{m}$$
$$250\text{m} < R < 100\text{m 时} \qquad l_0=10\text{m}$$
$$R \leqslant 25\text{m 时} \qquad l_0=5\text{m}$$

设桩时,将曲线上靠近起点 ZY 点的第一个加密桩的桩号凑整成为 l_0 倍数的整桩号,然后按桩距 l_0 连续向曲线终点 YZ 设桩,这样设置的桩均为整桩号。

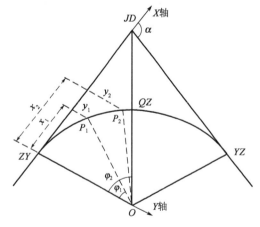

图 13-12　切线支距法测设加密桩

1)切线支距法

切线支距法是以圆曲线起点或终点为坐标原点,以过原点的切线方向为 X 轴,以过原点的半径方向为 Y 轴,如图 13-12 所示。

设圆曲线半径为 R,则曲线上任意一点 P_i 的坐标为

$$\left.\begin{array}{l} x_i=R\sin\varphi_i \\ y_i=R(1-\cos\varphi_i) \end{array}\right\} \tag{13-9}$$

式中:

$$\varphi_i=\frac{l_i}{R}\times\frac{180°}{\pi} \tag{13-10}$$

采用切线支距法测设,为了保证测设精度,避免 y 值过大,应自圆曲线两端计算支距 x_i、y_i 值。

这种方法适用于平坦开阔的地区,具有测点误差不累积的优点。

【例 13-2】 已知交点的里程为 K2＋249.59,测得转角 $\alpha_y=25°11'00''$,圆曲线半径 $R=$ 300m,计算各加桩坐标。

(1)由公式(13-7)计算圆曲线测设元素

$$T=68.39 \qquad L=134.48 \qquad E=7.70 \qquad D=2.30$$

(2)由公式(13-8)计算各主点里程

ZY 里程＝K2＋181.20　　　QZ 里程＝K2＋248.44　　　YZ 里程＝K2＋315.68

(3)由公式(13-9)计算桩距为 20m 的加密桩桩号及坐标见表 13-6。

切线支距法整桩号计算表　　　　　　　　表 13-6

桩　　号	各桩至 ZY(YZ)的曲线长 l_i	圆心角 φ_i （ ° ′ ″）	x_i （m）	y_i （m）
ZY　K2＋181.20	0	00　00　00	0	0
＋200	18.80	03　35　26	18.79	0.59
＋220	38.80	07　24　37	38.69	2.51
＋240	58.80	11　13　48	58.42	5.74
QZ　K2＋248.44	67.24	12　50　31	66.68	7.50
＋260	55.68	10　38　03	55.36	5.15
＋280	35.68	06　48　52	35.60	2.12
＋300	15.68	02　59　41	15.67	0.41
YZ　K2＋315.68	0	00　00　00	0	0

具体测设步骤如下：

(1)由 ZY 点沿切线方向分别量取 x 值 18.79m、38.69m、58.42m,并在各点上作标志或插一测钎;

(2)在各测钎处作切线的垂线,并由测钎处沿垂线向曲线内侧分别量取相应的 y 值 0.59m、2.51m、5.74m,其端点即为曲线上的加密点;

(3)由 YZ 点依上述方法测设下半个曲线的各加密点。

(4)检核:用此方法测得的 QZ 点位置应与预先测设主点时测设的 QZ 点位置重合;量取相邻各桩之间的距离,与相应的桩号之差作比较,若较差均在限差要求之内,则曲线测设合格,否则应查明原因,予以纠正。

2)偏角法

偏角法是以圆曲线起点 ZY(或终点 YZ)点至曲线任意加密点的弦线与切线之间的夹角 Δ(称为偏角)和弦长 C 来确定加密点位置的一种方法。

如图 13-13 所示,偏角 Δ 等于相应弧长所对圆心角 φ 的一半,由式(13-10)可得

偏角　　　$$\Delta_i=\frac{l_i}{R}\times\frac{90°}{\pi} \qquad (13\text{-}11)$$

弦长　　　$$C_i=2R\sin\Delta_i \qquad (13\text{-}12)$$

圆曲线上任意两点间的弧长 l 与弦长 C 之差称为弦弧差 δ,可用下式计算

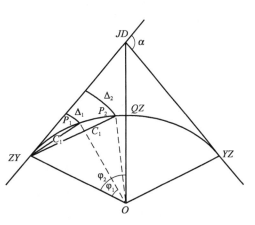

图 13-13　偏角法测设加密桩

$$\delta_i = l_i - 2R\sin\frac{l_i}{2R} \tag{13-13}$$

由于道路圆曲线半径较大，相邻加密点弧较小，因此，$\frac{l}{2R}$ 为一个很小的值，由正弦函数的

级数展开式 $\sin x = x - \frac{x^3}{3!} + \frac{x^5}{5!} - \cdots$ 取前两项代入式（13-13）得

$$\delta_i = \frac{l^3}{24R^2} \tag{13-14}$$

由上式可看出，弦弧差与圆曲线半径成反比，因此，当圆曲线半径很大时，弦弧差可忽略不计，用弧长代替弦长；但圆曲线半径很小时，需要考虑弦弧差的影响。

【例 13-3】 以案例 2 为例，用偏角法进行测设，计算加密桩的测设数据，如表 13-7 所示。

加密桩偏角和弦长计算表　　　　　　　　　　　　　　　　　表 13-7

桩　　号	各桩至 ZY(YZ) 的曲线长 l_i	偏角值 (° ′ ″)			偏角读数 (° ′ ″)			相邻桩间弧长	相邻桩间弦长
ZY K2+181.20	0	0	00	00	0	00	00	0	0
+200	18.80	1	47	43	1	47	43	18.80	18.80
+220	38.80	3	42	18	3	42	08	20	20
+240	58.80	5	36	54	5	36	54	20	20
QZ K2+248.44	67.24	6	25	15	6	25	15	8.44	8.44
					353	34	45	11.56	11.56
+260	55.68	5	19	01	354	40	59	20	20
+280	35.68	3	24	26	356	35	34	20	20
+300	15.68	1	29	50	358	30	10	15.68	15.68
YZ K2+315.68	0	0	00	00	0	00	00	0	0

具体测设步骤如下：

（1）经纬仪安置于 ZY 点，照准交点 JD，水平度盘配置成 $0°00'00''$。

（2）正拨（即偏角的增加方向与水平度盘增加方向一致）照准部，使水平度盘读数为 $1°47'43''$，由 ZY 点在此视线方向上量取 18.80m，定出 K2+200 桩位。

（3）转动照准部，使水平度盘读数为 $3°42'08''$，由 K2+200 桩位量取 20m，与视线方向相交，定出 K2+220 桩位。

（4）同步骤（3），测设出所有上半个圆曲线上所有加密点，直到 QZ 点。此时定出的 QZ 点应与主点测设时定出的 QZ 点重合，如不重合，其误差规定如下：

纵向误差（切线方向）不应超过 $\pm\dfrac{L}{1\,000}$（L 为曲线长）

横向误差（半径方向）不应超过 $\pm10\text{cm}$

（5）经纬仪安置于 YZ 点，照准交点 JD，水平度盘配置成 $0°00'00''$。

（6）反拨（即偏角的增加方向与水平度盘增加方向相反）照准部，使水平度盘读数为 $358°30'10''$，由 YZ 点在此视线方向上量取 15.68m，定出 K2+300 桩位。

（7）同步骤（3）测设出所有下半个圆曲线上的所有加密点，并进行检核。

三、缓和曲线的测设

当车辆在曲线上行驶时,将产生离心力,离心力有使车辆向曲线外侧倾斜的作用。为了减小离心力的影响,必须把线路的曲线段部分的路面做成内侧低、外侧高的形式,称为超高。在直线上超高为0,因此,车辆从直线进入圆曲线时,超高不能从0直接跳跃到圆曲线规定超高,引起车辆振动。

由于离心力的大小随行车速度及曲线的半径大小而变化,为此就必须在直线与圆曲线之间插入一段半径由无限大逐渐变化到圆曲线半径的曲线,使超高由零逐渐增加到圆曲线规定超高,这种曲线称为缓和曲线。规范规定,除四级公路可不设缓和曲线外,其余各级公路都应设置缓和曲线。

缓和曲线分为回旋曲线(即辐射螺旋曲线)、三次抛物线、双扭线和多圆弧曲线。目前国内、外多采用回旋曲线作为缓和曲线。

1. 缓和曲线公式

1)缓和曲线方程(回旋曲线)

如图 13-14 所示,回旋曲线具有曲线上任何一点的曲率半径与该点到曲线起点的弧长成反比的特点。设回旋曲线上任一点的曲率半径为 ρ,曲线起点至该点的曲线长为 l,则

$$\rho l = c \tag{13-15}$$

式中,c 为常数,表示缓和曲线半径的变化率,与车速 v(以 km/h 为单位)有关,目前我国公路采用的 c 值为 $0.035v^3$。

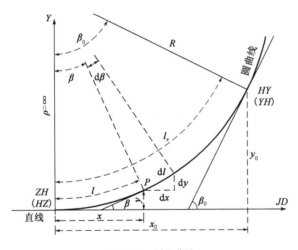

图 13-14　缓和曲线

设缓和曲线全长为 l_S,当 l 等于 l_S 时,缓和曲线半径 ρ 等于圆曲线半径 R,由式(13-15)可得

$$Rl_S = c \Rightarrow l_S = \frac{0.035v^3}{R} \tag{13-16}$$

由上式可知,设计行车速度越快,缓和曲线就越长,《公路工程技术标准》(JTG B01—2014)规定:缓和曲线的长度应根据相应等级公路的设计行车速度求得,缓和曲线最小长度要求如表 13-8 所示。

公路等级	高速公路					一级公路
设计速度(km/h)	120	100	80	60	100	60
缓和曲线最小长度(m)	100	85	70	50	85	50
公路等级	二级公路		三级公路		四级公路	
设计速度(km/h)	80	40	60	30	40	20
缓和曲线最小长度(m)	70	35	50	25	35	20

2)缓和曲线角

缓和曲线上任意点 P 的切线与过起点切线的交角 β 称为切线角。如图 13-14 所示，P 点的切线角与其弧长所对的中心角相等，在曲线上任取一微分段 $\mathrm{d}l$，其所对应的中心角为 $\mathrm{d}\beta$，则

$$\mathrm{d}\beta = \frac{\mathrm{d}l}{\rho} = \frac{l}{c}\mathrm{d}l \quad \Rightarrow \quad \beta = \frac{l^2}{2c} = \frac{l^2}{Rl_S} \times \frac{90°}{\pi} \tag{13-17}$$

当 $l = l_S$ 时，缓和曲线终点的切线角 β_0 称为缓和曲线角。可由式(13-17)得

$$\beta_0 = \frac{l_S}{R} \times \frac{90°}{\pi} \tag{13-18}$$

3)缓和曲线任意点坐标

如图 13-14 所示，以缓和曲线起点 $ZH(HZ)$ 点为原点，过原点的切线方向为 x 轴，垂直切线方向为 y 轴，建立坐标系，则缓和曲线上任一点的坐标为

$$\left.\begin{aligned} \mathrm{d}x &= \mathrm{d}l\cos\beta \\ \mathrm{d}y &= \mathrm{d}l\sin\beta \end{aligned}\right\} \tag{13-19}$$

将 $\sin\beta$ 和 $\cos\beta$ 用级数展开得

$$\left.\begin{aligned} \sin\beta &= \beta - \frac{\beta^3}{3!} + \frac{\beta^5}{5!} - \cdots \\ \cos\beta &= 1 - \frac{\beta^2}{2!} + \frac{\beta^4}{4!} - \cdots \end{aligned}\right\} \tag{13-20}$$

将式(13-20)保留前两项代入式(13-19)并积分，得缓和曲线上任意点直角坐标值为

$$\left.\begin{aligned} x &= l - \frac{l^5}{40R^2 l_S^2} \\ y &= \frac{l^3}{6Rl_S} \end{aligned}\right\} \tag{13-21}$$

当 $l = l_S$ 时，即得缓和曲线终点的坐标为

$$\left.\begin{aligned} x_0 &= l_S - \frac{l_S^3}{40R^2} \\ y_0 &= \frac{l_S^2}{6R} \end{aligned}\right\} \tag{13-22}$$

2. 带有缓和曲线的圆曲线主点测设

当圆曲线插入了缓和曲线后,整个曲线分成了三部分,分别为第一缓和曲线段、圆曲线段和第二缓和曲线段,其中,圆曲线段称为主曲线,如图 13-15 所示。曲线主点共有 5 个,按照顺序分别为:

直缓点(ZH)是第一缓和曲线的起点;

缓圆点(HY)是第一缓和曲线的终点;

曲中点(QZ)是圆曲线的中点,也是整个曲线的中间点;

圆缓点(YH)是第二缓和曲线的起点;

缓直点(HZ)是第二缓和曲线的终点。

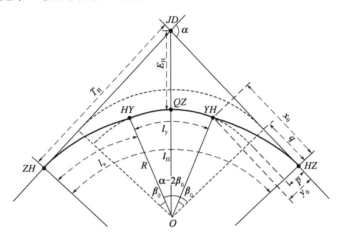

图 13-15　带有缓和曲线的圆曲线

1)曲线测设元素计算

由于插入了缓和曲线,如图 13-15 所示,原来的圆曲线必须向内移动距离 p,称为圆曲线内移值。公路工程一般是采取圆心不动,圆曲线半径减少 p 值,而使减小后的半径等于所选定的圆曲线半径,即插入缓和曲线后主曲线的半径为 R,则插入缓和曲线前圆曲线的半径应为 $R+p$。为使缓和曲线起点位于直线方向上,切线长应增加 q 值,称为切线增长值。由图 13-15 中几何关系可得

$$
\left.
\begin{aligned}
p &= y_0 - R(1-\cos\beta_0) \\
q &= x_0 - R\sin\beta_0
\end{aligned}
\right\}
\tag{13-23}
$$

将上式中 $\cos\beta_0$ 和 $\sin\beta_0$ 按式(13-20)展开为级数,保留前两项,并将式(13-18)和式(13-22)代入式(13-23)得

$$
\left.
\begin{aligned}
p &= \frac{l_S^2}{24R} \\
q &= \frac{l_S}{2} - \frac{l_S^3}{240R^2}
\end{aligned}
\right\}
\tag{13-24}
$$

当转角 α,圆曲线半径 R 和缓和曲线长 l_S 确定后,由图 13-15 的几何关系,可计算缓和曲线的测设元素

切线长 $\qquad T_H = (R+p)\tan\dfrac{\alpha}{2}+q$

曲线长 $\qquad L_H = R(\alpha-2\beta_0)\times\dfrac{\pi}{180°}+2l_S$ 或 $R\alpha\times\dfrac{\pi}{180°}+l_S$

$\qquad\qquad l_Y = R(\alpha-2\beta_0)\times\dfrac{\pi}{180°}$

外　距 $\qquad E_H = (R+p)\sec\dfrac{\alpha}{2}-R$

切曲差 $\qquad D_H = 2T_H - L_H$

$$(13\text{-}25)$$

2）主点测设方法

如图 13-15 所示，置经纬仪于 JD 上，望远镜照准后一方向线的交点（或转点），量取切线长 T_H 得直缓点（ZH）；将望远镜照准前一方向线的交点（或转点），量取切线长 T_H 得缓直点（HZ）；将经纬仪设定为角平分线方向上，并在此方向量取外矢距 E_H，得曲中点（QZ）；将经纬仪搬至 ZH 点上，按切线支距法由式（13-22）数据定出缓圆点（HY）；同法，经纬仪在 HZ 点定出圆缓点（YH）。

丈量五个主点至最近一个桩的距离，如两桩号之差等于所丈量的距离或相差在容许范围内，即可在 5 个主点钉桩，如超出容许范围，应查明原因，以确保桩位的正确性。

3. 带有缓和曲线的圆曲线主点里程

根据交点的里程和已计算出的缓和曲线测设元素，即可推算各主点的里程。由图 13-15 可得

$$ZH\text{ 里程}=JD\text{ 里程}-T_H$$
$$HY\text{ 里程}=ZH\text{ 里程}+l_S$$
$$YH\text{ 里程}=HY\text{ 里程}+l_Y$$
$$HZ\text{ 里程}=YH\text{ 里程}+l_S$$
$$QZ\text{ 里程}=HZ\text{ 里程}-\dfrac{L_H}{2}$$
$$JD\text{ 里程}=QZ\text{ 里程}+\dfrac{D_H}{2}\quad\text{（检核）}$$

$$(13\text{-}26)$$

【例 13-4】 已知交点的里程为 K6＋755.39，转角 $\alpha=28°30'48''$，圆曲线半径 $R=300\text{m}$，缓和曲线 $l_S=70\text{m}$，计算带有缓和曲线的圆曲线主点里程。

（1）由式（13-24）计算得

$$P=0.68\qquad q=34.98$$

由式（13-18）计算得

$$\beta_0=6°41'04''$$

（2）由式（13-25）计算曲线测设元素得

$$T_H=111.38\qquad L_H=219.30\qquad l_Y=79.30\qquad E_H=10.23\qquad D_H=3.46$$

（3）由式（13-26）计算主点里程得

ZH 里程＝K6＋644.01

HY 里程＝ K6＋714.01

YH 里程＝ K6＋793.31

HZ 里程＝ K6＋863.31

QZ 里程＝ K6＋753.66

JD 里程＝ K6＋755.39 （检核）

4. 带有缓和曲线的圆曲线详细测设

测设出曲线各主点位置后,还需根据工程的要求在曲线上加密一系列点,以便详细表示曲线在地面上的形状,具体方法如下:

1)切线支距法

切线支距法是以缓和曲线上的 $ZH(HZ)$ 点为坐标原点,过原点的切线为 X 轴,过原点并垂直于 x 轴的方向为 Y 轴建立坐标系。如图 13-16 所示,曲线上加密桩 P 分为以下两种情况进行测设:

第一种情况, P 点在缓和曲线上,按照式 (13-21)可得 P 点的坐标为

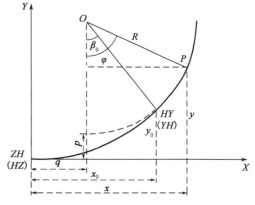

$$\left.\begin{array}{l}x_p=l_p-\dfrac{l_p^5}{40R^2l_S^2}\\[2mm]y_p=\dfrac{l_p^3}{6Rl_S}\end{array}\right\} \qquad (13\text{-}27)$$

第二种情况, P 点在圆曲线上,如图 13-16 所示, P 点坐标为

$$\left.\begin{array}{l}x_p=R\sin\varphi+q\\y_p=R(1-\cos\varphi)+p\end{array}\right\} \qquad (13\text{-}28)$$

图 13-16 圆曲线上 P 点坐标计算

式中: $\varphi=\dfrac{l'_p}{R}\times\dfrac{180^\circ}{\pi}+\beta_0$;

l'_p —— P 点至 $HY(YH)$ 点的曲线长。

为了提高测设精度,需从曲线两端往中心测设。具体的测设方法是,经纬仪置于 ZH (HZ) 点,照准 JD 方向,在该方向量取 x_p 得垂足 p' 点,经纬仪搬站至 p' 点,在切线的垂线方向上量取 y_p 得 p 点,并进行检核,定桩。

针对 P 点在圆曲线上,如图 13-17 所示,如果重新以 $HY(YH)$ 点为坐标原点,以其切线方向为 x 轴,以切线的垂线方向为 y 轴建立坐标系,则圆曲线上的加密桩 P 点也可以直接按式 (13-9)计算坐标

$$\left.\begin{array}{l}x_p=R\sin\varphi'\\y_p=R(1-\cos\varphi')\end{array}\right\} \qquad (13\text{-}29)$$

式中: $\varphi'=\dfrac{l'_p}{R}\times\dfrac{180^\circ}{\pi}$;

l'_p —— P 点至 $HY(YH)$ 点的曲线长。

测设时,经纬仪需在 $ZH(HZ)$ 点上按上述方法测设缓和曲线上的各加密桩,测设完成后,

经纬仪搬站至 $HY(YH)$ 点上，测设圆曲线上各加密桩，此时，需要将 $HY(YH)$ 点上的切线方向定出。如图 13-17 所示，只要确定了 N 点点位，则 $HY(YH)$ 点的切线方向即可确定。

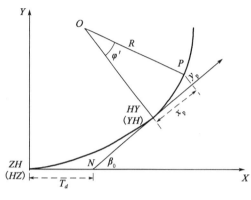

图 13-17　$HY(YH)$点的切线方向

$$T_d = x_0 - \frac{y_0}{\tan\beta_0} = \frac{2}{3}l_S + \frac{l_S^3}{360R^2}$$

(13-30)

经纬仪自 $ZH(HZ)$ 点沿切线方向量取 T_d 得到 N 点，该点和 $HY(YH)$ 点的连线即为切线。经纬仪置于 $HY(YH)$ 点，照准 N 点，倒镜，此方向为 x 轴正向，有此方向后即可采用测设圆曲线的方法进行测设。

2）偏角法

偏角法是以缓和曲线起点 $ZH(HZ)$ 点至曲线任一加密点的弦线与切线之间的夹角 Δ 和弦长 C 来确定加密点位置的方法。采用偏角法测设曲线加密桩 P，同样分为以下两种情况进行测设：

第一种情况，P 点在缓和曲线上，设 P 的偏角为 Δ_p，如图 13-18 所示，因缓和曲线上弧长与弦长近似相等，即 $C_p \approx l_p$，又因 Δ_p 很小，$\sin\Delta_p = \Delta_p$，所以有

$$\sin\Delta_p = \frac{y_p}{C_p} \quad \Rightarrow \quad \Delta_p = \frac{y_p}{l_p}$$

(13-31)

将式（13-27）中的 y 值代入式（13-31）得任意点 P 的偏角值 Δ_p 为

$$\Delta_p = \frac{l_p^2}{6Rl_S} \times \frac{180°}{\pi}$$

(13-32)

第二种情况，P 点在圆曲线上，可由式（13-11）、式（13-12）计算 P 点的偏角 Δ_p 和弦长 C_p

$$\left.\begin{array}{l} \Delta_p = \frac{l'_p}{R} \times \frac{90°}{\pi} \\ C_p = 2R\sin\Delta_p \end{array}\right\}$$

(13-33)

圆曲线上的加密桩须将经纬仪迁至 $HY(YH)$ 点上进行测设。因此，只要定出 $HY(YH)$ 点的切线方向，就与前面所讲的圆曲线一样测设。关键是计算 b_0，如图 13-18 所示，当 $l_p = l_S$ 时，则缓和曲线总偏角 Δ_0 为

$$\Delta_0 = \frac{l_S}{6R} \times \frac{180°}{\pi}$$

(13-34)

由式（13-18）得

$$\Delta_0 = \frac{\beta_0}{3}$$

(13-35)

由图 13-18 可知，$\beta_0 = \Delta_0 + b_0$，则

$$b_0 = 2\Delta_0 = \frac{2}{3}\beta_0$$

(13-36)

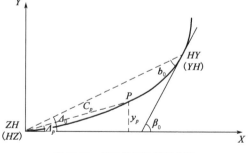

图 13-18　偏角法测设缓和曲线

经纬仪置于 $HY(YH)$ 点,以 $ZH(HZ)$ 点为后视点,逆时针转 b_0 角,倒镜,即可得到 HY (YH) 点的切线方向。偏角法的具体测设步骤同圆曲线偏角法。

3)极坐标法

首先,以 $ZH(HZ)$ 点为坐标原点,以其切线方向为 X 轴,自 X 轴正向顺时针旋转 $90°$ 为 Y 轴建立坐标系,如图 13-19 所示。曲线上任意一点 P 的坐标可按式(13-27)和式(13-28)计算得出,此时,当曲线位于 X 轴正向左侧时,y 应为负值。

在曲线附近选择一转点 ZD,测定相应的水平距离 D_Z 和水平角度 β_Z,则转点 ZD 的坐标为

$$\left.\begin{array}{l} x_Z = D_Z \cos\beta_Z \\ y_Z = D_Z \sin\beta_Z \end{array}\right\} \qquad (13\text{-}37)$$

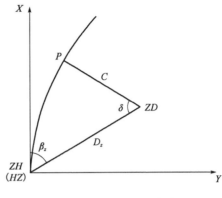

图 13-19 极坐标法测设加密桩

由 ZD 点和 P 点的坐标,计算测设数据

$$\left.\begin{array}{l} \delta = \alpha_{zp} - \alpha_{zz} = \arctan\dfrac{y_p - y_z}{x_p - x_z} - \arctan\dfrac{y_z}{x_z} \\ C = \sqrt{(x_z - x_p)^2 + (y_z - y_p)^2} \end{array}\right\} \qquad (13\text{-}38)$$

具体的测设方法是:将仪器置于 ZD 上,后视 $ZH(HZ)$ 点,水平度盘读数配置在 $0°00'00''$,转动照准部拨角 δ,在该方向上测设距离 C 即得 P 点位置。

四、困难地段曲线测设

在中线测量时,经常因地形条件复杂而出现不能架设仪器或视线受阻无法量距等状况发生。面对无法使用常规方法的这些困难地段,就要求测量人员在现场采用不同的测设方法加以解决。

(一)虚交

虚交是指路线的交点落入水中或遇建筑物等不能安置仪器时的处理方法。这样的交点称为虚交点。有时交点可以定出,但因转角过大,使交点远离曲线或遇地形等障碍不易测设时,也可作为虚交处理。

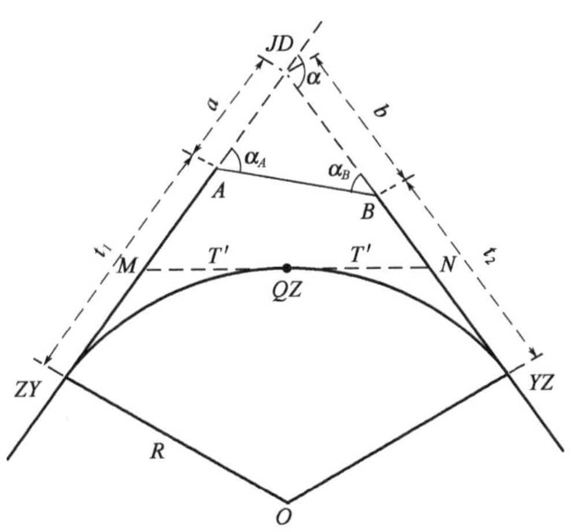

1.圆外基线法

如图 13-20 所示,路线交点落入河里,不能安置仪器,为此在曲线外侧沿两切线方向各选择一辅助点 A 和 B,构成圆外基线 AB。用经纬仪测出 α_A 和 α_B,往返丈量 D_{AB},所测角度和距离均应满足规定的限差要求。

由图 13-20 的几何关系可得

图 13-20 圆外基线法测设曲线

$$a = D_{AB} \frac{\sin\alpha_B}{\sin\alpha}$$

$$b = D_{AB} \frac{\sin\alpha_A}{\sin\alpha}$$

$$t_1 = R\tan\frac{\alpha_A+\alpha_B}{2} - a$$

$$t_2 = R\tan\frac{\alpha_A+\alpha_B}{2} - b$$

$$T' = R\tan\frac{\alpha_A+\alpha_B}{4}$$

$$(13\text{-}39)$$

如果计算出的 t_1 和 t_2 出现负值,说明曲线的 ZY 点和 YZ 点位于辅助点与虚交点之间。根据 t_1 和 t_2 即可定出曲线的 ZY 点和 YZ 点。A 点的里程确定后,曲线主点的里程也可算出。

曲线主点的测设方法是:将经纬仪分别安置 A 点和 B 点上,在各自的切线方向上分别量取 t_1 和 t_2 得到曲线的 ZY 点和 YZ 点,量取 T' 得 M 和 N 点;仪器迁站至 M 或 N 点,沿 MN 方向量取 T' 得 QZ 点。

2. 切基线法

如图 13-21 所示,基线 AB 与圆曲线相切于一点,该点称为公切点(GQ)。以 GQ 点将曲线分为两个相同半径的圆曲线,称为切基线,可以起到控制曲线位置的作用。用经纬仪测出 α_A 和 α_B,往返丈量 D_{AB},设两个同半径曲线的半径为 R,根据其几何关系可得

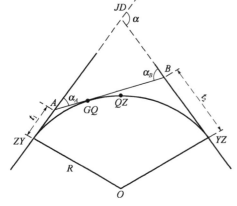

图 13-21 切基线法测设曲线

$$R = \frac{D_{AB}}{\tan\frac{\alpha_A}{2}+\tan\frac{\alpha_B}{2}}$$

$$t_1 = R\tan\frac{\alpha_A}{2}$$

$$t_2 = R\tan\frac{\alpha_B}{2}$$

$$(13\text{-}40)$$

测设时,由 A 点沿切线方向量 t_1 得 ZY 点,沿 AB 方向量 t_1 得 GQ 点,由 B 点沿切线方向量 t_2 得 YZ 点,QZ 点可按圆外基线法进行测设。

(二)曲线上遇障碍

1. 圆曲线上遇障碍

1)等量偏角法

等量偏角法应用的原理是圆曲线上同一弧的正偏角等于反偏角,且弧长每增加 l,相应的偏角也增加 Δ。

如图 13-22 所示,设相邻桩距为 l,对应的偏角为 Δ。仪器于起点 0 用偏角法测设 1、2、3 点后,4、5 点不通视。可将仪器搬站至 3 点,照准 0 点,倒镜,水平度盘配置成 $0°00'00''$,顺时针旋转 4Δ 角定出 4 点,旋转 5Δ 角定出 5 点,即用原来从 0 点测设的各点偏角继续向前测设。

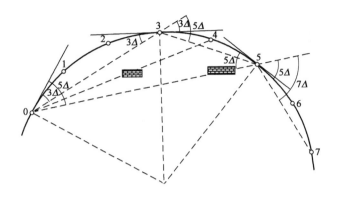

图 13-22　等量偏角法测设曲线

从 3 点测设 6 点时,视线又受阻碍,可将仪器搬站至 5 点,照准 3 点,顺时针旋转(180°−3Δ)角后,重新配置水平度盘成 0°00′00″,则旋转 6Δ 定出 6 点,旋转 7Δ 定出 7 点,即继续用原来从 0 点测设的各点偏角继续向前测设。

2)等边三角形法

如图 13-23 所示,仪器置于 A 点测设曲线遇障碍,可在障碍物后选一待定点 F,计算出 AF 的弦长 C_{AF} 和偏角 Δ_F,照准曲线上的前一点 B,旋转 $(120°+\Delta_B+\Delta_F)$ 角得 AC 方向,在此方向上量得 C_{AF} 定出 C 点,仪器搬至 C 点,反拨 60°并在该方向上量得 C_{AF} 定出 F 点,在 F 点置仪器,照准 C 点,反拨 $(60°−\Delta_F)$ 角,倒镜,定出 F 的切线方向即可继续向前测设曲线。

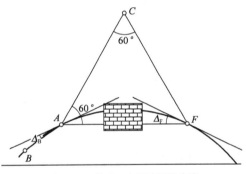

图 13-23　等边三角形法测设曲线

2. 缓和曲线上遇障碍

当用偏角法测设缓和曲线遇到障碍时,仪器需搬至另一测站点,但在新的测站点上,其测设偏角值发生了变化,必须另行计算。

如图 13-24 所示,B 点由 ZH 点已定出,测设 A、C 两点时遇障碍,需将仪器搬站至 B 点进行测设。由图中几何关系可得

$$\tan\alpha = \frac{\Delta Y_{BC}}{\Delta X_{BC}} = \frac{Y_C - Y_B}{X_C - X_B} \tag{13-41}$$

由于 α 很小,可认为 $\tan\alpha=\alpha$,并将式(13-21)代入式(13-41)可得

$$\alpha = \frac{\dfrac{l_C^3}{6Rl_s} - \dfrac{l_B^3}{6Rl_s}}{l_C - l_B} \times \frac{180°}{\pi} = \frac{30°}{\pi R l_s}(l_B^2 + l_B l_C + l_C^2) \tag{13-42}$$

又由图 13-24 中几何关系可知偏角 $\Delta = \alpha - \beta_B$,将式(13-17)和式(13-42)代入并进行整理得

$$\Delta = \frac{30°}{\pi R l_s}(l_C - l_B)(l_C + 2l_B) \tag{13-43}$$

计算出的偏角前视(B 点)时是正值,后视(A 点)时是负值。

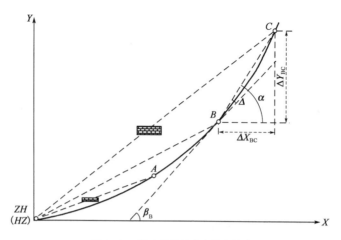

图 13-24　缓和曲线任意点偏角计算

测设时,仪器置于 B 点,照准 $ZH(HZ)$ 点,反拨 $\frac{2}{3}\beta_B$ 角,倒镜,确定 B 点切线方向,拨偏角 Δ,量弦长确定 C 点点位。

(三)圆曲线两端缓和曲线不等长

在公路中线设计时,由于受地形条件的影响,圆曲线两端的缓和曲线有时并不等长,这种线型称为非对称型缓和曲线。

如图 13-25 所示,第一段缓和曲线长为 l_{S1},第二段缓和曲线长为 l_{S2},路线偏角为 α,圆曲线半径为 R,由式(13-18)和式(13-24)可分别计算两段缓和曲线的 p_1、p_2、q_1、q_2、β_{01} 和 β_{02} 的数值,由图中的几何关系可得

$$
\left.
\begin{aligned}
T' &= (R+p_2)\tan\frac{\alpha}{2} \\
Z_1 &= \frac{p_1-p_2}{\tan\alpha} \\
Z_2 &= \frac{p_1-p_2}{\sin\alpha} \\
T_1 &= T'+q_1-Z_1 \\
T_2 &= T'+q_2+Z_2 \\
L &= (\alpha-\beta_{01}-\beta_{02})R \times \frac{\pi}{180°} + l_{S1} + l_{S2}
\end{aligned}
\right\}
\tag{13-44}
$$

由式(13-44)且由 $\tan\frac{\alpha}{2} = \frac{1-\cos\alpha}{\sin\alpha}$,可得

$$
T_1 = (R+p_1)\tan\frac{\alpha}{2} + q_1 - \frac{p_1-p_2}{\cos\alpha}
$$

$$
T_2 = (R+p_2)\tan\frac{\alpha}{2} + q_2 - \frac{p_1-p_2}{\sin\alpha}
\tag{13-45}
$$

由于圆曲线两端的缓和曲线不等长,所以曲中点可取交点 JD 与圆心 O 的连线与圆曲线的交点 M 作为曲线的中点,由图 13-25 的几何关系可得

$$\left.\begin{array}{l} \theta = \arctan \dfrac{T_1 - q_1}{R + p_1} \\[3mm] E = \dfrac{R + p_1}{\cos\theta} - R \end{array}\right\} \qquad (13\text{-}46)$$

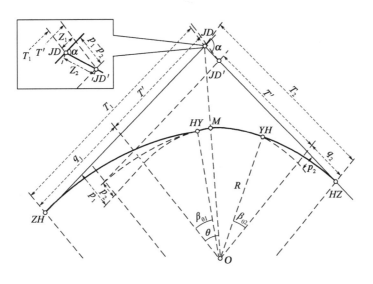

图 13-25　非对称型缓和曲线

非对称型平曲线的主点测设和详细测设与对称型平曲线测设方法相同。

五、复曲线的测设

复曲线是指由两个或两个以上同向曲线相接组成的曲线。可分为以下三种情况组合。

1. 圆曲线与圆曲线的组合

此种曲线是由两个不同半径的圆曲线组合而成。需先拟定其中一条圆曲线为主曲线,其半径为 R_1,另一圆曲线为副曲线,其半径 R_2 需根据主曲线半径和有关测量数据计算求出。如图 13-26 所示,两曲线相交于圆圆点(YY),用经纬仪观测偏角 α_1 和 α_2,丈量切基线 D_{AB},在确定主曲线半径 R_1 后,则两曲线测设元素为

$$\left.\begin{array}{ll} T_1 = R_1 \tan\dfrac{\alpha_1}{2} & \\[3mm] T_2 = D_{AB} - T_1 \quad\Rightarrow\quad & R_2 = \dfrac{T_2}{\tan\dfrac{\alpha_2}{2}} \\[3mm] D_{AC} = \dfrac{\sin\alpha_2}{\sin\alpha} \times D_{AB} & D_{BC} = \dfrac{\sin\alpha_1}{\sin\alpha} \times D_{AB} \\[3mm] L_1 = R_1 \alpha_1 \dfrac{\pi}{180°} & L_2 = R_2 \alpha_2 \dfrac{\pi}{180°} \\[3mm] E_1 = R_1 \left(\sec\dfrac{\alpha_1}{2} - 1\right) & E_2 = R_2 \left(\sec\dfrac{\alpha_2}{2} - 1\right) \\[3mm] D_1 = 2T_1 - L_1 & D_2 = 2T_2 - L_2 \end{array}\right\} \qquad (13\text{-}47)$$

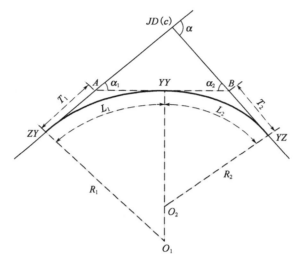

图 13-26　圆—圆组合复曲线

测设曲线时,由 JD 沿两切线方向量 D_{AC} 和 D_{BC} 定出 A、B 两点,再在 A、B 两点上沿切线方向量 T_1、T_2 得 ZY 点和 YZ 点,在 $A(B)$ 点沿切基线 AB 方向量 $T_1(T_2)$ 得 YY 点。曲线的详细测设可参考切线支距法和偏角法。

2. 缓和曲线、圆曲线、圆曲线、缓和曲线的组合

此种曲线是由两端设缓和曲线的两个不同半径的圆曲线组合而成。如图 13-27 所示,第一段缓和曲线长为 l_{S1},第一段圆曲线半径为 R_1,第二段圆曲线半径为 R_2,第二段缓和曲线长为 l_{S2},切基线 AB 切曲线于圆圆点 (Y_1Y_2)。用经纬仪测量角 α_1 和 α_2,往返丈量水平距离 D_{AB}。

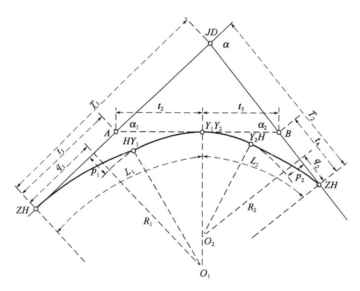

图 13-27　缓—圆—圆—缓组合复曲线

此种复曲线可看成由前、后两个非对称型的平曲线相连而成。前一平曲线交点为 A,偏角为 α_1,半径为 R_1,后一平曲线交点为 B,偏角为 α_2,半径为 R_2。因此,由式(13-18)和式(13-24)可分别计算两段缓和曲线的 p_1、p_2、q_1、q_2、β_{01} 和 β_{02} 的数值。

由式(13-44)、式(13-45)可得

$$
\left.\begin{aligned}
t_1 &= (R_1 + p_1)\tan\frac{\alpha_1}{2} + q_1 - \frac{p_1}{\sin\alpha_1} \\[4pt]
t_2 &= R_1\tan\frac{\alpha_1}{2} + \frac{p_1}{\sin\alpha_1} \\[4pt]
t_3 &= R_2\tan\frac{\alpha_2}{2} + \frac{p_2}{\sin\alpha_2} \\[4pt]
t_4 &= (R_2 + p_2)\tan\frac{\alpha_2}{2} + q_2 - \frac{p_2}{\sin\alpha_1} \\[4pt]
L_1 &= (\alpha_1 - \beta_{01})R_1 \times \frac{\pi}{180°} + l_{S1} \\[4pt]
L_2 &= (\alpha_2 - \beta_{02})R_2 \times \frac{\pi}{180°} + l_{S2}
\end{aligned}\right\}
\tag{13-48}
$$

由图 13-27 的几何关系可得

$$
\left.\begin{aligned}
\alpha &= \alpha_1 + \alpha_2 \\[4pt]
D_{AB} &= t_2 + t_3 \\[4pt]
T_1 &= t_1 + \frac{D_{AB}}{\sin\alpha}\sin\alpha_2 \\[4pt]
T_2 &= t_2 + \frac{D_{AB}}{\sin\alpha}\sin\alpha_1
\end{aligned}\right\}
\tag{13-49}
$$

测设时,仪器置于 JD,沿两切线方向分别量取 T_1 和 T_2 定出 ZH 和 HZ 点,量取 $T_1 - t_1$ 和 $T_2 - t_4$ 定出 A 和 B 点;仪器搬站至 $A(B)$ 点,沿 AB 方向量取 $t_2(t_3)$ 定出 Y_1Y_2 点。

3. 缓和曲线、圆曲线、缓和曲线、圆曲线、缓和曲线的组合

当两个圆曲线的半径相差较大时,按规范要求应在两个圆曲线间插入缓和曲线。这样,在两个圆曲线的两端和中间都设置了缓和曲线,形成了卵形曲线。如图 13-28 所示,第一段缓和曲线长为 l_{S1},第一段圆曲线半径为 R_1,第二段缓和曲线的长为 l_F,第二段圆曲线半径为 R_2,第三段缓和曲线长为 l_{S2},用经纬仪测量角 α_1 和 α_2。同理,由式(13-18)和式(13-24)可分别计算第一段和第三段缓和曲线的 p_1、p_2、q_1、q_2、β_{01} 和 β_{02} 的数值。

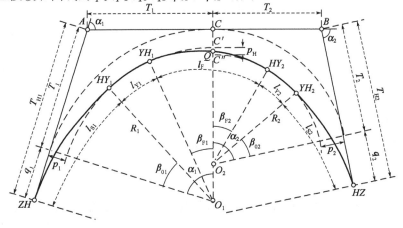

图 13-28 缓、圆、缓、圆、缓组合复曲线

设第二段缓和曲线的参数为 c_F,由式(13-15)则

$$l_F = \frac{c_F}{R_2} - \frac{c_F}{R_1} \Rightarrow c_F = \frac{R_1 R_2}{R_1 - R_2} l_F = R' l_F \qquad (13\text{-}50)$$

顾及式(13-18)和式(13-24)可得

$$\left.\begin{array}{l} \beta_{F1} = \dfrac{90°}{\pi R_1} l_F \\[2mm] \beta_{F2} = \dfrac{90°}{\pi R_2} l_F \\[2mm] p_F = p_2 - p_1 = \dfrac{l_F^2}{24 R'} = \dfrac{l_F^2}{\dfrac{24 R_1 R_2}{R_1 - R_2}} \end{array}\right\} \qquad (13\text{-}51)$$

整理得

$$l_F = \sqrt{\frac{24 R_1 R_2 (p_2 - p_1)}{R_1 - R_2}} \qquad (13\text{-}52)$$

由图 13-28 的几何关系可得

$$\left.\begin{array}{l} T_{H1} = (R_1 + p_1)\tan\dfrac{\alpha_1}{2} + q_1 = T_1 + q_1 \\[2mm] T_{H2} = (R_2 + p_2)\tan\dfrac{\alpha_2}{2} + q_2 = T_2 + q_2 \\[2mm] l_{Y1} = R_1(\alpha_1 - \beta_{01} - \beta_{F1}) \times \dfrac{\pi}{180°} \\[2mm] l_{Y2} = R_2(\alpha_2 - \beta_{02} - \beta_{F2}) \times \dfrac{\pi}{180°} \\[2mm] L_{H1} = l_{S1} + l_{Y1} + \dfrac{l_F}{2} \\[2mm] L_{H2} = l_{S2} + l_{Y2} + \dfrac{l_F}{2} \end{array}\right\} \qquad (13\text{-}53)$$

测设时,将仪器置于 A、B 两点,分别沿切线方向量取 T_{H1} 和 T_{H2} 定出 ZH 点和 HZ 点,在沿 AB 方向量取 $T_1(T_2)$ 定出 C 点。在 C 点作 AB 的垂线,在垂线方向上分别量取 p_1、$p_1 + \dfrac{p_F}{2}$ 和 p_2 定出 C'、Q 和 C'' 点,Q 为第二段缓和曲线 l_F 的中点。

六、路线纵横断面图测量

在道路中线测设完成后,需要进行路线的断面测量,断面测量分为纵断面测量和横断面测量两部分。

(一)纵断面测量

纵断面测量又称中线水准测量,是指测定中线各里程桩的地面高程,绘制路线纵断面图的过程。纵断面测量工作分为基平测量和中平测量两项工作。

1. 基平测量

基平测量是指沿道路中线方向设置高程控制点,用水准测量的方法测定其高程,作为中平测量的依据。

首先,根据需要布设永久性水准点和临时性水准点。在路线的起点、终点及需要长期观测

的重点工程附近均应设置永久性水准点,大桥、隧道口、垭口及其他大型构造物附近应增设水准点。一般情况下,水准点在山岭重丘区每隔0.5~1km设置一个;平原微丘区每隔1~2km设置一个,水准点距中线应在50~200m之间,水准点距中线过近或过远应予迁移设置。

布设好水准点后,应将起始水准点与附近国家水准点进行联测,获取绝对高程。当路线附近没有国家水准点或引测困难时,则可参考地形图选定一个与实地高程接近的数值作为起始水准点的假定高程。

基平测量,通常采用一台水准仪在水准点间作往返观测,或两台水准仪作单程观测。测得的高差的不符值不得超过容许值,如表13-9所示,否则应重新测量。

表13-9

基平测量精度要求

地　　　形	限　差　（mm）	
	高速、一级公路	二、三、四级公路
平微区	$\pm 20\sqrt{L}$	$\pm 30\sqrt{L}$
山重区	$\pm 60\sqrt{N}$或$\pm 25\sqrt{L}$	$\pm 45\sqrt{L}$

注:N——测站数,L——路线长度均以km为单位。

2. 中平测量

中平测量是指根据基平测量水准点的高程,分段进行水准测量,测定各里程桩的地面高程,作为绘制路线纵断面图的依据。

中平测量只作单程观测。以两相邻水准点为一测段,从一个水准点开始,逐个测定中桩的地面高程,直至附合于下一个水准点上。在每一个测站上,应尽量多的观测里程桩,还需在一定距离内设置转点,相邻两转点间所观测的里程桩,称为中间点,其读数为中视读数。由于转点起着传递高程的作用,在测站上应先观测转点,后观测中间点。转点读数至mm位,视线长不应大于150m,水准尺应立于稳固的桩顶或坚石上。中间点读数可至cm位,视线也可适当放长,立尺应紧靠桩边的地面上。

如图13-29所示,水准仪置于I站,后视水准点BM_1,前视转点ZD_1,将读数记入表13-10中后视、前视栏内。然后观测BM_1与ZD_1间的中间点K3+000、K3+020、K3+040、K3+060、K3+080,将读数记入中视栏;再将仪器搬至II站,后视转点ZD_1,前视转点ZD_2,将读数分别记入后视和前视栏,然后观测各中间点K3+100、K3+120、K3+140、K3+160、K3+180,将读数记入中视栏。按上述方法继续前测,直至附合于水准点BM_2。

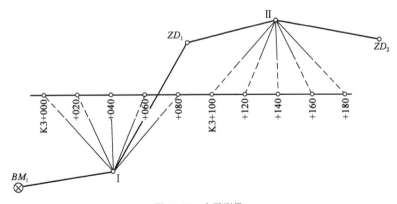

图13-29　中平测量

中平测量记录表   表 13-10

测点	水准尺读数(m)			视线高程（m）	高程（m）	备注
	后视	中视	前视			
BM_1	1.596			748.177	746.581	
K3+000		1.57			746.61	
+020		1.96			746.22	
+040		1.03			747.15	
+060		0.69			747.49	BM_1 高程为基平所测
+080		2.58			745.60	
ZD_1	2.753		1.084	749.846	747.093	
+100		0.75			749.10	
+120		1.09			748.76	
+140		1.87			747.98	
+160		2.35			747.50	
+180		1.94			747.91	
ZD_2	1.975		2.264	749.557	747.582	BM_2 点基平测量高程为751.271m
…	…	…	…	…	…	
K4+360		2.56			750.23	
BM_2			1.271		751.306	
Σ	25.585		20.860			

$\sum a - \sum b = 4.725$ $f_{h中} = H_{BM2} - H_{BM1} = 4.725$

$f_h = H_{中(终)} - H_{基(终)} = 0.035m = 35mm$

$f_{h容} = \pm 50\sqrt{L} = \pm 58mm$

一测段观测结束后，应先计算测段高差 $f_{h中}$。它与基平所测测段两端水准点高差之差，称为测段高差闭合差 f_h，误差不得大于 $\pm 50\sqrt{L}$ mm 或 $\pm 12\sqrt{N}$ mm，中桩地面高程误差不得超过 $\pm 10cm$，否则应重测。

中桩的地面高程以及前视点高程应按所属测站的视线高程进行计算。每一测站的计算按下列公式进行

$$\left. \begin{array}{l} 视线高程 = 后视点高程 + 后视读数 \\ 中桩高程 = 视线高程 - 中视读数 \\ 转点高程 = 视线高程 - 前视读数 \end{array} \right\} \tag{13-54}$$

当道路中线要经过沟谷时，可采用沟内、沟外分开的方法进行测量。如图 13-30 所示，当测至沟谷边缘时，仪器置于测站 I，同时设两个转点 ZD_2 和 ZD_A，后视 ZD_1，前视 ZD_2 和 ZD_A。此后沟内、沟外分开施测。测量沟内中桩时，仪器下沟置于测站 II，后视 ZD_A，观测沟谷内两侧的中桩并设置转点 ZD_B；再将仪器迁至测站 III，后视 ZD_B，观测沟底各中桩，直至沟内所有中桩都观测完毕。然后仪器置于测站 IV，后视 ZD_2，继续前测。

这种测法可使沟内、沟外高程传递各自独立，互不影响。沟内的测量不会影响到整个测段的闭合，避免造成不必要的返工。但由于沟内的测量为支水准路线，缺少检核条件，故施测时

应加倍注意,记录时也应分开单独记录。另外,为了减小Ⅰ站前、后视距不等所引起的误差,仪器置于Ⅳ站时,尽可能使 $l_1 = l_4$ 和 $l_2 = l_3$,以消除 i 角的影响。

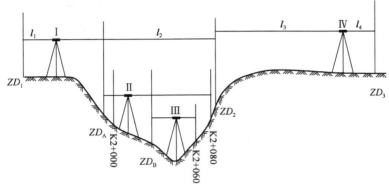

图 13-30　跨沟谷测量

3. 绘制纵断面图

纵断面图是指沿中线方向绘制的反映地面起伏和纵坡设计的线状图。它是根据路线中平测量资料绘制成的,是道路设计和施工中的重要文件资料。

纵断面图是以中桩里程为横坐标,以中桩高程为纵坐标绘制而成的。为了明显反映地面的起伏变化,一般横坐标比例尺取 1 : 5 000,1 : 2 000 或 1 : 1 000,而纵坐标比例尺则比横坐标比例尺大 10 倍,取 1 : 500,1 : 200 或 1 : 100。

如图 13-31 所示,图的上半部分,从左至右有两条贯穿全图的线,细线表示中线方向的实际地面线,粗线表示纵坡设计线。图上还标有水准点的位置和高程,桥涵的类型、孔径、跨数、长度、里程桩号和设计水位,竖曲线示意图及其曲线元素,同公路、铁路交叉点的位置、里程及填高、挖深(设计高程减去地面高程)等有关信息的说明;图的下半部分,注有关测量及纵坡设计的资料,主要包括以下内容:

(1)直线与曲线:按里程标明路线的直线和曲线部分。曲线部分用折线表示,上凸表示路线右转,下凹表示路线左转,并注明交点编号和圆曲线半径,带有缓和曲线的应注明缓和曲线长度,在不设曲线的交点位置,用锐角折线表示。

(2)里程:按里程比例尺标注百米桩和公里桩及其他区中线桩的位置。

(3)地面高程:按中平测量成果填写相应里程桩的地面高程。

(4)设计高程:根据设计纵坡和相应的平距推出的里程桩设计高程。

(5)坡度:表示中线设计线的坡度大小,从左至右,上斜的直线表示上坡(正坡),下斜的直线表示下坡(负坡),水平的直线表示平坡。斜线或水平线上面的数字表示坡度的百分数,下面的数字表示坡长(水平距离)。

(6)土壤地质说明。标明路段的土壤地质情况。

纵断面图的绘制可按下列步骤进行:

(1)选定里程比例尺和高程比例尺,绘制表格,依次填写直线与曲线、里程、地面高程、设计高程、坡度、土壤地质说明等资料。

(2)按中平测量的成果,填表地面高程项目,并在图上按纵、横比例尺依次点出各中桩的地面位置,用细直线将相邻点连接起来,构成地面线。在高差变化较大的地区,如果纵向受到图幅限制时,可在适当地段变更图上高程起算位置,此时地面线将构成台阶形式。

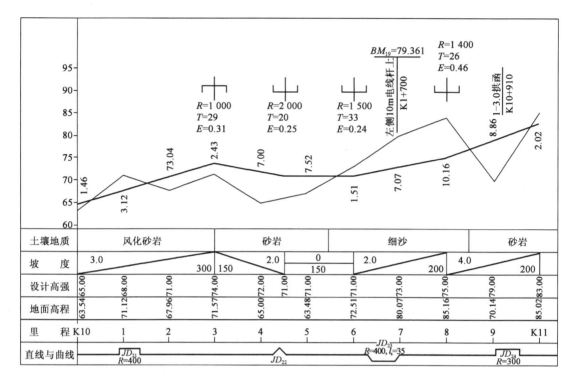

图 13-31 纵断面图

土壤地质	风化砂岩			砂岩		细沙		砂岩	
坡　　度	3.0　　300	150　2.0	0　150	2.0　　200		4.0　　200			
设计高强	63.54 65.00	71.12 68.00	67.96 71.00	71.57 74.00	65.00 72.00　71.00	72.51 71.00	80.07 73.00	85.16 75.00	70.14 79.00　85.02 83.00
地面高程	63.54 65.00	71.12 68.00	67.96 71.00	71.57 74.00	65.00 72.00　71.00	72.51 71.00	80.07 73.00	85.16 75.00	70.14 79.00　85.02 83.00
里　　程	K10　1	2	3	4	5	6	7	8	9　　K11
直线与曲线	JD_{21} $R=400$		JD_{22}		$R=400, l=35$ JD_{23}			JD_{24} $R=300$	

（3）根据设计的纵坡坡度 i 计算设计高程。起算点的高程为 H_A，推算点的高程为 H_B，推算点至起算点的水平距离为 D_{AB}，则

$$H_B = H_A + i \times D_{AB} \tag{13-55}$$

式中，上坡时 i 为正，下坡时 i 为负。对于竖曲线上的中桩，还应加以修正，得到竖曲线内各中桩的设计高程。

整理好中桩的设计高程，则需填表设计高程项目，并在图上按纵、横比例尺依次点出各中桩的设计位置，用粗线将相邻点连接起来，构成设计线。

（4）计算各桩的填挖尺寸。同一桩号的设计高程与地面高程之差，即为该桩号的填土高度（正号）或挖土深度（负号）。在图上填土高度应写在相应点纵坡设计线之上，挖土深度写在相应点纵坡设计线之下。也可在图中专列一栏注明填挖尺寸。

（5）在图上注记有关资料，如水准点、桥涵、竖曲线等。

4. 竖曲线的测设

在路线纵坡的拐点处，为了行车的平稳和满足行车视距的要求，在竖直面内应以曲线衔接，这种曲线称为竖曲线。竖曲线有凸形和凹形两种，如图 13-32 所示。

竖曲线一般采用圆曲线，如图 13-33 所示，设两相邻纵坡的坡度分别为 i_1 和 i_2，竖曲线半径为 R，由于竖曲线的转角 α 很小，故可认为 $\alpha = i_1 - i_2$，$\tan \dfrac{\alpha}{2} = \dfrac{\alpha}{2}$，$D_{CD} = D_{DF} = E$，$D_{AF} = D_{AC} = T$，由图中几何关系可得

$$\frac{D_{OA}}{D_{AC}} = \frac{D_{AF}}{D_{CF}} \quad \Rightarrow \quad \frac{R}{T} = \frac{T}{2E} \tag{13-56}$$

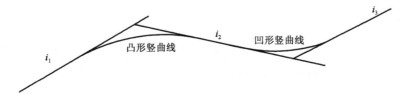

图 13-32 竖曲线

则测设元素为

曲线长　$L = R\alpha = R(i_1 - i_2)$

切线长　$T = R\tan\dfrac{\alpha}{2} = R\dfrac{\alpha}{2} = \dfrac{R}{2}(i_1 - i_2)$

外距　　$E = \dfrac{T^2}{2R}$

$$\qquad\qquad\qquad\qquad\qquad (13\text{-}57)$$

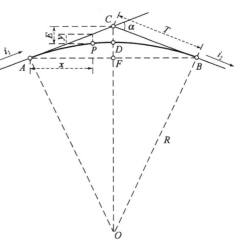

图 13-33　竖曲线测设元素

同理,可确定竖曲线上任意点 P 距切线的纵距(高程改正值)计算公式为

$$y = \frac{x^2}{2R} \qquad (13\text{-}58)$$

式中,x 为竖曲线上任意点 P 至竖曲线起点或终点的水平距离;

y 值在凹形竖曲线中为正号,在凸形竖曲线中为负号。

【例 13-5】 竖曲线半径 $R = 3000\text{m}$,相邻坡段的坡度分别为 $i_1 = +2.9\%$,$i_2 = +1.0\%$,变坡点的里程桩号为 K8+660,其高程为 278.53m。曲线上每隔 10m 设置一桩,计算竖曲线上各桩高程。

(1)由式(13-57)计算竖曲线测设元素:

$$L = 57\text{m} \qquad T = 28.5\text{m} \qquad E = 0.14$$

(2)计算竖曲线起点、终点桩号及高程:

起点桩号　K8+(660−28.5)=K8+631.50

起点高程　278.53−28.5×2.9%=277.70

终点桩号　K8+(660+28.5)=K8+688.50

终点高程　278.53+28.5×1.0%=278.82

(3)计算各桩竖曲线高程,如表 13-11 所示。

竖曲线高程计算表　　　　　　　　　　　　　　　　　表 13-11

桩　　号	至竖曲线起点或终点的平距 x(m)	高程改正值 y(m)	坡道高程(m)	竖曲线高程(m)	备　注
起点 K8+631.50	0	0	277.70	277.70	
+640	8.5	0.01	277.95	277.94	
+650	18.5	0.06	278.24	278.18	
变坡点 K8+660	28.5	0.14	278.53	278.39	
+670	18.5	0.06	278.63	278.57	
+680	8.5	0.01	278.73	278.72	
终点 K8+688.50	0	0	278.82	278.82	

(二)横断面测量

横断面测量是指测定中线各里程桩两侧垂直于中线的地面高程,并绘制横断面图,为路基设计、计算土石方数量以及测设边桩提供资料。其外业工作顺序首先是确定各里程桩的横断面方向,再在横断面方向上测定地面变坡点的水平距离和高差,最后绘制横断面图。

横断面测量的宽度,应根据路基宽度、填挖尺寸、边坡大小、地形情况以及有关工程的特殊要求而定,一般要求中线两侧 10～50m。除了各中桩应施测外,在大、中桥头、隧道洞口、挡土墙等重点工程地段,可根据需要加密。对于地面点水平距离和高差的测定,一般只需精确至0.1m。

1. 横断面方向的测定

1)直线段横断面方向的测定

直线段横断面方向与路线中线垂直,一般采用方向架测定。如图 13-34 所示,将方向架置于桩点上,方向架上有两个相互垂直的固定片,用其中一个瞄准该直线上任一中桩,另一个所指方向即为该桩点的横断面方向。

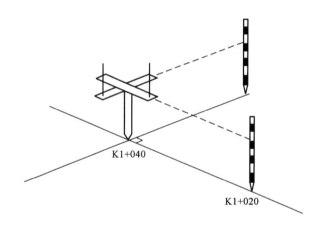

图 13-34　直线上横断面方向的确定

2)圆曲线横断面方向的测定

圆曲线上任意一点的横断面方向即是该点的半径方向。测定时一般采用求心方向架,在方向架上安装一个可以转动的活动片 ef,并有一固定螺旋可将其固定。

如图 13-35 所示,将求心方向架置于 ZY(或 YZ)点上,用固定片 ab 瞄准交点方向,则另一固定片 cd 所指方向则是 ZY(或 YZ)点的横断面方向。保持方向架不动,转动活动片 ef 瞄准1 点并将其固定,然后将方向架搬至 1 点,用固定片 cd 瞄准 ZY(或 YZ)点,则活动片 ef 所指方向则是 1 点的横断面方向,并在横断面方向上插一花杆。重新以固定片 cd 瞄准花杆,ab 片的方向即为 1 点的切线方向,此后的操作与测定 1 点横断面方向时完全相同,保持方向架不动,用活动片 ef 瞄准 2 点并固定,将方向架搬至 2 点,用固定片 cd 瞄准 1 点,活动片 ef 的方向即为 2 点的横断面方向。如果圆曲线上桩距相同,在定出 1 点横断面方向后,保持活动片 ef 原来位置,将其搬至 2 点上,用固定片 cd 瞄准 1 点,活动片 ef 即为 2 点的横断面方向。圆曲线上其他各点也可按照上述方法进行。

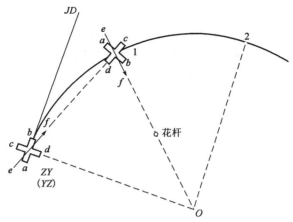

图 13-35　圆曲线上横断面方向的确定

3)缓和曲线横断面方向的测定

如图 13-18 所示,要确定缓和曲线的横断面方向,首先确定缓和曲线上任意点 P 的切线方向,再找到切线的垂线方向即为其横断面方向。根据"倍角关系",即 $b_p=2\Delta_P$,而 Δ_P 可由式(13-32)计算得到,将仪器安置在 P 点,照准 $ZH(HZ)$ 点,拨角 $(90°-2\Delta_P)$ 角,即可得到缓和曲线任意点的横断面方向。

2. 横断面测量方法

选定横断面方向上的各变坡点,需要测定各变坡点距中桩的高差和水平距离。具体方法如下:

1)花杆皮尺法

如图 13-36 所示,A、B、C、D、E、F、M 为横断面方向上所选定的变坡点,将花杆立于 A 点,从中桩 K6+020 处地面将尺拉平至 A 点,测出水平距离,并测出皮尺截于花杆位置的高度(即相对于中桩地面的高差)。同法可测出其他相邻变坡点的水平距离和高差,中桩一侧测完后再测另一侧。

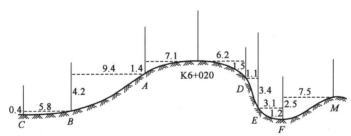

图 13-36　花杆皮尺法

所有数据记录于表 13-12 中,表中按路线前进方向分左侧、右侧。分数的分子表示相邻变坡点的高差,分母表示相邻变坡点间的水平距离。高差为正,表示上坡;高差为负,表示下坡。

横断面测量记录表　　　　　　　　　　　　　　　　　表 13-12

左　侧	桩　号	右　侧
$\dfrac{-0.4}{5.8},\dfrac{-4.2}{9.4},\dfrac{-1.4}{7.1}$	K6+020	$\dfrac{-1.5}{6.2},\dfrac{-3.4}{1.1},\dfrac{-1.2}{3.1},\dfrac{+2.5}{7.5}$
$\dfrac{-1.5}{3.9},\dfrac{-2.3}{10.1},\dfrac{-0.4}{1.2}$	K6+040	$\dfrac{+2.9}{8.3},\dfrac{+2.2}{3.5},\dfrac{+0.7}{3.3}$
……	……	……

281

2)水准仪法

选一适当位置安置水准仪,照准中桩水准尺得后视读数,求得视线高程后,依次照准横断面方向上各变坡点上水准尺得前视读数,视线高程分别减去各前视读数得到各变坡点高程。用钢尺或皮尺分别量取各变坡点至中桩的水平距离。

3)经纬仪法

在地形复杂、山坡较陡的地段宜采用经纬仪施测。将经纬仪安置在中桩上,照准横断面上的各变坡点水准尺,读取上、中、下丝读数、竖盘读数及仪器高,用视距法可得到横断面方向各变坡点至中桩的水平距离和高差。

3. 绘制横断面图

横断面的绘图比例尺一般采用1：200或1：100,纵向为高差,横向为水平距离,绘制在方格纸上。绘图时,先将中桩位置标出,然后分左、右两侧,按照相应的水平距离和高差,逐一将变坡点标于图上,再用直线连接相邻各点,即得横断面地面线,图上还可绘出路基断面设计线,如图 13-37 所示。

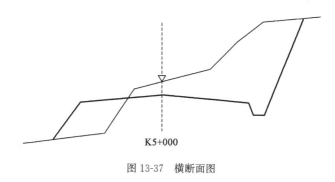

图 13-37　横断面图

第四节　路线施工测量

路线施工测量主要包括恢复路线中线、路基边桩的测设等工作。

一、中线的恢复

在施工之前,应根据设计文件进行线路恢复工作。首先进行导线复测、水准点复测及路线中线和高程的复测工作,进而保证路线各中桩点位置的准确性。其次,从路线勘测到开始施工的期间内,会因为各种原因而导致一些中桩丢失,因此要对中桩进行恢复工作。恢复中线所采用的测量方法与路线中线测量方法基本相同。

二、路基边桩的测设

路基边桩测设就是在地面上将每一个横断面的路基边坡线与地面交点标定出来的工作。边桩的位置由两侧边桩至中桩的距离来确定。

1. 图解法

图解法是直接在横断面图上量取中桩至边桩的图上距离,依据比例尺换算成实地距离,然后在实地用皮尺沿横断面方向测定其位置的一种方法。当填、挖方不很大时,采用此法较简便。

2. 解析法

路基边桩至中桩的水平距离需通过计算求得。

1)平坦地段路基边桩的测设

填方路基称为路堤,如图 13-38 所示,路堤边桩至中桩的水平距离为

$$D=\frac{B}{2}+mh \tag{13-59}$$

式中:B——路基设计宽度;

$\quad$ m——路基边坡坡度;

$\quad$ h——填、挖土高度。

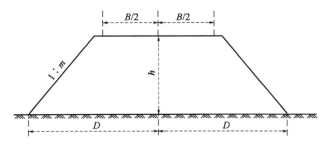

图 13-38　路基边桩测设

挖方路基称为路堑,如图 13-39 所示,路堑边桩至中桩的水平距离为

$$D=\frac{B}{2}+s+mh \tag{13-60}$$

式中:s——路堑边沟顶宽。

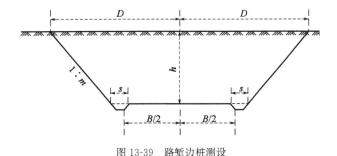

图 13-39　路堑边桩测设

以上是断面位于直线段时求边桩的方法。若断面位于曲线上有加宽时,在以上述方法求出水平距离 D 后,还应于曲线内侧的 D 值中加上加宽值。

2)倾斜地段路基边桩的测设

在倾斜地段,边桩至中桩的水平距离随着地面坡度的变化而变化。如图 13-40 所示,路堤边桩至中桩的水平距离为

斜坡上侧 $\qquad\qquad D_{上}=\dfrac{B}{2}+m(h_{中}-h_{上})$

$$\left.\right\} \tag{13-61}$$

斜坡下侧 $\qquad\qquad D_{下}=\dfrac{B}{2}+m(h_{中}+h_{下})$

式中：$h_{中}$——中桩处的填挖高度；

$h_{上}$——斜坡上侧边桩与中桩的高差；

$h_{下}$——斜坡下侧边桩与中桩的高差。

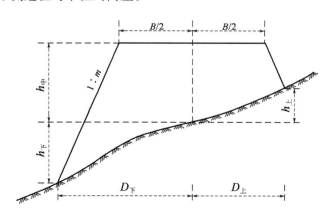

图 13-40　倾斜地面路堤边桩测设

如图 13-41 所示，路堑边桩至中桩的水平距离为

斜坡上侧
$$D_{上}=\frac{B}{2}+s+m(h_{中}+h_{上})$$

斜坡下侧
$$D_{下}=\frac{B}{2}+s+m(h_{中}-h_{下})$$

(13-62)

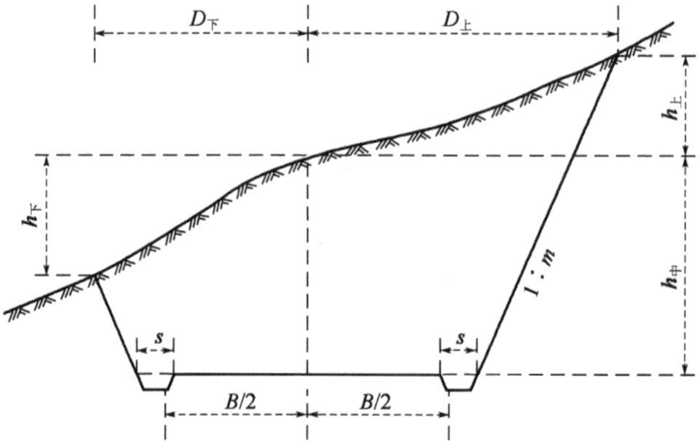

图 13-41　倾斜地面路堑边桩测设

$h_{上}$ 和 $h_{下}$ 在边桩未定出之前是未知数，因此在实际工作中采用逐渐趋近法测设边桩。先根据地面实际情况，并参考路基横断面图，估计边桩的位置。然后测出该估计位置与中桩的高差，并以此作为代入式(13-61)和式(13-62)进行计算，并据此在实地定出其位置。若估计位置与其相符，即得边桩位置。否则应按实测资料重新估计边桩位置，重复上述工作，直至相符为止。

第五节　管线施工测量

管线施工测量的任务是将管线中线及其构筑物按照图纸上设计的位置、形状和高程正确地在实地标定出来。其具体做法如下所述。

一、准 备 工 作

在施工测量进行之前,一般应进行中线恢复、施工控制桩测设和槽口放线等工作,为管线施工做好准备。

1. 中线恢复

如果设计阶段在地面上所标定的管道中线位置与管道施工所需要的管道中线位置一致,而且在地面上测定的管道起点、转折点、管道终点以及各整桩和加桩的位置无损坏、丢失,则在施工前只需进行一次检查测量即可。如管线位置有变化,则需要根据设计资料,在地面上重新定出各主点的位置,并进行中线测量,确定中线上各整桩和加桩的位置。

管道大多敷设于地下,为了方便检修,设计时在管道中线的适当位置一般应设置检查井。在施工前,需根据设计资料测定管道中线上检查井的位置。

2. 施工控制桩测设

在施工时,管道中线上各桩将被挖掉,为了可以随时恢复各类桩的位置,应在不受施工干扰、引测方便、易于保存桩位的地方测设中线控制桩和井位控制桩。中线控制桩一般测设在中线起、终点及各转折点处的延长线上,井位控制桩测设在与中线垂直的方向上,如图 13-42 所示。

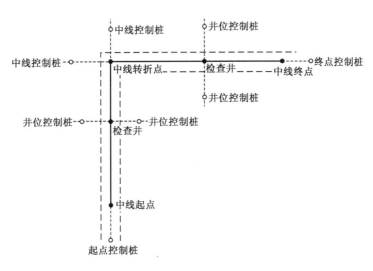

图 13-42　施工控制桩的布设

3. 槽口测设

根据设计要求的管线埋深、管径和土质情况,计算开槽宽度,并在地面上用石灰线标明槽边线的位置,如图 13-42 中虚线位置。开槽宽度可按解析法进行计算,参照式(13-60)和式(13-62)。

二、管线施工测量

管线施工测量的主要工作是根据工程进度的要求,测设管线中线、高程和坡度。通常采用坡度板法和平行轴腰桩法。

1. 坡度板法

如图 13-43 所示,坡度板由立板和横板组成。坡度板需埋设牢固,横板保持水平,通常应跨槽设置。管道施工时,应沿中线每隔 10～20m 和检查井处设置坡度板,以保证管道位置和高程的正确。当管道沟槽在 2.5m 以内时,应于挖槽前即行埋设,如沟槽在 2.5m 以上时,可挖至距槽底 2m 左右时再埋设坡度板。

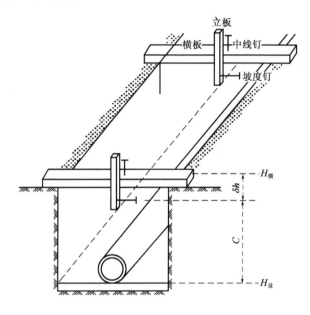

图 13-43　坡度板使用原理

坡度板设好后,根据中线控制桩,用经纬仪把管道中心线投测至坡度板上,钉上中线钉,中线钉的连线即是管道中线方向。槽口开挖时,在各中线钉上吊垂球线,即可将中线位置投测到管槽内,以控制管道中线及其埋设。

再用水准仪测出坡度板横板高程 $H_横$,横板高程 $H_横$ 与该处管底设计高程 $H_设$ 之差,即为板顶往下开挖的深度。预先确定一下返数 C(即确定一常数,通常距 $H_设$ 一整分米数),计算高差调整数 δh,并在立板上量出高差调整数 δh,钉出坡度钉,使坡度钉的连线平行于管道设计坡度线。如图 13-43 所示,高差调整数为

$$\delta h = H_横 - H_设 - C \tag{13-63}$$

若高差调整数为正,自横板往下量取;若高差调整数为负,自横板往上量取。

坡度钉是控制高程的标志,所以在坡度钉钉好后,应重新进行水准测量,检查结果是否有误。

2. 平行轴腰桩法

当现场条件不便采用坡度板时,对精度要求较低的管道可采用平行轴腰桩法来进行测设。如图 13-44 所示,开挖前,在中线一侧或两侧测设一排与中线平行的轴线桩,称为平行轴线桩,其与管道中线的间距为 a,各桩间隔约 20m,各附属构筑物位置也相应设桩。

管槽开挖至一定深度以后,为方便起见,以地面上的平行轴线桩为依据,在槽坡上再钉一

排平行轴线桩,称为腰桩,它们与管道中线的间距为b。用水准仪测出各腰桩的高程,腰桩高程与该处相对应的管底设计高程之差即是下返数C。施工时,根据腰桩可检查和控制管道的中线和高程。

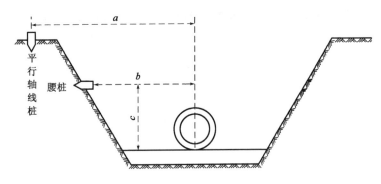

图 13-44　平行轴腰桩使用原理

三、顶管施工测量

当地下管道穿过铁路、公路或重要建筑物地下时,为了保障交通运输正常和避免大量的拆迁工作,一般不允许开槽施工,往往采用顶管施工的方法。顶管施工前需先挖好工作坑,然后在工作坑内安放导轨,将管材放在导轨上,用顶镐的办法,将管材沿设计方向顶进土中,边顶进边从管内将土方挖出来,直到贯通。顶管施工主要测量工作是中线测设和高程测设。

1. 中线测设

如图 13-45 所示,挖好管道工作基坑后,根据地面上的中线控制桩A和B,将经纬仪架设在A(或B)点上,照准B(或A)点,则望远镜视线方向为管道中线方向,竖直方向转动望远镜,将中线引测到两侧坑壁C、D点和坑底E点。将经纬仪安置在E点上,照准坑壁上C点,可以指示顶管的中线方向。

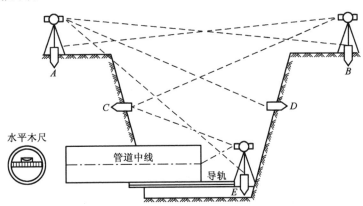

图 13-45　顶管施工测量原理

在顶管前端水平放置一把木尺,尺中央为零,两侧分划对称增加。如果木尺上的零分划线与经纬仪竖丝重合,则说明管道中心在设计中线上,否则,用经纬仪测出尺上读数,进行校正。一般情况下,允许偏离方向值为±1.5cm。

2. 高程测设

先测出工作基坑内 E 点高程,在坑内安置水准仪,后视 E 点,在管子内立一小水准尺作为前视点,求得管内该测点高程,与该点的设计高程比较,如差值超过 $\pm 1cm$ 时,需要进行校正。规范要求每顶进 0.5m 进行一次中线和高程的检查,以保证施工质量。

四、管线竣工测量

管线工程竣工后,需测绘管线竣工图,这些资料为验收和评价工程质量、管理和维修、管线的改建及扩建、城市的规划设计与其他工程施工等提供重要资料。竣工图的测绘必须在管线埋设后,回填土以前进行,管线竣工图包括管线竣工平面图和管线竣工断面图。

1. 管线竣工平面图

管线竣工带状平面图,要求其宽度应至道路两侧第一排建筑物外 20m,如无道路,其宽度根据需要确定。带状平面图的比例尺一般采用 1:500~1:2000。

管线竣工平面图的测绘可以采用实地测绘和图解测绘两种方法进行。实地测绘应测出管道起点、终点、转折点、分支点、变径点、变坡点及主要附属构筑物的位置和高程,直线段一般每隔 150m 选测一点,变径处还应注明管径与材料。如果已有管线施测区域更新的大比例尺地形图时,可以利用已测定的永久性建筑物用图解法来测绘管道及其构筑物的位置。当地下管道竣工测量的精度要求较高时,可采用图根导线的要求测定管道主点的坐标,其与相邻控制点的点位中误差不应大于 $\pm 5cm$,地下管线与邻近的地上建筑物、相邻管线、规划道路中心线的间距中误差不应大于图上的 $\pm 0.5mm$。

2. 管线竣工断面图

设计施工图中通常都有管线断面图,包括管底埋深、桩号、距离、坡向、坡度、阀门、三通、弯头的位置与地下障碍等。绘竣工断面图时,应将所有与施工图不符之处准确地绘制出来,如管道各点的实际标高,管道绕过障碍的起止部位,各部分尺寸,阀门、配件的位置高程等。绘制时,断面图与平面图需相互对应,应认真核对设计变更通知单、施工日志与测量记录,以实际尺寸为准。

【思考题】

13-1　线路初测的任务是什么?线路初测为什么要进行要进行联测?

13-2　什么叫中线测量?什么叫里程桩?里程桩分为哪几种?

13-3　什么叫平曲线?平曲线有哪几种?

13-4　什么叫缓和曲线?为什么加设缓和曲线?

13-5　圆曲线的主点包括哪些?带有缓和曲线的圆曲线主点包括哪些?

13-6　已知某路线交点 JD 的偏角 α 为 $29°25'36''$,JD 的里程桩号为 K6+289.28,选定圆曲线半径 $R=300m$,试计算圆曲线要素和主点里程。

13-7　简述缓和曲线主点测设方法和详细测设方法。

13-8　什么是虚交？简述虚交测设方法。

13-9　在圆曲线及缓和曲线上怎样确定加桩横断面方向？

13-10　简述测设路基边桩的方法。

13-11　管道施工测量的方法包括哪几种？

第十四章 桥梁与隧道施工测量

第一节 桥梁工程施工测量

一、桥梁施工控制测量

工程测量贯穿于桥梁建设的全过程,其中包括:建设过程中的勘测、施工测量、竣工测量,施工过程中及竣工后的变形监测。桥梁施工测量工作可概括为:桥轴线长度测量,施工控制测量,墩、台中心定位,墩、台细部放样以及梁部放样等。

任何一项测量工作都必须遵循从整体到局部的原则,桥梁施工测量也不例外。桥梁施工开始之前,必须在桥址地区建立统一的施工控制基准,即要布设施工控制网。尽管桥址地区在勘测阶段就有测量控制网,但在精度、点的密度等方面都无法满足放样桥墩、台各部位的要求,因此,必须重新建立桥梁施工控制网。

桥梁施工控制测量,要根据实际情况合理布设控制网图形,保证施工时放样桥轴线和墩台位置、方向等有足够的精度。为了满足桥梁不同施工阶段、不同施工部位和结构的施工放样需要,桥梁施工控制网一般布设成控制整个桥址地区的首级控制网和局部二级控制网,并且和其他工程施工控制网一样分为平面控制网和高程控制网。

桥梁施工控制测量的目的,是为了桥梁施工放样和变形观测提供足够精度的控制点,主要用于桥墩、台放样和主梁架设。

(一)桥梁平面控制网的建立

1.桥梁平面控制网布设形式

在桥梁施工中,控制网的主要任务在于测定桥轴线的长度,并精确地放样桥墩、桥台的位置和跨越结构的各个部分,同时要随时检查施工质量。一般来讲,对于中小型桥,由于河窄水浅,桥台、桥墩间的距离可用直接丈量的办法进行放样,或利用桥址勘测阶段的测量控制作为施工放样的依据。但是对于大桥或特大桥来说,必须建立平面和高程专用控制网,作为施工放样的依据。

按观测要素的不同,桥梁平面控制网可布设成三角网、边角网、精密导线网、GPS 网等。根据桥长、施工需要和地形条件,桥梁三角网一般布设成如图 14-1 所示。

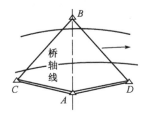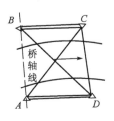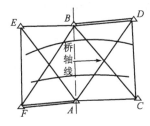

图 14-1　桥梁三角网

桥梁三角网在布设时,应注意以下事项:

(1)三角点应选在土质坚硬、视野开阔、通视良好、作业安全并便于保存点位和便于测图的地方。

(2)三角点要选在不被水淹没、不受施工干扰的地方。

(3)图形简单并有足够的强度,应在河流两岸的桥轴线上各设一个三角点,三角点与桥台设计位置相距不应太远,以保证两桥台间距离的精度满足施工要求,并能用这些三角点以足够的精度进行桥墩放样。

(4)桥梁三角网在施工中是经常要用到的。建筑各桥墩的工作历时很长,放样工作也很烦琐,因此如能消除对中和照准点的偏心误差即可使放样工作大为便利。一般的大型桥梁施工控制点都是用固定观测墩的形式,如济南市纬六路斜拉桥 5 个主桥控制点都是固定观测墩。

(5)桥梁三角网的边长与河宽有关,一般在 0.5～1.5 倍河宽的范围内变动。

(6)定点后宜组成方正的图形,图形中各三角形的边长接近相等,三角形各内角值宜控制在 30°～120°之间,最好为 60°左右。

2. 桥梁平面控制测量的外业工作

外业测量工作包括实地选点、造标埋石及水平角测量和边长测量等工作。

3. 平面控制网精度估算

对于保证桥梁墩台中心定位的精度要求来说,既要考虑控制网本身的精度又要考虑利用建立的控制点进行施工放样的误差;在确定了控制网和放样应达到的精度后,应根据控制网的网形、观测要素和观测方法及仪器设备条件在控制网实测前估算出能否达到要求。

根据"控制点误差对放样点位不发生显著影响"的原则。当要求控制点误差影响仅占总误差的 1/10 时,对控制网的精度要求分析如下

$$M^2 = m_1^2 + m_2^2 \tag{14-1}$$

式(14-1)中,M 为放样后所得点位的总误差;m_1 为控制点误差所引起的点位误差;m_2 为放样过程中所产生的误差。

对式(14-1)变形,即

$$M = \sqrt{m_1^2 + m_2^2} = m_2 \sqrt{1 + (m_1/m_2)^2} \tag{14-2}$$

式(14-1)、式(14-2)中 $m_1 < m_2$,将式(14-2)展开为级数,并略去高次项,则有

$$M = m_2\left(1 + \frac{m_1^2}{2m_2^2}\right) \tag{14-3}$$

若控制点误差影响仅使总误差增加 1/10，式(14-3)括号中第二项应为 0.1，即得

$$m_1^2 = 0.2m_2^2 \tag{14-4}$$

将式(14-4)代入式(14-3)，得

$$m_1 = 0.4M \tag{14-5}$$

由此可见，当控制点误差所引起的放样误差为总误差的 0.4 倍时，则 m_1 使放样点位总误差仅增加 1/10，即控制点误差对放样点位不发生显著影响。

现在，若考虑以桥墩中心在桥轴线方向的位置中误差不大于 20mm 作为研究控制网必要精度的起算数据，由式(14-5)计算，要求 $m_1 < 0.4M \leqslant 0.4 \times 20 = 8$(mm)。这就是为放样墩台中心时控制网误差的影响应满足的要求。由此算出放样的精度 m_2 应达到的要求为：

$m_2 < 0.9M = 0.9 \times 20 = 18$(mm)。

一般在确定控制网精度时，$\dfrac{m_1^2}{m_2^2}$ 宜在 0.45～1.0 之间选在，这要结合桥梁施工的具体情况而定。

4. 桥梁平面控制网坐标系和投影面的选择

桥梁控制网常采用独立坐标系，选择桥墩顶平面作为投影面。

(二)桥梁高程控制网的建立

1. 桥梁高程控制测量的作用

桥梁高程控制测量有两个作用：一是统一本桥高程基准面；二是在桥址附近设立基本高程控制点和施工高程控制点，以满足施工中高程放样和监测桥梁墩台垂直变形的需要。

2. 高程控制网建立方法

建立高程控制网的常用方法是水准测量和三角高程测量。对于旱桥或中小桥(视线长度在 200m 以内时)，可用一般水准测量观测方法进行，但在测站上应变换一次仪器高，观测两次，两次高差应不超过 7mm，取两次结果的中数。若水准路线需要跨越较宽的河流或山谷时，应根据跨河宽度和仪器设备等情况，选用相应等级的光电测距三角高程测量方法或跨河水准测量方法进行观测，下面分别介绍两种跨河测量方法。

1)三角高程测量方法

通过前面章节的学习我们知道三角高程测量的计算公式(14-6)，即

$$h = D \cdot \tan\alpha + \frac{1-K}{2R}D^2 + i - v \tag{14-6}$$

式中，D、α、K、R、i、v 分别为测站点到目标点的水平距离、高度角、折光系数、地球曲率半径、仪器高、目标高。

从式中可以看出，影响高差测定精度的因素包括测距、测角及仪器高、目标高的精度，垂直角的大小和距离的远近，此外至关重要的是大气折光系数的确定精度。就目前的测距设备和

测角仪器精度均能满足三角高程测量要求,而大气折光系数的确定直接影响着三角高程的精度,折光系数的测定可参照相关文献。

三角高程测量方法通常有:对向观测法和中间高程传递法。

2)跨河水准测量方法

进行跨河水准测量,首先要选择好跨河地点,如选在江河最窄处,视线避开草丛沙滩的上方。仪器站应选在开阔通风处,不能靠近墙壁和石堆。两岸仪器的水平视线距水面的高度应大致相等,且视线距离水面 2～3m 以上。仪器和标尺应布置成图 14-2 的形式,I_1、I_2 为仪器站,b_1、b_2 为立尺点,要求跨河视线尽量相等,岸上视线不少于 10m 并相等。

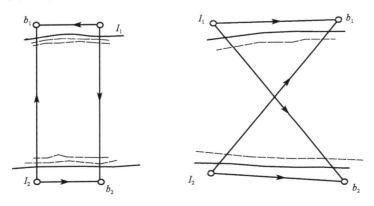

图 14-2 跨河水准测量示意图

跨河水准测量通常用精密水准仪,且需特制的照准觇牌。视线小于 500m 时采用光学测微器,觇牌见图 14-3a);视线大于 500m 时则采用微倾螺旋法,觇牌见图 14-3b)。觇牌涂成黑色或白色,上面画有矩形标志线,其宽度一般为跨越距离的 1/25 000,长度约为宽度的 5 倍,觇板中央开一矩形小窗口,在小窗口中装有一条水平的指标线。指标线恰好平分矩形标志线的宽度。觇板可在标尺面上下移动,并能固定在水准标尺的任一位置。

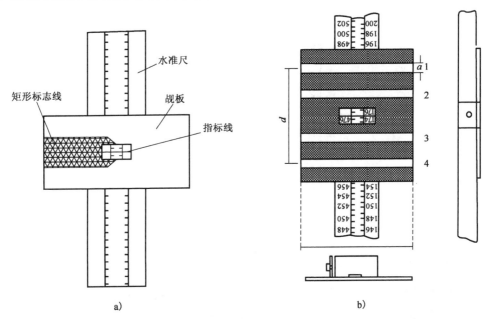

a)   b)

图 14-3 特制照准觇板

光学测微法的观测方法如下：

（1）观测本岸近标尺。直接照准标尺分划线，用光学测微器读数两次。

（2）观测对岸标尺。测站指挥对岸人员将觇板沿水准尺上下移动，直至觇板上的矩形标志线精确对准水准尺上最邻近水平视线的分划线，则根据水准尺上分划线的注记读书和用光学测微器测定的觇标指标线的平移量，就可以得到水平视线在对岸水准尺上的精确读数，构成一组观测。然后移动觇板重新对准标尺分划线，按同样顺序进行第二组观测。

以上 a、b 为两步操作，称一测回的上半测回。

（3）上半测回完成后，立即将仪器迁至对岸，并互换两岸标尺。然后进行下半测回观测。下半测回应先测远尺再测近尺，观测每一标尺的操作与上半测回相同。

由上下半测回组成一测回。

每一个跨河测量需观测两测回。用两台仪器时，应尽可能各置一岸，同时观测一个测回。跨河水准测量的观测时间最好选在风力微弱、气温变化较小的阴天进行，晴天观测时，应在日出后一小时开始至 9:30 停止，下午自 15:00 开始至日落前一小时停止。

二、桥梁墩、台中心测设

桥梁墩台中心定位是桥梁施工测量中的关键性工作，就是根据设计图纸上桥位桩号里程，以控制点为基础，放出墩台中心的位置，常用的方法有直接丈量法、角度交会法与坐标法。

1. 直接丈量法

根据桥梁轴线控制桩及其与墩台之间的设计长度，用全站仪或经鉴定过的钢尺精密测设出各墩台的中心位置并用木桩钉出点位，在桩顶钉一小钉精确标志其点位。然后在墩台的中心位置架设经纬仪，以桥梁主轴线为基准放出墩台的纵横轴线。测设出桥台和桥墩控制桩位，每测要有两个控制桩，以便在桥梁施工中恢复其墩台中心位置，如图 14-4 所示。

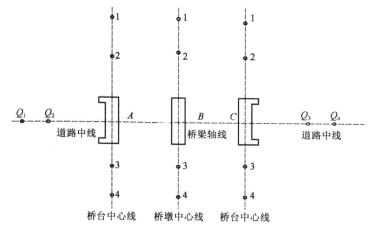

图 14-4　直接丈量法示意图

2. 方向交会法

对于大中型桥梁的水中桥墩及其基础的中心位置，一般采用交会法。这是由于桥墩基础一般采用浮运法施工，目标处于浮动中的不稳定状态，在其上无法使测量仪器稳定，可根据建立的桥梁三角网，在 3 个三角点（其中一个为桥轴线控制点）上架设经纬仪，以三个方向交会定出。如图 14-5 所示 A、B 为桥轴线，C、D 为桥梁平面控制网中的控制点，P_i 点为第 i 个桥墩设计的中心位置（测设点）。在 A、C、D 三点各安置一台经纬仪。A 点上的经纬仪瞄准 B 点，定出桥轴线方向；C、D 两点上的经纬仪均先瞄准 A 点，并分别测设根据 P_i 点的设计坐标和控制点 C、D 的坐标计算出的水平角 α、β 角，以正倒镜分中法定出交会方向线。

由于测量误差的影响，A、C、D 三点的三条方向线一般不可能正好交于一点，而构成误差三角形 $\Delta P_1 P_2 P_3$。如果误差三角形在桥轴线上的边长 $P_1 P_3$ 在容许范围内（墩底放样为 25mm，墩顶放样为 15mm），则取 C、D 两点的方向线的交点 P_2 在桥轴线上的投影 P_i 作为桥墩放样的中心位置。

在桥墩施工中，随着桥墩的逐渐筑高，中心的放样工作需要重复进行，且要求迅速和准确。为此，在第一次求得正确的桥墩中心位置 P_i 以后，将 CP_i 和 DP_i 方向线延长到对岸，设立固定的瞄准标志 C' 和 D'，如图 14-6 所示。以后每次作方向交会法放样时，从 C、D 点直接瞄准 C'、D' 点，即可恢复对 P_i 点的交会方向。

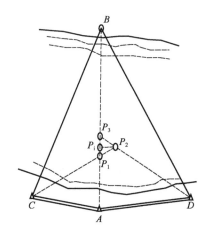 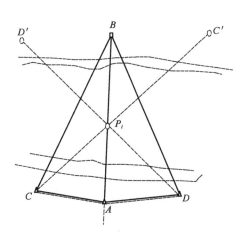

图 14-5　方向交会法及示误三角形　　　　图 14-6　方向交会法固定瞄准标志

3. 坐标法

如果在桥梁设计中，墩台中心坐标 $(x、y)$ 以设计给出，则可用全站仪按极坐标或直角坐标测设，将仪器设置在一个控制点上，根据墩台坐标和测站点坐标，反算出极坐标放样数据：极角和极距，然后按极坐标法进行放样；或者用全站仪坐标放样方法进行，注意，一般要以"长后视、短前视"的原则进行，具体步骤参照第 5 章内容。

三、桥梁施工测量

桥梁工程施工测量就是将图纸上的结构物尺寸和高程测设到实地上。其内容主要包括基础施工测量，墩、台身施工测量，墩、台顶部施工测量，上部结构安装测量，附属工程测量。

(一)基础施工测量

1. 明挖基础

根据桥台和桥墩的中心线定出基坑开挖边界线。基坑上口尺寸应根据挖深、坡度、土质情况及施工方法而定。

【案例】 如图 14-7 所示,在地面上已定出桥墩中心位置 O 及纵横轴线 ZZ、HH。若已知基坑底面尺寸长 30m,宽 8m,挖基深度为 6m,基坑坑壁坡度为 1∶1.5,试放样基坑的开挖边线 $PQRS$

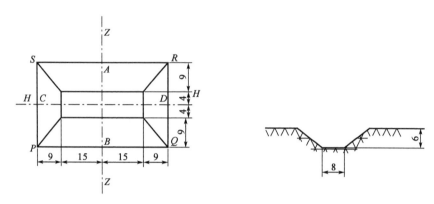

图 14-7　基坑开挖边线放样(尺寸单位:m)

根据基坑底面尺寸和深度以及坡度可计算 $PQRS$ 各点对纵横轴线的垂距,即可按直角坐标法或极坐标法放样出四点。由图 14-7 通过几何关系可得:

P 点对纵轴的垂距:$PB=15+6×1.5=24m$

P 点对横轴的垂距:$PC=4+6×1.5=13m$

当基坑开挖到一定深度后,应根据水准点高程在坑壁上测设距基底设计面为一定高差的水平桩,作为控制挖深及基础施工中掌握高程的依据。当基础开挖到设计标高以后,应进行基底平整或基底处理,再在基底上放出墩台中心及其纵横轴线,作为安装模板、浇筑混凝土基础的依据。

基础完工后,应根据桥位控制桩和桥台控制桩用经纬仪或全站仪在基础面上测设出桥台、桥墩中心线,并弹出墨线作为砌筑桥台、桥墩的依据。

基础或承台模板中心偏离墩台中心不得超过 ±20mm,模板上同一高程的限差为 ±10mm。

2. 桩基础

桩基础测量工作有测设桩基础的纵横线、测设各桩的中心位置、测定桩的倾斜度和深度以及承台模板的放样等。桩基础纵横轴线按前面所述的方法测设,各桩中心位置的放样以基础的纵横轴线为坐标轴,用支距法测设,其限差为 ±20mm。如果有设计坐标,也可以用全站仪按极坐标法或坐标法进行放样。放出的桩位可用经鉴定后的钢尺检核,经检核符合限差后可进行基础施工。

每个钻孔桩或挖孔桩的深度用测绳测定。打入桩的深度根据桩的长度推算。在钻孔过程中测定钻孔导杆的倾斜度,用以测定孔的倾斜度。

桩顶上做承台按控制的标高进行。先在桩顶面上弹出轴线作为支承台模板的依据,安装模板时,使模板中心线与轴线重合。

(二)桥台、墩身施工放样

1. 墩、台身轴线和外轮廓的放样

基础施工后,墩、台中心再用交会法或坐标法等放出;然后在墩、台中心利用经纬仪放出纵、横轴线,有条件时可设定护桩,以方便放样。同时检查基顶高程,其精度满足四等水准测量要求。

【案例】 圆头墩身平面放样,如图 14-8 设计墩身平面图。

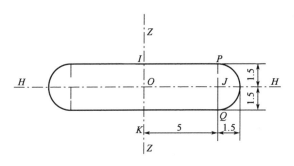

图 14-8　圆头墩身放样(尺寸单位:m)

从图中看出,墩身断面尺寸为长 13m 宽 3m,圆头半径为 1.5m;墩中心和轴线已量出,细部放样过程如下:

以墩心 O 为准,沿纵轴 ZZ 方向用钢尺向两侧各放出 1.5m 得 I、K 两点。在以 O 点为准,沿横轴 HH,用钢尺量出 5m 得圆心 J 点。然后分别以 I、J 和 K、J 点用距离交会法测出 P、Q 点,并以 J 点为圆心,以 $JP=1.5$m 为半径,作圆弧得弧上相应各点。用同样的办法可放出桥墩另一半。

2. 垂直度校正及轴线投测

1)吊锤线法

用一锤球悬吊在砌筑到一定高度的墩、台身顶边缘测量,当锤球尖对准基础面上的轴线时,锤球线在墩、台身边缘的位置即为轴线的位置,划短线作标记,经检查尺寸合格后方可施工。

2)经纬仪投测法

将经纬仪架设在纵、横轴线控制桩上,仪器距墩、台的水平距离应大于墩、台的高度。仪器严格整平后,瞄准基准面上的轴线,用正倒镜分中的方法将轴线投测到墩、台身并作标记。

3. 模板高程测量

墩在柱身模板垂直度校正好后,在模板外侧测设一高程线作为量测柱顶高程等各种高程的依据。高程线一般比地面高 0.5m,每根墩柱不少于两点,点位要选择便于测量、不易移动、标记明显的位置上,并注明高程数值。

(三)桥台、墩顶部的施工测量

墩帽、台帽施工时,应根据水准点用水准仪控制其高差(误差应在 ±10mm 以内)。再根据控制点投测轴线(偏差应在 ±10mm 以内)。墩台间距要用鉴定后的钢尺检查,精度应大于 1/5 000。

(四)上部结构安装测量

架梁是桥梁施工的最后一道工序。桥梁梁部结构较复杂,要求对墩台方向、距离和高程用较高的精度测定,作为架梁的依据。梁体就位时,其支座中心线对准钢垫板中心线。初步就为后,用水准仪检查梁两端的高程,偏差应在±5mm 以内,因此在架梁之前,测定各墩台中心的实际坐标及其间距,进行检查性的水准测量,检查垫石及墩帽各处的高程,丈量墩台各部分的尺寸。

(五)桥台锥体护坡坡脚放样

桥台锥体护坡一般为椭圆截锥体的 1/4,如图 14-9 所示:平行于线路方向(桥台纵向中心线方向)的纵向边坡为 1:1;垂直于线路方向的横向边坡与桥台后路基边坡一致,一般为 1:1.5当锥体填土高度大于 6m 时,从顶面以下超过 6m 部分,纵向边坡由 1:1 变为 1:1.25,横向边坡由 1:1.5 变为 1:1.75。

椭圆截锥体的顶面长半径 $a'(AB')$ 等于桥台宽度与桥台后路基宽度差值的一半;短半径 $b'(AC')$ 等于桥台测边人行道顶面与路基面的高差,但不小于 0.75m,锥体底面长半径 $a(AB)$ 等于顶面长半径 a' 加上横向边坡的水平距离;短半径 $b(AC)$ 等于顶面短半径 b' 加上纵向边坡的水平距离。

当锥体填土高度 h 不足 6m 时

$$a=a'+1.5h \tag{14-7}$$

$$b=b'+h \tag{14-8}$$

h 大于 6m 时

$$a=a'+1.75h-1.5 \tag{14-9}$$

$$b=b'+1.25h-1.5 \tag{14-10}$$

锥体护坡施工时,只放样锥体护坡坡脚轮廓线(椭圆的 1/4 圆周),修筑工作自坡脚开始,依纵横边坡向上进行,坡脚轮廓线根据设计给出,并经上述方法检算的长、短半径 a、b 放样,一般有:双点双距图解法、纵横等分图解法、双圆垂直投影图解法和支距法。下面介绍纵横等分图解法放样过程:

如图 14-10 所示,先按 a、b 长度绘 AB、AC 两线互相垂直,再自 B、C 两点各作与 AC、AB 的平行线,交于 D 点。将 BD、DC 各分成相同的等分,在垂直于 BD 的方向上量出相应的 $a-y$ 值,(y 值在图纸上可图解,并依比例得到)即可设出椭圆曲线的点。

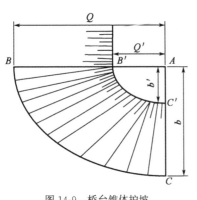

图 14-9　桥台锥体护坡

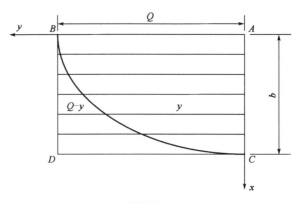

图 14-10　纵横等分图解法放样

在实地放样时应注意:各个点位,包括椭圆曲线上的及 A、B、C、D 基线上的,应处于相近的高程平面上,最好是在锥体底面设计高程面上,而不宜高差悬殊。

第二节　隧道工程施工测量

隧道工程测量就是在隧道工程的规划、勘测设计、施工建造和运营管理的各个阶段进行的测量。随着我国现代化建设的发展，特别是对山区的开发，工程建设中的隧道工程日益增加。

隧道施工不同于桥梁等其他构造物，它除了造价高、施工难度大以外，在施工测量上，也有许多特点：隧道施工面黑暗潮湿，环境较差，边长较短，测量精度难以提高；洞内点位不便组织检核，随着隧道的掘进误差累计越来越大；隧道施工面狭窄，控制测量形式单一，仅适合布设导线；测量方法和仪器要求较特殊等。

隧道施工测量环节主要包括：建立洞外平面和高程控制网、地面和地下联系测量、隧道内的平面和高程控制测量、竣工及施工测量。

一、洞外平面控制测量

隧道洞外平面控制测量的主要工作是测定洞口控制点的平面位置，并同道路中线联系，以便根据洞口控制点位置，按设计方向和坡度对隧道进行掘进，保证隧道的正确贯通（两个或两个以上的掘进工作面在预定地点彼此接通的工程，称为贯通）。根据隧道的分级和地形状况，洞外平面控制测量通常有中线法（现场标定法）和隧道地面平面控制网。

1. 中线法

长度较短且成直线状态的隧道，可采用中线法定线。中线法就是在隧道洞顶地面上用直接定线的方法，把隧道的中线每隔一定的距离用控制桩精确地标定在地面上，作为隧道施工引测进洞的依据。

如图 14-11 中，假设 A、D 两点为隧道中线在洞口处的已知点，但由于 A、D 两点不能通视，因此要在中间定出 B、C 两点，作为向洞内引线的依据。标定时可按设计图纸求得 AD 的概略方位角。然后在现场按此方向用经纬仪以正倒镜延长直线的方法，将中线从 A 点延长至 B'、C'，最后至 D' 点，并量出 DD' 间的距离。另外用视距法求得 AB'、$B'C'$、$C'D'$ 等距离（或在图上量得），此时 CC' 的距离可用下式求得

$$CC' = \frac{DD'}{AD'} \times AC' \qquad (14\text{-}11)$$

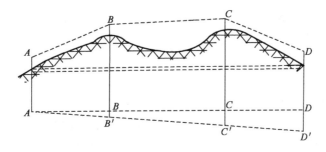

图 14-11　中线法示意图

然后将经纬仪移到 C，后视 D 点，再用上法延长直线至 A，若直线不通过 A 点，再按上述方法计算在 B 点的偏距，并将仪器移至 B 点，依次方法，直至使 B、C 两点都在 AD 直线为止。

最后将 B、C 两点在地面上标定出来,作为向洞内引线的依据(后视点)。

2. 隧道地面平面控制网

隧道地面控制网多呈直伸形,因此,控制网的布设一般有三角锁、导线、三角与导线联合、GPS 等形式。三角锁的优点是图形结构坚强、布点少、推进快、精度高、多余观测数据较多,可以检查判断明显的粗差和系统误差。其缺点是测角工作量大,受图形传距角大小的限制以及基线丈量困难,但目前由于全站仪的发展,基线丈量困难已不存在。导线测量的优点是选点布网较自由、灵活,对地形的适应性较好,已成为隧道控制测量的主要布设方案。导线的布设形式有附和导线、闭合导线和直伸形多环导线锁等。随着空间技术发展,GPS 控制测量在隧道控制测量已得到广泛的应用,而且取得优于常规控制测量的结果。上述方法从布网到实测等具体办法参照前面有关章节。

二、洞外高程控制测量

高程控制测量的任务是按规定的精度施测隧道洞口(包括隧道的进出口、竖井口、斜井口和平响口)附近水准点的高程,作为高程引测进洞的依据。在平坦地区高程控制通常采用三、四等水准测量的方法施测,在丘陵及山区采用三角高程测量。

水准测量应选择连接洞口最平坦和最短的线路,以期达到设站少、观测快、精度高的要求。每一洞口埋设的水准点应不少于两个,且以安置一次水准仪即可联测为宜。两端洞口之间的距离大于 1km 时,应在中间增设临时水准点。

三、洞内控制测量

洞内控制测量包括洞内平面控制测量和高程控制测量,隧道内平面控制测量由于受地下工程条件的限制,使得测量方法较为单一,只能布设成导线。洞内高程控制测量方法有水准测量、三角高程测量。

1. 洞内导线测量

临时中线控制隧道开挖至一定的深度后,应立即建立正式中线,以满足控制隧道延伸的需要。正式中线点是通过导线点按极坐标法测设的,因此,隧道开挖至一定的距离后,导线测量必须及时地跟上。洞内导线的起始点通常都设在隧道洞口、平行坑道口、横洞或斜井口,它们的坐标在建立洞外平面控制时已确定。洞内导线点应尽可能地沿中线布设。为了提高导线测量的精度和加强对新设置导线点的校核,洞内导线可组成多边形闭合环或主副导线闭合环。主导线点应埋设永久基桩,其埋设深度以不易破坏和便于利用为原则。

图 14-12 所示为导线闭合环形式。图中 Q 为洞外平面控制点,1、2、3、4、5 等为沿隧道中线布设的导线点,其边长为 50~100m,在旁侧并列设立另一导线 $1'$、$2'$、$3'$ 等,一般每隔两三边闭合一次,形成导线环。每设一对新点,应首先根据观测值求解出所设新点的坐标。然后根据坐标反算 $11'$、$23'$ 等距离,并与实地量测距离作比较,以进行实地检核。若比较后差值未超限,即可根据这些点测设中线点或施工方样。等导线闭合后,进行平差,再计算平差后的坐标值。若平差后的坐标值与平差前坐标值相差很小(一般在 2~3mm 左右),则根据平差前坐标测设的中线点可不再改动;若超限,则按平差后的坐标值来改正中线点的位置。计算到最后一点坐标时,则取平均值作为最后结果。

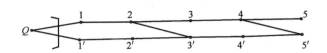

图 14-12　导线闭合环形式

2. 洞内高程测量

洞内高程控制测量的目的,是由洞口高程控制点向洞内传递高程,即测定洞内各高程控制点的高程,作为洞内施工高程放样的依据。其特点是:洞内应每隔 $200\sim500\text{m}$ 设立一对高程控制点;高程控制点可选在导线点上,也可根据情况埋设在隧道的顶板、底板或边墙上;三等及以上的高程控制测量应采用水准测量,四、五等可采用水准测量或光电测距三角高程测量;当采用水准测量时,应进行往返观测;采用光电测距三角高程测量时,应进行对向观测;高程导线宜构成闭合环。洞内高程控制测量采用水准测量时,除采用常规的方法外,有时为避免施工干扰还采用倒尺法传递高程,应用倒尺法传递高程时,规定倒尺的读数为负值,则高差的计算与常规水准测量方法相同。

为检查地下水准标志的稳定性,应定期地根据地面水准点进行重复的水准测量,将所测的高差成果进行分析比较。根据分析的结果,若水准标志无变动,则取所有高差的平均值作为高差成果;若发现水准标志变动,则应取最近一次的测量成果。

四、竖井联系测量

在长隧道施工中,常用竖井在隧道中间增加掘进工作面,从多向同时掘进,可以缩短贯通段的长度,加快施工进度。为保证隧道的正确贯通,必须将地面控制网中的坐标和高程,通过竖井传递到地下,这些工作称为竖井联系测量。

竖井联系测量可由导线测量、水准测量、三角高程测量完成,其测量工作分为平面联系测量和高程联系测量。平面联系测量又分为几何定向和陀螺定向。

1. 一井定向

一井定向是通过一个竖井的几何定向,概括起来,就是在井筒内挂两根钢丝,钢丝的一端固定在地面,另一端系有定向专用的垂球,自由悬挂至定向水平。再按地面坐标系统求出两垂球线平面坐标和连线的方位角。然后在定向水平上把垂球线与井下导线点连接起来。这样达到定向目的。一井定向工作主要有投点、连接。

1)投点
投点就是由地面向井下投点,常用方法有单重稳定投点和单重摆动投点。投点设备包括垂球、钢丝和稳定垂球线的设备。

2)连接
投点工作结束后,应立即进行上下连接测量工作。如图 14-13 所示为井上、下连接三角形的平面投影。通过图中 DE 方向和 D 点坐标以及地面三角形的几何关系,就可以确定 A (A')、$B(B')$ 点的坐标,从而可计算井下导线各点坐标。

2. 两井定向

如图 14-14 所示,在两个竖井中各悬挂一根垂球线 A、B。

由地面控制点布设导线测定两垂球线 A、B 的坐标,在地下定向水平用导线将 A、B 两垂球线连接起来,角度观测的中误差地面为 $\pm 5''$,地下为 $\pm 7''$。布设导线时,应尽量使其长度最短并尽可能沿两垂球线连线方向延伸。

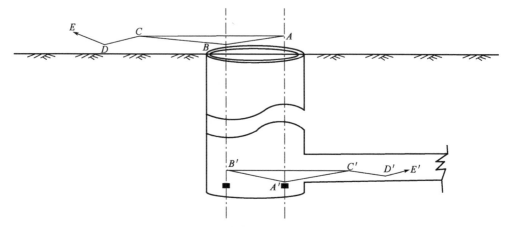

图 14-13　一井定向连接三角形示意图

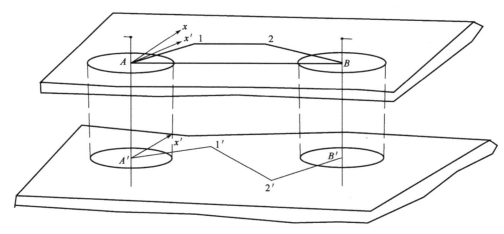

图 14-14　两井定向示意图

内业计算时,由于地下导线无定向角,因此采用无定向附和导线计算方法(具体计算参照导线测量)。

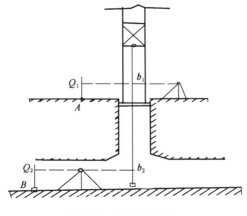

图 14-15　竖井高程传递

3. 高程联系测量

为使地面与地下建立统一的高程系统,应通过斜井、平峒或竖井将地面高程传递到地下,该测量工作称为高程联系测量。传递高程的方法有:通过斜井、平峒导入高程的普通水准测量、三角高程法;钢尺导入法、钢丝导入法、测长器导入法及光电测距导入法通过竖井导入高程。在此仅介绍钢尺导入法。

经由竖井传递高程时,过去一直采用悬挂钢尺的方法,即在井上悬挂一根经过检定的钢尺(或钢丝),尺零点下端挂一标准拉力的重锤,如图 14-15

所示,在地面、地下各安置一台水准仪,同时读取钢尺读数 a_1 和 a_2,然后再读取地面、地下水准尺读数 b_1、b_2,由此可求得地下水准点 B 的高程

$$H_B = H_A + a_1 - [(b_1 - b_2) + \Delta t + \Delta k)] - a_2 \tag{14-12}$$

式中：H_A——地面水准点 A 的高程；

a_1、b_2——地面、地下水准尺读数；

b_1、a_2——地面、地下钢尺读数；

Δt——钢尺温度改正数,$\Delta t = \alpha_L(t_{均} - t_0)$,$t_{均}$ 为地面与地下平均温度；t_0 为钢尺检定时的温度；$L = b_1 - a_2$；

Δk——钢尺尺长改正数；

α——钢尺膨胀系数。

导入高程均需独立进行两次,加入各项改正数后,前后两次导入高程之差一般不应超过 5mm。

五、隧道施工与竣工测量

隧道施工测量的主要工作为:把图纸上设计隧道随着隧道不断向前掘进逐步标设于实地,也就是要标定出隧道的中线方向和边坡及开挖断面；还要定期检查工程进度及计算完成的土石方数量。在隧道竣工后,还要进行竣工测量。

1. 隧道平面掘进方向的标定

根据隧道施工方法和施工程序的不同,确定隧道掘进方向的方法有中线法和串线法(目估法)。

1)中线法(极坐标法)

根据控制点和隧道不同断面点的设计坐标,分别计算极角和极距,利用全站仪或经纬仪拨角在隧道内测设中线点位,不断地指示隧道掘进的方向和位置。

2)串线法

当隧道采用开挖导坑法施工时,因其精度要求不高,可用此法指示开挖方向。即利用悬挂在两临时中线点上的垂球线,直接用肉眼来标定开挖方向。使用这种方法时,首先需用类似中线法设置中线点的方法,设置三个临时中线点,两临时中线点的间距不宜小于 5m。标定开挖方向时,在三点上悬挂垂球线,一人指挥,另一人在工作面标定点位(类似于钢尺量距中,目估法定线)。

2. 隧道竖直面掘进方向的标定

在隧道开挖过程中,除标定隧道在水平面内的掘进方向外,还应定出坡度,以保证隧道在竖直面内贯通精度。通常可采用控制隧道腰线和顶部高程法。

对于先开挖底部后开挖顶拱的隧道,用腰线控制坡度,如图 14-16 所示,A 点为已知的水准点,C、D 为待标定的腰线点。标定腰线点时,首先在适当的位置安置水准仪,后视水准点 A,依此可计算出仪器视线的高度。根据隧道坡度 i 以及 C、D 点的里程计算出两点的高程,并求出 C、D 点与仪器视线间的高差 Δh_1、Δh_2。由仪器视线向上或向下量取 Δh_1、Δh_2 即可求得 C、D 点的位置。

对于先开挖拱顶的隧道,坡度用测设在拱顶的高程点控制。定测时倒立尺的零端即为拱顶高程。

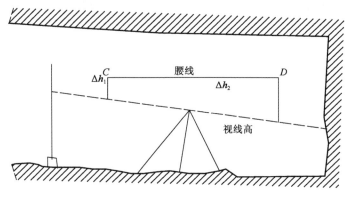

图 14-16　测设腰线

3. 隧道竣工测量

隧道竣工后,为检查主要结构及线路位置是否符合设计要求,便于工程使用中检修和安装设备提供测量数据,应进行竣工测量。该项工作主要包括隧道净空断面测量、永久中线点及水准点的测设。最后需提交有关施工测量的各种数据和图表资料,如地面和地下控制成果、地下工程平面图、纵、横断面图及技术总结等,装订成册作为技术档案保存。

【思考题】

14-1　为什么要进行桥梁施工控制测量? 方法有哪些? 如何进行?

14-2　试述桥梁高程控制测量的作用和实测方法。

14-3　何谓桥梁墩台中心定位? 常用的方法哪些? 如何实施?

14-4　若已知基坑底面尺寸长 25m,宽 6m,挖基深度为 7m,基坑坑壁坡度为 1:1.25,试计算利用轴线控制放样基坑开挖边界线的相关数据。

14-5　隧道施工测量的主要内容有哪些?

14-6　何谓联系测量? 联系测量如何分类?

14-7　如何进行隧道内控制测量? 和地面控制测量相比,有何异同点?

第十五章 水利工程测量

第一节 概　　述

一、发 展 历 史

据《史记·夏本纪》记载,公元前 21 世纪,禹奉命治水,已有"左准绳,右规矩",以测定远近高低。公元前 13 世纪埃及人于每年尼罗河洪水泛滥后,即用测量方法重新丈量划分土地。20 世纪 50 年代以后,测量工作吸收各种新兴技术,发展更加迅速。

中国水利工程测量,从 20 世纪 70 年代后期以来,在控制测量方面,普遍采用电子计算机技术以及电磁波测距导线、边角网等形式与优化设计方法。陆上地形测量,广泛应用航测大比例尺成图和地面立体摄影测量,由模拟测图逐步转向数字化、自动化测图;水下地形测量普遍应用回声测深技术,大面积水域测量开始应用微波测距自动定位系统。施工测量中,电磁波测距仪、激光导向仪、激光投点仪、陀螺经纬仪、坡面经纬仪及地面摄影测量技术正在普及。大坝变形观测及地壳形变观测广泛采用了正倒锤、引张线、大气激光波带板准直、真空管道激光波带板准直、短基线、短水准、近景摄影测量等设备和技术,测量精度和效率不断提高,某些观测仪器已开始实现自动化和遥测。近年来,遥感技术已应用于地图编制、土壤侵蚀测绘和水深测量等方面,实现了利用卫星照片修测 1∶5 000～1∶100 000 比例尺地形图,并将逐步实现利用卫星照片测制较大比例尺的地形图。

20 世纪 80 年代以后,出现了许多先进的地面及空间测量仪器,为工程测量提供了先进的技术手段和工具。

二、水利工程测量工作内容

水利工程测量是指在水利工程规划设计、施工建设和运行管理各阶段所进行的测量工作,是工程测量的一个专业分支。它综合应用天文大地测量、普通测量、摄影测量、海洋测量、地图绘制及遥感等技术,为水利工程建设提供各种测量资料。

水利工程测量的主要工作内容有:平面、高程控制测量、地形测量(包括水下地形测量)、渠道测量、纵横断面测量、定线和放样测量、变形观测、竣工测量等。在规划设计阶段的测量工作主要包括：为流域综合利用规划、水利枢纽布置、灌区规划等提供小比例尺地形图；为水利枢纽地区、引水、排水、推估洪水以及了解河道冲淤情况等提供大比例尺地形图；还有其他诸如路线测量、纵横断面测量、库区淹没测量、渠道和堤线、管线测量等。在施工建设阶段的测量工作有：布设各类施工控制网测量，各种水工构筑物的施工放样测量，各种线路的测设，水利枢纽地区的地壳变形、危崖、滑坡体的安全监测，配合地质测绘、钻孔定位，水工建筑物填筑（或开挖）的收方、验方测量，竣工测量，工程监理测量等。在运行管理阶段的测量工作主要包括：水工建筑物投入运行后发生沉降、位移、渗漏、挠曲等变形测量，库区淤积测量，电站尾水泄洪、溢洪的冲刷测量等。

第二节　渠　道　测　量

渠道是线状引水工程，它包括渠首、渠道、渡槽、倒虹吸、涵洞、节制分水闸、背水桥、机耕桥、人行桥、放水口等一系列配套建筑物；渠道是农田水利基本建设的重要内容之一，分灌溉渠道和排水渠道两类，不管哪一类渠道，都必须进行测量，渠道测量要把这些建筑物的中心线位置和特征高程按一定的标准实测出来，为渠道设计提供充分的测量资料；渠道测量的目的，是在地面上沿选定中心线及其两侧，测出纵、横断面，并绘制成图，以便在图上绘出设计线；然后计算工程量，编制概算或预算，作为方案比较或施工的依据。

一、渠道的选线及中线测量

一般中小型渠道的测量步骤为：踏勘和选线，中线测量，纵横断面测量和土方计算及施工放样。

1. 渠道的踏勘和选线

选择渠道线路应考虑以下几个主要条件：

(1)渠道要尽量短而直，避开障碍物，以减少工程量和水流损失；

(2)灌溉渠道应尽量选在比灌区稍高的地方，以便自流灌溉，而排水渠道应选在排水区较低的地方，以便排出区内积水；

(3)土质要好，坡度要适当，以防渗漏、淤塞、冲刷和坍塌；

(4)挖、填土石方量要小，渠道建筑物要少，尽量利用旧沟渠，要考虑综合利用，如对山区渠道布置应集中落差，以便发电。

根据上述条件，首先在图上选线，然后再到现场踏勘，最后进行实地选线。

图上选线：若渠道大而长，一般应在地形图上选出几条线路作为预选方案，然后权衡利弊，从中定出一条比较好的线路。如果渠道短而小，便可直接到实地踏勘、选线。

现场踏勘：在图上选出渠道线路后，由各方面人员组成小组，到实地沿着选出的渠线勘察一遍，这叫踏勘。在踏勘中，要进一步衡量选出的渠线是否符合要求。最后把确定下来的方案标绘在地形图上。

2. 渠道的中线测量

中线测量的任务是要测出渠道的长度和转折角的大小，并在渠道转折处设置曲线。

在渠道线路初步选定后，接着就要在实地标出渠道中心线，并在实地打桩。为了便于计算渠道长度及绘图施工,必须从渠道起点开始,沿着渠道方向丈量渠道长度,每隔 20m、30m、50m 或 100m 打一桩(一般山地丘陵地区标桩距 20m 或 30m,平地桩距 50m 或 100m),称为里程桩。在两里程桩间地形坡度有明显的变化点或经过河、沟、坑、路以及需要构筑水利工程(涵洞、水泵房等)的地方,都应打桩,称为加桩。标桩可用直径 5cm、长 30cm 左右的木桩,打入地下,露出地面 5～10cm;桩头一侧削平朝向渠道起点,以便于注记。在标定渠线的同时,应丈量出各标桩至起点的水平距离,用红铅笔或油漆记在桩头上或面向起点的桩侧面,作为桩号。注记时,在距离的公里数和米数之间写"+"号,如距离起点 1050m 的标桩应写作 1+050,详见图 15-1 所示;起点桩号写成 0+000。渠道较长时,还要在丈量距离时,绘出渠线草图(图 15-1),作为设计渠道时的参考。绘制草图,不必像绘制地形图那样细致,可以把整个渠线用一条直线表示,在线上用小黑点表示里程桩的位置,点旁写上桩号。遇到转弯处,用箭头指向转向角方向,写上转向角度数,以便用圆曲线相连接,使水流顺畅。目测画下沿线的主要地形、建筑物,能显示出特征即可,并记下地质情况、地下水位等,以便绘制纵断面图和给设计施工安排提供参考。

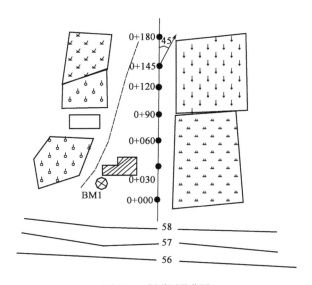

图 15-1　渠道测量草图

渠道的里程桩和加标桩标定完成后,即可进行渠道的中线测量。渠道中线测量就是渠道纵断面水准测量,其任务是测量出渠道中线上各里程桩及加桩的高程,为绘制纵断面图、计算渠道上各点的填、挖深度提供数据。

当渠线较长时,为了保证纵断面测量的精度和便于施工时引测高程,必须沿渠道中心线在施工范围以外埋设水准点,每 1～3km 敷设临时水准点。水准点高程应尽可能与附近国家水准点连测。局部地区测量小型渠道时,若附近无国家水准点,可采用假定高程进行测量。水准点的测量一般按四等水准测量的精度要求进行实测。测定了水准点高程后,可依次测量出渠道中心线各里程桩和加桩的高程。一般采用先计算仪器的视线高程,然后用视线高程减中视或前视读数来计算各桩点的高程。渠道纵断面测量的观测、记录、计算的方法与公路中线的纵断面测量的方法相同。

二、渠道横断面测量

渠道横断面测量的任务是测出渠线上里程桩和加桩处两侧的地形起伏变化的情况,绘出横断面图,以便计算填挖土石方工程数量。横断面施测的宽度视渠道大小及地形变化情况而定,一般约为渠道上口宽度的 2～3 倍,渠道的横断面测量要求的精度比公路横断面测量要求的精度低,通常距离量至分米,高差量至厘米即可。

施测时,首先应在渠道的各中心桩上(里程桩和加桩)定出横断面方向,而后以中心桩为依据向两侧施测,中心桩的左侧为左横断面,右侧为右横断面,左右的确定是以顺水流方向为准。

横断面测量方法通常有:标杆皮尺法、水准仪法、经纬仪或全站仪法和 GPS_RTK 法;具体施测参照线路横断面测量方法。

<h3>三、渠道纵横断面图绘制</h3>

1. 渠道纵断面图的绘制

通过渠道纵断面水准测量,得出了渠道中线上各里程桩及加桩的高程。根据各里程桩及加桩的高程绘制成显示渠道纵向地面变化情况图,称为纵断面图。它是设计渠底坡度和计算土方的一项重要资料。

渠道纵断面图通常绘在毫米方格纸上,纵轴表示高程,横轴表示距离。为了明显地表示出渠道中线的地势起伏情况,纵断面图的高程比例尺往往是距离比例尺的 10～20 倍。常用的比例尺:高程为 1∶100 或 1∶200,水平距离为 1∶1 000 或 1∶2 000 绘图时,先在纵断面图的"里程"行内按比例尺定出各里程桩及加桩的位置,并注上桩号,再将实测的里程桩及加桩的高程记入地面高程栏,并按高程比例尺在相应的纵向线上标定出来,将这些点连成折线,即为渠道纵向的地面线,如图 15-2 所示。

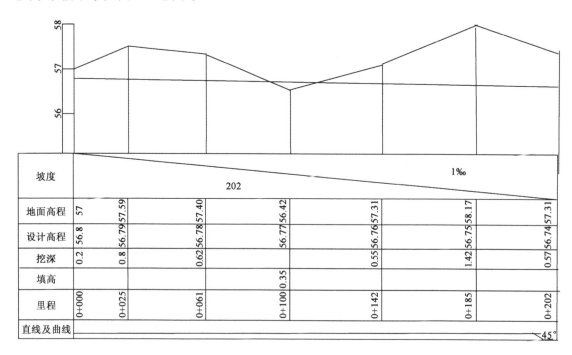

图 15-2 渠道纵断面图

在图 15-2 中的坡度栏内,斜线表示设计渠道的坡度方向线,斜线上方注明坡度的大小,下方注明这一坡度延续的距离。如图 15-2 所示的坡度为 1‰,延续距离为 202m。各点的设计高程是指渠底的高程,它是根据渠道起点渠底的设计高程、设计坡度和水平距离逐点计算出来的,如 0+000 的渠底设计高程为 56.80m,设计坡度为下降 1‰,则 0+025 的渠底设计高程为 $56.80-\dfrac{1}{1\ 000}\times25=56.79m$,将设计坡度线上两端点的高程标定到图上,两点的连线即为渠底的设计坡度线。地面高程与设计高程之差,就是挖深或填高的数值。

2. 渠道横断面图的绘制

渠道横断面图的绘制方法基本上与纵断面图相同,为了方便计算面积,横断面图上水平距离和高程一般采用相同的比例尺,常用的比例尺为 1:100 或 1:200 图 15-3 是 0+100 桩处的横断面图,横断面比例尺 1:100 地面线是根据横断面测量的数据绘制而成的。设计横断面是根据里程桩填高 0.35m、设计底宽 1.5m 和渠道边坡 1:1 绘制的。地面线与设计线所围的面积,即为填方的面积。如图 15-3 中所注数字:c 代表挖深(由于这里是填高,故用负号表示),A_c 为算得的填方面积 18.4m²。

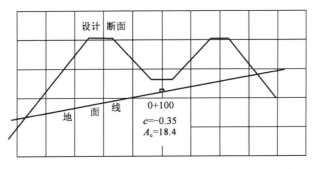

图 15-3 渠道横断面图

四、渠道施工放样及验收

渠道施工之前,必须沿着渠道中心线,把各里程桩和加桩处的设计横断面与地面线的交点标定在实地,作为填土和挖土的依据,这项工作叫放样。渠道放样工作的内容包括:标定中心桩的挖深或填高以及边坡桩的放样。

1. 标定中心桩的挖深或填高

施工前首先应检查中心桩有无丢失,位置有无变动。如发现有疑问的中心桩,应根据附近的中心桩进行检测,以校核其位置的正确性。如有丢失应进行恢复,然后根据纵断面图上所计算各中心桩的挖深或填高数,分别用红油漆写在各中心桩上。

2. 边坡桩的放样

边坡放样的主要任务是:在每个里程桩和加桩上将渠道设计横断面按尺寸在实地标定出来,以便施工。为了指导渠道的开挖和填土,需要在实地标明开挖线和填土线。根据设计横断面与原地面线的相交情况,渠道横断面一般有三种形式:挖方断面,如图 15-4a)所示;填方断面,如图 15-4b)所示;挖填方断面,如图 15-4c)所示。

为指导施工,在两相邻挖方断面间需标出开挖线;在两相邻填方断面间需标出坡脚线(也称填土线)。开挖线是相邻挖方断面处的边坡桩的连线;而坡脚线是相邻填方断面处的边坡桩的连线。所谓边坡桩,就是设计横断面线与原地面线交点的桩(如图 15-4c)中的 1、2、3、4 点),在实地用木桩标定这些交点桩的工作称为边坡桩放样。这里特别指出挖填方断面上有两种类型的边坡桩,如图 15-4c)中的 1、2 是坡脚线上的边坡桩,而 3、4 是开挖线上的边坡桩。

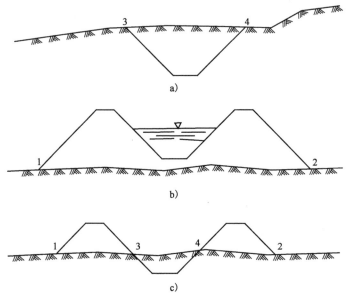

图 15-4　渠道横断面式样图

标定边坡桩的放样数据是边坡桩与中心桩的水平距离,通常直接从横断面图上量取。放样时,先在实地用十字直角器定出横断面方向,然后根据放样数据沿横断面方向将边坡桩标定在地面上。

如图 15-5 所示,从中心桩 O 沿左侧方向量取 L_1 得到左外边坡桩 e,量 L_3 得到右内坡脚桩 d,再从中心桩沿右侧方向量取 L_2 得到左内边坡桩 f,分别打下木桩,即为开挖、填筑界线上的标志点,连接各断面相应的边坡桩(即相同性质的边坡桩),撒以石灰,即为开挖线和填土线。

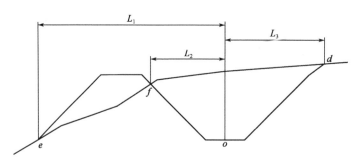

图 15-5　边坡桩标定示意图

3. 验收测量

为了保证渠道的修建质量,对于较大的渠道,在其修建过程中,对已完工的渠段应及时进行检测和验收测量。渠道的验收测量一般是用水准测量的方法检测渠底高程,有时还需检测渠堤的堤顶高程、边坡坡度等,以保证渠道按设计要求完工。

第三节　大坝施工测量

筑坝是水利工程建设中的一项主要工程,大坝按坝型可分为土坝、堆石坝、重力坝及拱坝等。对于不同结构、不同材料的坝,施工放样的精度要求有所不同,内容也有些差异,但施工放样的基本方法大同小异。

修建大坝需按施工顺序进行下列测量工作:布设平面和高程基本控制网,控制整个工程的施工放样;确定坝轴线和布设控制坝体细部放样的定线控制网;清基开挖的放样;坝体细部放样等。

一、土坝的控制测量

土坝是一种较为普遍的坝型。根据土料在坝体的分布及其结构的不同,其类型又有多种。土坝的控制测量是根据基本网确定坝轴线,然后以坝轴线为依据布设坝身控制网以控制坝体细部的放样。

(一)坝轴线的确定

对于中小型土坝的坝轴线,一般是由工程设计人员和勘测人员组成选线小组,深入现场进行实地踏勘,根据当地的地形、地质和建筑材料等条件,经过方案比较,直接在现场选定。

对于大型土坝以及与混凝土坝衔接的土质副坝,一般经过现场踏勘,图上规划等多次调查研究和方案比较,确定建坝位置,并在坝址地形图上结合枢纽的整体布置,将坝轴线标于地形图上,为了将图上设计好的坝轴线标定在实地,一般可根据预先建立的施工控制网用角度交会法测设到地面上。

坝轴线的两端点在现场标定后,应用永久性标志标明。为了防止施工时端点被破坏,应将坝轴线的端点延长到两面山坡上。

(二)坝身控制线的测设

坝身控制线一般要布设成与坝轴线平行和垂直。这项工作需在清理基础前进行,但也要先修筑围堰,等围堰合拢将水排尽后才能进行。

1. 平行于坝轴线的控制线的测设

平行于坝轴线的控制线可布设在坝顶上下游线、上下游坡面变化处、下游马道中线,也可按一定间隔布设(如 10、20、30m 等),以便控制坝体的填筑和进行验收。

2. 垂直于坝轴线的控制线的测设

垂直于坝轴线的控制线,一般按 50m、30m 或 20m 的间距以里程来测设,其步骤如下:

1)沿坝轴线测设里程桩

由坝轴线的一端定出坝顶与地面的交点,作为零号桩,其桩号为 0+000。然后由零号桩起,由经纬仪或全站仪定线,沿坝轴线方向按选定的间距丈量或放样距离,顺序钉下 0+030、060、090……等里程桩,直至另一端坝顶与地面的交点为止。

2)测设垂直于坝轴线的控制线

将经纬仪或全站仪安置在里程桩上,定出垂直于坝轴线的一系列平行线,并在上下游施工范围以外用方向桩标定在实地上,作为测量横断面和放样的依据,这些桩亦称横断面方向桩。

(三)高程控制网的建立

用于土坝施工方样的高程控制,可由若干永久性水准点组成基本网和临时作业水准点两级布设。基本网布设在施工范围以外,并应与国家水准点连测,组成闭合或附合水准路线,用三等或四等水准测量的方法施测。

临时水准点直接用于坝体的高程放样,布置在施工范围以内不同高度的地方。临时水准点应根据施工进程及时设置,附合到永久水准点上。

二、混凝土坝的施工控制测量

混凝土坝无论按其结构还是建筑材料相对土坝来说都更为复杂,其放样精度比土坝要求也更高。施工平面控制网一般按两级布设,即基本网和定线网,不多于三级,精度要求最末一级控制网的点位中误差不超过±10mm。

1. 基本平面控制网

基本网作为首级平面控制,其精度应根据工程的大小和类型确定;其作用是控制各建筑物主轴线。一般布设成三角网,并应尽可能将坝轴线的两端点纳入网中作为网的一条边。根据建筑物重要性的不同要求,一般按三等以上三角测量的要求施测,大型混凝土坝的基本网兼作变形观测监测网,要求更高,需按一、二等三角测量要求施测。为了减少安置仪器的对中误差,三角点一般建造混凝土观测墩,并在墩顶埋设强制对中设备,以便安置仪器和觇标。也可采用GPS网。

2. 定线网

定线网直接控制建筑物的辅助轴线及细部位置。用于大坝细部放样的定线网有矩形网、三角网、导线网等形式。矩形网一般以坝轴线为基准,按坝段或建筑物分别建立施工控制。另外,利用首级控制网进行加密也可建立用于放样的定线网。由于建筑物的内部相对位置精度要求较高,所以,定线网的测量精度不一定比基本网的测量精度低,有时定线网的内部相对精度甚至比基本控制网精度要高。

3. 高程控制

高程控制网分两级布设,基本网是整个水利枢纽的高程控制。视工程的不同要求按二等或三等水准测量施测,并考虑以后可用作监测垂直位移的高程控制。作业水准点或施工水准点,随施工进程布设,尽可能布设成闭合或附合水准路线。作业水准点多布设在施工区内,应经常由基本水准点检测其高程,如有变化应及时改正。

三、大坝清基开挖线的放样

清基开挖线是确定对大坝基础进行清除基岩表层松散物的范围,它的位置根据坝两侧坡脚线和开挖深度确定,而坡脚线又由坝的坡度确定。标定开挖线一般采用图解法。先沿坝轴线进行纵、横断面测量绘出纵、横断面图,各横断面图上可定出坡脚点,连接各坡脚点获得坡脚线,再结合开挖深度确定开挖线。实地放样时,在各横断面上由坝轴线向两侧量距得开挖点。在清基开挖过程中,还应控制开挖深度,在每次爆破后及时在基坑内选择较低的岩面测定高程(精确到 cm 即可),并用红漆标明,以便施工人员和地质人员掌握开挖情况。

目前,清基放样工作一般采用全站仪坐标法和 GPS-RTK 法进行。

四、大坝坝体的立模放样

1. 坝坡面的立模放样

坝体坡面立模从基础开始,首先要用趋近法在横断面上找到坝坡线与基岩表面线的交点。图 15-6 是一个坝体的横断面。

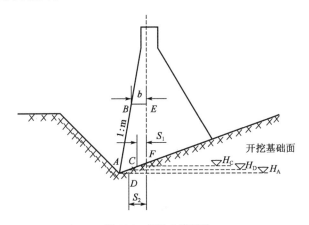

图 15-6　坝坡立模测设

假定要浇筑混泥土块 $ABEF$,必须测设出坡脚点 A 的位置。步骤如下:

(1)在设计图上查出 B 点高程 H_B 和它与坝轴线间的距离 b 以及上游坡度 $1:m$。

(2)如果坝基面平坦则根据 A 点和坝轴线间的距离在横断面方向上直接量得 A 点。如果坝基面有坡度,则先在横断面方向靠近坡脚的地方找一点 C,测出 C 点高程 H_C,求出 C 点到坝轴线间距离 $S_1 = b + m(H_B - H_C)$。如果实测距离 CF 等于 S_1,则 C 点就是坡脚点。否则,沿断面方向量距 S_1,标定 D 点。

(3)测 D 点高程,计算 $S_2 = b + m(H_B - H_D)$。利用逐步趋近法就可得到坡脚点 A 的位置。连接各相邻坡脚点即为坡脚线。沿此线按 $1:m$ 立模,并用垂球向下投影,检核坡度。

2. 坝体分块的立模放样

在坝体中间部分分块立模时,根据大坝上下游的分段控制桩和左右岸的分块控制桩,直接在基础面或已浇好坝块上放样、弹线。为了检查与校正模板的位置,还要在分块线(施工缝)内侧弹出平行线(又称立模线),立模线与分块线距离一般是 0.2~0.5m。

3. 混凝土浇筑高度的放样

模板立好后,还要在模板上标出浇筑高度。其步骤一般在立模前先由最近的作业水准点(或邻近已浇好坝块上所设的临时水准点)在模板内设两个临时水准点,待模板立好后由临时水准点按设计高度在模板上标出若干点,并以规定的符号标明,以控制浇筑高度。

第四节　水闸的施工放样

水闸的施工放样，如图 15-7 所示，包括测设水闸的主轴线 AB 和 CD，闸墩中线、闸孔中线、闸底板的范围以及各细部的平面位置和高程等。

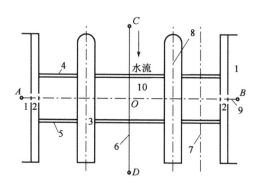

图 15-7　水闸平面位置示意图

1-坝体；2-侧墙；3-闸墩；4-检修闸门；5-工作闸门；6-水闸中线；7-闸孔中线；8-闸墩中线；9-水闸中心轴线；10-闸室

一、水闸主轴线的放样

水闸主轴线放样，就是在施工现场标定轴线端点的位置。主要轴线端点的位置，可从水闸

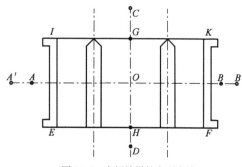

图 15-8　水闸放样的主要点线

设计图上计算出坐标，再将此坐标换算成测图坐标，利用测图控制点进行放样。对于独立的小型水闸，也可在现场直接选定。

主要轴线端点 A、B 确定后，应精密测设 AB 的长度，并标定中点 O 的位置。在 O 点安置经纬仪，测设出 AB 的垂线 CD。其测设误差应小于 $10''$。主轴线测定后，应向两端延长至施工影响范围之外，每端各埋设两个固定标志以表示方向（如图 15-8 的 A、A'，B、B'）。

二、闸底板的放样

闸底板放样的目的首先是放出底板立模线的位置，以便装置模板进行浇筑。闸底板的放样，如图 15-8 所示，根据底板的设计尺寸，由主轴线的交点 O 起，在 CD 轴线上，分别向上、下游各测设底板长度的一半，得 G、H 两点，然后分别在 G、H 点上安置经纬仪，测设与 CD 轴线相垂直的两条方向线。两方向线分别与边墩中线的交点 E、F、I、K，即为闸底板的 4 个角点。

三、闸墩的放样

闸墩的放样，是先放出闸墩中线，再以中线为依据放样闸墩的轮廓线。放样时，首先根据计算出的有关放样数据，以水闸主要轴线 AB 和 CD 为依据，在现场定出闸孔中线、闸墩中线、闸墩基础开挖线以及闸底板的边线等。待水闸基础打好混凝土垫层后，在垫层上再精确地放出主要轴线和闸墩中线等，根据闸墩中线放出闸墩平面位置的轮廓线。

闸墩各部位的高程,根据施工场地布设的临时水准点,按高程放样方法在模板内侧标出高程点。随着墩体的增高,可在墩体上测定一条高程为整米数的水平线,并用红漆标出来,作为继续往上浇筑时量算高程的依据,也可用钢卷尺从已浇筑的混凝土高程点上直接丈量放出设计高程。

【思考题】

15-1 什么是水利工程测量? 主要有哪些测量内容?

15-2 渠道测量的目的是什么?

15-3 中小型渠道的测量步骤是什么?

15-4 渠道横断面测量任务是什么? 测量方法有哪些?

15-5 渠道横断面形式有哪些?

15-6 土坝如何进行施工控制测量?

15-7 混凝土大坝施工平面控制网都有哪些布设形式? 各有什么特点?

15-8 如何进行坝坡面的立模放样?

15-9 水闸的施工测量包括哪些内容?

第十六章 工程建筑物变形观测

第一节 概　　述

一、建筑物变形观测及意义

建筑物在施工和运营过程中,由于地质条件和土壤性质的不同,地下水位和大气温度的变化,建筑物荷载和外力作用等影响,导致建筑物随时间发生的垂直升降、水平位移、挠曲、倾斜、裂缝等,统称为变形。用测量仪器定期测定建筑物的变形及其发展情况,称为变形观测。

各种工程建筑物在其施工和使用过程中,都会产生一定的变形,当这种变形在一定限度内时可认为属正常现象,但超过了一定的范围就会影响其正常使用并危及建筑物自身及人身的安全,因此需要对施工中的重要建筑物和已发现变形的建筑物进行变形观测,掌握其变形量、变形发展趋势和规律,以便一旦发现不利的变形可以及时采取措施,以确保施工安全和建筑物的安全,同时也为今后更合理的设计提供资料。

由于建筑物破坏性变形危害巨大,变形观测的作用逐步为人们了解和重视,因此在建筑立法方面也赋予其一定的地位,建设部已制定颁布了中华人们共和国行业标准《建筑变形测量规范》(JGJ/T 8—1997),并自 1998 年 6 月 1 日起施行。目前国内许多大中城市已经提出要求和做出决定:新建的高层、超高层,重要的建筑物必须进行变形观测,否则不予验收。同时要求,把变形观测资料作为工程验收依据和技术档案之一,呈报和归档。

二、建筑物变形观测的特点

1. 观测精度高

由于变形观测的结果直接关系到建筑物的安全,影响对变形原因和变形规律的正确分析,观测必须具有较高的精度。变形观测的精度要求,取决于该工程建筑物预计允许变形值的大小和进行观测的目的。一般来讲,如果变形观测是为了确保建筑物的安全,则测量精度应小于允许变形值的 1/10～1/20;如果是为了研究变形的过程,则观测精度还应更高。

2. 重复观测量大

建筑物由于各种原因产生的变形都具有时间效应,计算变形量最基本的方法是计算建筑物上同一点在不同时间的坐标差和高程差。这就要求变形观测必须依一定的时间周期进行重复观测。重复观测的频率取决于观测的目的、预计的变形量大小和变形速率。通常要求观测的次数,既能反映出变化的过程,又不遗漏变化的时刻。

3. 数据处理严密

建筑物的变形一般都较小,甚至与观测精度处在同一个数量级;同时,重复观测的数据量较大。要从大量数据中精确提取变形信息,必须采用严密的数据处理方法。数据处理的过程也是进行变形分析和预报的过程。

三、建筑物变形观测的方法

1. 常规测量方法

包括精密水准测量、三角高程测量、三角(边)测量、导线测量、交会法等。测量仪器主要有经纬仪、水准仪、电磁波测距仪以及全站仪等。这类方法的测量精度高,应用灵活,适用于不同变形体和不同的工作环境。

2. 摄影测量方法

该法不需接触被监测的工程建筑物,摄影影像的信息量大,利用率高。外业工作量小,观测时间短,可获取快速变形过程,可同时确定工程建筑物上任意点的变形。数字摄影测量和实时摄影测量为该技术在变形观测中的应用开拓了更好的前景。

3. 特殊测量方法

包括各种准直测量法(如激光准直仪)、挠度曲线测量法(测斜仪观测)、液体静力水准测量法和微距离精密测量法(如铟瓦线尺测距仪)等。这些方法可实现连续自动监测和遥测,且相对精度高,但测量范围不大,提供局部变形信息。

4. 空间测量技术

包括基线干涉测量(VLBI)、卫星测高、全球定位系统(GPS)等。空间测量技术先进,可以提供大范围的变形信息,是研究地球板块运动和地壳形变等全球性变形的主要手段。全球定位系统(GPS)已成功应用于山体滑坡监测,高精度 GPS 实时动态监测系统实现了对大坝、大桥等全天候、高频率、高精度和自动化的变形监测。

四、变形观测工作的实施步骤

1. 变形观测方案的设计

变形观测开始前,应根据变形类型、测量目的、任务要求以及测区条件等进行变形观测方案的设计。变形观测方案编制前,应对观测对象的设计图纸和现场情况进行充分的了解和研究,多方案精度估算和技术经济分析比较后择优选取。

变形观测方案的内容,一般包括:观测任务及目的、观测的技术标准、观测点的布设、作业方法、观测周期和观测期限等。变形观测的周期应以能反映所测变形的变化过程且不遗漏其变化时刻为原则,根据单位时间内变形量的大小及外界因素影响确定。当观测中发现变形异常时,应及时增加观测次数。

变形观测属于精密测量,测量精度要求较高,要做到"技术先进、经济合理、安全适用、确保质量"。

2. 变形观测点的布设

变形观测点分为控制点和变形点两大类。控制点包括基准点、工作基点以及联系点、定向点等。基准点应选设在变形影响范围以外便于长期保存的稳定位置;使用时,应作稳定性检查或检验,并应以稳定或相对稳定的点作为测定变形的参考点。工作基点应选设在靠近观测目标且便于联测观测点的稳定或相对稳定位置;使用前应利用基准点或检核点对其进行稳定性检测。当基准点和工作基点之间需要进行连接时应布设联系点,选设其点位时应顾及连接的构形,位置所在处应相对稳定。对需要定向的工作基点或基准点应布设定向点,并应选择稳定且符合照准要求的点位作为定向点。观测点应选设在变形体上能反映变形特征的位置,可从工作基点或邻近的基准点和其他工作点对其进行观测。

3. 观测仪器的准备

当观测方案确定后,在进行观测之前,必须根据观测的技术要求,确定相应等级的仪器设备。仪器在使用之前,须进行严格的检验与校正,使其各项指标能够在施测过程中达到相应的精度要求,确保观测工作的顺利进行。

4. 现场观测

变形观测对周期性和时效性要求较高,在现场观测时应按期进行。

为确保基准点和工作基点的稳定性,对变形观测控制网(由基准点和工作基点组成)要按一定周期进行重复观测。首次观测应适当增加观测量,以提高初始值的可靠性。不同周期观测时,宜采用相同的观测网形和观测方法,并使用相同类型的测量仪器,固定观测人员,选择最佳观测时段,在基本相同的环境和条件下观测。

5. 变形观测成果的整理与分析

变形观测在现场采集完数据后,应及时进行资料整理、计算,并可着手进行初步观察与分析。等资料积累到一定数量后,就可进行全面、系统的分析,研究其变形规律和特征,并对变形趋势做出预报。对于发现的变形异常情况,应及时通报有关单位,以便采取必要措施。

五、建筑物变形观测的内容

目前开展的变形观测项目,一般包括以下几个方面:

(1)建筑物基础沉降观测。

(2)建筑物水平位移观测。

(3)建筑物倾斜观测。

（4）建筑物裂缝观测。

（5）建筑物挠度观测。建筑物（或构件）横向或纵向由于受自身的荷载或外力作用等产生挠曲，对其观测即为挠度观测。

（6）建筑物风振变形观测。高耸建筑物在强风作用下会产生水平位移，严重时将造成顶部摇晃、楼体弯曲、墙体裂缝、引起共振。风振观测就是同步测定建筑物在风压作用下顶部的水平位移和振幅，以取得风压分布体型系数及风振系数，为设计人员建立合理的风荷设计方案提供依据。

（7）建筑物日照变形观测。高层建筑物和高耸构筑物及构件，由于受阳光的照射和辐射，阳面与阴面、上部与下部受热不均匀，温差较大就会产生向着背阳面弯曲。日照变形观测，就是测出布设在高耸建（构）筑物受热面不同高度上观测点的水平位移量。

（8）基坑回弹观测。基坑开挖后，由于土体移出，减少了这部分自重荷载，从而使原区域土层结构失去了平衡，内应力重新分布，出现基底隆起，这种现象称为基坑回弹。观测回弹值的大小和变化即为基坑回弹观测。

（9）深基坑边坡及支护系统变形观测。随着基坑的开挖，边坡会逐渐失去稳定，为确保安全要加以支护，同时要对边坡及支护系统变形进行观测。

（10）施工场地、相邻建筑物及设施变形观测。由于新建建筑物基坑开挖、基坑施工中井点降水、大量堆载和卸载或基础大面积的打桩等原因，必将引起施工现场及相邻周围地表的变形，甚至危及相邻建筑物与设施的安全。因此，对施工场地、相邻建筑物及设施变形也要进行观测。

由于变形观测属于精密测量，在技术方法、精度要求等方面与地形测量、施工测量等有诸多不同之处，而且具有相对独立的技术体系，已发展成为测量学中一门专业性很强的分支学科。本章仅对目前开展较多的沉降观测、水平位移观测、倾斜观测和裂缝观测做简要介绍。

第二节　沉　降　观　测

所谓沉降观测，就是对地面或建筑物基础等在垂直方向上的位移进行观测。目前最普遍的做法是：采用精密水准测量对待监测对象上设置的变形观测点的高程进行周期性的观测，相邻两期的高程差即为本周期内的沉降量，本次测得的高程与首次测得的高程差即为累积沉降量。沉降观测是变形观测中的重要内容，也是目前各地开展最多的变形测量项目。

一、基准点和沉降观测点的设置

沉降观测，是根据基准点进行的，因此要求基准点的位置在整个变形观测期间稳定不变。为保证基准点高程的正确性和便于相互检核，布设基准点数目应不少于三个并构成基准网。埋设地点应保证有足够的稳定性，设置在受压、受震范围以外。冰冻地区埋设深度要低于冰冻线 0.5 m。为了观测方便及提高观测精度，基准点距观测点不要太远，一般应在 100m 范围以内；否则，还应布设工作基点。基准点在开工前埋设并精确测出高程。

沉降观测点是固定在待观测对象上的测量标志，应牢固地与待观测对象结合在一起，便于观测，并尽量保证在整个沉降观测期间不受损坏。观测点的数量和位置，应能全面反映待观测对象的沉降情况，尽量布置在沉降变化可能显著的地方，如伸缩缝两侧、地质条件或基础深度改变处、建筑物荷载变化部位、平面形状改变处、建筑物四角或沿外墙每 10～15m 处、具有代表性的支柱和基础上,均应设置观测点。

如图 16-1 所示,沉降观测点可用角钢预埋在墙内;如果是钢结构,则可将角钢焊在钢柱上;对建筑物平面部位的观测点,可将大于 $\phi 20mm$ 的铆钉用 1∶2 砂浆浇筑在建筑物上。而对于地面沉降观测点,则需要在地面埋设相应的标石。

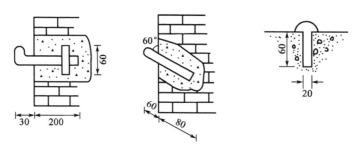

图 16-1 沉降观测点埋设(尺寸单位:mm)

在施工期间,经常会遇到沉降观测点被毁,为此一方面可以适当地加密沉降观测点,对重要的位置如建筑物的四角可布置双点。另一方面观测人员应经常注意观测点变动情况,如有损坏及时设置新的观测点。

二、观测时间、方法和精度要求

当基准点和观测点已埋设稳固,建筑物基础施工或基础垫层浇灌后,即进行第一次观测,此次观测成果即作为以后沉降变形的衡量依据。施工期间,每增加较大荷重,如高层建筑每增加 1~2 层时应观测一次;若地面荷重突然增加或周围大量开挖土方等,均应随时进行沉降观测;当发现变形有异常时,应进行跟踪观测。竣工后的观测周期,可视建筑物的稳定情况而定。

在沉降观测过程中,应对基准点进行定期观测,以检查其稳定性。

沉降观测点的精度要求和观测方法,根据工程需要,可按表 16-1 所列选定。每次施测前应对仪器进行检验。施测时,尽量做到三固定:固定观测人员、固定仪器、固定测站和转点(即观测路线相同),以减少系统误差的影响,提高观测精度。

沉降观测点的精度要求和观测方法   表 16-1

等级	点高程中误差 (mm)	相邻点高差中误差 (mm)	适用范围	使用仪器和观测方法	闭合差 (mm)
一等	±0.3	±0.1	变形特别敏感的高层建筑物、高耸构筑物、重要古建筑、精密工程设施	DS05 水准仪按国家一等水准测量技术要求施测,视线 ≤15m	≤0.15$\sqrt{n}$
二等	±0.5	±0.3	变形比较敏感的高层建筑物、高耸建筑物、古建筑、重要工程设施	DS05 水准仪,按国家一等水准测量技术要求施测	≤0.30$\sqrt{n}$
三等	±1.0	±0.5	一般性高层建筑、工业建筑、高耸建筑、滑坡监测	DS05 或 S1 水准仪,按国家二等水准测量技术要求施测	≤0.60$\sqrt{n}$
四等	±2.0	±1.0	观测精度要求不高的建筑物、滑坡监测	DS1 或 DS3 水准仪,按国家三等水准测量或短视线三角高程测量技术要求施测	≤1.4$\sqrt{n}$

注:表中 n 为测站数。

沉降观测除了最普遍采用精密水准测量的方法之外,还可以采用液体静力水准测量和立体摄影测量等方法。

三、沉降观测的成果整理

沉降观测应在每次观测时详细记录建筑物的荷重情况、施工进度、气象情况及注明日期,在现场及时检查记录中的数据和计算是否准确,精度是否合格。根据水准点的高程和改正后的高差计算出各观测点的高程。用各观测点本次观测所得高程减上次观测得的高程,其差值即为该观测点本次沉降量 S;每次沉降量相加得累计沉降量 $\sum S$。沉降观测成果汇总表示例见表 16-2。

沉降观测成果汇总表

表 16-2

工程名称:×××楼

工程编号: 仪器 N3　　　　　　　　　　No.117933

点号	首次成果 96-06-25	第二次成果 96-07-10			第三次成果 96-07-25			...
	H_0(m)	H(m)	S(mm)	$\sum S$(mm)	H(m)	S(mm)	$\sum S$(mm)	...
1	17.595	17.590	5	5	17.588	2	7	...
2	17.555	17.549	6	6	17.546	3	9	...
3	17.571	17.565	6	6	17.563	2	8	...
4	17.604	17.601	3	3	17.600	1	4	...
5	17.597	17.591	6	6	17.587	4	10	...
⋮	⋮	⋮	⋮	⋮	⋮	⋮	⋮	...
工程施工进展情况	浇灌底层楼板	浇灌二层楼板			浇灌三层楼板			...
静荷载 p	35kPa	55kPa			76kPa			...
平均沉降 $S_平$		5.0mm			2.4mm			...
平均沉降速度 $V_平$		0.33mm/h			0.16mm/h			...

沉降观测结束,应提供下列有关资料:

(1)沉降观测点位置图。

(2)沉降观测成果汇总表。

表 16-2 中"平均沉降"栏可由所有沉降点的沉降量计算出它们的平均沉降量

$$S_平 = \frac{\sum\limits_{i=1}^{n} S_i}{n} \tag{16-1}$$

式中:n——沉降观测点的个数。

平均沉降速度是发现及分析异常沉降变形的重要指标。"平均沉降速度"栏按下式算出

$$V_平 = \frac{S_平}{相邻两次观测的间隔天数} \tag{16-2}$$

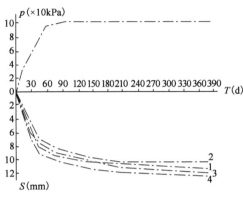
图 16-2　荷载、时间、沉降关系曲线示意图

（3）荷载、时间、沉降量关系曲线图。

如图 16-2 所示,图中横坐标表示时间 $T(\mathrm{d})$,上半部分为时间与荷载关系曲线,其纵坐标表示建筑物荷载 p;下半部分为时间与沉降量的关系曲线,其纵坐标表示沉降量 S。根据各观测点的沉降量与时间关系便可绘出全部观测点的沉降曲线。利用曲线图,可直观地看出沉降变形随时间发展的情况,也可看出沉降变形与其他因素之间的内在联系。

（4）沉降变形分析报告。

沉降测量结束,须对全部资料进行加工、分析,以研究沉降变形的规律和特征,并提交沉降变形报告。对沉降观测点的变形分析,应符合下列规定:相邻两观测周期,相同观测点有无显著变化;应结合荷载、气象和地质等外界相关因素综合考虑,进行几何和物理分析。分析后的数据经阐述后才能成为实用的信息。

值得指出的是,由于一般建筑对均匀沉降不敏感,只要沉降均匀,即使沉降量稍大一些,对建筑物的结构也不会有多大破坏。但不均匀沉降却会使墙面开裂甚至构件断裂危及建筑物的安全。所以在沉降观测过程中,当出现不均匀沉降、沉降量异常或变形速度突增等情况时,需即时引起注意,提交变形异常分析报告,以及时采取应变措施。另外,建筑物的沉降量一般应随着荷载的加大及时间的延长而增加,但有时却出现回升现象,这时要具体分析回升现象的原因。

除提供以上有关资料外,若工程需要,还需提交沉降等值线图表示沉降在空间分布的情况和沉降曲线展开图(图中可看出各观测点及建筑物的沉降大小、影响范围)。

四、沉降观测的基本要求

1. 仪器设备、人员素质的要求

根据沉降观测精度要求高的特点,为能精确地反映出建构筑物在不断加荷作下的沉降情况,一般规定测量的误差应小于变形值的 $1/10 \sim 1/20$,为此要求沉降观测应使用精密水准仪（S1 或 S05 级）,水准尺也应使用受环境及温差变化小的高精度铟合金水准尺。人员必须接受专业学习及技能培训,熟练掌握仪器的操作规程,熟悉测量理论能针对不同工程特点、具体情况采用不同的观测方法及观测程序,在工作中出现的问题能够会分析原因并正确的运用误差理论进行平差计算,做到按时、快速、精确地完成每次观测任务。

2. 观测时间的要求

建构筑物的沉降观测对时间有严格的限制条件,特别是首次观测必须按时进行,否则沉降观测得不到原始数据,而是整个观测得不到完整的观测意义。其他各阶段的复测,根据工程进展情况必须定时进行,不得漏测或补测。

3. 观测点的要求

为了能够反映出建构筑物的准确沉降情况,沉降观测点要埋设在最能反映沉降特征且便于观测的位置。一般要求建筑物上设置的沉降观测点纵横向要对称,且相邻点之间间距以15~30m 为宜,均匀地分布在建筑物的周围。通常情况下,建筑物设计图纸上有专门的沉降观测点布置图。

4. 沉降观测的自始至终要遵循"五定"原则

所谓"五定",即通常所说的沉降观测依据的基准点、工作基点和被观测物上的沉降观测点,点位要稳定;所用仪器、设备要稳定;观测人员要稳定;观测时的环境条件基本一致;观测路线、镜位、程序和方法要固定。以上措施在客观上尽量减少观测误差的不定性,使所测的结果具有统一的趋向性,保证各次复测结果与首次观测的结果可比性更一致,使所观测的沉降量更真实。

5. 施测要求

仪器、设备的操作方法与观测程序要熟悉、正确。在首次观测前要对所用仪器的各项指标进行检测校正,必要时经计量单位予以鉴定。连续使用 3~6 个月重新对所用仪器、设备进行检校。

6. 沉降观测精度的要求

根据建筑物的特性和建设、设计单位的要求选择沉降观测精度的等级。一般性的高层建构筑物施工过程中,采用二等水准测量的观测方法就能满足沉降观测的要求。各项观测指标要求如下:

(1)往返较差、附和或环线闭合差表示测站数;
(2)前后视距≤30m;
(3)前后视距差≤1.0m;
(4)前后视距累积差≤3.0m;
(5)沉降观测点相对于后视点的高差容差≤1.0mm;
(6)水准仪的精度不低于 N2 级别。

7. 沉降观测成果整理及计算要求

原始数据要真实可靠,记录计算要符合施工测量规范的要求,依据正确,严谨有序,步步校核,结果有效的原则进行成果整理及计算。

第三节　水平位移观测

所谓水平位移观测,就是对地面、边坡、位于特殊岩土地区的建筑物地基基础、受高层建筑基础施工影响的建筑物及工程设施等在规定平面上的位移进行观测。

观测前,应根据该建筑物的形状、大小、体量以及水平位移的原因和趋向,在现场布设水平位移监测控制网或基准线。大型工程(例如水库、水电站等)或有地震前兆地区,应布设大规模的三角网、导线网等。对单体建筑物或少量建筑,一般可建立少量控制点,采用独立坐标系。对有明显位移方向的监测,可布设与其垂直的基准线。基准点应选在位移变形影响范围以外。

水平位移监测网布设后应定期进行检测,建网初期宜半年一次,点位稳定后方可观测。

对大型工程,影响范围较大,观测点位较多时,可采用角度交会法或极坐标法对变形观测点进行定期观测,求其位移大小、位移方向及变化规律。对有明显位移方向的监测,可布设与其垂直的基准线;采用基准线法观测点的水平位移,具体做法为:在靠近变形观测点与某一特定方向垂直的方向上设置一条基准线,定期测定变形观测点到基准线的水平垂距,相邻两期的水平垂距之差即为本周期内建筑物在某一特定方向上的水平位移量,本次测得的水平垂距与首次测得的水平垂距之差即为建筑物在某一特定方向上的累积水平位移量。

利用基准线法进行水平位移观测,根据基线建立方法的不同一般又分为:

一、视 准 线 法

视准线法是利用经纬仪的视准面为竖直平面作为基准,用于比较和量测水平位移量。

如图 16-3 所示,A、B、C 为基准线上的三个基准点,P 点为水平位移观测点。观测时,经纬仪安置在 C 点,后视 A、B 两点以校准基线方向。倒镜观测 P 点(设 P 点在 A、B、P 的方向线上),如发现 P 点偏离方向线,即可判断 P 点有水平位移,其大小可以用直尺直接量取 PP' 的位移量。

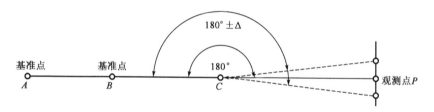

图 16-3 视准线法示意图

也可以用测量角度 ACP 来判断 P 点是否有位移。当 P 点无位移时,$\angle ACP = 180°$。若 $\angle ACP \neq 180°$时,即可判断 P 点有位移。

二、激光准直法

激光准直仪是由氦氖激光器和发射望远镜组成。该仪器可以提供一条橘红色激光束,该光束发散角很小,且白天亦为可视光,因此用于作为测定位移的可视基准线。如图 16-4 所示,A、B 为基准点,i 点为水平位移观测点。在基准点 B 上安置激光准直仪,当激光发射并瞄准基准点 A 后,可在各观测点上安置光电探测接收器,探测光斑能量中心,确定位移点位。

图 16-4 激光准直法示意图

三、引张基线法

引张基线法是在两固定点之间拉紧一根金属丝作为固定基线,用于比较其间各观测点左、右位移情况。各观测点上装有固定的标尺(与基线垂直),可以随时观测和记录各点水平位移情况。

第四节　建筑物的倾斜观测

所谓建筑物的倾斜观测,就是对建筑物的倾斜度进行观测。建筑物主体倾斜观测,应测定建筑物顶部相对于底部或各层间上层相对于下层的水平位移与高差,分别计算整体或分层的倾斜度、倾斜方向以及倾斜速度。测定建筑物顶部相对于底部或各层间上层相对于下层的水平位移,可采用前面介绍的建筑物轴线投测的方法。对具有刚性建筑物的整体倾斜,亦可通过测量基础的相对沉降间接确定。

一、一般建筑物的倾斜观测

如图 16-5 所示,将经纬仪安置在离建筑物的距离大于其高度的 1.5 倍以上的固定测站上,瞄准上部的观测点 M,用盘左和盘右分中投点法定出下面观测点 N。用同样方法,在与原观测方向相互垂直的另一方向,定出上观测点 P 与下观测点 Q。相隔一段时间后,在原固定测站上安置经纬仪,分别瞄准上观测点 M 与 P,仍用盘左、盘右分中投点法得 N'、Q',若 N' 与 N,Q' 与 Q 不重合,则发生了倾斜。

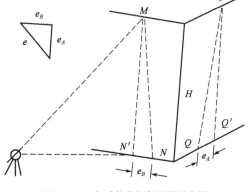

用尺量出其倾斜位移分量 e_A、e_B,然后求得建筑物的总倾斜位移量 e,即

$$e=\sqrt{e_A^2+e_B^2} \tag{16-3}$$

则建筑物的倾斜度 i 为

$$i=\frac{e}{H}=\tan\alpha \tag{16-4}$$

图 16-5　一般建筑物倾斜观测示意图

式中:H——建筑物高度;

　　　α——倾斜角。

二、圆形构筑物的倾斜观测

1. 经纬仪纵横距法

经纬仪纵横距法,又称经纬仪投影法,如图 16-6 所示,在圆形构筑物如烟囱底部横放一根水准尺,然后在标尺的中垂线方向上、离烟囱约为其高度的 1.5 倍处安置经纬仪。用望远镜将烟囱顶部边缘两点 A、B' 及底部边缘两点 B、B' 分别投影到水准尺,得读数为 y_1、y'_1 及 y_2、y'_2,则顶部中心 O 对底部中心 O' 在 y 方向上的偏心距 e_y 为

$$e_y=\frac{y_1+y'_1}{2}-\frac{y_2+y'_2}{2} \tag{16-5}$$

同法可测得在 x 方向上顶部中心 O 的偏心距为

$$e_x=\frac{x_1+x'_1}{2}-\frac{x_2+x'_2}{2} \tag{16-6}$$

顶部中心对底部中心的总偏心距 e 可按式(16-3)计算,烟囱的倾斜度 i 可按式(16-4)计

算。烟囱倾斜的方向（以第二把标尺方向为 x 轴的坐标方位角）为

$$\alpha_{O'O} = \arctan \frac{e_y}{e_x} \qquad (16\text{-}7)$$

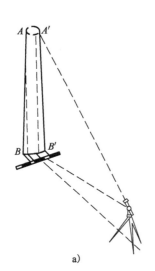
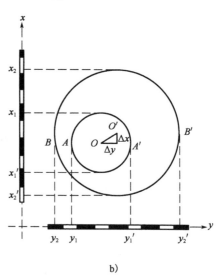

图 16-6 经纬仪纵横距法示意图

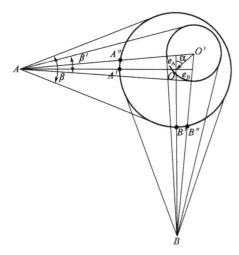

图 16-7 经纬仪测小角法示意图

2. 经纬仪测小角法

如图 16-7 所示，O'、O 点分别为烟囱的顶部中心和底部中心，在烟囱附近选择两个点 A 和 B，使 AO、BO 大致垂直，且 A、B 两点距烟囱的距离尽可能大于 $1.5H$，H 为烟囱高度。

先将经纬仪安置在 A 点上，整平仪器后测出与烟囱底部断面相切的两个方向所夹的水平角 β，平分 β 所得的方向即为 AO 方向，并在烟囱筒身上标出 A' 的位置。

仰起望远镜，同法测出与顶部断面相切的两个方向所夹的水平角 β'，平分 β' 所得的方向即为 AO' 方向，然后将 AO' 方向投影到下部，标出 A'' 的位置。量出 $A'A''$ 的距离，令 $\delta'_A = A'A''$，那么 O' 点的偏心距 δ_A 为

$$\delta_A = \frac{L_A + R}{L_A} \delta'_A \qquad (16\text{-}8)$$

同法得到

$$\delta_B = \frac{L_B + R}{L_B} \delta'_B \qquad (16\text{-}9)$$

式中：R——烟囱底部半径；

L_A——A 点至 A' 点的距离；

L_B——B 点至 B' 点的距离。

顶部中心对底部中心的总偏心距 e 可按式（16-3）计算，烟囱的倾斜度 i 可按式（16-4）计算。烟囱倾斜的方向按式（16-7）计算。

此外，圆形构筑物的倾斜观测还可以用激光铅垂仪或前方交会法等测定。

第五节　裂 缝 观 测

建筑物出现裂缝，应立即进行全面检查，对变化大的裂缝应进行观测。画出裂缝分布图，对裂缝进行编号，观测每一裂缝的位置、走向、长度、宽度、深度及其变化程度。

裂缝观测标志应根据裂缝重要性及观测期长短安置不同类型的标志，观测标志应具有可供量测的明晰端面或中心。每条裂缝至少布设两对标志，一对设在裂缝最宽处，另一对设在裂缝末端。每对标志由裂缝两侧各一个标志组成。

如图 16-8 是用两片白铁片制成的标志，一片 150mm×150mm，并使其一边和裂缝的边缘对齐，另一片为 50mm×200mm，固定在裂缝的另一侧，并使其一部分紧贴在 150mm×150mm 的白铁片上，白铁片的边缘彼此平行。固定好标志后，在两片白铁片露在外面的表面上涂红色油漆，并在矩形白铁片上写明编号和标志设置日期。

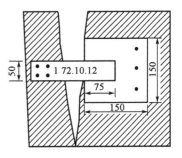

图 16-8　裂缝观测标志示意图
（尺寸单位：mm）

标志设置好后，如果裂缝继续发展，红铁片将被逐渐拉开，露出正方形铁片上没有涂油漆的部分，它的宽度就是裂缝加大的宽度，可用比例尺、小钢尺、游标卡尺或读数显微镜等工具定期量出标志间的距离，求得裂缝的变化值。

对于较大面积且不便人工量测的众多裂缝，宜采用近景摄影测量的方法。裂缝宽度观测数据应量至 0.1mm，每次观测应绘出裂缝的位置、形态和尺寸，注明日期，必要时可附以照片资料。

裂缝与不均匀沉降有关，在进行裂缝观测的同时，一般要进行沉降观测。

【思考题】

16-1　建（构）筑物变形测量的目的和意义是什么？

16-2　变形测量的内容包括哪些？简述各项内容的含义和测量方法。